U0921428

应变的几何场理论

肖建华　著

科　学　出　版　社
北　京

内 容 简 介

理性力学的张量化表述是非常抽象的，因而阻碍了其在工程力学上的应用。在工程上如何理解和应用应变张量是本书的主题，也是现代力学进入工程化的必经之地。结构寿命评价、稳定性等的理论方程；断裂、疲劳、流变等力学理论问题均可归结为更基本的应变理论问题。本书主要内容包含应变（变形）的张量理论；变形张量的陈-Stokes直和分解的几何意义及运动方程；弯曲变形（杆板壳弯曲）的应变及力学意义；微结构的弯曲变形与疲劳断裂；大变形的非线性运动方程；流变；流体的应变。

本书可作为工程力学（疲劳断裂、结构完整性、稳定性），理性力学等专业本科生和研究生的教材，也可作为相关行业科技工作人员和工程师的参考书。

图书在版编目(CIP)数据

应变的几何场理论 / 肖建华著. —北京：科学出版社，2017
ISBN 978-7-03-050711-2

Ⅰ.应…　Ⅱ.肖…　Ⅲ.应变分析　Ⅳ.TB301.1

中国版本图书馆CIP数据核字(2016)第278314号

责任编辑：魏英杰 / 责任校对：郭瑞芝
责任印制：张　伟 / 封面设计：陈　敬

科学出版社 出版
北京东黄城根北街16号
邮政编码：100717
http://www.sciencep.com

北京凌奇印刷有限责任公司 印刷

科学出版社发行　各地新华书店经销

*

2017年1月第　一　版　开本：720×1000 1/16
2017年1月第一次印刷　印张：15 3/4
字数：314 000

POD定价：　80.00元
（如有印装质量问题，我社负责调换）

序

该书作者在20世纪八九十年代前期从事地震波反射勘探相关技术的研究与开发。出于探测地下深部小断裂及地层裂隙带等的技术需求，1994年到英国爱丁堡大学进修1年。在此期间，他系统地学习研究了国外理性力学方面的著作，开始用理性力学的观点研究地层中的弹性波理论。试图从理论上得到作为地震勘探基础的雷克子波的理论解，解释观测到的地震横波分裂等经典弹性动力学理论没能解决好的基础理论问题。

为此，作者在1997年师从我国理性力学家陈至达先生开始研究基于拖带坐标系下的Stokes-陈S+R和分解定理的、由陈先生创立的理性力学(陈应变)研究，并建立中煤第一勘探局光华地球物理研究所从事实验性开发研究。2000年前后，作者解决了地震勘探中的相关基础理论问题。自2004年起，作者放弃在原工作单位的职务，到上海交通大学专门从事基础理论研究。在开拓陈先生创立的理性力学理论方面取得突破性进展，发现了在拖带系陈应变概念下的运动方程。为安心从事更大范围、系统性的理论开拓，于2006年到河南理工大学继续这方面理论研究。

这本书是作者近10年来理论研究工作的结晶。虽然作为弹性力学基础概念的应变张量有百年的历史，也拓展在流体力学等一系列与连续介质变形运动有关的学科中，但在我国还缺乏这样一部有理论深度和用现代数学语言描述的专著。

作者把经典的应变概念用简洁、明了的现代几何场理论给予解读，既具有严密的理论，也通俗易懂。作者对陈至达的局部转动概念进行了全面论述，以杆、板、壳为主题，系统地建立了用局部转动概念解决弯曲变形的理论，得到了局部转动角的二阶调和方程(等价经典的四阶挠度方程)。建立的理论简洁、明了，是未来研究结构失稳及完整性评价的不可多得的著作。

作者基于局部转动概念和所发现的运动方程，系统地建立了材料的疲劳断裂理论，使我国在疲劳断裂理论方面取得重大进展。该书对流变的本构方程，流动的模式转换等也在局部转动概念下进行了系统性理论论述。其中作为例子给出了单向流变的时变解，以及圆管流体单向流动的速度解、压力解。值得一提的是，作者给出的单向流压力解梯度是连续的，克服了经典压力解在管心的奇异性。作者给出的例子表明，基于现代几何场论的陈应变概念不但能简洁明了地回答经典力学中含糊不清的概念，而且能得到更精确的理论解。

自陈至达先生的导师钱伟长先生采用拖带坐标系研究板壳变形以来，至今已有 70 年了。陈至达先生自 20 世纪 50 年代起，致力于开创理性力学理论。在 80 年代前后，系统性地建立了 Stokes-陈 S+R 和分解定理的相关几何场理论，并初步建立了相关的力学理论。但是，在 2000 年后，坚持不懈的系统性地开拓相关力学理论的人只有作者一人。15 年的孤独，在坚定的科学信仰下的奋发图强和广泛的研究视野成就了这部专著，这使得我国理性力学的研究走在了国际前列。

作为陈至达先生的学生，非常有幸可以为该书作序，相信这部专著将成为力学的经典著作。特此为序。

宋彦琦
中国矿业大学（北京）
2015 年 9 月 18 日

前　言

工程力学是工程科学的理论基础，工程力学的基础是纯粹力学，或简称为力学。对力学有多种看法，但是目前的共识性理论是 20 世纪 60 年代后形成的连续介质力学(理性力学或非线性连续介质力学)。在我国，钱伟长、陈至达、郭仲衡、匡震邦，杨桂通、戴天民、武际可、徐秉业等都是有影响的，对理论的建立有贡献，国外主要是以 Truesdell、Erickson、Noll、Finger、Biot、Lodge 等为代表。事实上，钱伟长先生在 1943 年的论文(连续三篇长文)就是用张量理论建立板壳变形力学非线性理论的开山之作。上述力学家工作形成的理论路线是采用拖带坐标，引入应变张量；用位移梯度定义变形张量，引入极分解定理把变形分解为伸张和转动的乘积；用基矢变换表达变形张量，引入直和分解定理把变形分解为伸张和转动的相加。

由于应变概念上的不同，关于运动方程、本构方程等的理论也有所不同。对于微小变形，所有理论的结果与经典力学理论是一致的。这样，对于现代力学理论就有了多个竞争性的理论。然而，这类竞争是在抽象数学表述下进行的，从而在半个世纪里几乎对工程力学没有影响，这也大大地滞后了现代力学在工程上的应用。因此，出版一部以应变概念为中心而展开的面向工程应用的专著是有必要的。

国内外的力学发展历程告诉我们，在一个统一的思想框架下讲述有关理论，反而使读者易于理解问题的本质，并能把握工程力学的核心理论问题。基于此，本书采用我国力学家陈至达先生建立的用拖带坐标系下基矢变换表达变形张量(引入直和分解定理把变形分解为伸张和转动的相加)的理性力学体系展开。

一般而言，力学可以分成为应变、物性、运动方程及求解。多数力学类著作是围绕各类求解问题而展开的，但本书不介入此类问题，而是围绕应变概念而展开理性力学的基本理论。这是完全不同于其他力学书的。目前，国内专门围绕应变而展开的著作只有我国力学家陈至达的专著《理性力学》，及其简化版的力学类专业教科书《有限变形力学基础》。国外是 Truesdell 写的几部著作及教科书。

本书将 2000 年以后的研究成果一并包括进来，基本上反映了现代力学的应变理论。

肖建华

目　录

第 0 章　引　　论

理性力学的基本纲领[1-5]如下。

① 用最合适的数学概念来描述和研究自然现象。最合适的不见得是最现代化的，但它也可能就是。理性力学既不刻意回避，也不刻意寻求最抽象的数学。

② 物理概念的引入就是数学化的，数学是用来描述和构造力学理论的，是用来发现理论的。

③ 理性力学的目标是形成一个关于真实变形的力学理论，其一般性和精确性类似于经典几何学，追求的是简洁的思考，使用的是能精确的和无偏见的表达经验事实的数学概念。

无论是哪个观点下的理性力学研究工作，其前提条件是经典变形力学理论，是微小变形时的一个近似，它在近似意义上是正确的。这种对经典变形力学理论的不崇拜、不迷信，批判性的思考结果就是要推动经典理论由近似正确走向精确，从而能应用于大变形大转动的、具有物理现实性的任意变形。

一般来说，理性力学的数学工具主要是微分几何、流形变换、张量等数学理论。这里无意对理性力学进行全面的论述，而是对我国理性力学家陈至达的基于基矢变换的理性力学体系进行论述。这种论述是对比性的，也就是说，把理性力学的其他观点的结果与之对比。

陈至达所建立的理性力学体系的特点是：先建立精确的关于变形的几何场理论，然后把经典变形力学的成果用几何场理论表达出来（理性化）。下面通过最简单的变形运动，针对以下核心概念来进行论述精确性和简洁性是如何体现出来的。全书重点是曲线的张量描述；连续介质的局部转动与欧拉转动的区别；变形张量的定义；应力应变混合张量；运动方程；疲劳断裂。比较而言，这类要点能够说明理性力学的最新进展及其工程意义。

0.1　简单剪切变形的应力应变

对底面积为 A，高为 H 的方形理想弹性样品，一个面 $Z=0$ 置于粗糙平面 X 和 Y 上，在另一个面上 $Z=H$，平行于边长 X 方向施加水平力 F，就形成了一个简单剪切变形。在经典教科书中，这是最简单的变形。

按 Truesdell 极分解[2]的处理方法，只有位移函数 $u_X=\tan\theta\cdot Z$，其他分量为零，因此变形对应的局部微分坐标变换为

$$dx = dX + \tan\theta \cdot dZ, \quad dy = dy, \quad dz = dZ \tag{0-1}$$

对应的变形梯度的非零分量为

$$F_z^X = \tan\theta, \quad F_x^X = F_y^Y = F_z^Z = 1 \tag{0-2}$$

在数学上,坐标变换系数并不是一个张量,但是在力学上很多人也把它看成是张量。虽然柯西应变可定义为 $\boldsymbol{\varepsilon}_{ij} = \boldsymbol{F}_j^i - \boldsymbol{\delta}_j^i$,但它不是一个张量。

按陈至达和分解[4,5]的处理方法,这是一维流形变形。在拖带系,原始基矢 $\boldsymbol{e}_Z$ 变形为当前基矢,即

$$\boldsymbol{g}_z = \tan\theta \cdot \boldsymbol{e}_X + \boldsymbol{e}_Z \tag{0-3}$$

另外两个基矢无变形,即

$$\boldsymbol{g}_x = \boldsymbol{e}_X, \quad \boldsymbol{g}_y = \boldsymbol{e}_Y$$

如何由它构造力学意义上的变形张量形式就是陈至达理性力学的基础。使用 Clifford 几何代数[6]理论,有

$$\boldsymbol{g}_z\boldsymbol{e}_Z = \tan\theta \cdot \boldsymbol{e}_X\boldsymbol{e}_Z + \boldsymbol{e}_Z\boldsymbol{e}_Z = \tan\theta \cdot \boldsymbol{e}_X\boldsymbol{e}_Z + 1 \tag{0-4}$$

因此有

$$\boldsymbol{g}_z = \boldsymbol{g}_z\boldsymbol{e}_Z\boldsymbol{e}_Z = (\tan\theta \cdot \boldsymbol{e}_X\boldsymbol{e}_Z + 1)\boldsymbol{e}_Z \tag{0-5}$$

在随体拖带坐标意义上,这是一维变形。

按陈-Stokes R+S 和分解定理[5],形式上有

$$\boldsymbol{g}_z = \left(\frac{1}{\cos\theta}R_z^Z + S_z^Z\right) \cdot \boldsymbol{e}_Z \tag{0-6}$$

也就是说,一维变形是通过一边转动原始位形上的 $\boldsymbol{e}_Z$ 到当前的位形 $\boldsymbol{g}_z$,一边拉伸它而实现的。

在数学上,拖带系意义下的基矢变换是一个张量。也就是说,与 Clifford 几何代数理论对应的张量是形式上一致的[6,7],但是对其几何意义的表达方式却是不相同的。

与下式对比,即

$$\begin{aligned}
\boldsymbol{g}_z &= \tan\theta \cdot \boldsymbol{e}_X + \boldsymbol{e}_Z \\
&= \frac{1}{\cos\theta}(\sin\theta \cdot \boldsymbol{e}_X + \cos\theta \cdot \boldsymbol{e}_Z) \\
&= \frac{1}{\cos\theta}[(\sin\theta \cdot \boldsymbol{e}_X + \cos\theta \cdot \boldsymbol{e}_Z) + (1 - \cos\theta) \cdot \boldsymbol{e}_Z] \\
&= \frac{1}{\cos\theta}(\sin\theta \cdot \boldsymbol{e}_X + \cos\theta \cdot \boldsymbol{e}_Z) + \left(\frac{1}{\cos\theta} - 1\right) \cdot \boldsymbol{e}_Z \\
&= \frac{1}{\cos\theta}R_z^Z(\theta)\boldsymbol{e}_Z + \left(\frac{1}{\cos\theta} - 1\right) \cdot \boldsymbol{e}_Z
\end{aligned} \tag{0-7}$$

可以得到伸张应变,即

$$S_z^Z=\frac{1}{\cos\theta}-1 \tag{0-8}$$

这个伸张应变是经典变形力学理论无法得到的$\left(\text{对微小剪切 } \tan\theta\approx\theta, \frac{1}{\cos\theta}-1\approx\frac{1}{2}\theta^2\right.$ 是高阶小量，可以忽略$\left.\right)$。而剪切应变为

$$\omega_z^X=\tan\theta\cdot L_z^X=\tan\theta\cdot \boldsymbol{e}_X\boldsymbol{e}_Z \tag{0-9}$$

因此，简单剪切变形的微元体拖带系下的真实应力为

$$\sigma_z^Z=(\lambda+2\mu)\left(\frac{1}{\cos\theta}-1\right)$$

$$\sigma_x^X=\sigma_y^Y=\lambda\left(\frac{1}{\cos\theta}-1\right)$$

$$\sigma_z^X=2\mu\cdot\tan\theta \tag{0-10}$$

它们表示作用在当前面上(下标)在原坐标(上标)方向上的应力分量。

为明确以上结果的力学价值，下面与直观的结果比较。

① 在工程力学中，只有一个剪应变分量 $\gamma_{XZ}=\frac{\partial u_X}{\partial Z}=\tan\theta$，对应的剪应力为 $\sigma_{XZ}=2\mu\cdot\tan\theta$。在直观经验上我们知道，在高不变的情况下，斜边的拉伸应变为$\frac{1}{\cos\theta}-1$。然而，理论上并不能给出这个量。虽然直观经验上也知道微元受到拉伸，变形体内部有拉应力，但经典理论给不出正确的数学形式。这个缺陷是明显的。

② 如果使用常用的，关于位移梯度对称和反对称的和分解下的应变概念，则有格林对称应变分量 $\varepsilon_{xz}=\varepsilon_{zx}=\frac{1}{2}\tan\theta$，以及反对称的斯托克斯应变 $\omega_{xz}=-\omega_{zx}=\frac{1}{2}\tan\theta$。这里有两个问题：一是斯托克斯应变不是张量，也不是转动的精确表达方式，从而有待改进；二是如果舍弃斯托克斯应变而单纯采用格林对称应变，则与工程力学的差距太大，也不符合直观经验。这样，一个简单剪切变形却成为格林应变理论上难于圆满解决的问题。它也没有能力给出伸张应变。陈至达的理性力学理论认为，问题的根源在于没有表达出变形力学意义上的局部转动和拉伸的物理关系，把变形混淆为数学上的坐标变换(尽管数学上是可以这样来表达变形的)。

按陈至达的理性力学理论，对不可压缩介质，由于其体积不变，从而有条件，即

$$AH=A\cdot\left(\frac{l}{\cos\theta}\right) \tag{0-11}$$

其中，l 为斜边边长(当前的拖带 z 坐标方向)；θ 为原高度边与当前斜边的夹角。

因此,斜边边长方向上的应变是伸张应变为 $\varepsilon_z^Z=\dfrac{1}{\cos\theta}-1$,其余两个方向的边长无长度变化。这是一维的拖带变形。相应的微元体三维应力分量为

$$\sigma_z^Z=(\lambda+2\mu)\left(\frac{1}{\cos\theta}-1\right) \tag{0-12}$$

$$\sigma_x^X=\sigma_y^Y=\lambda\left(\frac{1}{\cos\theta}-1\right)$$

这表明,对宏观的简单剪切变形,物质微元的内在变形是拉伸。这与经典的位移场处理结果不一样,但是与经典的板壳力学中的处理方法是一致的。

与作用力方向一致的那个方向的纯粹剪应变为 $\omega_z^X=\tan\theta$,顶面的应力为

$$\tilde{\sigma}_z^X=2\mu\tan\theta \tag{0-13}$$

顶面的边界条件为 $\tilde{\sigma}_z^X\cdot A=2\mu\tan\theta\cdot A=F$,因此有 $\theta=\arctan\dfrac{F}{2\mu}$。变形被外力和物性完全确定。

就实验系(X,Y,Z)而言,顶面的垂向受到一个向上的分力作用,即

$$F_{\mathrm{up}}=A\cdot(\lambda+2\mu)\left(\frac{1}{\cos\theta}-1\right)\cdot\cos\theta=A\cdot(\lambda+2\mu)(1-\cos\theta) \tag{0-14}$$

因此,必须施加一个压力来抵消它的作用。这是很早就被实验学家所认识到的。顶面外加作用力的一般形式为

$$\boldsymbol{F}_{\mathrm{total}}=\boldsymbol{F}-\boldsymbol{F}_{\mathrm{up}}=F\cdot\boldsymbol{e}_X-A\cdot(\lambda+2\mu)(1-\cos\theta)\cdot\boldsymbol{e}_Z \tag{0-15}$$

或写为

$$\boldsymbol{F}_{\mathrm{total}}=2\mu A\cdot\tan\theta\cdot\boldsymbol{e}_X-A\cdot(\lambda+2\mu)(1-\cos\theta)\cdot\boldsymbol{e}_Z \tag{0-16}$$

这是外力与变形量的非线性方程。

对于底面的摩擦,它受到的正压力为 $F_{\mathrm{down}}=A\cdot(\lambda+2\mu)(1-\cos\theta)$。因此,变形产生的水平力为

$$F_{\mathrm{hori}}=A\cdot(\lambda+2\mu)\left(\frac{1}{\cos\theta}-1\right)\cdot\sin\theta=A\cdot(\lambda+2\mu)(\tan\theta-\sin\theta) \tag{0-17}$$

由库仑定律,在临界滑动时,有条件方程 $F_{\mathrm{hori}}+F=\eta\cdot F_{\mathrm{down}}$,即

$$A\cdot(\lambda+2\mu)(\tan\theta_c-\sin\theta_c)+2\mu A\cdot\tan\theta_c=\eta A\cdot(\lambda+2\mu)(1-\cos\theta_c) \tag{0-18}$$

因此,库仑摩擦系数为

$$\eta=\frac{2\mu+(\lambda+2\mu)(1-\cos\theta_c)}{(\lambda+2\mu)(1-\cos\theta_c)}\cdot\tan\theta_c \tag{0-19}$$

由此可以看出,库仑系数与临界水平力的非线性关系为

$$\eta=\left[\frac{1}{2\mu}+\frac{1}{(\lambda+2\mu)\left(1-\dfrac{1}{\sqrt{1+\left(\dfrac{F_c}{2\mu A}\right)^2}}\right)}\right]\cdot\frac{F_c}{A} \tag{0-20}$$

这个问题有很多文章讨论过，也有不同的近似，但是非线性的存在是共识。

0.2 变形的基本问题：弯曲的几何描述

对三维流形，取拖带坐标为(x^1, x^2, x^3)，对微分曲线 $\mathrm{d}\boldsymbol{s}_0=\boldsymbol{g}_1^0\mathrm{d}x^1+\boldsymbol{g}_2^0\mathrm{d}x^2+\boldsymbol{g}_3^0\mathrm{d}x^3$，其变形后为 $\mathrm{d}\boldsymbol{s}=\boldsymbol{g}_1\mathrm{d}x^1+\boldsymbol{g}_2\mathrm{d}x^2+\boldsymbol{g}_3\mathrm{d}x^3$。其变形前后长度的张量表达为 $\mathrm{d}s_0^2=g_{ij}^0\mathrm{d}x^i\mathrm{d}x^j$，这里（及以后）重复指标表示求和，$\mathrm{d}s^2=g_{ij}\mathrm{d}x^i\mathrm{d}x^j$。对单位长度 $\mathrm{d}s_0=1$，有格林应变的抽象定义，即

$$\varepsilon=\frac{\mathrm{d}s^2-\mathrm{d}s_0^2}{2\mathrm{d}s_0^2}=\frac{1}{2}(g_{ij}-g_{ij}^0)\mathrm{d}x^i\mathrm{d}x^j \tag{0-21}$$

这个定义的确描述了曲线长度的相对变化，但是否定了转动的 Stokes 应变。一般来说，很多论文和书籍是通过角应变概念来论证它包含剪切应变。但是，事实是格林应变否定了弯曲的力学地位，因为长度不变的弯曲只产生零应变。

高斯对曲面上的曲线[7]的研究结论是，对于局部曲线微元，除了上面的长度不变量 $I=\mathrm{d}\boldsymbol{s}\cdot\mathrm{d}\boldsymbol{s}$，还有一个几何不变量，$\mathrm{II}=-\mathrm{d}\boldsymbol{n}\cdot\mathrm{d}\boldsymbol{s}=\alpha_{ij}\mathrm{d}x^i\mathrm{d}x^j$，其几何意义是在 $\mathrm{d}s$ 长度内法矢量的转动角。从而，一个弯曲曲线上的微元线段需要两个本质量来表达。

在陈至达的理性力学中，平面上有限曲线微元起点的切矢 $\boldsymbol{g}_{\mathrm{ini}}$ 和法矢 $\boldsymbol{n}_{\mathrm{ini}}$，与曲线微元终点的切矢 $\boldsymbol{g}_{\mathrm{end}}$ 和法矢 $\boldsymbol{n}_{\mathrm{end}}$ 有如下关系，即

$$\begin{aligned}\boldsymbol{g}_{\mathrm{end}}&=\cos\alpha\cdot\boldsymbol{g}_{\mathrm{ini}}+\sin\alpha\cdot\boldsymbol{n}_{\mathrm{ini}}\\\boldsymbol{n}_{\mathrm{end}}&=-\sin\alpha\cdot\boldsymbol{g}_{\mathrm{ini}}+\cos\alpha\cdot\boldsymbol{n}_{\mathrm{ini}}\end{aligned} \tag{0-22}$$

也就是说，曲线的弯曲需要用一个局部转动（转角为 α）来表达，即终点相对于起点的局部转动。

上面的单纯剪切是一维流形的转动（弯曲）问题，因为水平面上的轴是自由的（不参与随体转动）。对于一维流形曲线的弯曲，如果取初始位形的切矢为 $\boldsymbol{g}^0$ 和法矢为 $\boldsymbol{n}^0$，变形后的切矢为 $\boldsymbol{g}$ 和法矢为 $\boldsymbol{n}$，则有弯曲的一般局部转动表达形式，即

$$\begin{aligned}\boldsymbol{g}&=\cos\Theta\cdot\boldsymbol{g}^0+\sin\Theta\cdot\boldsymbol{n}^0\\\boldsymbol{n}&=-\sin\Theta\cdot\boldsymbol{g}^0+\cos\Theta\cdot\boldsymbol{n}^0\end{aligned} \tag{0-23}$$

把 $\boldsymbol{g}^0=\boldsymbol{g}_{\mathrm{end}}$，$\boldsymbol{n}^0=\boldsymbol{n}_{\mathrm{end}}$ 代入上式，就有

$$\begin{aligned}\boldsymbol{g}&=\cos\Theta\cdot(\cos\alpha\cdot\boldsymbol{g}_{\mathrm{ini}}+\sin\alpha\cdot\boldsymbol{n}_{\mathrm{ini}})+\sin\Theta\cdot(-\sin\alpha\cdot\boldsymbol{g}_{\mathrm{ini}}+\cos\alpha)\cdot\boldsymbol{n}_{\mathrm{ini}}\\&=(\cos\Theta\cdot\cos\alpha-\sin\Theta\cdot\sin\alpha)\cdot\boldsymbol{g}_{\mathrm{ini}}+(\cos\Theta\cdot\sin\alpha+\sin\Theta\cdot\cos\alpha)\cdot\boldsymbol{n}_{\mathrm{ini}}\\&=\cos(\alpha+\Theta)\cdot\boldsymbol{g}_{\mathrm{ini}}+\sin(\alpha+\Theta)\cdot\boldsymbol{n}_{\mathrm{ini}}\\\boldsymbol{n}&=-\sin\Theta\cdot(\cos\alpha\cdot\boldsymbol{g}_{\mathrm{ini}}+\sin\alpha\cdot\boldsymbol{n}_{\mathrm{ini}})+\cos\Theta\cdot(-\sin\alpha\cdot\boldsymbol{g}_{\mathrm{ini}}+\cos\alpha)\cdot\boldsymbol{n}_{\mathrm{ini}}\\&=-(\sin\Theta\cdot\cos\alpha+\cos\Theta\cdot\sin\alpha)\cdot\boldsymbol{g}_{\mathrm{ini}}+(\cos\Theta\cdot\cos\alpha-\sin\Theta\cdot\sin\alpha)\cdot\boldsymbol{n}_{\mathrm{ini}}\\&=-\sin(\alpha+\Theta)\cdot\boldsymbol{g}_{\mathrm{ini}}+\cos(\alpha+\Theta)\cdot\boldsymbol{n}_{\mathrm{ini}}\end{aligned} \tag{0-24}$$

总结以上结果，**局部整旋角 Θ 的几何解释就是微元长度曲线变形前后的法向转动角的变化**。初始位形上的曲线微元 $\boldsymbol{g}_{\text{end}}=\cos\alpha\cdot\boldsymbol{g}_{\text{ini}}+\sin\alpha\cdot\boldsymbol{n}_{\text{ini}}$，$\boldsymbol{n}_{\text{end}}=-\sin\alpha\cdot\boldsymbol{g}_{\text{ini}}+\cos\alpha\cdot\boldsymbol{n}_{\text{ini}}$ 变形为当前位形上的曲线微元，即

$$\begin{aligned}\boldsymbol{g}&=\cos(\alpha+\Theta)\cdot\boldsymbol{g}_{\text{ini}}+\sin(\alpha+\Theta)\cdot\boldsymbol{n}_{\text{ini}}\\\boldsymbol{n}&=-\sin(\alpha+\Theta)\cdot\boldsymbol{g}_{\text{ini}}+\cos(\alpha+\Theta)\cdot\boldsymbol{n}_{\text{ini}}\end{aligned}\tag{0-25}$$

对于陈至达给出的局部转动，很多学者将其等同于刚体转动，因此没有认识到这是理性力学的重大理论进展。

与简单的剪切不同，如果要求法向也参与转动（弯曲），就是一个二维流形的弯曲转动问题。板壳的弯曲是二维流形的弯曲问题，因为厚度方向的法矢量也参与转动。对于二维流形的弯曲，取 $\boldsymbol{g}_1$ 和 $\boldsymbol{g}_2$ 为面上的两个正交拖带坐标单位基矢，取 $\boldsymbol{n}$ 为曲面单位法矢量。用上标 0 表达初始位形，采用右手系，则弯曲变形的一般形式为

$$\begin{aligned}\boldsymbol{g}_1&=\cos\Theta_1\cdot\boldsymbol{g}_1^0-\sin\Theta_1\cdot\boldsymbol{n}_1^0\\\boldsymbol{n}_1&=\sin\Theta_1\cdot\boldsymbol{g}_1^0+\cos\Theta_1\cdot\boldsymbol{n}_1^0\\\boldsymbol{g}_2&=\cos\Theta_2\cdot\boldsymbol{g}_2^0+\sin\Theta_2\cdot\boldsymbol{n}_2^0\\\boldsymbol{n}_2&=-\sin\Theta_2\cdot\boldsymbol{g}_2^0+\cos\Theta_2\cdot\boldsymbol{n}_2^0\end{aligned}\tag{0-26}$$

其中，一个转动发生在 $\boldsymbol{g}_1^0$ 和 $\boldsymbol{n}_1^0$ 面上，另一个转动发生在 $\boldsymbol{g}_2^0$ 和 $\boldsymbol{n}_2^0$ 面上。

几何上，曲线的法线和曲面的法线有关系方程，即

$$\begin{aligned}\boldsymbol{n}_1^0&=\cos\Theta_2\cdot\boldsymbol{n}^0-\sin\Theta_2\cdot\boldsymbol{g}_2^0\\\boldsymbol{n}_2^0&=\cos\Theta_1\cdot\boldsymbol{n}^0+\sin\Theta_1\cdot\boldsymbol{g}_1^0\\\boldsymbol{n}_1^0\cdot\boldsymbol{n}_2^0&=\cos\Theta_1\cdot\cos\Theta_2\end{aligned}\tag{0-27}$$

代入式(0-26)，有

$$\begin{aligned}\boldsymbol{g}_1&=\cos\Theta_1\cdot\boldsymbol{g}_1^0+\sin\Theta_1\sin\Theta_2\cdot\boldsymbol{g}_2^0-\sin\Theta_1\cos\Theta_2\cdot\boldsymbol{n}^0\\\boldsymbol{g}_2&=\sin\Theta_1\sin\Theta_2\cdot\boldsymbol{g}_1^0+\cos\Theta_2\cdot\boldsymbol{g}_2^0+\cos\Theta_1\sin\Theta_2\cdot\boldsymbol{n}^0\\\boldsymbol{n}_1&=\sin\Theta_1\cdot\boldsymbol{g}_1^0-\cos\Theta_1\sin\Theta_2\cdot\boldsymbol{g}_2^0+\cos\Theta_1\cos\Theta_2\cdot\boldsymbol{n}^0\\\boldsymbol{n}_2&=\cos\Theta_2\sin\Theta_1\cdot\boldsymbol{g}_1^0-\sin\Theta_2\cdot\boldsymbol{g}_2^0+\cos\Theta_2\cos\Theta_1\cdot\boldsymbol{n}^0\end{aligned}\tag{0-28}$$

在物理可实现意义上，这两个转动并不是分别发生的，而是同时进行的，因此上面的方程是近似的。为获得唯一的转动，陈至达引入平均转动概念。当前位形上的单位法线是唯一的，即

$$\boldsymbol{n}=\frac{\boldsymbol{n}_1+\boldsymbol{n}_2}{2}=L_1^3\sin\Theta\cdot\boldsymbol{g}_1^0+L_2^3\sin\Theta\cdot\boldsymbol{g}_2^0+\cos\Theta\cdot\boldsymbol{n}^0\tag{0-29}$$

为使得 $\boldsymbol{g}_1\cdot\boldsymbol{n}=\boldsymbol{g}_2\cdot\boldsymbol{n}=0$，理性力学取二维流形的弯曲的几何关系条件方程为

$$\sin\Theta_1\cdot\frac{1+\cos\Theta_2}{2}=\sin\Theta\cdot L_1^3=-\sin\Theta\cdot L_3^1,$$

$$\sin\Theta_2 \cdot \frac{1+\cos\Theta_1}{2} = \sin\Theta \cdot L_3^2 = -\sin\Theta \cdot L_2^3 \tag{0-30}$$

$$(L_3^1)^2 + (L_3^2) = 1$$

则有近似式，即

$$\begin{gathered}\cos\Theta_1 \cos\Theta_2 \approx \cos\Theta \\ \sin\Theta_1 \sin\Theta_2 \approx L_3^2 L_1^3 (1-\cos\Theta) \\ \cos\Theta_1 \approx 1-(1-\cos\Theta)(L_1^3)^2, \quad \cos\Theta_2 \approx 1-(1-\cos\Theta)(L_3^2)^2\end{gathered} \tag{0-31}$$

从而有二维流形曲面平均弯曲的一般形式，即

$$\begin{gathered}\boldsymbol{g}_1 = [1-(1-\cos\Theta)(L_1^3)^2]\boldsymbol{g}_1^0 + (1-\cos\Theta)L_3^1 L_2^3 \cdot \boldsymbol{g}_2^0 + \sin\Theta \cdot L_3^1 \cdot \boldsymbol{n}^0 \\ \boldsymbol{g}_2 = (1-\cos\Theta) \cdot L_3^2 L_1^3 \cdot \boldsymbol{g}_1^0 + [1-(1-\cos\Theta)(L_3^2)^2] \cdot \boldsymbol{g}_2^0 + \sin\Theta \cdot L_3^2 \cdot \boldsymbol{n}^0 \\ \boldsymbol{n} = L_1^3 \sin\Theta \cdot \boldsymbol{g}_1^0 + L_2^3 \sin\Theta \cdot \boldsymbol{g}_2^0 + \cos\Theta \cdot \boldsymbol{n}^0\end{gathered} \tag{0-32}$$

由于前提性的式(0-26)适用于原始曲面为弯曲状的任意曲面，转动角 Θ 表达了曲面弯曲的增量，从而是力学意义上的弯曲变形量。将其混同于在平面上的刚体转动是非常错误的认识论方法。这也是长期以来对陈理性力学持否定性态度的根源之一。

对于三维流形的单纯弯曲，Study 和陈至达[4,5]给出的张量形式为

$$R_j^i = \delta_j^i + \sin\Theta \cdot L_j^i + (1-\cos\Theta) L_l^i L_j^l \tag{0-33}$$

它表达的是三维弯曲微元体的变形前后弯曲程度的变化。其中，L_j^i 表示由 i 方向的基矢向 j 方向的基矢转动，称为转动方位张量，它是反对称的；Θ 为局部整体转动角。

对于刚体转动，它当然是正确的。由于形式上的一致而误认为这是刚体转动则是错误的。俄罗斯理性力学家 Zhilin 在 1990 前后给出了类似的转动概念[8]（用 $1/\Theta$ 作为单位长度），并修订欧拉刚体转动方程而建立新的理论体系。但是，其表达方式并未能张量化，这是令人遗憾的。

在力学上，被研究的微元体始终是一个三维流形，但是它的弯曲变形可能是一维的单个方向的弯曲，也可能是二维的两个正交方向的同时发生的弯曲，而最为复杂的弯曲就是三个正交方向都参与的弯曲。无论初始位形上的原始基矢如何弯曲，变形力学用上面的有关公式提纯出来的是变形后当前位形上的基矢相对于原始基矢的弯曲增量。

在这个意义上说，陈至达理性力学的转动概念是力学理论的本质性进展，是里程碑式的科学进展。

0.3　弯曲与长度变化分离的力学价值

我们从简单的板壳弯曲变形来看这个问题，即任意曲面板的单向弯曲。对于

$L_3^2=0,L_1^3=1$ 的弯曲变形，上式退化为初始弯曲板的单向弯曲变形(转动)形式，即

$$\begin{gathered}\boldsymbol{g}_1=\cos\Theta\cdot\boldsymbol{g}_1^0-\sin\Theta\cdot\boldsymbol{n}^0\\ \boldsymbol{g}_2=\boldsymbol{g}_2^0\\ \boldsymbol{n}=\sin\Theta\cdot\boldsymbol{g}_1^0+\cos\Theta\cdot\boldsymbol{n}^0\end{gathered}\tag{0-34}$$

基尔霍夫板的中面假定引出以中面为参考，用中面法线 $\boldsymbol{n}$ 转动角 $\boldsymbol{\Theta}$ 表达弯曲(转动)的方法。取中面为参考，沿厚度方向 z 的弯曲变化就表达为

$$\begin{gathered}\boldsymbol{g}_1=\cos\left(\frac{\partial\Theta}{\partial z}\cdot z\right)\cdot\boldsymbol{g}_1^0-\sin\left(\frac{\partial\Theta}{\partial z}\cdot z\right)\cdot\boldsymbol{n}^0\approx\boldsymbol{g}_1^0-\left(\frac{\partial\Theta}{\partial z}\cdot z\right)\cdot\boldsymbol{n}^0\\ \boldsymbol{n}=\sin\left(\frac{\partial\Theta}{\partial z}\cdot z\right)\cdot\boldsymbol{g}_1^0+\cos\left(\frac{\partial\Theta}{\partial z}\cdot z\right)\cdot\boldsymbol{n}^0\approx\left(\frac{\partial\Theta}{\partial z}\cdot z\right)\cdot\boldsymbol{g}_1^0+\boldsymbol{n}^0\end{gathered}\tag{0-35}$$

弯曲的主要原因是斯托克斯转动应变 $\omega_{1n}=-\omega_{n1}=-\frac{\partial\Theta}{\partial z}\cdot z$。由它构造的关于中面的转动力矩为 $M_{1n}=\int_{-D/2}^{D/2}\left(-2\mu\frac{\partial\Theta}{\partial z}\cdot z\right)\cdot z\mathrm{d}z=-\frac{\mu D^3}{6}\frac{\partial\Theta}{\partial z}$(尽管很多人反对或不接受这个公式，但理论上这是最为合理的)。

如果使用工程应变概念，则存在应变 $\varepsilon_{11}=\frac{\sqrt{g_{11}}-\sqrt{g_{11}^0}}{\sqrt{g_{11}^0}}=\pm\frac{1}{2}\left(\frac{\partial\Theta}{\partial z}\cdot z\right)^2$，如果使用格林应变概念，则有应变 $\varepsilon_{11}=\frac{1}{2}(g_{11}-g_{11}^0)=\pm\frac{1}{2}\left(\frac{\partial\Theta}{\partial z}\cdot z\right)^2$。符号的选择是根据拉伸，还是压缩确定的。由此应变产生的应力为 $\sigma_{11}=\pm\frac{1}{2}(\lambda+2\mu)\left(\frac{\partial\Theta}{\partial z}\cdot z\right)^2$，$\sigma_{22}=\sigma_{zz}=\pm\frac{\lambda}{2}\left(\frac{\partial\Theta}{\partial z}\cdot z\right)^2$。相对于中面而言，一侧的拉伸等同于另一侧的压缩，因此它给出的中面平均应力为零。但是，无法用它们构造出正确的弯矩公式。对经典理论而言，如何克服这个困难就成为一个重要的理论问题，并且至今还是一个不断被讨论的问题。事实上，在经典板壳理论中，为了在不使用斯托克斯转动应变的情况下得到关于中面的转动力矩，对方程(0-35)作如下近似(假设)，即

$$\begin{gathered}(\boldsymbol{g}_1-\boldsymbol{g}_1^0)\approx-\left(\frac{\partial\Theta}{\partial z}\cdot z\right)\cdot\boldsymbol{n}^0\\ \boldsymbol{n}-\boldsymbol{n}^0\approx\left(\frac{\partial\Theta}{\partial z}\cdot z\right)\cdot\boldsymbol{g}_1^0\end{gathered}\tag{0-36}$$

因此，按上式的几何意义引入随体应变 $\tilde{\varepsilon}_{11}\approx-\left(\frac{\partial\Theta}{\partial z}\cdot z\right)$。这样就得到关于中面的转动力矩为，即

$$M_{1n}=\int_{-D/2}^{D/2}-(\lambda+2\mu)\frac{\partial\Theta}{\partial z}\cdot z\cdot z\mathrm{d}z=-\frac{(\lambda+2\mu)D^3}{12}\frac{\partial\Theta}{\partial z}\tag{0-37}$$

这就是目前经典的平板弯矩公式(各类理论的弹性系数有所不同,本书没有使用平面应力或应变假定)。在经典板壳理论中,$\Theta|_{z=0}=-\dfrac{\partial^2 w}{\partial x^2}$,$|\boldsymbol{g}_1|_{z=z}|-|\boldsymbol{g}_1|_{z=0}|\approx -\dfrac{\partial^2 w}{\partial x^2}\cdot z$,把$-\dfrac{\partial^2 w}{\partial x^2}$解释为中心面弯曲变形后的曲率。伸张量$-\dfrac{\partial^2 w}{\partial x^2}\cdot z$完全是由于在厚度方向上有曲率变化而引出的,中面上并无伸张应变,而且截面上关于厚度积分也给出零伸张。这种绕道而行的论述方法显然是要使用工程应变概念(长度的变化)来构造一个直接使用格林应变定义无法正确解决的问题(局部转动)。

以上的讨论在于想说明一个论点,不考虑弯曲转动力学效应的格林应变不能直接应用于含有弯曲的变形。因此,把弯曲变化量与长度变化量分离开来是必要的。这也是板壳理论进展的路线和实践证明的。

0.4 Stokes-陈 R+S 和分解公式

板壳理论的研究工作被看成是 20 世纪初的重大成果。它表现在克服了弯曲变形的格林应变概念上的困难,同时表明使用随体系(中面随体曲面系)的必要性。这个随体系的引入是辛格和钱伟长的贡献,称为拖带坐标系[9]。用随体系上的张量 g_{ij} 关于厚度的变分来描述板壳弯曲变形就形成一般性理论。一般地说,可以把变形分解为与单纯弯曲有关的应变;与纯粹的拖带长度变化产生的伸张应变;实际变形为两者的直和。这就是目前最为流行的理论方法,但是用张量理论来表达它们却是我国力学家陈至达所建立的理性力学理论。

对于三维流形的变形,陈至达理性力学给出的结论是对任意有物理可实现性的变形梯度张量 F^i_j,总可以把它分解为一个对称的纯粹伸张张量 S^i_j 和一个单位正交转动张量 R^i_j 的直和,即

$$
\begin{aligned}
F^i_j &= S^i_j + R^i_j \\
S^i_j &= \frac{1}{2}(u^i|_j + u^i|_j^{\mathrm{T}}) - (1-\cos\Theta)L^i_l L^l_j \qquad (0\text{-}38) \\
R^i_j &= \delta^i_j + \sin\Theta\cdot L^i_j + (1-\cos\Theta)L^i_l L^l_j
\end{aligned}
$$

其中,u^i 为初始位形上的位移场;$u^i|_j$ 为协变导数,这是因为初始位形是任意的;上标 T 为转置运算。

$$
\begin{aligned}
F^i_j &= \delta^i_j + u^i|_j \\
\Theta &= \arcsin\frac{1}{2}\sqrt{(u^1|_2-u^2|_1)^2+(u^2|_3-u^3|_2)^2+(u^3|_1-u^1|_3)^2} \\
L^i_j &= \frac{1}{2\sin\Theta}(u^i|_j - u^i|_j^{\mathrm{T}}) \qquad (0\text{-}39)
\end{aligned}
$$

这里的一个理论问题是，F^i_j 是何种意义上的张量。Truesdell、Noll、匡震邦等认为这是一个两点张量[1-3,10]，正确的写法是 F^I_j，上标对应于初始系基矢，下标对应于当前系基矢。它规定了两个点间的客观联系，因此有

$$g_{ij}=F^L_iF^K_jg^0_{LK} \tag{0-40}$$

因此，格林应变可以得到说明，但是转动还是被抛弃了。此后的研究工作转为由 F^I_j 引出各种张量不变量来定义应变。这里有一个逻辑矛盾，即式(0-40)表明，F^I_j 就是一个坐标变换，只不过是在力学意义上，它表达的是两个位形间的关系，是客观性的，从而是张量。在这个问题上，理性力学纠缠了半个世纪，而且以后还是会纠缠下去。解决问题的办法是使用拖带坐标系，用基矢变换来建立新理论。

陈至达理性力学的要点是，F^i_j 是一个由初始系基矢 $\{\boldsymbol{g}^0_j\}$ 变形为当前系基矢 $\{\boldsymbol{g}_i\}$ 的基矢变换，即

$$\boldsymbol{g}_i=F^j_i\boldsymbol{g}^0_j \tag{0-41}$$

因此，F^i_j 是一个单参数群(时间参数)意义下的点集变换张量[11]。

如果引入 $\boldsymbol{g}^i_0$ 作为初始系的逆变基矢，$\boldsymbol{g}^i$ 为当前系的逆变基矢，则有

$$\boldsymbol{g}^i=\widetilde{F}^i_j\boldsymbol{g}^j_0 \tag{0-42}$$

其中，$\widetilde{F}^i_j$ 表示逆变换，满足 $\widetilde{F}^i_lF^l_j=\delta^i_j$，在以上意义下，$F^i_j$ 是一个混合二阶张量，$\widetilde{F}^i_j$ 表示逆变形。

一般来说，如果转动角 Θ 不等于零，把逆变换写成 $\widetilde{F}^i_j=\widetilde{S}^i_j+\widetilde{R}^i_j$，则

$$(S^i_l+R^i_l)(\widetilde{S}^l_j+\widetilde{R}^l_j)=S^i_l\widetilde{S}^l_j+S^i_l\widetilde{R}^l_j+R^i_l\widetilde{S}^l_j+R^i_l\widetilde{R}^l_j=\delta^i_j \tag{0-43}$$

其力学意义是很深刻的。讨论如下，如果转动是互逆的，即 $R^i_l\widetilde{R}^l_j=\delta^i_j$，则有 $\widetilde{R}^i_j=R^{i\mathrm{T}}_j$，由此有

$$S^i_l\widetilde{S}^l_j+S^i_l\widetilde{R}^l_j+R^i_l\widetilde{S}^l_j=0 \tag{0-44}$$

也就是说，在一般情况下，$S^i_l\widetilde{R}^l_j+R^i_l\widetilde{S}^l_j\neq 0$。在力学上，当前位形相对初始位形的伸张并不等同于对当前位形作等量的收缩后就能回到原位形[12]。这是一个很重要的结果，如果转动角 Θ 不等于零，则本质上，虽然宏观尺度上变形是可逆的，但是会有内在的伸张残余。这就是塑性的本质来源[13]，也是疲劳断裂的根本原因[14-16]。

如果做线性近似，略去高阶小量，同时令 $R^i_j\approx\delta^i_j+\sin\Theta\cdot L^i_j$，注意到 S^i_j 和 $\widetilde{S}^i_j$ 的对称性，则有

$$\begin{aligned}&S^i_l\widetilde{S}^l_j+S^i_l\widetilde{R}^l_j+R^i_l\widetilde{S}^l_j\\ \approx&S^i_l(\delta^l_i+\sin\Theta\cdot L^l_i)+\widetilde{S}^i_l(\delta^l_i+\sin\Theta\cdot L^i_l)\\ =&(S^i_j+\widetilde{S}^i_i)+\sin\Theta\cdot(L^i_lS^i_l+L^i_l\widetilde{S}^i_l)\\ \approx&0\end{aligned} \tag{0-45}$$

则有 $S^i_j+\widetilde{S}^i_j=0$。也就是说，在线性近似下的经典理论意义上是可逆的。换句话说，参看式(0-38)，不可逆性是与应变因子项$(1-\cos\Theta)$联系在一起的。

对于较大的弯曲变形(转动),其影响是不能忽略的。Sih 提出的论点[17-19]是宏观尺度的微小变形并不能等同于在微观上也是微小变形,而 Ericksen 等[20,21]则认为,宏观上的单纯伸张并不能等同于在微观上没有弯曲。联系到疲劳断裂总是能在微观尺度上归结为位错、定向变化、剪切应变带等与局部弯曲或转动有关的现象,可以认为应变因子项$(1-\cos\Theta)$是解开疲劳断裂理论机制的关键所在。

在自然哲学思想上,陈至达理性力学的局部转动概念是对 Synger-Truesdell 极分解定理的继承和发展,而不是简单的否定。如前面所论述的,$\boldsymbol{g}_i^0=R_i^j(\alpha)\boldsymbol{e}_j$ 是弯曲的单位长度微元的基本定义。如果出现任意变形,则有

$$\boldsymbol{g}_i=(\delta_i^l+S_i^l)R_l^k(\Theta)R_k^j(\alpha)\boldsymbol{e}_j=[R_i^k(\Theta)+S_i^lR_l^k(\Theta)]\boldsymbol{g}_k^0 \tag{0-46}$$

由于 S_j^i 是微小量,舍弃高阶小量 $S_j^i\sin\Theta$ 和更高阶的小量 $S_j^i(1-\cos\Theta)$,则有

$$\boldsymbol{g}_i=[R_i^k(\Theta)+S_i^k]\boldsymbol{g}_k^0 \tag{0-47}$$

即

$$F_j^i=R_j^i(\Theta)+S_j^i \tag{0-48}$$

这就是 Stokes-陈 R+S 和分解定理。反之,也可由 Stokes-陈 R+S 和分解定理导出 Synger-Truesdell 极分解定理,即

$$\begin{aligned}\boldsymbol{g}_i&=[S_i^j+R_i^j(\Theta)]\cdot\boldsymbol{g}_j^0\\&=[S_i^j+R_i^j(\Theta)]R_j^l(\alpha)\boldsymbol{e}_l\\&=S_i^jR_j^l(\alpha)\boldsymbol{e}_l+R_i^j(\Theta)R_j^l(\alpha)\boldsymbol{e}_l\\&\approx[S_i^k+\delta_i^k]R_k^j(\Theta)R_j^l(\alpha)\boldsymbol{e}_l\\&=(S_i^k+\delta_i^k)R_k^j(\Theta)\boldsymbol{g}_j^0\end{aligned} \tag{0-49}$$

即

$$F_i^j=(S_i^k+\delta_i^k)R_k^j(\Theta)=U_i^kR_k^j(\Theta) \tag{0-50}$$

在舍弃高阶小量 $S_j^i\sin\Theta$ 和更高阶的小量 $S_j^i(1-\cos\Theta)$ 意义上,这种等价性是造成对转动应变 $L_j^i\sin\Theta$ 及其对应的伸张应变$(1-\cos\Theta)L_l^iL_j^l$ 的力学地位认识不清的哲学思想根源。

以上论述证明,与分解和极分解所得到的内在应变 S_j^i 是等价的。差别在于由和分解得到的应变是对传统的 Stokes 和分解的继承发展,形式上的单位正交转动是力学意义上的弯曲。极分解则是把这个转动等价于刚体转动。这个差别最终会表现在对运动方程的处理上。事实上,无论是理论上,还是工程实践上,把这个转动等价于刚体转动是错误的。

长期以来,国际理性力学界在和分解还是极分解之间摇摆不定,根源在于把数学形式的坐标变换混同于变形力学上的位形(基矢)变换。

对 Stokes-陈 R+S 和分解定理的一个有力的反驳论据是局部转动角的定义要求条件,即

$$\frac{1}{2}\sqrt{(u^1|_2-u^2|_1)^2+(u^2|_3-u^3|_2)^2+(u^3|_1-u^1|_3)^2}<1 \tag{0-51}$$

这个问题的解决办法是,引入一个新的伸张性的正交转动,把变形张量分解为一个尺度变大的正交转动和一个伸张张量的直和。这可以称为 Stokes-陈 R+S 和分解定理的第二形式[22],即

$$F^i_j=\frac{1}{\cos\theta}\widetilde{R}^i_j(\theta)+\widetilde{S}^i_j$$

$$\frac{1}{\cos\theta}\widetilde{R}^i_j(\theta)=\delta^i_j+\tan\theta\cdot\widetilde{L}^i_j+\left(\frac{1}{\cos\theta}-1\right)(\widetilde{L}^i_l\widetilde{L}^l_j+\delta^i_j) \tag{0-52}$$

$$\widetilde{S}^i_j=\frac{1}{2}(u^i|_j+u^i|^{\mathrm{T}}_j)-\left(\frac{1}{\cos\theta}-1\right)(\widetilde{L}^i_l\widetilde{L}^l_j+\delta^i_j)$$

前面的简单剪切就是一维的这种弯曲转动。弯曲转动的边是有伸长的,而且伸长是完全由局部转动角决定的。其他的有关量为

$$\widetilde{L}^i_j=\frac{1}{2\tan\theta}(u^i|_j-u^i|^{\mathrm{T}}_j)$$

$$\left(\frac{1}{\cos\theta}\right)^2=1+\frac{1}{4}\left[(u^1|_2-u^2|_1)^2+(u^2|_3-u^3|_2)^2+(u^3|_1-u^1|_3)^2\right] \tag{0-53}$$

特别的,在 $\widetilde{S}^i_j=0$ 时,它退化为共形场变换[7],因此这种弯曲是与前面的 Stokes-陈 R+S 和分解定理的形式(第一形式)有区别的。

由于以上两种分解形式在数学上是可以共存的,这就出现了分叉问题,即

$$F^i_j=R^i_j(\Theta)+\widetilde{S}^i_j=\frac{1}{\cos\theta}\widetilde{R}^i_j(\theta)+\widetilde{S}^i_j \tag{0-54}$$

其条件为

$$\left(\frac{1}{\cos\theta}\right)^2=1+(\sin\Theta)^2 \tag{0-55}$$

显然,在 $\frac{1}{4}\left[(u^1|_2-u^2|_1)^2+(u^2|_3-u^3|_2)^2+(u^3|_1-u^1|_3)^2\right]>1$ 时,只存在 Stokes-陈 $R+S$ 和分解定理的第二形式,从而分解是唯一的。但是,对于 $\frac{1}{4}\left[(u^1|_2-u^2|_1)^2+(u^2|_3-u^3|_2)^2+(u^3|_1-u^1|_3)^2\right]<1$ 分解是不唯一的。使用那一个只能由变形过程的力学机制来回答。

理论上,这种变形的分叉间断性表明宏观几何变形的连续性并不能保证内在的伸张应力或弯曲转动应力的连续性,但总应力还是连续的。这被作者看成是断裂的内在机制[23,24],也就是说宏观的变形机制和内在的变形机制可能是不同的。弹性力学上在大变形时的分叉性是一个很少研究的论题,但是这种分叉性是一个客观存在。

在理论上得到的这个分叉结论的意义是重要的，其力学价值还有待于进一步开发。

0.5　运动方程

对于各向同性理想弹性介质，经典力学给出的一般形式的应力为

$$\sigma_j^i=\lambda(F_l^l-3)\delta_j^i+2\mu(F_j^i-\delta_j^i) \tag{0-56}$$

对于第一分解形，区分为内在伸张应力和弯曲转动应力，即

$$\begin{aligned}{}^S\sigma_j^i&=\lambda(S_l^l)\delta_j^i+2\mu S_j^i\\ {}^R\sigma_j^i&=-2\lambda(1-\cos\Theta)\delta_j^i+2\mu(R_j^i-\delta_j^i)\end{aligned} \tag{0-57}$$

与流体的应力方程对比，$-2\lambda(1-\cos\Theta)\delta_j^i$ 等价于静压力，因此弯曲转动对应于负压性流变现象。

对于第二分解形，区分为内在伸张应力和弯曲转动应力，即

$$\begin{aligned}{}^{S\sim}\sigma_j^i&=\lambda(\widetilde{S}_l^l)\delta_j^i+2\mu\widetilde{S}_j^i\\ {}^{R\sim}\sigma_j^i&=\lambda\left(\frac{1}{\cos\theta}-1\right)\delta_j^i+2\mu\left(\frac{1}{\cos\theta}\widetilde{R}_j^i-\delta_j^i\right)\end{aligned} \tag{0-58}$$

与气体的应力方程对比，$\lambda\left(\frac{1}{\cos\theta}-1\right)\delta_j^i$ 等价于气体压力，因此膨胀弯曲转动也对应于正压性流变现象。

在陈至达理性力学中，由于下标表达的是力的当前作用面，上标表达的是力的初始方向，因此这个应力是随体的。

区别于现代物理的封闭系统观点，理性力学研究的是开放的工程系统的力学理论，因此不使用能量守恒作为其理论基础出发点，而是把线动量守恒和角动量守恒作为其力学基础。对于陈至达理性力学体系在牛顿体力作用下的运动，线动量守恒方程[5,25]的一般形式为

$$\sigma_j^i\,|_j=f^i \tag{0-59}$$

角动量守恒方程[13]的一般形式为

$$\sigma_i^j\,|_j=f^jF_i^j \tag{0-60}$$

如果引入对称应力和反对称应力，即

$$\sigma_{ij}=\frac{1}{2}(\sigma_j^i+\sigma_i^j),\quad \tilde{\sigma}_{ij}=\frac{1}{2}(\sigma_j^i-\sigma_i^j) \tag{0-61}$$

则有

$$\begin{aligned}\sigma_{ij}\,|_j&=\frac{1}{2}(\delta_i^j+F_i^j)f^j\\ \tilde{\sigma}_{ij}\,|_j&=\frac{1}{2}(\delta_i^j-F_i^j)f^j\end{aligned} \tag{0-62}$$

就方程的右边而言，对于第一分解形，对微小弯曲转动角 Θ，舍弃高阶小量($1-\cos\Theta$)，其线性近似为

$$\sigma_{ij}\,|_{j}=f^{i}+\frac{1}{2}\sin\Theta\cdot L_{i}^{j}f^{j}$$

$$\tilde{\sigma}_{ij}\,|_{j}=-\frac{1}{2}\sin\Theta\cdot L_{i}^{j}f^{j} \tag{0-63}$$

对于第二分解形，对微小弯曲转动角 θ，舍弃高阶小量$\left(\frac{1}{\cos\theta}-1\right)$，其线性近似为

$$\sigma_{ij}\,|_{j}=f^{i}+\frac{1}{2}\tan\theta\cdot \tilde{L}_{i}^{j}f^{j}$$

$$\tilde{\sigma}_{ij}\,|_{j}=-\frac{1}{2}\tan\theta\cdot L_{i}^{j}f^{j} \tag{0-64}$$

在经典弹性力学及工程中，反对称应力对应于转动，从而其变化就是单位微元体受到的转动力矩，这个特点在上述方程中是明显的。

从力学角度看，作者认为，最直接的办法是，记 S_{j}^{i} 对应的应力为${}^{S}\sigma_{j}^{i}$，记 $R_{j}^{i}-\delta_{j}^{i}$ 对应的应力为${}^{R}\sigma_{j}^{i}$，则有如下运动方程，即

$${}^{S}\sigma_{j}^{i}\,|_{j}=f^{i}$$

$${}^{R}\sigma_{i}^{j}\,|_{j}=R_{i}^{j}f^{j} \tag{0-65}$$

记 $\tilde{S}_{j}^{i}$ 对应的应力为${}^{S\sim}\sigma_{j}^{i}$，记$\frac{1}{\cos\theta}-1$ 对应的应力为${}^{R\sim}\sigma_{j}^{i}$，则有如下运动方程，即

$${}^{S\sim}\sigma_{j}^{i}\,|_{j}=f^{i}$$

$${}^{R\sim}\sigma_{i}^{j}\,|_{j}=\frac{1}{\cos\theta}R_{i}^{j}f^{j} \tag{0-66}$$

这样，前一个方程就是内在伸张应力方程，而后一个方程就是广义的欧拉方程[8]。

如何针对具体问题，把以上的理论进展简化为工程力学上的形式，应用于具体问题是以后各章的内容，也是有待于进行开拓的重要研究工作。

第1章　位形的几何描述

在日常生活中，位形指的是宏观物体，有限尺度的或半无限的连续介质体的外形。这个概念也适用于任意微小的物体，称为物质微元体。任何物体都是由物质微元体组成的，在微元体意义上，物体内部是连续介质。物质微元体位形的变化将使得物体的外形发生变化，这就是变形。换句话说，变形就是物体形状的变化。产生变化的原因是力的作用。这就是力学的基本研究对象，即研究（外）力和形状变化（变形）间的基本规律。

1.1　自由质点运动的几何描述

牛顿力学的基本概念是质点。一个质点的位置变化就是牛顿力学意义上的运动，因此质点运动的几何描述就是位移场(u,v,w)。在直角系下，一个质点由位置(x_0,y_0,z_0)运动到位置(x,y,z)，位移场的几何描述为

$$u=x-x_0,\quad v=y-y_0,\quad w=z-z_0 \tag{1-1}$$

如果是单位时间的位移量，定义速度为

$$V_x=\frac{\mathrm{d}x}{\mathrm{d}t}=\frac{\mathrm{d}u}{\mathrm{d}t},\quad V_y=\frac{\mathrm{d}y}{\mathrm{d}t}=\frac{\mathrm{d}v}{\mathrm{d}t},\quad V_z=\frac{\mathrm{d}z}{\mathrm{d}t}=\frac{\mathrm{d}w}{\mathrm{d}t} \tag{1-2}$$

因此，在牛顿力学中，质点运动的几何表达就是位置及其变化，即点的坐标测定。这是非常传统的，但是并不适用于工程力学中的连续介质。对变形而言，点的运动轨迹一般是曲线。

1.2　连续介质内微元体（质点）运动的描述

在连续物体内，如固体和液体，一个单位体积的微元物质体被称为微元体。这个微元体的中心位置可以用坐标(x,y,z)表示。如果该单位微元体的质量为ρ（质量密度），则在牛顿力学意义上，它等价于一个质量为ρ的质点。与真空中运动的牛顿质点不同，一个微元体的运动会引起其相邻的微元体的运动，而且还会经由邻点影响到更大范围的其他微元体的运动。这种微元体的运动表现为微元体间距离的变化，或同时出现的一列微元体间连线的弯曲程度的变化。在宏观上，表现为物体形状的变化。

在力学上，称组成连续物体的物质为连续介质。连续介质微元体的形状变化为力学意义上的变形。

在这个意义上，整个物体的平移或刚性转动，对变形是没有贡献的，因此有别于牛顿质点的运动。

最简单的微元体是单位体积的立方体。在直角系中，它的三个边可以用矢量表达为$(\boldsymbol{i},\boldsymbol{j},\boldsymbol{k})$。如果发生形状变化，那么这三个边就可能变长或变短；由直的变成弯的；不再正交。原则上，这三个边构成局部曲线系，从而需要用张量来描述变形后的位形。

在本书中，变长或变短的微元体运动被称为伸张，弯曲程度变化的运动被称为局部转动。

一般来说，变形后的三个边也还是矢量，用$(\boldsymbol{g}_1,\boldsymbol{g}_2,\boldsymbol{g}_3)$表示。在数学上，称这三个矢量为基本矢量(简称基矢)。这样，对连续介质内的微元体，它的运动，也就是变形，可以表达为

$$\begin{aligned}\boldsymbol{g}_1&=F_1^1\boldsymbol{i}+F_1^2\boldsymbol{j}+F_1^3\boldsymbol{k}\\\boldsymbol{g}_2&=F_2^1\boldsymbol{i}+F_2^2\boldsymbol{j}+F_2^3\boldsymbol{k}\\\boldsymbol{g}_3&=F_3^1\boldsymbol{i}+F_3^2\boldsymbol{j}+F_3^3\boldsymbol{k}\end{aligned}\tag{1-3}$$

称群量$(F_1^1,F_1^2,\cdots,F_2^1,\cdots,F_3^3)$为变形张量，简记为$F_j^i$。上标取值$i=1,2,3$，下标取值$j=1,2,3$，这样共有9个分量。

为了统一符号，如记$\boldsymbol{g}_1^0=\boldsymbol{i},\boldsymbol{g}_2^0=\boldsymbol{j},\boldsymbol{g}_3^0=\boldsymbol{k}$，则上面的方程就简记为

$$\boldsymbol{g}_i=F_i^j\boldsymbol{g}_j^0\tag{1-4}$$

其中，指标j出现两次，表示对$j=1,2,3$求和。

这个约定称为**重复指标求和约定**，以后将不加说明地采用，公式称为基矢变换。在数学上称为流形变换。在抽象代数中称为点集(群)变换。一般情况下，$(\boldsymbol{g}_1^0,\boldsymbol{g}_2^0,\boldsymbol{g}_3^0)$是指弯曲矢量，上标0表示定义在初始参考位形上；没有0上标的弯曲矢量$(\boldsymbol{g}_1,\boldsymbol{g}_2,\boldsymbol{g}_3)$是定义在当前位形上。

力学上称微元体的形状为位形(位指的是特定位置的微元体，形指的是它的形状)。未发生变形运动前的位形称为初始位形(参考位形)，发生变形后的位形称为当前位形(终了位形)。

狭义的工程力学就是研究连续介质内微元体变形的力学。对固体，称为弹性力学，对流体称为流体力学，介于两者之间的是流变学。

1.3　内禀坐标和拖带坐标系

对未变形的连续介质，任意的一个坐标位置代表的是以此位置为中心的微元体，因此每一个坐标点(x^1,x^2,x^3)都代表了一个特定的微元体。在发生变形后，我

们依然用这个坐标来表示这个微元体。这种坐标称为拖带坐标，等价于在大地测量学中高斯内禀坐标，也等价于理论力学中的物质坐标。

想象一个气球，在其表面画上坐标网，并标号(x^1,x^2)，则此后无论气球变大还是变小，坐标网的标号是不变的。因此，每个标号(x^1,x^2)所对应的那个气球胶片元是不变的。

这样无论介质如何变形，一个拖带坐标所代表的微元物质是不变的。这是一条力学原理，称为物质客观不变性原理。

为何提出这个原理呢？因为对牛顿力学，位置变化代表运动；对变形运动，位置只是代表微元体，并不代表运动，运动的基本表达是变形张量。整体的平移或刚性转动对变形没有贡献。

在定义了坐标后，还需要定义一个相应的度规张量 g_{ij}，$i,j=1,2,3$，以确定单位坐标对应的物理长度。因此，一个拖带坐标系的完整表示是$(x^1,x^2,x^3;g_{ij}(x))$。在数学上简记为(M,g)，M 表示用拖带坐标给出的流形，g 表示在该流形上的尺度(度规)，这是黎曼几何的内容。在黎曼几何中，$g_{ij}=\boldsymbol{g}_i\cdot\boldsymbol{g}_j$，其中 $\boldsymbol{g}_i$ 称为基本矢量，其含义是单位坐标对应的实际物理矢量(一般地说是弯曲的矢量)。

1.4　位形的几何场描述

对于一个由拖带坐标(x^1,x^2,x^3)给定的微元体，其变形张量为 $F^i_j(x^1,x^2,x^3)$。事实上，该微元体的三个边可相应地写为 $\boldsymbol{g}^0_i(x)$，$\boldsymbol{g}_i(x)$。

对初始位形，在(x^1,x^2,x^3)点，坐标增量为$(\mathrm{d}x^1,\mathrm{d}x^2,\mathrm{d}x^3)$的介质内物质线的微元曲线矢量为

$$\mathrm{d}\boldsymbol{s}_0(x)=\boldsymbol{g}^0_i(x)\cdot\mathrm{d}x^i=\boldsymbol{g}^0_1\mathrm{d}x^1+\boldsymbol{g}^0_2\mathrm{d}x^2+\boldsymbol{g}^0_3\mathrm{d}x^3 \tag{1-5}$$

变形后，该微元曲线矢量变形为

$$\mathrm{d}\boldsymbol{s}(x)=\boldsymbol{g}_i(x)\cdot\mathrm{d}x^i=\boldsymbol{g}_1\mathrm{d}x^1+\boldsymbol{g}_2\mathrm{d}x^2+\boldsymbol{g}_3\mathrm{d}x^3 \tag{1-6}$$

这样就定义了该点的变形张量 $F^i_j(x)$，使得 $\boldsymbol{g}_i=F^j_i\boldsymbol{g}^0_j$。

对初始位形，它的微分长度平方不变量为

$$\mathrm{d}s^2_0=g^0_{ij}\mathrm{d}x^i\mathrm{d}x^j=\sum_{j=1}^{3}\sum_{i=1}^{3}g^0_{ij}\mathrm{d}x^i\mathrm{d}x^j \tag{1-7}$$

其中，$g^0_{ij}=\boldsymbol{g}^0_i\cdot\boldsymbol{g}^0_j$。

它的度规张量为 $g^0_{ij}(x)$，从而决定了其上的、变形前的几何(初始几何)。

对当前位形，它的微分长度平方不变量为

$$\mathrm{d}s^2=g_{ij}\mathrm{d}x^i\mathrm{d}x^j=\sum_{j=1}^{3}\sum_{i=1}^{3}g_{ij}\mathrm{d}x^i\mathrm{d}x^j \tag{1-8}$$

它的度规张量为 $g_{ij}(x)$，从而决定了变形后的几何(当前几何)。由它所决定的几

何系与由 $g_{ij}^0(x)$决定的几何系是不同的。在这层意义上,变形就是物质内禀几何属性的变化。

在力学上,物质点(微元体)的坐标是不变的,但是它的几何度规张量是变化的。

数学上,坐标和度规张量一起决定了一个坐标系。因此,上面的描述方法就建立了初始拖带坐标系和当前拖带坐标系。在这个意义上,也可以说拖带坐标系的变形就是连续介质的变形,或者说在拖带系下,度规张量的变化就表达了变形(格林应变的哲学基础)。

1.5 变形张量的位移表示

在实验室观测系(标准直角坐标系)中,假定在变形前一个物质点的坐标为(X_0,Y_0,Z_0),变形后成为(X,Y,Z),则可以定义该物质点(X_0,Y_0,Z_0)的位移场为

$$U=X-X_0,\quad V=Y-Y_0,\quad W=Z-Z_0 \tag{1-9}$$

从而,有

$$\begin{aligned}
&\frac{\partial X}{\partial X_0}=1+\frac{\partial U}{\partial X_0},\frac{\partial X}{\partial Y_0}=\frac{\partial U}{\partial Y_0},\frac{\partial X}{\partial Z_0}=\frac{\partial U}{\partial Z_0}\\
&\frac{\partial Y}{\partial X_0}=\frac{\partial V}{\partial X_0},\frac{\partial Y}{\partial Y_0}=1+\frac{\partial V}{\partial Y_0},\frac{\partial Y}{\partial Z_0}=\frac{\partial V}{\partial Z_0}\\
&\frac{\partial Z}{\partial X_0}=\frac{\partial W}{\partial X_0},\frac{\partial Z}{\partial Y_0}=\frac{\partial W}{\partial Y_0},\frac{\partial Z}{\partial Z_0}=1+\frac{\partial W}{\partial Z_0}
\end{aligned} \tag{1-10}$$

因此,在实验室系,变形张量 $F_j^i(X_0,Y_0,Z_0)$可表达为

$$F_j^i=\frac{\partial X^i}{\partial X_0^j}=\delta_j^i+\frac{\partial U^i}{\partial X_0^j} \tag{1-11}$$

这是以初始位形为参考。如果以当前位形为参考,则变形张量 $\bar{F}_j^i(X,Y,Z)$不是

$$\bar{F}_j^i=\frac{\partial X_0^i}{\partial X^j}=\delta_j^i-\frac{\partial U^i}{\partial X^j}$$

这是因为,变形后的坐标系是曲线系,不再是标准直角系。上式中的偏导数必须变成协变导数,从而正确的形式为

$$\bar{F}_j^i=X_0^i|_j=\delta_j^i-U^i|_j \tag{1-12}$$

但是,变形是任意的,从而上式的实际计算是不现实的。也就是说,对于任意的变形系,用位移场来定义变形张量是不精确的。

在变形为无限小时,可以忽略 $U^i|_j$ 与$\frac{\partial U^i}{\partial X^j}$间的差别,从而有

$$\bar{F}_j^i\approx\frac{\partial X_0^i}{\partial X^j}=\delta_j^i-\frac{\partial U^i}{\partial X^j} \tag{1-13}$$

如果假定可以忽略当前系与初始系间的差别，也就是忽略物质系的变化，则称为微小变形力学或无限小变形力学。这就是经典变形力学，也就是一般教科书中的工程力学。在这个假定成立时，变形（张量）就等价于坐标变换的变换系数，但是数学上的坐标变换系数并不是张量。

如果这个微小变形假定不成立，则称为大变形力学。与断裂破坏有关的现象是大变形力学问题。没有微小变形假定的力学称为理性力学。介于二者（经典力学与理性力学）间的是非线性力学。

以上是经典的几何概念，后面将采用现代几何场的概念，读者需仔细区分。

第 2 章　微元体的变形及应变应力

连续介质的基本定义是由物质微元的有序结构组成的宏观介质[3]。连续性的概念采用数学上的定义，而数学上的“点”指的是物质微元体。在现实中，在任一微元体内(对一个点)，如果排序是各向同性的，则称为几何各向同性，显然其物性也应是各向同性的，这种简单的、理想化介质被称为理想各向同性介质。如果排序方式与方向有关(如单向结晶体)，或是各方向上的物性不同，则为各向异性介质。

在某个尺度上定义点(微元体)，如果任一点的物性都一样，就称介质是均匀连续介质。如果各点的物性随该点所在位置而变化，则为非均匀连续介质。如果想强调“点”实际上是某个尺度上的“微元体”，而每个点的尺度可能是不同的，则称为多尺度非均匀连续介质。更多的名称不断出现，也反映了介质概念的复杂性。

显然，如果把尺度压缩到原子、分子级，则介质是离散的。现代物理表明，物理场(主要是指电磁场)是连续的，因此还可以在广义上看成是连续介质。为区别于传统的宏观尺度下的连续介质，我们引入凝聚态介质的概念，有时候干脆不加区分。

一般来说，在工程力学课程中，假定材料是理想各向同性的简单介质。

2.1　变形张量

在现代几何场[6,11]理论中，位形是由坐标及其上的切矢量来定义的。对连续介质，建立初始位形上的初始拖带坐标系(x^i，$\boldsymbol{g}_i^0$)。在变形后，拖带系变为(x^i，$\boldsymbol{g}_i$)。这两者均是可以实际测定的，那么变形张量 $F_j^i(x)$就由下式定义，即

$$\boldsymbol{g}_i(x)=F_i^j(x)\cdot\boldsymbol{g}_j^0(x) \tag{2-1}$$

拖带坐标的物理意义是，对一个物质微元体而言，无论是变形前还是变形后，其坐标是不变的(也就是拖带的)，但是其对应的基矢是变化的。变形张量是变形的基本测量量。

无论是经典的格林应变，还是现代的理性力学，以及更广泛的现代理论物理，都把这个方程作为变形运动的基本几何方程。数学上，对微小变形，变形张量可以由位移场梯度给出。因此，这个变形张量的引入应归功于 Truesdell 的研究工作[1,2]，但是做出上面的几何解释却是陈至达[4,5]的贡献。

2.2 应　　变

在弹性力学中，格林应变指的是微元体长度变化量与微元体原来长度的比。

在数学表达上，微元体的两个点(x^i)和$(x^i+\mathrm{d}x^i)$间的原来长度平方为

$$\mathrm{d}s_0^2 = g_{ij}^0 \mathrm{d}x^i \mathrm{d}x^j = \sum_{j=1}^{3}\sum_{i=1}^{3} g_{ij}^0 \mathrm{d}x^i \mathrm{d}x^j \tag{2-2}$$

其中，g_{ij}^0为无变形时的度规张量。

对直角坐标系，即

$$g_{ij}^0=\delta_{ij}=\begin{cases}1, & i=j\\ 0, & i\neq j\end{cases} \tag{2-3}$$

依然使用上面的坐标来表达点的坐标位置(想象成把坐标刻在介质内)，变形后这两点的长度平方为

$$\mathrm{d}s^2 = g_{ij} \mathrm{d}x^i \mathrm{d}x^j = \sum_{j=1}^{3}\sum_{i=1}^{3} g_{ij} \mathrm{d}x^i \mathrm{d}x^j \tag{2-4}$$

则有

$$\mathrm{d}s^2-\mathrm{d}s_0^2 = (g_{ij}-g_{ij}^0)\mathrm{d}x^i \mathrm{d}x^j \tag{2-5}$$

另一方面，由

$$\mathrm{d}s^2-\mathrm{d}s_0^2 = (\mathrm{d}s-\mathrm{d}s_0)(\mathrm{d}s+\mathrm{d}s_0) \approx 2\mathrm{d}s_0(\mathrm{d}s-\mathrm{d}s_0) \tag{2-6}$$

在微小变形假定下，有

$$\frac{\mathrm{d}s-\mathrm{d}s_0}{\mathrm{d}s_0} \approx \frac{\mathrm{d}s^2-\mathrm{d}s_0^2}{2\mathrm{d}s_0^2} \tag{2-7}$$

取 $\mathrm{d}s_0=1, g_{ij}^0=\delta_{ij}=\begin{cases}1, i=j\\ 0, i\neq j\end{cases}$，(取直角坐标系)，则有

$$\frac{\mathrm{d}s-\mathrm{d}s_0}{\mathrm{d}s_0} = \frac{1}{2}(g_{ij}-\delta_{ij})\mathrm{d}x^i \mathrm{d}x^j \tag{2-8}$$

取微元体的中心点为参考，以该中心点为代表的微元体的 **Green-Love 应变张量**[2]就定义为

$$\varepsilon_{ij} = \frac{1}{2}(g_{ij}-\delta_{ij}) \tag{2-9}$$

以上表达方式为物质坐标表达方式，也称为 Lagrange 坐标描述。在上面的推导中，坐标是不变的，变化的是度规张量。这种坐标是钱伟长在 1943—1944 年的论文[9]中使用的，称为内禀坐标，与度规张量一起，形成拖带坐标系。上面的变形就是度规张量由初始的 δ_{ij} 变形为当前的 g_{ij}。

由于 $\boldsymbol{g}_i(x)=F_i^j(x)\cdot \boldsymbol{g}_j^0(x)$，所以有

$$g_{ij}=F_i^l F_j^k g_{lk}^0=F_i^l F_j^l \tag{2-10}$$

因此，以直角系为初始位形参考，可以把变形张量写为

$$F_j^i=\delta_j^i+\varepsilon_j^i \tag{2-11}$$

在力学史上，称 ε_j^i 为**柯西应变**[26,27]，则有

$$g_{ij}=F_i^l F_j^l=(\delta_i^l+\varepsilon_i^l)(\delta_j^l+\varepsilon_j^l)=\delta_j^i+\varepsilon_i^j+\varepsilon_j^i+\varepsilon_i^l\varepsilon_j^l \tag{2-12}$$

微小变形的 ε 很小，略去其高阶小量，就有线性近似。其定义的**格林应变**为

$$\varepsilon_{ij}=\frac{1}{2}(\varepsilon_j^i+\varepsilon_i^j) \tag{2-13}$$

这是目前工程力学中最广为使用的应变定义。如果保留高阶小量，就是非线性力学。

在传统上，应变是用位移场来定义的。在测量系中，取该微元体的任意点(x^i)在初始位形上的直角坐标为(X^i)，则在变形后，任一点坐标测量值变为$(\overline{X}^i=X^i+u^i)$，对于连续性变形，位移场为

$$u^i=u^i(X^1,X^2,X^3) \tag{2-14}$$

也就是说，有

$$\overline{X}^i(X^1,X^2,X^3)=X^i+u^i(X^1,X^2,X^3) \tag{2-15}$$

这样，就可以引入变形梯度[2]张量 $F_j^i(X^1,X^2,X^3)$，即

$$F_j^i=\frac{\partial\overline{X}^i}{\partial X^j}=\delta_j^i+\frac{\partial u^i}{\partial X^j} \tag{2-16}$$

在测量系中，这等价于坐标变换。

另一方面，在测量系中，有

$$\mathrm{d}s_0^2=\delta_{ij}\,\mathrm{d}X^i\,\mathrm{d}X^j \tag{2-17}$$

$$\begin{aligned}\mathrm{d}s^2&=\delta_{ij}\,\mathrm{d}\overline{X}^i\,\mathrm{d}\overline{X}^j\\&=\delta_{ij}\left(\frac{\partial\overline{X}^i}{\partial X^l}\mathrm{d}X^l\right)\left(\frac{\partial\overline{X}^j}{\partial X^k}\mathrm{d}X^k\right)\\&=\delta_{ij}\frac{\partial\overline{X}^i}{\partial X^l}\frac{\partial\overline{X}^j}{\partial X^k}\mathrm{d}X^l\,\mathrm{d}X^k\\&=\frac{\partial\overline{X}^m}{\partial X^l}\frac{\partial\overline{X}^m}{\partial X^k}\mathrm{d}X^l\,\mathrm{d}X^k\\&=\frac{\partial\overline{X}^m}{\partial X^i}\frac{\partial\overline{X}^m}{\partial X^j}\mathrm{d}X^i\,\mathrm{d}X^j\\&=F_i^m F_j^m\,\mathrm{d}X^i\,\mathrm{d}X^j\end{aligned} \tag{2-18}$$

因此，有

$$\varepsilon_{ij}=\frac{1}{2}(g_{ij}-\delta_{ij})=\frac{1}{2}(F_i^m F_j^m-\delta_{ij}) \tag{2-19}$$

将式(2-16)代入,舍掉高阶无限小项,就有

$$\varepsilon_{ij}=\frac{1}{2}\left(\frac{\partial u^i}{\partial X^j}+\frac{\partial u^j}{\partial X^i}\right) \tag{2-20}$$

这就是在无限小变形假定下,Green-Love 应变在(测量)直角坐标系中的表达方式。以上表达方式为欧拉坐标描述。采用这个格林应变时,一个隐含的假定是 $\frac{\partial u^i}{\partial X^j}=\frac{\partial u^j}{\partial X^i}$。由此附加条件而对位移场给出的限定性方程被称为位移协调方程。

Green 应变理论没有包含局部转动(弯曲)的贡献。这是理论上的缺陷,其后的理性力学为此开展了很多研究工作。

用位移场表出的**柯西应变**为

$$\varepsilon_j^i=\frac{\partial u^i}{\partial X^j} \tag{2-21}$$

注意到

$$\varepsilon_j^i=\frac{\partial u^i}{\partial X^j}=\frac{1}{2}\left(\frac{\partial u^i}{\partial X^j}+\frac{\partial u^j}{\partial X^i}\right)+\frac{1}{2}\left(\frac{\partial u^i}{\partial X^j}-\frac{\partial u^j}{\partial X^i}\right) \tag{2-22}$$

它称为 **Stokes 和分解定理**[4,5],是 19 世纪的重要力学进展(奠定了横波的弹性力学基础)。

在更早期,柯西、Stokes、Navier 等定义的应变为

$$\varepsilon_{ij}=\frac{1}{2}\left(\frac{\partial u^i}{\partial X^j}+\frac{\partial u^j}{\partial X^i}\right) \tag{2-23}$$

$$\omega_{ij}=\frac{1}{2}\left(\frac{\partial u^i}{\partial X^j}-\frac{\partial u^j}{\partial X^i}\right) \tag{2-24}$$

其中,ω_{ij} 是反对称张量(Stokes 应变),只有三个独立分量。

在现代力学中,也常把 ε_{ij} 称为柯西 Cauchy 应变(纵波),把 ω_{ij} 称为 Stokes 应变(横波)。

我国力学家陈至达的理性力学理论给出了一般性公式[4,5](Stoke-陈 S+R 和分解定理),即

$$F_j^i=S_j^i+R_j^i \tag{2-25}$$

其中,S_j^i 为对称张量,表示内在伸张;R_j^i 为单位正交转动(满足条件 $R_i^l R_j^l=\delta_{ij}$,从而有 $(R_j^i)^{-1}=R_i^j$,使得 $R_i^l\,(R_l^j)^{-1}=\delta_i^j$)。

由一般性变形梯度张量给出的陈-Stokes 伸张应变为

$$S_j^i=\frac{1}{2}\left(\frac{\partial u^i}{\partial X^j}+\frac{\partial u^j}{\partial X^i}\right)-(1-\cos\Theta)L_l^i L_j^l \tag{2-26}$$

和陈-Stokes 转动应变为

$$R_j^i-\delta_j^i=L_j^i\sin\Theta+(1-\cos\Theta)L_l^i L_j^l \tag{2-27}$$

其中

$$L_j^i = \frac{1}{\sin\Theta} \cdot \omega_j^i$$

$$\sin\Theta = \sqrt{(\omega_2^1)^2 + (\omega_3^2)^2 + (\omega_1^3)^2}$$

$$\omega_j^i = \frac{1}{2}\left(\frac{\partial u^i}{\partial X^j} - \frac{\partial u^j}{\partial X^i}\right) \tag{2-28}$$

上述结果一般称为直和分解。其中，Θ 称为局部整旋角（本书称**局部转动角**），L_j^i 为转动方位张量。

由 Stoke-陈 S+R 和分解定理，数学上有

$$F = S + R = (SR^{-1} + I)R\text{，或 } F = R(R^{-1}S + I) \tag{2-29}$$

这样就得到 Finger-Truesdell 乘积分解[27]（极分解定理），即

$$F = RU, \quad F = VR \tag{2-30}$$

其中，R 是单位正交转动张量，$U = I + \varepsilon$ 和 $V = I + \varepsilon'$ 不是应变，称为伸张张量（左、右伸张）。

在形式上，应变定义为

$$C_{ij} = \frac{1}{2}(U^{\mathrm{T}}U - I)\left[= \frac{1}{2}(F^{\mathrm{T}}F - I)\right] \tag{2-31}$$

这是以初始位形为参考定义的应变，称为 Truesdell 应变。先将当前坐标转动到初始位形方向再计算长度的变化。

或者

$$\widetilde{C}_{ij} = \frac{1}{2}(VV^{\mathrm{T}} - I) = \left[\frac{1}{2}(FF^{\mathrm{T}} - I)\right] \tag{2-32}$$

这是以当前位形为参考定义的应变，可以先将初始坐标转动到当前位形方向再计算长度的变化。

同时，把 R 看成是等价的刚体转动，用理论力学的方法处理（欧拉方程）。这种理论上的不协调性是其缺陷。这种转动引用 Euler 转动概念，用质点刚性 Euler 转动方程作为相关的力学方程。对此，在理论的协调性上有不少批评。

应变的定义方程一般称为**几何方程**，其核心是精确描述运动的几何表现。用位移场给出是因为位移场是可直接测量量。在现代技术下，以随体传感器为主的现代测量技术为拖带系的测量方式，从而是直接测量变形张量。这是推动拖带系下的应变及相应的力学体系进入工业应用的时代背景。对我国而言，是科学创新的机遇。

以上结果是当前采用的应变定义，共有 4 类。这也是力学当前（自半个世纪前开始直到现在）争论不休的论题，但是对无限小变形，所有理论的结果是等同的。无限小变形就是一般意义上的工程力学。

假定 $\omega_{ij}=\frac{1}{2}\left(\frac{\partial u^i}{\partial X^j}-\frac{\partial u^j}{\partial X^i}\right)=0$，则以上所有的应变全部退化为 Green-Love 应变。这是一般工程力学教科书的基本假定，称为无限小变形理论（经典的弹性力学，塑性力学）。它的应变张量是对称的 $\varepsilon_{ij}=\varepsilon_{ji}$。力学家 Frola（1906－1962）以先验形式导出过等价于陈 S 应变的数学形式[28]，但是没有在理性上解决其精确形式（系数不正确），因此未形成理论体系。

在 $\omega_{ij}=\frac{1}{2}\left(\frac{\partial u^i}{\partial X^j}-\frac{\partial u^j}{\partial X^i}\right)$很小时，有 $\sin\Theta\approx\Theta, 1-\cos\Theta\approx\frac{1}{2}\Theta^2\approx 0$，陈-Stokes 伸张应变退化为柯西应变（格林应变），陈-Stokes 转动应变退化为 Stokes 应变。板、壳的宏观弯曲的微分表达就是 Stokes 应变。一般在波动理论（弹性动力学）中采用这个假定。它还属于无限小变形理论，应变张量是不对称的，即 $\varepsilon^i_j\neq\varepsilon^j_i$，分为对称部分（$\varepsilon_{ij}=\varepsilon_{ji}$，P 波）和反对称（$\omega_{ij}=-\omega_{ji}$，S 波）部分。

在 $\omega_{ij}=\frac{1}{2}\left(\frac{\partial u^i}{\partial X^j}-\frac{\partial u^j}{\partial X^i}\right)$较大时，极分解定理和 Stoke-陈 S＋R 分解定理是可以互相转换的。它们都把变形分解为纯粹的伸张应变张量部分（对称）和局部欧拉转动（弯曲曲率变化）部分，也称为局部正交转动部分。不同点在于：陈理论是取拖带坐标系，而极分解是取固定坐标系。在工程力学中，称此为大变形（或大转动），基本没有可供本科生层次的教材。有关专著以理性力学为主，这类变形恰恰关乎安全性评价、完整性评价，以及疲劳断裂等，是基础设施的重点测量及力学分析对象。显然，这里的大变形大转动并不是普通意义上的大，而是学术上的“大”。

工程上，取何种定义取决于精度要求和实际的变形特征。毫无疑义的，对大变形，或微小变形的高精度测量，简单的 Green-Love 应变往往是不足以给出所需精度的。一般的看法为，格林应变的理论精度不足以处理稳定性评价、断裂机制等的力学理论要求，这也是发展把 ε 的高阶项考虑进来的非线性力学的动因。

在表象层次的直观意义上，多数教科书都论述了 $\varepsilon_{11}=\frac{\partial u^1}{\partial x^1}$、$\varepsilon_{22}=\frac{\partial u^2}{\partial x^2}$、$\varepsilon_{33}=\frac{\partial u^3}{\partial x^3}$为伸张。$\frac{\partial u^i}{\partial X^j}, i\neq j$ 的几何含义为转动角，因此 $\varepsilon_{ij}=\frac{1}{2}\left(\frac{\partial u^i}{\partial X^j}+\frac{\partial u^j}{\partial X^i}\right), i\neq j$ 是平均几何转动角，也就称为角应变。借用此理解，$\omega_{ij}=\frac{1}{2}\left(\frac{\partial u^i}{\partial X^j}-\frac{\partial u^j}{\partial X^i}\right)$ 就是局部的相对转动角，在现代力学中称为自旋、涡度或局部相对转动。但是，直观解释不能反过来作为基本定义，这点是必须服从的基本科学原理。

对大变形，还有亨奇（Hencky）应变，定义为 $\varepsilon=\frac{1}{2}\ln\left(\frac{g}{g_0}\right)$，理论研究工作表明，张量描述也会给出在大变形时的这个近似公式。该定义在流变学中应用的比较普遍。对微小变形，它也等价于 Green-Love 应变。

必须指出，用位移场来表达应变是出于数理方程求解的需要，它把待求变量简化为 3 个位移分量。对直接测量物体变形而言，应使用应变的变形张量定义。

在现代力学中，流形变换的变化就是应变。对于变形运动而言，所谓的流形变换就是本书的基矢变换，不需要引入位移场来定义应变。

以上用位移场来论述各类应变间的关系是为了加深读者对应变概念的理解。

2.3 应力与物性(本构)方程

对微小变形(或增量变形)，理想的各向同性弹性介质，定义拉梅参数为 λ 和 μ，则对应变 ε_{ij}(经典应变)，格林应力为

$$\sigma_{ij}=\lambda(\varepsilon_{ll})\delta_{ij}+2\mu\varepsilon_{ij} \tag{2-33}$$

对工程力学而言，给出材料的 λ 和 μ 就给定了具体的物质，因此称 λ 和 μ 为物性参数。不同的材料就表现为不同的物性参数。这个应力张量是对称的，因此也称为对称应力理论。

如果把转动也考察进来，Stokes 转动应力为(反对称应力)

$$\tilde{\sigma}_{ij}=2\mu\omega_{ij} \tag{2-34}$$

这个应力张量是反对称的，也称为反对称应力。

在力学上，常采用柯西应力定义。在直角系中，柯西应力定义为

$$\sigma_{ij}=\lambda\left(\frac{\partial u^l}{\partial X^l}\right)\delta_{ij}+2\mu\frac{\partial u^i}{\partial X^j} \tag{2-35}$$

显然，它是上面两项的合成。这个应力是非对称的，称为非对称应力理论。

无论是小变形还是大变形，式(2-33)和式(2-35)的应力定义是普遍采用的，也称为胡克定律。

应力的定义也有多种，一般来说应力被作为引出量。在现代，应力为因变量，还是应变为因变量，还是一个有争论的问题。

另外，力分成体力和面力。体力是与质点惯性力相联系的，而面力则是只作用在物体表面的。因此，应力是作用在微元物体表面上的力，所谓的点应力是这样来理解的，考察微元体中心点的三个正交面元，则对 $X^i=\text{const}$ 面，任何一个面力 $\boldsymbol{t}_i$ 可沿坐标方向分解为三个分量 σ_i^j，$j=1,2,3$。在微小变形时，忽略物质系(拖带系)与测量系的差别，记为 σ_{ij}，即

$$\boldsymbol{t}_i=\sigma_i^j\boldsymbol{g}_j^0,\quad X^i=\text{const}\ \text{面上} \tag{2-36}$$

应力 σ_i^j 的直观意义是作用在 $X^i=\text{const}$ 面上的，方向为 $\boldsymbol{g}_j^0$ 上的面力分量(变形前的方向)。考察三组平行面 $X^i=\text{const}$ 和 $X^i+\mathrm{d}X^i=\text{const}$($i=1,2,3$)间的面力差，即

$$\boldsymbol{t}_i(X+\mathrm{d}X)-\boldsymbol{t}_i(X)=\frac{\partial \boldsymbol{t}_i}{\partial X^{(i)}}\mathrm{d}X^{(i)}=\left(\frac{\partial \sigma_i^j}{\partial X^{(i)}}\mathrm{d}X^{(i)}\right)\boldsymbol{g}_j^0 \tag{2-37}$$

则在单位体积微元体上，$\mathrm{d}X^1\mathrm{d}X^2\mathrm{d}X^3=1$，该微元所受到的净力为

$$\boldsymbol{f}=\sum_{i=1}^{3}\Delta \boldsymbol{t}_i=\frac{\partial \sigma_i^j}{\partial X^i}\boldsymbol{g}_j^0 \tag{2-38}$$

或写成分量形式，即

$$f^j=\frac{\partial \sigma_i^j}{\partial X^i} \tag{2-39}$$

在客观效果上等价于作用在该点(微元体中心)上的点力。式(2-39)就是常用的**静力平衡方程**。

在大多数教科书中写为

$$f_i=\frac{\partial \sigma_{ij}}{\partial X^j} \tag{2-40}$$

在大变形时，如果以当前位形为参考，则式(2-36)应写为

$$\boldsymbol{t}_i=\sigma_i^j\boldsymbol{g}_j,\quad X^i=\text{const 面上} \tag{2-41}$$

应力 σ_i^j 的直观意义是作用在 $X^i=\text{const}$ 面上的，方向为 $\boldsymbol{g}_j$ 上的面力分量(变形后的当前方向)。此时，$X^i=\text{const}$ 面实际上为变形后的曲面，式(2-37)应改写成为

$$\boldsymbol{t}_i(X+\mathrm{d}X)-\boldsymbol{t}_i(X)=\boldsymbol{t}_i|_{(i)}\mathrm{d}X^{(i)}=(\sigma_i^j|_{(i)}\mathrm{d}X^{(i)})\boldsymbol{g}_j+\sigma_i^j\left(\frac{\partial \boldsymbol{g}_j}{\partial X^{(i)}}\right)\mathrm{d}X^{(i)} \tag{2-42}$$

其中，$|_{(i)}$ 表示偏协变导数[5]。

由于

$$\frac{\partial \boldsymbol{g}_j}{\partial X^i}=\Gamma_{ij}^l\boldsymbol{g}_l \tag{2-43}$$

因此

$$\boldsymbol{t}_i(X+\mathrm{d}X)-\boldsymbol{t}_i(X)=(\sigma_i^j|_{(i)}\mathrm{d}X^{(i)})\boldsymbol{g}_j+\sigma_i^j(\Gamma_{(i)j}^l\boldsymbol{g}_l)\mathrm{d}X^{(i)} \tag{2-44}$$

把后一项的求和指标作代换 $j\to k, l\to j$，则上式成为

$$\boldsymbol{t}_i(X+\mathrm{d}X)-\boldsymbol{t}_i(X)=(\sigma_i^j|_{(i)}\mathrm{d}X^{(i)})\boldsymbol{g}_j+\sigma_i^k(\Gamma_{(i)k}^j\boldsymbol{g}_j)\mathrm{d}X^{(i)} \tag{2-45}$$

则在单位体积微元体上，$\mathrm{d}X^1\mathrm{d}X^2\mathrm{d}X^3=1$。该微元所受到的净力为一般性表达式，即

$$\boldsymbol{f}=\sum_{i=1}^{3}\Delta \boldsymbol{t}_i=\sum_{i=1}^{3}(\sigma_i^j|_{(i)}+\sigma_i^k\Gamma_{ik}^j)\boldsymbol{g}_j \tag{2-46}$$

或写成完整的分量形式(**大变形静力平衡方程**)，即

$$f^j=\frac{\partial \sigma_i^j}{\partial X^i}-\sigma_k^j\Gamma_{ii}^k+\sigma_i^k\Gamma_{ik}^j \tag{2-47}$$

这个净力是作用在随体上的，有很多的理论研究它。也就是说，如果把应力以当前

位形为参考，或是以任意系为参考定义应力，有关方程是张量形式。

对于工程力学而言，式(2-43)是测量系数 Γ^i_{jk} 的基本方程，因此在大变形时，或是复杂位形时，由于基本平衡方程为式(2-47)，这项测量是必要的。我们注意到，它依然是使用基矢来测定的，这样与应变的张量测量原则是一样的。

在目前采用的理论中，还有面积采用初始位形为参考，长度采用当前位形为参考的应力概念和面积采用当前位形为参考，长度采用初始位形为参考的应力概念。

在文献资料上，更为常见的应力是单纯的协变化 σ_{ij}（以参考位形的面积度规为基准），单纯的逆变化 σ^{ij}（以参考位形的长度度规为基准），或是混合化 σ^i_j（以初始位形的面积度规和长度度规为基准）。

它们可以互相转换，用哪一个概念，取决于应用者的选择。特别的，在某种选择下的非线性可能在另一种选择下是线性，因此与应变概念一起，力学上有很多个学派，是所有学科中最为复杂化的。也正是这个原因，对力学理论的研究工作层出不穷。

在微小变形时，它们间的差别可以忽略，因此在通用教科书中采用单纯的协变化 σ_{ij}。

在当代力学中，普遍采用的一般性应力是由泛函形式的变形能 W 定义[25,27]的，即

$$\sigma_{ij}=\frac{\partial W}{\partial \varepsilon_{ij}} \tag{2-48}$$

对应变，取多项式级数展开，就有

$$\sigma_{ij}=\sigma^0_{ij}+\frac{\partial^2 W}{\partial \varepsilon_{mn}\partial \varepsilon_{ij}}\varepsilon_{mn}+\cdots \tag{2-49}$$

其中，σ^0_{ij} 为无增量变形时的、参考位形上的初始应力；ε_{ij} 被看成增量变形，因此变形应力增量为

$$\delta\sigma_{ij}=\sigma_{ij}-\sigma^0_{ij}=\frac{\partial^2 W}{\partial \varepsilon_{mn}\partial \varepsilon_{ij}}\varepsilon_{mn}+\cdots\approx C_{mnij}\varepsilon_{mn} \tag{2-50}$$

这就是所谓的线性弹性理论。C_{mnij} 被称为物性常数张量。特别的，对理想的各向同性弹性介质，在小变形时，有

$$C_{mnij}=\lambda\delta_{mn}\delta_{ij}+2\mu\delta_{mi}\delta_{nj} \tag{2-51}$$

$$\delta\sigma_{ij}=C_{mnij}\varepsilon_{mn} \tag{2-52}$$

在考虑固体变形时，一般取 σ^0_{ij} 为零，即不考虑初始应力（参考位形的内应力），但在安全评估中（疲劳、断裂等）必须考虑。

如果直接将变形能定义为

$$W=W(\delta_{ij}+\varepsilon_{ij}) \tag{2-53}$$

则由 ε_{ij} 的张量属性有三个不变量，分别为

$$\mathrm{I}=3+\varepsilon_{ll},\mathrm{II}=\frac{1}{2}\varepsilon_{ij}\varepsilon_{ji},\quad i\neq j,\quad \mathrm{III}=(1+\varepsilon_{11})(1+\varepsilon_{22})(1+\varepsilon_{33}) \tag{2-54}$$

对无限小变形，略去高阶小量后就只有两个是独立的。

这称为一般性本构方程。一般本构性关系是基于哈密尔顿(能量原理)或拉格朗日(余能原理) 原理的，因此理论上更为紧致。特别的，有何种应变定义就有何种应力定义。

变形能是位能与热力学内能概念是等价的。如果引入温度参数 T，则热变形能的一般形式为

$$W=W(T,\varepsilon_{ij}) \tag{2-55}$$

这样就有

$$\delta W=p\cdot\delta T+\sigma_{ij}^{0}\varepsilon_{ij}+\frac{\partial^2 W}{\partial T\partial\varepsilon_{mn}}\delta T\cdot\varepsilon_{mn}+\frac{\partial^2 W}{\partial\varepsilon_{ij}\partial T}\delta T\cdot\varepsilon_{ij}+\frac{\partial^2 W}{\partial\varepsilon_{ij}\partial\varepsilon_{mn}}\varepsilon_{ij}\varepsilon_{mn}+\cdots \tag{2-56}$$

因此，就有

$$C_{ijmn}=\left(\frac{\partial^2 W}{\partial T\partial\varepsilon_{mn}}+\frac{\partial^2 W}{\partial\varepsilon_{mn}\partial T}\right)\delta T\cdot\delta_{ij}+\frac{\partial^2 W}{\partial\varepsilon_{ij}\partial\varepsilon_{mn}} \tag{2-57}$$

一般地，取

$$\left(\frac{\partial^2 W}{\partial T\partial\varepsilon_{mn}}+\frac{\partial^2 W}{\partial\varepsilon_{mn}\partial T}\right)\delta T\cdot\delta_{ij}=\alpha\delta_{mn}\delta_{ij}\delta T \tag{2-58}$$

那么，对理想的各向同性弹性介质有

$$C_{mnij}=(\lambda+\alpha\delta T)\delta_{mn}\delta_{ij}+2\mu\delta_{mi}\delta_{nj} \tag{2-59}$$

其中，α 是线膨胀系数。这是经常使用热变形本构方程(不采用教科书上的习惯性约定，而是采用 C_{jk}^{il} 与混合应力应变张量匹配)。

以上概念是就能量观点来考察物性的定义。目的是为了强调在抽象形式上，物性方程的张量形式是不变的，因此其应用范围很广。

2.4　平衡方程

在连续介质力学中，包围在一个微元体的封闭边界内的物质质量 m 是一个不变量，但是该微元体的变形会导致体积变化。因此，如果变形前的初始密度为 ρ_0，变形后的当前密度为 ρ，则有质量守恒定律，即

$$m=\rho_0\sqrt{\det g_{ij}^{0}}=\rho\sqrt{\det g_{ij}}$$

即

$$\rho=\rho_0\cdot\frac{\sqrt{\det g_{ij}^0}}{\sqrt{\det g_{ij}}}=\rho_0\cdot\frac{\sqrt{g_0}}{\sqrt{g}} \tag{2-60}$$

变形引起的密度变化在地质地层变形中是有工程意义的。借助变形量的测量可以求得密度的变化。在地质、土木工程中，体积应变是常用的量，即

$$\Delta=\frac{\sqrt{g}-\sqrt{g_0}}{\sqrt{g_0}} \tag{2-61}$$

在工程力学中，以理论力学为基础理论，可以导出各类变形运动的力学方程。

对固体微小变形，**在不考虑变形对物性的改变作用时，运动方程**可以大为简化，这也是经典的力学运动方程概念。动量守恒方程为

$$\frac{\partial\sigma_{ij}}{\partial X^j}=\rho\frac{\partial^2 u^i}{\partial t^2} \tag{2-62}$$

其中，σ_{ij} 为对称应力，由式(2-33)定义。

该方程并不依赖于具体的应变定义，是普遍性的。传统的工程力学假定没有反对称应力，从而只有上面这一组方程。但是，理性力学引入了反对称应力[29-31]，因此有角动量的微分欧拉方程形式。

角动量守恒方程[13]为

$$\frac{\partial\tilde{\sigma}_{ij}}{\partial X^i}=R_i^j\left(\rho\frac{\partial^2 u^i}{\partial t^2}\right) \tag{2-63}$$

其中，$\tilde{\sigma}_{ij}$ 为反对称应力，由式(2-34)定义。它也被称为连续介质内的欧拉方程，是陈至达建议引入的，也是从变形张量中分解出单位正交转动张量 R 的基本力学理论目的。

在边界上，给出适当的初边值条件就可以封闭该问题，转化为数学求解问题。应变边界条件的提法是，在边界面 Σ 上，应变的切向和法向分量为实测值(或给定值)，或者位移为实测值。

运动平衡方程、本构方程、边界条件合在一起就定义了一个定解问题。定解问题的求解是工程力学教科书的主要内容。

对于微小变形，$R_j^i\approx\delta_j^i$，从而式(2-62)和式(2-63)是等价的。在经典弹性力学、塑性力学中采用了这个等价。这个近似等价于假定 Stokes 应变恒为零，也就是说，只有对称应变。

由此延伸出的线动量守恒方程自动满足角动量守恒却是错误的，也正是这类把近似理论绝对化的观点阻碍了疲劳、断裂、稳定性等的深入研究。

2.5 理性力学的疲劳断裂变形

疲劳和流变是结构破坏的基本机制。疲劳破坏经由微观裂纹的萌生，长大到

宏观裂纹的形成和扩展等阶段，而形成损伤破坏现象。在损伤力学中，疲劳损伤是用损伤系数来描述的。但损伤力学没有给出用变形量表出的损伤系数公式或方程，因此是把损伤系数作为一个实验参数引入。原则上，损伤系数是实验表象，不能作为物性参数。

关于疲劳破坏的内禀物性参数只能由变形力学的本质属性来回答。从热力学角度看，损伤的演变表示物质内部结构的不可逆变化过程，因此损伤变量作为一种内变量而引入。经典方法是把应变本构关系、损伤演变规律和裂纹扩展规律各自独立，并把损伤和断裂分成两个阶段处理。这一处理方式可以视为把物质演化部分和结构演化部分作为一个连续过程。

动态变形应力必定是非对称的，而静态变形应力必定是对称的。这种不协调性正是非线性弹塑性(疲劳、流变)的本质。对运动方程的分析研究表明，疲劳是由反对称应力导致不可逆的内禀局部转动产生的，可用局部转动角参数和转动方位表示；当局部转动角参数增大到材料的内禀临界值时，将在转动方位方向出现破裂。在临界破裂时，在主应力空间，应力形成一个应力球面。材料的屈服应力可以直接转换成的材料内禀局部转动角临界值。在破坏出现的临界状态，给出了破坏的扩张演化条件方程。对损伤的后期运动方程分析表明：损坏的扩散是调和函数形式，因此由边界条件完全确定；损坏后的局部转动角满足一个非线性波动方程，并且断裂点的位移速度与局部转动角的乘积为常数。

目前，矿业安全是一个大问题，岩爆是常见的变形现象。对岩爆的起因在理论上还研究得不够，一般的认识是岩体中高预应力的突然释放导致岩爆。显然，煤矿开采会引起采区围岩体应力状态的变化，因此在某些条件下会触发高预应力区的失稳，并导致岩爆。随着开采深度的加大和开采范围的扩大，岩爆逐步变得频繁和严重。很多小的岩爆是表现为顶板失稳后的突然大面积跨落，会造成生产效率的严重下降和安全隐患。

因此，疲劳和流变的测量是解决安全隐患的重要手段。对疲劳和流变类现象，不仅要测量总应变，还要测量瞬时应变增量。应变是随时间而变化的。

对疲劳和流变的研究要求有精确的力学理论方程。下面是基于我国力学家陈至达的力学体系给出的有关结果。**为使读者易于理解，有关结果将重述，这是因为对于新理论，读者无法简单的记住，必要的重复是使本书具有可读性的必要条件。这个原则将贯穿全书。**

2.5.1　几何方程

基于陈至达先生以点集变换概念引入的基矢变换，并经由基矢变换张量与位移梯度场间的关系，证明变形梯度张量可以分解成一个代表畸变的对称张量和一个代表单位正交转动的非对称张量的和，该成果被称为陈 S+R 和分解定理。

变形梯度张量可以用位移梯度表达为

$$F_j^i = U^i|_j + \delta_j^i \tag{2-64}$$

其中，U^i 表示物质点在初始拖带系中的位移；$|_j$ 表示在初始拖带系中的协变导数；F_j^i 也称为变形梯度[25]，在初始拖带系中定义。

对于变形梯度，陈定理[5]指出，它可以分解成一个对称张量 S_j^i 和一个单位正交转动张量 R_j^i 的和，即

$$F_j^i = S_j^i + R_j^i \tag{2-65}$$

其中

$$\begin{aligned}
&S_j^i = \frac{1}{2}(U^i|_j + U^j|_i) - (1-\cos\Theta)L_l^i L_j^l \\
&R_j^i = \delta_j^i + \sin\Theta \cdot L_j^i + (1-\cos\Theta)L_l^i L_j^l \\
&L_j^i = \frac{1}{2\sin\Theta}(U^i|_j - U^j|_i) \\
&\sin\Theta = \frac{1}{2}\left[(U^1|_2 - U^2|_1)^2 + (U^2|_3 - U^3|_2)^2 + (U^3|_1 - U^1|_3)^2\right]^{\frac{1}{2}}
\end{aligned} \tag{2-66}$$

式中，Θ 代表局部平均转动角；L_j^i 代表转轴方位单位矢量。

当位移梯度为零时，$F_j^i = \delta_j^i$，表明变形梯度与介质的整体平移和整体转动无关。

陈定理要求位移梯度为单值连续的，并且局部平均整旋转动是有限的，即

$$\frac{1}{2}\left[(U^1|_2 - U^2|_1)^2 + (U^2|_3 - U^3|_2)^2 + (U^3|_1 - U^1|_3)^2\right]^{\frac{1}{2}} < 1 \tag{2-67}$$

由此可见，陈定理包含经典小变形的非线性效应，表现为局部转动角包含位移梯度分量的非线性项。

2.5.2 物性方程(本构方程)

对于微小变形，经典的各向同性弹性介质的弹性系数张量 E_{jl}^{ik} 为[27]

$$E_{jl}^{ik} = \lambda\delta_j^i\delta_l^k + \mu(\delta_j^i\delta_l^k + \delta_l^i\delta_j^k) \tag{2-68}$$

对应的应力(Navier-Stokes 定义[25])为

$$\sigma_j^i = E_{jl}^{ik} \cdot U^l|_k \tag{2-69}$$

上式是经典微小变形弹性理论的物性方程。对有限变形，我们采用这一形式。

它导致应力可分解为对称应力 $\hat{\sigma}_j^i$（经典应力）和转动应力 $\tilde{\sigma}_j^i$（含非对称应力），即

$$\hat{\sigma}_j^i = E_{jl}^{ik} \cdot S_k^l, \quad \tilde{\sigma}_j^i = E_{jl}^{ik} \cdot (R_k^l - \delta_k^l) \tag{2-70}$$

按此形式，可将 S_j^i 定义为应变(伸缩应变对应于经典应变)，将 $R_j^i - \delta_j^i$ 定义为局部转动应变(对应于 Stokes 的转动应变)。

2.5.3　运动方程

对于初始系下定义的位移场 U^i，由拖带系中积分的动量守恒方程和动量矩守恒方程得到大变形运动方程[13]为

$$
\begin{aligned}
&(\sigma_l^i)|_l=\frac{\partial}{\partial t}\left(\rho\frac{\partial U^i}{\partial t}\right)\\
&(\sigma_j^l)|_l=\frac{\partial}{\partial t}\left[\left(\rho\frac{\partial U^i}{\partial t}\right)g_{il}^0F_j^l\right]\\
&e_{ijk}F_l^j\sigma_k^l=0
\end{aligned}
\tag{2-71}
$$

在不考虑转动(即令 $R_j^i=\delta_j^i$)时，要求 σ_j^i 为对称应力。如果要求 σ_j^i 应力是对称的，则附加条件($e_{ijk}R_l^j\sigma_k^l=0$)要求必须有 $R_j^i=\delta_j^i$，$F_j^i\approx\delta_j^i$，在经典变形理论中正是这样做的。

对一般的有限变形运动，由于应力和应变满足线性方程，因此可以在形式上将变形视为伸缩变形 S_j^i($F_j^i=S_j^i+\delta_j^i$，$U^i=U_{\mathrm{P}}^i$)和正交转动变形 R_j^i($F_j^i=R_j^i$，$U^i=U_{\mathrm{S}}^i$)的叠加。

对伸缩变形 S_j^i，由运动方程(2-71)有

$$
\begin{aligned}
&(\hat{\sigma}_l^i)|_l=\frac{\partial}{\partial t}\left(\rho\frac{\partial U_{\mathrm{P}}^i}{\partial t}\right)\\
&(\hat{\sigma}_j^i)|_i=\frac{\partial}{\partial t}\left[\left(\rho\frac{\partial U_{\mathrm{P}}^i}{\partial t}\right)g_{il}^0(S_j^l+\delta_j^l)\right]\\
&e_{ijk}(S_l^j+\delta_l^j)\hat{\sigma}_k^l=0
\end{aligned}
\tag{2-72}
$$

它对应于波动学中 P 波[25]。此时，如使用 $\hat{\sigma}_j^i=E_{jl}^{ik}S_k^l$ 应力-应变关系，弹性参数张量 E_{jl}^{ik} 必须是各向异性的。这表明，P 波必定会产生(微弱)S 波。在经典的弹性动力学问题中，实际上是用非线性弹性、各向异性弹性[29-31]来描述这一观测现象。

对正交转动 R_j^i，由运动方程(2-71)有

$$
\begin{aligned}
&(\tilde{\sigma}_l^i)|_l=\frac{\partial}{\partial t}\left(\rho\frac{\partial U_{\mathrm{S}}^i}{\partial t}\right)\\
&(\tilde{\sigma}_j^i)|_i=\frac{\partial}{\partial t}\left[\left(\rho\frac{\partial U_{\mathrm{S}}^i}{\partial t}\right)g_{il}^0R_j^l\right]\\
&e_{ijk}R_l^j\tilde{\sigma}_k^l=0
\end{aligned}
\tag{2-73}
$$

它对应于波动学中的 S 波。这表明，一种 S 波会产生另一种 S 波。这已被观测证实，并被命名为横波分裂[32,33]。在经典的弹性动力学问题中，实际上是用各向异性弹性来描述这一观测现象。

特别地，对初始拖带系为标准直角坐标系时，式(2-71)可以写为简单形式，即

$$
\frac{\partial}{\partial x^l}\sigma_l^i=\frac{\partial}{\partial t}\left(\rho\frac{\partial U^i}{\partial t}\right)
$$

$$\frac{\partial}{\partial x^i}\sigma_j^i=\frac{\partial}{\partial t}\left(\rho\frac{\partial U^i}{\partial t}F_j^i\right) \tag{2-74}$$

$$e_{ijk}F_l^j\sigma_k^l=0$$

可见,对含有非对称变形梯度分量的一般变形运动,由于局部转动的存在,变形运动并不严格满足经典理论要求的运动方程[34]。

事实上,由式(2-71),对一般变形运动,由于 $F_j^i\neq\delta_j^i$,为使方程得到满足,动态应力必定是非对称的。利用式(2-71)可以写出下列形式,即

$$(\sigma_j^i-\sigma_j^{iT})|_i=\frac{\partial}{\partial t}\left[\left(\rho\frac{\partial U^i}{\partial t}\right)g_{il}^0(F_j^l-\delta_j^l)\right] \tag{2-75}$$

在经典变形力学中,为使理论体系自洽引入位移场协调条件来克服这一本性缺点,或引入非线性条件使弹性参数张量与变形有关来解决。虽然这一近似处理是合理的、有效的,但不能解决疲劳破坏力学问题。

从经典变形力学理论体系来看,应力的对称性要求是来源于应力的定义方式(物性方程)并由在动量矩守恒方程的推导中假定 $F_j^i\approx\delta_j^i$ 来证明。这一本性缺点导致各种应力的引入,造成理论上的混乱。这是疲劳破坏力学问题长期得不到理性描述的根本原因。

对于静态问题,式(2-75)变成为

$$(\sigma_j^i-\sigma_j^{i\mathrm{T}})|_i=0 \tag{2-76}$$

它导致静态应力必定是对称的,因此由 $e_{ijk}F_l^j\sigma_k^l=0$ 导致变形梯度是对称的,即 $F_j^i=F_j^{i\mathrm{T}}$。就静态问题来看,经典变形力学理论体系是精确的。

正是这种经典变形力学理论体系静态问题的精确性长期掩盖了其对动态问题的非精确性。由此可见,疲劳破坏力学问题必须由动态问题来解决。下面分别讨论式(2-72)对应的纯弹性疲劳变形和式(2-73)对应的纯局部旋转疲劳变形。为突出物理特征,下面取初始拖带系为标准直角坐标系($g_{ij}^0=\delta_{ij}$)。

2.5.4 纯弹性疲劳变形

对无限小局部转动变形,介质变形由下列运动方程描述,即

$$(\hat{\sigma}_l^i)|_l=\frac{\partial}{\partial t}\left(\rho\frac{\partial U_P^i}{\partial t}\right)$$

$$(\hat{\sigma}_j^i)|_i=\frac{\partial}{\partial t}\left[\left(\rho\frac{\partial U_P^i}{\partial t}\right)(S_j^i+\delta_j^i)\right] \tag{2-77}$$

$$e_{ijk}(S_l^j+\delta_l^j)\hat{\sigma}_k^l=0$$

因此,有动平衡方程,即

$$(\hat{\sigma}_j^i-\hat{\sigma}_j^{iT})|_i=\frac{\partial}{\partial t}\left(\rho\frac{\partial U^i}{\partial t}S_j^i\right)$$

$$(\hat{\sigma}_j^i+\hat{\sigma}_j^{iT})\big|_i=\frac{\partial}{\partial t}\left[\left(\rho\frac{\partial U^i}{\partial t}\right)(S_j^i+2\delta_j^i)\right] \tag{2-78}$$

上面的第三式自动满足。但是,第一式只是近似满足,正是疲劳断裂的来源机制。也就是说,变形本身必定产生非对称应力。

对无限小局部转动的周期变形,取位移场的时间依赖性为

$$U^i=U_0^i\cdot\cos(\omega t) \tag{2-79}$$

注意到应力、应变的时间依赖性均为此形式,用下标 0 表示与时间无关项,则有

$$(\hat{\sigma}_j^i-\hat{\sigma}_j^{iT})\big|_i=\left[E_{jl}^{ik}\left(\frac{\partial U^l}{\partial x^k}-\frac{\partial U^{l\,T}}{\partial x^k}\right)\right]\bigg|_i=-\rho\omega^2\cos(2\omega t)\cdot U_0^iS_{0j}^i \tag{2-80}$$

介质弹性参数张量为各向同性形式时有

$$\cos(\omega t)\cdot\left(\frac{\partial U_0^i}{\partial x^j}-\frac{\partial U_0^{i\,T}}{\partial x^j}\right)\bigg|_i=-\frac{\rho\omega^2}{\mu}\cos(2\omega t)\cdot U_0^iS_{0j}^i\approx-\frac{\rho\omega^2}{\mu}\cos(2\omega t)\cdot\frac{\partial(U_0^iU_0^i)}{\partial x^j} \tag{2-81}$$

将定义式(2-66)用于等式的左边项,可以得到

$$\frac{\partial}{\partial x^i}(\sin\Theta\cdot L_j^i)\approx-\frac{\rho\omega^2}{\mu}\sin(\omega t)\cdot\frac{\partial(U_0^lU_0^l)}{\partial x^j} \tag{2-82}$$

由该方程,对频率和幅度已知的变形运动,可以得到无限小局部转动的转动角 Θ 和转动轴的方位 L_j^i 张量(只有两个独立参数)。

该方程是一个含时变系数的非线性偏微分方程。无限小局部转动的转动角 Θ 和转动轴的方位 L_j^i 张量的解含有与时间有关的不可逆解。该解的不可逆部分表明,在工件长期使用过程中,无限小局部转动的不可逆性导致转动角的累加效应。这就是疲劳。

当出现无限小局部转动的不可逆(疲劳)时,由式(2-66),内禀弹性应变为

$$S_j^i=\frac{1}{2}(U^i|_j+U^i|_j^{\mathrm{T}})-(1-\cos\Theta)L_k^iL_j^k \tag{2-83}$$

对零应力的状态,由 $\sigma_j^i=0$,可以得到 $S_j^i=0$,也就是说,对长期使用后的工件,无限小局部转动的不可逆性导致转动角的累加效应,从而导致明显的经典塑性疲劳应变,即

$$\bar{\varepsilon}_j^i=(1-\cos\Theta)L_k^iL_j^k \tag{2-84}$$

在以上各式中,对经典应变采用上下标规则。

在疲劳产生后,弹性应变下降,导致等价的介质弹性参数值(由弹塑性应变与实际应力计算)下降。理论上,当

$$\Theta\to\pi/2 \tag{2-85}$$

时,产生破坏。此时有

$$\varepsilon_j^i=\frac{1}{2}(U^i|_j+U^i|_j^{\mathrm{T}})\approx(1-\cos\Theta)L_k^iL_j^k\to-1 \tag{2-86}$$

因此,出现裂纹。工程上的疲劳破坏条件可由 Θ_{critical}(按材料性质定义)参数用下式表示,即

$$\Theta \leqslant \Theta_{\text{critical}} \tag{2-87}$$

总结以上结果可见,在高应力水平下,动态运动时的动量守恒与角动量守恒导致反对称应力存在。反对称应力产生不可逆的无限小局部转动,转动角的累加效应导致明显的经典塑性应变。在工件长期使用过程中,无限小局部转动的不可逆性导致转动角的累加效应。这就是疲劳产生的根本机制。当转动角的累加效应等价的局部转动角大于临界值时,就出现疲劳破坏。这种破坏表现为沿局部转动方位的局部开裂。

2.5.5 纯局部旋转疲劳变形

在动态过程中,对正交转动 R_j^i 为主的变形,介质变形由下列运动方程描述,即

$$\begin{aligned} (\tilde{\sigma}_l^i)\,|_l &= \frac{\partial}{\partial t}\left(\rho\frac{\partial U_S^i}{\partial t}\right) \\ (\tilde{\sigma}_j^i)\,|_i &= \frac{\partial}{\partial t}\left[\left(\rho\frac{\partial U_S^i}{\partial t}\right)R_j^i\right] \\ e_{ijk}R_l^i\tilde{\sigma}_k^l &= 0 \end{aligned} \tag{2-88}$$

对纯局转动这种变形,总有 $g_{ij}=R_i^lR_j^l=\delta_{ij}$,因此无明显的塑性变形。

上方程式的第三式只在

$$\tilde{\sigma}_j^i = 2\mu R_j^i \tag{2-89}$$

时才能得到满足,但是在介质弹性参数张量为各向同性形式时,有

$$\tilde{\sigma}_j^i = \lambda(R_l^l-3)\delta_j^i + 2\mu(R_j^i-\delta_j^i) \tag{2-90}$$

因此,如果使方程(2-89)得到满足,必须有条件

$$\lambda(R_l^l-3)=2\mu \tag{2-91}$$

而由式(2-66),有

$$R_l^l-3=(1-\cos\Theta)L_l^iL_i^l=2(1-\cos\Theta) \tag{2-92}$$

因此,运动方程要求的条件是

$$\mu=(1-\cos\Theta)\cdot\lambda \tag{2-93}$$

也就是说,对于单纯的局部转动变形(内在长度不变),为满足运动方程,物性参数必定发生调整变化。但是,在变形之初,材料的物性参数并不会满足上式。这个矛盾表明,局部转动必定会产生伸张变形,或是改变物性参数。

对这种变形,有效的剪切拉梅系数不但是变化的,而且是完全由拉梅系数 λ 和纯局部旋转角 Θ 决定的。由于纯局部旋转中含有不可逆部分 $\Theta_{\text{irreversible}}$,因此剪切拉梅系数也含有不可逆部分。

对微小转动,引入时间依赖性 $\Theta=\Theta_0\cdot\cos(\omega t)$,则有

$$\mu=(1-\cos\Theta)\cdot\lambda\approx\frac{\lambda}{2}\Theta_0^2\cdot\cos^2(\omega t) \tag{2-94}$$

可见，物性参数的演化是与频率密切相关的。一般区分为高周疲劳和低周疲劳而加以研究。

此时，经典对称应变和应力分别为

$$\varepsilon_j^i=\frac{1}{2}(U^i|_j+U^i|_j^{\mathrm{T}})=(1-\cos\Theta)L_k^iL_j^k$$

$$\sigma_j^i=2(1-\cos\Theta)\cdot[\lambda\delta_j^i+\mu L_k^iL_j^k] \tag{2-95}$$

利用式(2-93)，有

$$\sigma_j^i\approx2\lambda(1-\cos\Theta)\cdot[\delta_j^i+(1-\cos\Theta)L_k^iL_j^k]\approx2\lambda(1-\cos\Theta)\cdot\delta_j^i \tag{2-96}$$

可见，当存在不可逆的纯局部转动时，等价于在经典理论中出现近各向同性内应力，尽管该内应力可以用经典塑性对称应变[式(2-95)]表出，但对纯局部转动这种变形，总有 $g_{ij}=R_i^lR_j^l=\delta_{ij}$，因此并无明显的塑性变形，这正是疲劳难于在经典力学理论下得到本质表征的基本原因。

这种疲劳只与材料的 λ 值有关，并且经典对称应力是膨胀应力。

当转动角的累加效应等价的局部转动角大于临界值时就出现疲劳破坏。这种破坏表现为沿局部转动方位的局部开裂。

2.5.6　破坏演化条件

在转动角的累加效应等价的局部转动角大于临界值时就出现疲劳破坏。对于局部的疲劳破坏，介质的局部体积增大，在破坏力学中称为肿胀效应。用 u^i 表示物质点在初始拖带系中疲劳破坏时的位移，对这种变形，其变形梯度的陈分解形式为[13]

$$F_j^i=\widetilde{S}_j^i+(\cos\theta)^{-1}\widetilde{R}_j^i \tag{2-97}$$

其中

$$\widetilde{S}_j^i=\frac{1}{2}(u^i|_j+u^i|_j^{\mathrm{T}})-\left(\frac{1}{\cos\theta}-1\right)(\widetilde{L}_k^i\widetilde{L}_j^k+\delta_j^i)$$

$$(\cos\theta)^{-1}\widetilde{R}_j^i=\delta_j^i+\frac{1}{2}(u^i|_j-u^i|_j^{\mathrm{T}})+\left(\frac{1}{\cos\theta}-1\right)(\widetilde{L}_k^i\widetilde{L}_j^k+\delta_j^i)$$

$$\widetilde{R}_j^i=\delta_j^i+\sin\theta\cdot\widetilde{L}_j^i+(1-\cos\theta)\widetilde{L}_k^i\widetilde{L}_j^k \tag{2-98}$$

$$(\cos\theta)^{-2}=1+\frac{1}{4}[(u^1|_2-u^2|_1)^2+(u^2|_3-u^3|_2)^2+(u^3|_1-u^1|_3)^2]$$

$$\widetilde{L}_j^i=\frac{\cos\theta}{2\sin\theta}(u^i|_j-u^i|_j^{\mathrm{T}})$$

在出现局部破坏时，内禀应力为零，因此有 $\widetilde{S}_j^i=0$，此时变形梯度为

$$F_j^i=(\cos\theta)^{-1}\widetilde{R}_j^i \tag{2-99}$$

它决定的当前度规为

$$g_{ij}=(\cos\theta)^{-2}g_{ij}^0 \tag{2-100}$$

因此,材料在破坏后表现为局部的各向同性膨胀。

在破坏时,变形梯度有两种分解形式。物理上的连续性可以给出如下方程,即

$$\left(\frac{1}{\cos\theta}-1\right)(\widetilde{L}_k^i\widetilde{L}_j^k+\delta_j^i)=(1-\cos\Theta_c)L_k^iL_j^k \tag{2-101}$$

而由式(2-66)和式(2-98),还有

$$(\cos\theta)^{-2}=1+\sin^2\Theta_c \tag{2-102}$$

这两个方程决定了破坏后的变形和破坏前的临界变形间的几何关系。

几何上,对任何材料,在 $\Theta=\pi/2$ 时均会产生破坏,此时有

$$\theta_c=\pm\pi/4 \tag{2-103}$$

这种几何破坏变形表现为共形变换 $g_{ij}=2g_{ij}^0$。几何上,它表现为断裂面法向与应力主轴成 $\pi/4$ 夹角。这就給连续介质的变形设定了一个几何极限,即

$$-\pi/4\leqslant\theta_c\leqslant\pi/4 \tag{2-104}$$

或

$$-\pi/2\leqslant\Theta\leqslant\pi/2 \tag{2-105}$$

理论上,当这一条件不满足时,变形转化为流动。

一般而言,大多数材料的内禀临界角要远小于 $\pi/2$,对这种破坏,断面夹角为 $2\theta_c$ 和 $\pi-2\theta_c$。例如,对岩石,常见的有 $\theta_c=\pi/3$。几种典型的破坏几何形式为

$$\begin{aligned}&\mu=(1-\cos\Theta)\cdot\lambda=(1-\sqrt{2}/3)\lambda,\quad \Theta_c=\pi/6\\&\mu=(1-\cos\Theta)\cdot\lambda=(1-\sqrt{2}/2)\lambda,\quad \Theta_c=\pi/4\\&\mu=(1-\cos\Theta)\cdot\lambda=\lambda,\quad \Theta_c=\pi/2\end{aligned} \tag{2-106}$$

材料的临界转动角与材料的屈服应力 σ_s 间的关系为

$$\sigma_S=2\mu(1-\cos\Theta_c) \tag{2-107}$$

在材料屈服时,应力为

$$\sigma_k^l=\sigma_S L_m^l L_k^m \tag{2-108}$$

在主应力空间中,它形成一个应力球面。该条件与特雷斯卡条件和米泽斯条件是等价的。

在破坏出现的临界状态,变形运动方程为

$$\begin{aligned}&(\Delta\tilde{\sigma}_j^i)|_j=0\\&(\Delta\tilde{\sigma}_j^i)|_i=0\\&e_{ijk}\left(\frac{1}{\cos\theta}\widetilde{R}_l^j-R_l^j\right)\sigma_{Sk}^l=0\end{aligned} \tag{2-109}$$

$$\sigma_{Sj}^{i}=E_{jl}^{ik}(1-\cos\Theta_c)L_m^lL_k^m=E_{jl}^{ik}\left(\frac{1}{\cos\theta}-1\right)\widetilde{L}_m^l\widetilde{L}_k^m$$

在破坏点的应力跳跃为

$$\Delta\tilde{\sigma}_j^i=E_{jl}^{ik}\left(\frac{1}{\cos\theta}\widetilde{R}_k^l-R_k^l\right) \tag{2-110}$$

它们给出了破坏的扩张演化条件方程。

2.5.7 损伤的运动方程

在介质出现局部损伤后，变形梯度分解为式(2-98)。经典损伤应变为

$$\varepsilon_j^i=\frac{1}{2}(U^i|_j+U^i|_j^{\mathrm{T}})=\left(\frac{1}{\cos\theta}-1\right)\widetilde{L}_l^i\widetilde{L}_j^l \tag{2-111}$$

对于 $\widetilde{L}_2^1=-\widetilde{L}_1^2=1$，$\widetilde{L}_2^3=\widetilde{L}_1^3=0$ 的情况，经典损伤应变只有一个非零分量，即

$$\varepsilon_3^3=\frac{1}{2}(u^3|_3+u^3|_3{}^{\mathrm{T}})=\left(\frac{1}{\cos\theta}-1\right) \tag{2-112}$$

为简单起见，不失一般性，考虑此种损伤的后期运动。此时，有

$$\widetilde{R}_j^i=\begin{bmatrix}\cos\theta & \sin\theta & 0\\ -\sin\theta & \cos\theta & 0\\ 0 & 0 & 1\end{bmatrix} \tag{2-113}$$

对原始理想弹性的材料，损伤应力为

$$\sigma_j^i=(\lambda+2\mu)\left(\frac{1}{\cos\theta}-1\right)\delta_j^i+2\mu\begin{bmatrix}0 & \tan\theta & 0\\ -\tan\theta & 0 & 0\\ 0 & 0 & 0\end{bmatrix} \tag{2-114}$$

得到损伤的后期运动方程为

$$\begin{gathered}(\lambda+2\mu)\frac{\partial}{\partial x^3}\left(\frac{1}{\cos\theta}\right)=\frac{\partial}{\partial t}\left(\rho\frac{\partial U^3}{\partial t}\right)\\ (\lambda+2\mu)\frac{\partial}{\partial x^2}\left(\frac{1}{\cos\theta}\right)+2\mu\frac{\partial(\tan\theta)}{\partial x^1}=0\\ (\lambda+2\mu)\frac{\partial}{\partial x^1}\left(\frac{1}{\cos\theta}\right)-2\mu\frac{\partial(\tan\theta)}{\partial x^2}=0\\ (\lambda+2\mu)\frac{\partial}{\partial x^3}\left(\frac{1}{\cos\theta}\right)=\frac{\partial}{\partial t}\left(\rho\frac{1}{\cos\theta}\frac{\partial U^3}{\partial t}\right)\end{gathered} \tag{2-115}$$

由上面的方程可以得到一个形式解，即

$$\rho\left(\frac{1}{\cos\theta}-1\right)\frac{\partial U^3}{\partial t}=D \tag{2-116}$$

其中，D 是与时间无关的常数。

这是崩裂块的速度公式，表示断裂点的位移速度与局部转动角的关系。对大

的质点动量，局部转动角小；对小的质点动量局部转动角大。该常数在给定边值和初值条件时可用解方程的方法得到。

引入该常数后，由方程(2-115)还可以得到：

$$(\lambda+2\mu)\frac{\partial}{\partial x^3}\left(\frac{1}{\cos\theta}\right)=D\frac{\partial}{\partial t}\left(\frac{\cos\theta}{1-\cos\theta}\right) \tag{2-117}$$

即

$$\frac{\lambda+2\mu}{\cos^2\theta}\frac{\partial\theta}{\partial x^3}=-\frac{D}{(1-\cos\theta)^2}\frac{\partial\theta}{\partial t} \tag{2-118}$$

它是关于局部转动角的一个非线性波动方程，局部的伪传播速度为

$$V_{\text{tip}}=-\frac{(\lambda+2\mu)(1-\cos\theta)^2}{D\cdot\cos^2\theta} \tag{2-119}$$

对这种局部转动角的传播，在给定边值和初值条件时可以用解方程方法得到。

式(2-115)还可转化为 Poisson 方程，即

$$\frac{\partial^2\theta}{(\partial x^1)^2}+\frac{\partial^2\theta}{(\partial x^2)^2}=0$$

$$\frac{\partial^2(\cos\theta)^{-1}}{(\partial x^1)^2}+\frac{\partial^2(\cos\theta)^{-1}}{(\partial x^2)^2}=0 \tag{2-120}$$

它们表明，损坏的扩散是调和函数形式，因此由边界条件完全确定。利用有关方程，不难导得

$$\frac{\partial^2}{(\partial x^1)^2}\left(\frac{1}{1+\varepsilon_3^3}\right)+\frac{\partial^2}{(\partial x^2)^2}\left(\frac{1}{1+\varepsilon_3^3}\right)=0 \tag{2-121}$$

由面规定义，$g^{33}=\sqrt{\dfrac{1}{1+\varepsilon_3^3}}$，上式可以写为

$$\frac{\partial^2}{(\partial x^1)^2}(g^{33})^2+\frac{\partial^2}{(\partial x^2)^2}(g^{33})^2=0 \tag{2-122}$$

这表明损坏的面积变化也是调和函数形式，故疲劳破坏的发展是调和函数形式的，但其发展方向的速度是非线性的。

动态变形应力必定是非对称的，而静态变形应力必定是对称的。这种不协调性正是非线性弹塑性的本质。对运动方程的分析研究表明，疲劳是由反对称应力导致不可逆的内禀局部转动产生的，可用局部转动角参数和转动方位表示；当局部转动角参数增大到材料的内禀临界值时，将在转动方位方向出现破裂。在临界破裂时，在主应力空间中，应力形成一个应力球面。材料的屈服应力可直接转换成的材料内禀局部转动角临界值。在破坏出现的临界状态，给出了破坏的扩张演化条件方程。对损伤的后期运动方程分析表明，损坏的扩散是调和函数形式，故由边界条件完全确定；损坏后的局部转动角满足一个非线性波动方程，并且断裂点的位移

速度与局部转动角的乘积为常数。

材料的疲劳导致工件寿命的下降。对工件寿命的计算问题是失效分析研究中的一个重要的理论问题和工程实践问题，失效分析是一个反演问题。解决好该反演问题的基础是关于疲劳破坏的力学理论，这是一个正演问题。

总而言之，疲劳是由不可逆的内禀局部转动产生的，可以用局部转动角参数和转动方位表示；当局部转动角参数增大到临界值时，将在转动方位方向出现破裂。

稳定性分析是在事故未发生前的力学变形分析；失效分析是事故发生后的变形力学分析。此时的参考位形一般是复杂的，要求以指定参考位形为参考，分析增量变形；研究未来的变形趋向及可能的后果；以事故现场的力学测绘结果，反演产生事故的力学原因，尤其是造成事故的增量变形，以及作为事故潜在原因的原始位形。其中的力学问题是非常复杂的。

也正是由于这个原因，精确的应变测量是必要的手段，也是经常性检测的主要内容。目前，由于理论和实践的滞后，这项工程还处于困难阶段。

2.6　曲线系下的应变

对工程力学而言，面对的是测量复杂位形或大尺度位形的变形张量，从而确定张量应变。但是传统上，工程力学是以位移场来计算应变的，因此用户也可能要求提供位移测量数据。

由于柱状结构和球状结构是常见的，对这两类结构一般使用曲线坐标系。此时，应变的计算公式是复杂的，而且不同的理论给出的结果也是有差别的。

对这类位形，测出位移后，如何计算应变？下面是常用到的结果。

对**柱坐标系**(r,θ,z)，有

$$\begin{aligned}\boldsymbol{g}_1&=\cos\theta\cdot\boldsymbol{e}_1+\sin\theta\cdot\boldsymbol{e}_2\\ \boldsymbol{g}_2&=-r\cdot\sin\theta\cdot\boldsymbol{e}_1+r\cdot\cos\theta\cdot\boldsymbol{e}_2\\ \boldsymbol{g}_3&=\boldsymbol{e}_3\end{aligned}\tag{2-123}$$

它的有关量为

$$\begin{aligned}&g_{11}=1,\quad g_{22}=(r)^2,\quad g_{33}=1,\quad \text{其他分量为 }0\\ &\Gamma^1_{22}=-r,\quad \Gamma^2_{12}=\Gamma^2_{21}=\frac{1}{r},\quad \text{其他 }\Gamma^k_{ij}=0\end{aligned}\tag{2-124}$$

对**球坐标系**(r,θ,φ)（这里使用大地坐标系的纬度角定义，与一般数学理论中的纬度角参考点不同，这是为工程应用方便而选择的）。

令

$$x^1=r=\sqrt{X^2+Y^2+Z^2},\quad x^2=\theta=\arctan\frac{Y}{X},\quad x^3=\varphi=\arcsin\frac{Z}{\sqrt{X^2+Y^2+Z^2}}\tag{2-125}$$

则有

$$\begin{aligned}
&\boldsymbol{g}_1=\cos\theta\cdot\cos\varphi\cdot\boldsymbol{e}_1+\sin\theta\cdot\cos\varphi\cdot\boldsymbol{e}_2+\sin\varphi\cdot\boldsymbol{e}_3\\
&\boldsymbol{g}_2=-r\cdot\sin\theta\cdot\cos\varphi\cdot\boldsymbol{e}_1+r\cdot\cos\theta\cdot\cos\varphi\cdot\boldsymbol{e}_2\\
&\boldsymbol{g}_3=-r\cdot\cos\theta\cdot\sin\varphi\cdot\boldsymbol{e}_1-r\cdot\sin\theta\cdot\sin\varphi\cdot\boldsymbol{e}_2+r\cdot\cos\varphi\cdot\boldsymbol{e}_3
\end{aligned}\tag{2-126}$$

它的有关量为

$$g_{11}=1,\quad g_{22}=(r\cdot\cos\varphi)^2,\quad g_{33}=r^2,\quad \text{其他分量为 }0\tag{2-127}$$

$$\Gamma_{22}^1=-r\cdot\cos^2\varphi,\quad \Gamma_{22}^3=\cos\varphi\cdot\sin\varphi,\quad \Gamma_{33}^1=-r$$

$$\Gamma_{12}^2=\Gamma_{21}^2=\Gamma_{13}^3=\Gamma_{31}^3=\frac{1}{r},\quad \Gamma_{23}^2=\Gamma_{32}^2=-\tan\varphi,\quad \text{其他 }\Gamma_{ij}^k=0\tag{2-128}$$

下面给出在柱坐标系(r,θ,z)下的应变的几何方程。

在以柱坐标为拖带坐标时，位移量是用坐标增量来表达的(而在一般的曲线坐标变换中，只不过是把位移量投影到三个坐标方向上。混淆二者是致命性的错误。按照物理学的说法，一般的曲线坐标变换中的位移量投影不构成张量分量，而是物理分量。因此，坐标变换的概念不能导出正确的变形几何描述，也无法利用张量几何的一般性方程。不同形状的壳体需要分别导出平衡方程，在计算机编程中就带来了明显的局限性)。

在柱坐标$(x^1=r,x^2=\theta,x^3=z)$下，用u^r,u^θ,u^z表示位移(坐标增量)，即

$$r=r_0+u^r,\quad \theta=\theta_0+u^\theta,\quad z=z_0+u^z\tag{2-129}$$

计算有关的位移梯度，由一般性公式，即

$$u^i|_j=\frac{\partial u^i}{\partial x^j}+u^k\Gamma_{jk}^i,\quad \Gamma_{22}^1=-r,\quad \Gamma_{12}^2=\Gamma_{21}^2=\frac{1}{r},\quad \text{其他 }\Gamma_{ij}^k=0\tag{2-130}$$

可以得到

$$\begin{aligned}
&u^1|_1=u^r|_r=\frac{\partial u^r}{\partial r}+u^r\Gamma_{11}^1+u^\theta\Gamma_{12}^1+u^z\Gamma_{13}^1=\frac{\partial u^r}{\partial r}\\
&u^1|_2=u^r|_\theta=\frac{\partial u^r}{\partial\theta}+u^r\Gamma_{21}^1+u^\theta\Gamma_{22}^1+u^z\Gamma_{23}^1=\frac{\partial u^r}{\partial\theta}-r\cdot u^\theta\\
&u^1|_3=u^r|_z=\frac{\partial u^r}{\partial z}+u^r\Gamma_{31}^1+u^\theta\Gamma_{32}^1+u^z\Gamma_{33}^1=\frac{\partial u^r}{\partial z}\\
&u^2|_1=u^\theta|_r=\frac{\partial u^\theta}{\partial r}+u^r\Gamma_{11}^2+u^\theta\Gamma_{12}^2+u^z\Gamma_{13}^2=\frac{\partial u^\theta}{\partial r}+\frac{u^\theta}{r}\\
&u^2|_2=u^\theta|_\theta=\frac{\partial u^\theta}{\partial\theta}+u^r\Gamma_{21}^2+u^\theta\Gamma_{22}^2+u^z\Gamma_{23}^2=\frac{\partial u^\theta}{\partial\theta}+\frac{u^r}{r}\\
&u^2|_3=u^\theta|_z=\frac{\partial u^\theta}{\partial z}+u^r\Gamma_{31}^2+u^\theta\Gamma_{32}^2+u^z\Gamma_{33}^2=\frac{\partial u^\theta}{\partial z}\\
&u^3|_1=u^z|_r=\frac{\partial u^z}{\partial r}+u^r\Gamma_{11}^3+u^\theta\Gamma_{12}^3+u^z\Gamma_{13}^3=\frac{\partial u^z}{\partial r}
\end{aligned}\tag{2-131}$$

$$u^3|_2 = u^z|_\theta = \frac{\partial u^z}{\partial \theta} + u^r\Gamma^3_{21} + u^\theta\Gamma^3_{22} + u^z\Gamma^3_{23} = \frac{\partial u^z}{\partial \theta}$$

$$u^3|_3 = u^z|_z = \frac{\partial u^z}{\partial z} + u^r\Gamma^3_{31} + u^\theta\Gamma^3_{32} + u^z\Gamma^3_{33} = \frac{\partial u^z}{\partial z}$$

为比较不同的应变概念的需要，下面讨论相关文献上不同应变定义。

(1) Cauchy-Green 应变的协变导数定义

在任意坐标系中，Cauchy-Green 应变的定义为

$$\varepsilon_{ij} = \frac{1}{2}(u^i|_j + u^j|_i) \tag{2-132}$$

这样，就有经典应变，即

$$\begin{aligned}
&\varepsilon_{11} = \varepsilon_{rr} = \frac{\partial u^r}{\partial r} \\
&\varepsilon_{22} = \varepsilon_{\theta\theta} = \frac{\partial u^\theta}{\partial \theta} + \frac{u^r}{r} \\
&\varepsilon_{33} = \varepsilon_{zz} = \frac{\partial u^z}{\partial z} \\
&\varepsilon_{12} = \varepsilon_{21} = \varepsilon_{r\theta} = \frac{1}{2}\left(\frac{\partial u^r}{\partial \theta} + \frac{\partial u^\theta}{\partial r} + \frac{u^\theta}{r} - ru^\theta\right) \\
&\varepsilon_{13} = \varepsilon_{31} = \varepsilon_{rz} = \frac{1}{2}\left(\frac{\partial u^r}{\partial z} + \frac{\partial u^z}{\partial r}\right) \\
&\varepsilon_{23} = \varepsilon_{32} = \varepsilon_{\theta z} = \frac{1}{2}\left(\frac{\partial u^\theta}{\partial z} + \frac{\partial u^z}{\partial \theta}\right)
\end{aligned} \tag{2-133}$$

非零的 Stokes 应变为

$$\begin{aligned}
&\omega_{12} = -\omega_{21} = \omega_{r\theta} = \frac{1}{2}\left(\frac{\partial u^r}{\partial \theta} - \frac{\partial u^\theta}{\partial r} - \frac{u^\theta}{r} - ru^\theta\right) \\
&\omega_{31} = -\omega_{13} = \omega_{zr} = \frac{1}{2}\left(\frac{\partial u^z}{\partial r} - \frac{\partial u^r}{\partial z}\right) \\
&\omega_{23} = -\omega_{32} = \omega_{\theta z} = \frac{1}{2}\left(\frac{\partial u^\theta}{\partial z} - \frac{\partial u^z}{\partial \theta}\right)
\end{aligned} \tag{2-134}$$

在很多力学文献中，一般采用上述应变定义，也正是因为它不是一个适合于大变形的张量，才有了后来的 70 多年的应变概念理论研究工作(理性力学、非线性连续介质力学)。但是，只有在消除转动后，才能消除高阶项的误差。Stokes 应变为零的条件是由实际的位移和所选坐标二者共同决定的。因此，如果使用柱坐标不能在所面对的实际的位移条件下，使得只有一个转动分量，那么柱坐标的选择是徒劳的。

按张量理论，有一般性公式，即

$$ds^2 = g_{ij}\,dx^i dx^j \tag{2-135}$$

u^r、u^θ 和 u^z 坐标增量位移对应的物理位移量为

$$\begin{aligned} u_r &= \sqrt{g_{rr}} \cdot u^r = u^r \\ u_\theta &= \sqrt{g_{\theta\theta}} \cdot u^\theta = r \cdot u^\theta \\ u_z &= \sqrt{g_{zz}} \cdot u^z = u^z \end{aligned} \tag{2-136}$$

(2) Cauchy-Green 应变的物理位移定义

把式(2-131)所有的坐标值位移变成实际距离位移(长度物理量纲化),即

$$\begin{aligned} u^1|_1 &= \frac{\partial u^r}{\partial r} = \frac{\partial u_r}{\partial r} \\ u^1|_2 &= \frac{1}{r}\left(\frac{\partial u^r}{\partial \theta} - r \cdot u^\theta\right) = \frac{1}{r} \cdot \frac{\partial u^r}{\partial \theta} - u^\theta = \frac{1}{r} \cdot \frac{\partial u_r}{\partial \theta} - \frac{u_\theta}{r} \\ u^1|_3 &= \frac{\partial u^r}{\partial z} = \frac{\partial u_r}{\partial z} \\ u^2|_1 &= r\left(\frac{\partial u^\theta}{\partial r} + \frac{u^\theta}{r}\right) = r\frac{\partial u^\theta}{\partial r} + u^\theta = r\frac{\partial}{\partial r}\left(\frac{u_\theta}{r}\right) + \frac{u_\theta}{r} = \frac{\partial u_\theta}{\partial r} \\ u^2|_2 &= \frac{\partial u^\theta}{\partial \theta} + \frac{u^r}{r} = \frac{1}{r} \cdot \frac{\partial u_\theta}{\partial \theta} + \frac{u_r}{r} \\ u^2|_3 &= r\frac{\partial u^\theta}{\partial z} = \frac{\partial u_\theta}{\partial z} \\ u^3|_1 &= \frac{\partial u^z}{\partial r} = \frac{\partial u_z}{\partial r} \\ u^3|_2 &= \frac{1}{r} \cdot \frac{\partial u^z}{\partial \theta} = \frac{1}{r} \cdot \frac{\partial u_z}{\partial \theta} \\ u^3|_3 &= \frac{\partial u^z}{\partial z} = \frac{\partial u_z}{\partial z} \end{aligned} \tag{2-137}$$

则用物理位移场得到的应变为

$$\begin{aligned} \bar{\varepsilon}_{11} &= \frac{\partial u_r}{\partial r} \\ \bar{\varepsilon}_{22} &= \frac{1}{r} \cdot \frac{\partial u_\theta}{\partial \theta} + \frac{u_r}{r} \\ \bar{\varepsilon}_{33} &= \frac{\partial u_z}{\partial z} \\ \bar{\varepsilon}_{12} &= \bar{\varepsilon}_{21} = \frac{1}{2}\left(\frac{1}{r} \cdot \frac{\partial u_r}{\partial \theta} + \frac{\partial u_\theta}{\partial r} - \frac{u_\theta}{r}\right) \\ \bar{\varepsilon}_{13} &= \bar{\varepsilon}_{31} = \frac{1}{2}\left(\frac{\partial u_r}{\partial z} + \frac{\partial u_z}{\partial r}\right) \end{aligned} \tag{2-138}$$

$$\bar{\varepsilon}_{23}=\bar{\varepsilon}_{32}=\frac{1}{2}\left(\frac{\partial u_\theta}{\partial z}+\frac{1}{r}\cdot\frac{\partial u_z}{\partial\theta}\right)$$

非零的 Stokes 应变为

$$\begin{aligned}
\bar{\omega}_{12}&=-\bar{\omega}_{21}=\frac{1}{2}\left(\frac{1}{r}\cdot\frac{\partial u_r}{\partial\theta}-\frac{\partial u_\theta}{\partial r}-\frac{u_\theta}{r}\right)\\
\bar{\omega}_{31}&=-\bar{\omega}_{13}=\frac{1}{2}\left(\frac{\partial u_z}{\partial r}-\frac{\partial u_r}{\partial z}\right)\\
\bar{\omega}_{23}&=-\bar{\omega}_{32}=\frac{1}{2}\left(\frac{\partial u_\theta}{\partial z}-\frac{1}{r}\frac{\partial u_z}{\partial\theta}\right)
\end{aligned}\tag{2-139}$$

这是大多数教科书中用到的。

(3) Stokes-陈内禀应变定义

由于有非零的 $\omega_{12}=-\omega_{21}$，$\omega_{31}=-\omega_{13}$，$\omega_{23}=-\omega_{32}$ Stokes 转动应变分量，因此转动轴方位张量为

$$L_2^1=-L_1^2=L_3=\frac{\omega_{12}}{\sin\Theta},\quad L_1^3=-L_3^1=L_2=\frac{\omega_{31}}{\sin\Theta},\quad L_3^2=-L_2^3=L_1=\frac{\omega_{23}}{\sin\Theta}\tag{2-140}$$

局部转动角 Θ 为

$$\sin\Theta=\sqrt{(\omega_{12})^2+(\omega_{23})^2+(\omega_{31})^2}\tag{2-141}$$

这样就有

$$(1-\cos\Theta)L_l^iL_j^l=(1-\cos\Theta)\begin{bmatrix}(L_1)^2-1 & L_1L_2 & L_1L_3\\ L_1L_2 & (L_2)^2-1 & L_2L_3\\ L_1L_3 & L_2L_3 & (L_3)^2-1\end{bmatrix}\tag{2-142}$$

单位正交转动张量为

$$R_j^i=\delta_j^i+\sin\Theta\cdot L_j^i+(1-\cos\Theta)L_l^iL_j^l\tag{2-143}$$

Stokes-陈内禀应变张量为

$$S_j^i=\varepsilon_{ij}-(1-\cos\Theta)L_l^iL_j^l\tag{2-144}$$

有关的各项为

$$\begin{aligned}
S_1^1&=\varepsilon_{11}+\cos\Theta=\frac{\partial u^r}{\partial r}+(1-\cos\Theta)[1-(L_1)^2]\\
S_2^2&=\varepsilon_{22}+\cos\Theta=\frac{\partial u^\theta}{\partial\theta}+\frac{u^r}{r}+(1-\cos\Theta)[1-(L_2)^2]\\
S_3^3&=\varepsilon_{33}=\frac{\partial u^z}{\partial z}+(1-\cos\Theta)[1-(L_3)^2]\\
S_2^1&=S_1^2=\varepsilon_{12}=\frac{1}{2}\left(\frac{\partial u^r}{\partial\theta}+\frac{\partial u^\theta}{\partial r}+\frac{u^\theta}{r}-ru^\theta\right)-(1-\cos\Theta)L_1L_2
\end{aligned}\tag{2-145}$$

$$S_1^3=S_3^1=\varepsilon_{13}=\frac{1}{2}\left(\frac{\partial u^r}{\partial z}+\frac{\partial u^z}{\partial r}\right)-(1-\cos\Theta)L_1L_3$$

$$S_3^2=S_2^3=\varepsilon_{23}=\frac{1}{2}\left(\frac{\partial u^\theta}{\partial z}+\frac{\partial u^z}{\partial \theta}\right)-(1-\cos\Theta)L_2L_3$$

为了明确其含义，用物理位移量(u_r,u_θ,u_z)表达以与常见教科书对比。

如果用物理位移量(u_r,u_θ,u_z)表达，可以得到下式，即

$$S_1^1=\frac{\partial u_r}{\partial r}+(1-\cos\Theta)[1-(L_1)^2]$$

$$S_2^2=\frac{1}{r}\frac{\partial u_\theta}{\partial \theta}+\frac{u_r}{r}+(1-\cos\Theta)[1-(L_2)^2]$$

$$S_3^3=\frac{\partial u_z}{\partial z}+(1-\cos\Theta)[1-(L_3)^2] \tag{2-146}$$

$$S_2^1=S_1^2=\frac{1}{2}\left(\frac{\partial u_r}{\partial \theta}+\frac{1}{r}\frac{\partial u_\theta}{\partial r}-u_\theta\right)-(1-\cos\Theta)L_1L_2$$

$$S_1^3=S_3^1=\frac{1}{2}\left(\frac{\partial u_r}{\partial z}+\frac{\partial u_z}{\partial r}\right)-(1-\cos\Theta)L_1L_3$$

$$S_2^3=S_3^2=\frac{1}{2}\left(\frac{1}{r}\frac{\partial u_\theta}{\partial z}+\frac{\partial u_z}{\partial \theta}\right)-(1-\cos\Theta)L_2L_3$$

在忽略二次项后(对微小变形)，与式(2-138)对比，可以看出二者的差别主要表现在角应变上，即 $S_2^1=S_1^2=\frac{1}{2}\left(\frac{\partial u_r}{\partial \theta}+\frac{1}{r}\frac{\partial u_\theta}{\partial r}-u_\theta\right)$，而 $\bar{\varepsilon}_{12}=\bar{\varepsilon}_{21}=\frac{1}{2}\left(\frac{1}{r}\cdot\frac{\partial u_r}{\partial \theta}+\frac{\partial u_\theta}{\partial r}-\frac{u_\theta}{r}\right)$；$S_2^3=S_3^2=\frac{1}{2}\left(\frac{1}{r}\frac{\partial u_\theta}{\partial z}+\frac{\partial u_z}{\partial \theta}\right)$，而 $\bar{\varepsilon}_{23}=\bar{\varepsilon}_{32}=\frac{1}{2}\left(\frac{\partial u_\theta}{\partial z}+\frac{1}{r}\cdot\frac{\partial u_z}{\partial \theta}\right)$。也就是说，两者关于极角向位移对角应变的贡献有不同的描述。所谓的经典应变没有去除局部自旋的效应，或其他各种说法。在稳定性研究工作中，经典应变形式的误差项带来很大的麻烦，这也是非线性理论力图克服的。

下面论述**现代力学使用变形张量用位移表达的有关公式**。

如果张量位移满足条件 $\omega_{31}=0,\omega_{23}=0,(L_2=0,L_1=0)$，即

$$\frac{\partial u^z}{\partial r}-\frac{\partial u^r}{\partial z}=0,\quad \frac{\partial u^\theta}{\partial z}-\frac{\partial u^z}{\partial \theta}=0 \tag{2-147}$$

或进一步写成为

$$\frac{\partial u_z}{\partial r}-\frac{\partial u_r}{\partial z}=0,\quad \frac{1}{r}\frac{\partial u_\theta}{\partial z}-\frac{\partial u_z}{\partial \theta}=0 \tag{2-148}$$

则有

$$S_1^1=\frac{\partial u_r}{\partial r}+(1-\cos\Theta)$$

$$S_2^2=\frac{1}{r}\frac{\partial u_\theta}{\partial\theta}+\frac{u_r}{r}+(1-\cos\Theta)$$

$$S_3^3=\frac{\partial u_z}{\partial z} \tag{2-149}$$

$$S_2^1=S_1^2=\frac{1}{2}\left(\frac{\partial u_r}{\partial\theta}+\frac{1}{r}\frac{\partial u_\theta}{\partial r}-u_\theta\right)$$

$$S_1^3=S_3^1=\frac{1}{2}\left(\frac{\partial u_r}{\partial z}+\frac{\partial u_z}{\partial r}\right)$$

$$S_2^3=S_3^2=\frac{1}{2}\left(\frac{1}{r}\frac{\partial u_\theta}{\partial z}+\frac{\partial u_z}{\partial\theta}\right)$$

也就是说，二次项被简化了（只出现在转动面上），则使用满足上面条件 $\omega_{31}=0$，$\omega_{23}=0$的拖带坐标张量形式能带来大的简化。

当$\frac{1}{r}\frac{\partial u_\theta}{\partial z}-\frac{\partial u_z}{\partial\theta}=0$ 时，有

$$S_2^3=\frac{\partial u_z}{\partial\theta},\quad S_3^2=\frac{1}{r}\frac{\partial u_\theta}{\partial z} \tag{2-150}$$

而 $\bar{\varepsilon}_{23}=\bar{\varepsilon}_{32}=\frac{1}{2}\left(\frac{\partial u_\theta}{\partial z}+\frac{1}{r}\cdot\frac{\partial u_z}{\partial\theta}\right)=\frac{1}{2}(S_2^3+S_3^2)$。也就是说，物理位移场给出的应变是内在应变分量的平均化。

当$\frac{1}{r}\frac{\partial u_\theta}{\partial z}-\frac{\partial u_z}{\partial\theta}=0$，$\frac{\partial u_z}{\partial r}-\frac{\partial u_r}{\partial z}=0$ 时，有

$$\frac{\partial}{\partial\theta}\left(\frac{1}{r}\frac{\partial u_\theta}{\partial z}-\frac{\partial u_z}{\partial\theta}\right)=\frac{1}{r}\frac{\partial^2 u_\theta}{\partial z\partial\theta}-\frac{\partial^2 u_z}{\partial\theta^2}=0$$

$$\frac{\partial}{\partial z}\left(\frac{1}{r}\frac{\partial u_\theta}{\partial z}-\frac{\partial u_z}{\partial\theta}\right)=\frac{1}{r}\frac{\partial^2 u_\theta}{\partial z^2}-\frac{\partial^2 u_z}{\partial\theta\partial z}=0 \tag{2-151}$$

它们给出协调方程，即

$$\frac{\partial^2 u_\theta}{\partial z^2}\frac{\partial^2 u_z}{\partial\theta^2}-\frac{\partial^2 u_z}{\partial\theta\partial z}\frac{\partial^2 u_\theta}{\partial\theta\partial z}=0 \tag{2-152}$$

另一个协调方程导出如下。假定 Stokes 应变为零的条件如下，即

$$\frac{\partial}{\partial r}\left(\frac{\partial u_z}{\partial r}-\frac{\partial u_r}{\partial z}\right)=\frac{\partial^2 u_z}{\partial r^2}-\frac{\partial^2 u_r}{\partial z\partial r}=0$$

$$\frac{\partial}{\partial z}\left(\frac{\partial u_z}{\partial r}-\frac{\partial u_r}{\partial z}\right)=\frac{\partial^2 u_z}{\partial r\partial z}-\frac{\partial^2 u_r}{\partial z^2}=0$$

它们给出协调方程,即

$$\frac{\partial^2 u_z}{\partial r^2}\frac{\partial^2 u_z}{\partial z^2}-\frac{\partial^2 u_r}{\partial z\partial r}\frac{\partial^2 u_z}{\partial z\partial r}=0 \tag{2-153}$$

利用某种对称性使用曲线坐标系时用位移物理分量所得到的物理应变不一定是一个张量,因此不一定具有客观性。在协调性条件(对不同情况需要分别分析推导,如上例所示)得到满足时,它们才近似为客观张量。

客观张量是得到正确解的前提条件,因此某些在直角系中有解的力学问题在柱坐标系中可能无解,而某些在柱坐标系中有解的力学问题在直角系中可能无解。这个问题是现代数学力图用张量表达方式克服的。

读者由此可以体会变形力学问题的复杂性。不理解这点,就会得到相反的结论:张量理论把简单问题复杂化。因此,在哲理上理解张量理论是进入现代科学的入场券。

理论上,经典理论的自洽性(对称应变理论)可归结为用三个当前位形的平均曲率定义的方程,即

$$\begin{aligned}
&\frac{\partial^2 u_z}{\partial r^2}+\frac{\partial^2 u_z}{\partial \theta^2}-2\,\frac{\partial^2 u_z}{\partial r\partial \theta}=0\\
&\frac{\partial^2 u_\theta}{\partial r^2}+\frac{\partial^2 u_\theta}{\partial z^2}-2\,\frac{\partial^2 u_\theta}{\partial r\partial z}=0\\
&\frac{\partial^2 u_r}{\partial z^2}+\frac{\partial^2 u_r}{\partial \theta^2}-2\,\frac{\partial^2 u_r}{\partial z\partial \theta}=0
\end{aligned} \tag{2-154}$$

和三个协调方程,即

$$\begin{aligned}
&\frac{\partial^2 u_\theta}{\partial z^2}\frac{\partial^2 u_z}{\partial \theta^2}-\frac{\partial^2 u_z}{\partial z\partial \theta}\frac{\partial^2 u_\theta}{\partial z\partial \theta}=0\\
&\frac{\partial^2 u_\theta}{\partial r^2}\frac{\partial^2 u_r}{\partial \theta^2}-\frac{\partial^2 u_r}{\partial r\partial \theta}\frac{\partial^2 u_\theta}{\partial r\partial \theta}=0\\
&\frac{\partial^2 u_r}{\partial z^2}\frac{\partial^2 u_z}{\partial r^2}-\frac{\partial^2 u_z}{\partial r\partial z}\frac{\partial^2 u_r}{\partial r\partial z}=0
\end{aligned} \tag{2-155}$$

理论上,如果曲面变形不能全部满足上面的条件时,则经典形式是不精确的。此时,应使用张量形式的应变。

一般来说,实际的物理上可实现的变形没有可能同时满足上面的 6 个方程,因此被迫放弃经典应变的传统定义,而采用客观张量。

有关的论题是当前的前沿课题,即稳定性论题。这类方程是教科书所用的应变定义引起的,而非物理客观真实的。

下面研究在**球坐标系**(r,θ,φ)**下的应变的几何方程**。

在球坐标($x^1=r, x^2=\theta, x^3=\varphi$)下，用 u^r、u^θ 和 u^φ 表示位移(坐标增量)。先计算有关的位移梯度。由一般性公式，即

$$u^i|_j=\frac{\partial u^i}{\partial x^j}+u^k\Gamma^i_{jk} \tag{2-156}$$

$$\Gamma^1_{22}=-r\cdot\cos^2\varphi,\quad \Gamma^3_{22}=\cos\varphi\cdot\sin\varphi,\quad \Gamma^1_{33}=-r$$

$$\Gamma^2_{12}=\Gamma^2_{21}=\Gamma^3_{13}=\Gamma^3_{31}=\frac{1}{r},\quad \Gamma^2_{23}=\Gamma^2_{32}=-\tan\varphi,\quad 其他\ \Gamma^k_{ij}=0 \tag{2-157}$$

可以得到下式，即

$$\begin{aligned}
&u^1|_1=u^r|_r=\frac{\partial u^r}{\partial r}+u^r\Gamma^1_{11}+u^\theta\Gamma^1_{12}+u^\varphi\Gamma^1_{13}=\frac{\partial u^r}{\partial r}\\
&u^1|_2=u^r|_\theta=\frac{\partial u^r}{\partial \theta}+u^r\Gamma^1_{21}+u^\theta\Gamma^1_{22}+u^\varphi\Gamma^1_{23}=\frac{\partial u^r}{\partial \theta}-r\cos^2\varphi\cdot u^\theta\\
&u^1|_3=u^r|_\varphi=\frac{\partial u^r}{\partial \varphi}+u^r\Gamma^1_{31}+u^\theta\Gamma^1_{32}+u^\varphi\Gamma^1_{33}=\frac{\partial u^r}{\partial \varphi}-r\cdot u^\varphi\\
&u^2|_1=u^\theta|_r=\frac{\partial u^\theta}{\partial r}+u^r\Gamma^2_{11}+u^\theta\Gamma^2_{12}+u^\varphi\Gamma^2_{13}=\frac{\partial u^\theta}{\partial r}+\frac{u^\theta}{r}\\
&u^2|_2=u^\theta|_\theta=\frac{\partial u^\theta}{\partial \theta}+u^r\Gamma^2_{21}+u^\theta\Gamma^2_{22}+u^\varphi\Gamma^2_{23}=\frac{\partial u^\theta}{\partial \theta}+\frac{u^r}{r}-\tan\varphi\cdot u^\varphi\\
&u^2|_3=u^\theta|_\varphi=\frac{\partial u^\theta}{\partial \varphi}+u^r\Gamma^2_{31}+u^\theta\Gamma^2_{32}+u^\varphi\Gamma^2_{33}=\frac{\partial u^\theta}{\partial \varphi}-\tan\varphi\cdot u^\theta\\
&u^3|_1=u^\varphi|_r=\frac{\partial u^\varphi}{\partial r}+u^r\Gamma^3_{11}+u^\theta\Gamma^3_{12}+u^\varphi\Gamma^3_{13}=\frac{\partial u^\varphi}{\partial r}+\frac{u^\varphi}{r}\\
&u^3|_2=u^\varphi|_\theta=\frac{\partial u^\varphi}{\partial \theta}+u^r\Gamma^3_{21}+u^\theta\Gamma^3_{22}+u^\varphi\Gamma^3_{23}=\frac{\partial u^\varphi}{\partial \theta}+\cos\varphi\sin\varphi\cdot u^\theta\\
&u^3|_3=u^\varphi|_\varphi=\frac{\partial u^\varphi}{\partial \varphi}+u^r\Gamma^3_{31}+u^\theta\Gamma^3_{32}+u^\varphi\Gamma^3_{33}=\frac{\partial u^\varphi}{\partial \varphi}+\frac{u^r}{r}
\end{aligned} \tag{2-158}$$

Cauchy-Green 应变张量为

$$\begin{aligned}
&\varepsilon_{11}=\frac{\partial u^r}{\partial r}\\
&\varepsilon_{22}=\frac{\partial u^\theta}{\partial \theta}+\frac{u^r}{r}-\tan\varphi\cdot u^\varphi\\
&\varepsilon_{33}=\frac{\partial u^\varphi}{\partial \varphi}+\frac{u^r}{r}\\
&\varepsilon_{12}=\varepsilon_{21}=\frac{1}{2}\left(\frac{\partial u^r}{\partial \theta}+\frac{\partial u^\theta}{\partial r}-r\cos^2\varphi\cdot u^\theta+\frac{u^\theta}{r}\right)
\end{aligned} \tag{2-159}$$

$$\varepsilon_{13}=\varepsilon_{31}=\frac{1}{2}\left(\frac{\partial u^r}{\partial \varphi}+\frac{\partial u^\varphi}{\partial r}-r\cdot u^\varphi+\frac{u^\varphi}{r}\right)$$

$$\varepsilon_{23}=\varepsilon_{32}=\frac{1}{2}\left(\frac{\partial u^\varphi}{\partial \theta}+\frac{\partial u^\theta}{\partial \varphi}+\cos\varphi\sin\varphi\cdot u^\theta-\tan\varphi\cdot u^\theta\right)$$

Stokes 应变为

$$\omega_{12}=\frac{1}{2}\left(\frac{\partial u^r}{\partial \theta}-\frac{\partial u^\theta}{\partial r}-r\cos^2\varphi\cdot u^\theta-\frac{u^\theta}{r}\right)$$

$$\omega_{23}=\frac{1}{2}\left(\frac{\partial u^\theta}{\partial \varphi}-\frac{\partial u^\varphi}{\partial \theta}-\tan\varphi\cdot u^\theta-\cos\varphi\sin\varphi\cdot u^\theta\right) \tag{2-160}$$

$$\omega_{31}=\frac{1}{2}\left(\frac{\partial u^\varphi}{\partial r}-\frac{\partial u^r}{\partial \varphi}+\frac{u^\varphi}{r}+r\cdot u^\varphi\right)$$

则有

$$\sin\Theta=\sqrt{(\omega_{12})^2+(\omega_{23})^2+(\omega_{31})^2}$$

$$L_2^1=-L_1^2=L_3=\frac{\omega_{12}}{\sin\Theta} \tag{2-161}$$

$$L_3^2=-L_2^3=L_1=\frac{\omega_{23}}{\sin\Theta}$$

$$L_1^3=-L_3^1=L_2=\frac{\omega_{31}}{\sin\Theta}$$

则 Stokes-陈内禀应变张量为

$$S_1^1=\frac{\partial u^r}{\partial r}-(1-\cos\Theta)[(L_1)^2-1]$$

$$S_2^2=\frac{\partial u^\theta}{\partial \theta}+\frac{u^r}{r}-\tan\varphi\cdot u^\varphi-(1-\cos\Theta)[(L_2)^2-1]$$

$$S_3^3=\frac{\partial u^\varphi}{\partial \varphi}+\frac{u^r}{r}-(1-\cos\Theta)[(L_3)^2-1] \tag{2-162}$$

$$S_2^1=S_1^2=\frac{1}{2}\left(\frac{\partial u^r}{\partial \theta}+\frac{\partial u^\theta}{\partial r}-r\cos^2\varphi\cdot u^\theta+\frac{u^\theta}{r}\right)-(1-\cos\Theta)L_1L_2$$

$$S_3^1=S_1^3=\frac{1}{2}\left(\frac{\partial u^r}{\partial \varphi}+\frac{\partial u^\varphi}{\partial r}-r\cdot u^\varphi+\frac{u^\varphi}{r}\right)-(1-\cos\Theta)L_1L_3$$

$$S_3^2=S_2^3=\frac{1}{2}\left(\frac{\partial u^\varphi}{\partial \theta}+\frac{\partial u^\theta}{\partial \varphi}+\cos\varphi\sin\varphi\cdot u^\theta-\tan\varphi\cdot u^\theta\right)-(1-\cos\Theta)L_2L_3$$

不难看出，$(1-\cos\Theta)\approx\frac{1}{2}\Theta^2$ 的含义为变形引起的曲面曲率变化校正项。对微小变形，可以忽略。

注意到 $g_{11}=1$、$g_{22}=(r\cdot\cos\varphi)^2$、$g_{33}=r^2$，其他分量为 0，利用下式，即

$$u_r=u^r,\quad u_\theta=r\cos\varphi\cdot u^\theta,\quad u_\varphi=ru^\varphi \tag{2-163}$$

可以把有关方程写为用物理位移分量表出的方式。

掌握以上理论及方法是重要的。很多研究工作者把 u_θ 与 u^θ，u_φ 与 u^φ 搞混，在与经典著作对比后，认为张量的结果没有用处(错误的)，从而是在经典应变的基础上东拉西扯地搞研究，结果劳而无功。这是必须吸取的教训。认识经典应变的本质及其适用范围是用好力学的条件之一。

第 3 章　杆的变形及其应变

杆是日常生活中常见的结构要素。杆的伸长、弯曲、扭转等是典型的变形现象。如果这类变形的应变大于某个限度，则杆会发生断裂或失效，从而失去其功能性作用。从宏观看，杆是一维流形；以微观看，微元物质是三维流形。因此，微观上是三维变形力学问题，而宏观上是一维变形力学问题。在杆很细时，就把它看成是弹性线。

3.1　一维流形的变形张量

物体外表面是可直接测量其变形的，而其上的曲线是最为典型的一维流形。该曲线生存于三维物体(流形)上。最为一般意义上的一维流形是三维物体内的三条基矢代表的物质线。每根线都代表了一个一维流形。测量物质线的变形就是连续介质力学的本质内涵。由于物体的连续性、整体性不能被破坏，这三个一维流形间的变形就有一个相互制约与影响的密切联系，这就是运动方程反映的内涵。破坏性变形就表现为一维流形间内在几何关系的破坏。

对连续介质外表面上的物质线，取拖带坐标为(x^1, x^2, x^3)，对微分曲线，即

$$\mathrm{d}\boldsymbol{s}_0=\boldsymbol{g}_1^0\mathrm{d}x^1+\boldsymbol{g}_2^0\mathrm{d}x^2+\boldsymbol{g}_3^0\mathrm{d}x^3 \tag{3-1}$$

其变形后成为

$$\mathrm{d}\boldsymbol{s}=\boldsymbol{g}_1\mathrm{d}x^1+\boldsymbol{g}_2\mathrm{d}x^2+\boldsymbol{g}_3\mathrm{d}x^3 \tag{3-2}$$

其变形前后长度的张量表达为 $\mathrm{d}s_0^2=g_{ij}^0\mathrm{d}x^i\mathrm{d}x^j$，这里(及以后)重复指标表示求和，$\mathrm{d}s^2=g_{ij}\mathrm{d}x^i\mathrm{d}x^j$。对单位长度 $\mathrm{d}s_0=1$，有格林应变的抽象定义，即

$$\varepsilon=\frac{\mathrm{d}s^2-\mathrm{d}s_0^2}{2\mathrm{d}s_0^2}=\frac{1}{2}(g_{ij}-g_{ij}^0)\mathrm{d}x^i\mathrm{d}x^j \tag{3-3}$$

这个定义描述了曲线长度的相对变化，但是否定了转动的 Stokes 应变。一般来说，很多论文及书籍是通过角应变概念来论证它包含了剪切应变。事实上，格林应变否定了弯曲的力学地位，因为长度不变的弯曲只产生零应变。

高斯对曲面上曲线[6,7]的研究结论是，对于局部曲线微元，除了上面的长度不变量外，即 $I=\mathrm{d}\boldsymbol{s}\cdot\mathrm{d}\boldsymbol{s}$，还有一个几何不变量 $\mathrm{II}=-\mathrm{d}\boldsymbol{n}\cdot\mathrm{d}\boldsymbol{s}=\alpha_{ij}\mathrm{d}x^i\mathrm{d}x^j$，其几何意义是在 $\mathrm{d}s$ 长度内法矢量的转动角。

在矢量场理论中，把一个任意的矢量分解为一个无旋场和一个无散场的和。无旋场和无散场是用微分方程定义的。在哲学上，肯定了一个物理的、现实的一般

矢量是由长度性和弯曲性来共同表证的。

把这个哲理推广到连续介质力学上研究的微元线元变形后的表达方式是陈至达建立的有限变形几何理论，也就是基矢变换概念。下面就用一个弯曲线元的弯曲变化是如何用基矢变换来表达加以论述。

按高斯的理念，一个弯曲曲线上的微元线段需要两个本质量来表达。在陈理性力学中，平面上有限曲线微元起点的切矢 $\boldsymbol{g}_{\text{ini}}$ 和法矢 $\boldsymbol{n}_{\text{ini}}$，与曲线微元终点的切矢 $\boldsymbol{g}_{\text{end}}$ 和法矢 $\boldsymbol{n}_{\text{end}}$ 有如下的关系，即

$$\boldsymbol{g}_{\text{end}}=\cos\alpha\cdot\boldsymbol{g}_{\text{ini}}+\sin\alpha\cdot\boldsymbol{n}_{\text{ini}},\quad \boldsymbol{n}_{\text{end}}=-\sin\alpha\cdot\boldsymbol{g}_{\text{ini}}+\cos\alpha\cdot\boldsymbol{n}_{\text{ini}} \tag{3-4}$$

也就是说，曲线的弯曲是需要用一个局部转动(转角为 α)来表达的，也就是终点相对于起点的局部转动。

对于**一维流形曲线的弯曲(无挠)**，如果取初始位形的切矢为 $\boldsymbol{g}^0$ 和法矢为 $\boldsymbol{n}^0$，变形后的切矢为 $\boldsymbol{g}$ 和法矢为 $\boldsymbol{n}$，则有弯曲的一般局部转动表达形式，即

$$\boldsymbol{g}=\cos\Theta\cdot\boldsymbol{g}^0+\sin\Theta\cdot\boldsymbol{n}^0,\quad \boldsymbol{n}=-\sin\Theta\cdot\boldsymbol{g}^0+\cos\Theta\cdot\boldsymbol{n}^0 \tag{3-5}$$

把 $\boldsymbol{g}^0=\boldsymbol{g}_{\text{end}}$，$\boldsymbol{n}^0=\boldsymbol{n}_{\text{end}}$ 代入上方程，就有

$$\begin{aligned}
\boldsymbol{g}&=\cos\Theta\cdot(\cos\alpha\cdot\boldsymbol{g}_{\text{ini}}+\sin\alpha\cdot\boldsymbol{n}_{\text{ini}})+\sin\Theta\cdot(-\sin\alpha\cdot\boldsymbol{g}_{\text{ini}}+\cos\alpha)\cdot\boldsymbol{n}_{\text{ini}}\\
&=(\cos\Theta\cdot\cos\alpha-\sin\Theta\cdot\sin\alpha)\cdot\boldsymbol{g}_{\text{ini}}+(\cos\Theta\cdot\sin\alpha+\sin\Theta\cdot\cos\alpha)\cdot\boldsymbol{n}_{\text{ini}}\\
&=\cos(\alpha+\Theta)\cdot\boldsymbol{g}_{\text{ini}}+\sin(\alpha+\Theta)\cdot\boldsymbol{n}_{\text{ini}}\\
\boldsymbol{n}&=-\sin\Theta\cdot(\cos\alpha\cdot\boldsymbol{g}_{\text{ini}}+\sin\alpha\cdot\boldsymbol{n}_{\text{ini}})+\cos\Theta\cdot(-\sin\alpha\cdot\boldsymbol{g}_{\text{ini}}+\cos\alpha)\cdot\boldsymbol{n}_{\text{ini}}\\
&=-(\sin\Theta\cdot\cos\alpha+\cos\Theta\cdot\sin\alpha)\cdot\boldsymbol{g}_{\text{ini}}+(\cos\Theta\cdot\cos\alpha-\sin\Theta\cdot\sin\alpha)\cdot\boldsymbol{n}_{\text{ini}}\\
&=-\sin(\alpha+\Theta)\cdot\boldsymbol{g}_{\text{ini}}+\cos(\alpha+\Theta)\cdot\boldsymbol{n}_{\text{ini}}
\end{aligned} \tag{3-6}$$

对比式(3-6)与式(3-4)，可以看出微元弯曲线段由初始的局部转动角 α 变形为当前的局部转动角 $\alpha+\Theta$。因此，式(3-5)的局部转动角 Θ 表达了微元曲线的变形。

总结以上结果，局部转动角(局部整旋角)Θ 的几何解释就是微元长度曲线变形前后的法向转动角的变化。初始位形上的曲线微元为

$$\boldsymbol{g}_{\text{end}}=\cos\alpha\cdot\boldsymbol{g}_{\text{ini}}+\sin\alpha\cdot\boldsymbol{n}_{\text{ini}},\boldsymbol{n}_{\text{end}}=-\sin\alpha\cdot\boldsymbol{g}_{\text{ini}}+\cos\alpha\cdot\boldsymbol{n}_{\text{ini}}$$

变形为当前位形上的曲线微元，即

$$\boldsymbol{g}=\cos(\alpha+\Theta)\cdot\boldsymbol{g}_{\text{ini}}+\sin(\alpha+\Theta)\cdot\boldsymbol{n}_{\text{ini}},\ n=-\sin(\alpha+\Theta)\cdot\boldsymbol{g}_{\text{ini}}+\cos(\alpha+\Theta)\cdot\boldsymbol{n}_{\text{ini}} \tag{3-7}$$

对于陈至达给出的局部转动[4,5]，很多学者将之等同于刚体转动，从而没有认识到这是理性力学的重大理论进展。

如果要求法向也参与转动(弯曲)，就是一个二维流形的弯曲转动问题。板壳的弯曲是二维流形的弯曲问题，因为曲面(中面)的法矢量也参与转动。

对于**二维流形的弯曲**(两个一维流形的直积，两条正交物质线)，取 $\boldsymbol{g}_1$ 和 $\boldsymbol{g}_2$ 为面上的两个正交拖带坐标单位基矢，取 $\boldsymbol{n}$ 为曲面单位法矢量，用上标 0 表达初始位形，采用右手系，则有弯曲变形的一般形式，即

$$\boldsymbol{g}_1=\cos\Theta_1\cdot\boldsymbol{g}_1^0-\sin\Theta_1\cdot\boldsymbol{n}_1^0,\quad \boldsymbol{n}_1=\sin\Theta_1\cdot\boldsymbol{g}_1^0+\cos\Theta_1\cdot\boldsymbol{n}_1^0$$
$$\boldsymbol{g}_2=\cos\Theta_2\cdot\boldsymbol{g}_2^0+\sin\Theta_2\cdot\boldsymbol{n}_2^0,\quad \boldsymbol{n}_2=-\sin\Theta_2\cdot\boldsymbol{g}_2^0+\cos\Theta_2\cdot\boldsymbol{n}_2^0 \tag{3-8}$$

其中,一个转动发生在($\boldsymbol{g}_1^0,\boldsymbol{n}_1^0$)面上,另一个转动发生在($\boldsymbol{g}_2^0,\boldsymbol{n}_2^0$)面上。

几何上,曲线的法线和曲面的法线有关系方程,即

$$\boldsymbol{n}_1^0=\cos\Theta_2\cdot\boldsymbol{n}^0-\sin\Theta_2\cdot\boldsymbol{g}_2^0,\quad \boldsymbol{n}_2^0=\cos\Theta_1\cdot\boldsymbol{n}^0+\sin\Theta_1\cdot\boldsymbol{g}_1^0,\quad \boldsymbol{n}_1^0\cdot\boldsymbol{n}_2^0=\cos\Theta_1\cdot\cos\Theta_2 \tag{3-9}$$

代入式(3-8)后,就有

$$\boldsymbol{g}_1=\cos\Theta_1\cdot\boldsymbol{g}_1^0+\sin\Theta_1\sin\Theta_2\cdot\boldsymbol{g}_2^0-\sin\Theta_1\cos\Theta_2\cdot\boldsymbol{n}^0$$
$$\boldsymbol{g}_2=\sin\Theta_1\sin\Theta_2\cdot\boldsymbol{g}_1^0+\cos\Theta_2\cdot\boldsymbol{g}_2^0+\cos\Theta_1\sin\Theta_2\cdot\boldsymbol{n}^0 \tag{3-10}$$
$$\boldsymbol{n}_1=\sin\Theta_1\cdot\boldsymbol{g}_1^0-\cos\Theta_1\sin\Theta_2\cdot\boldsymbol{g}_2^0+\cos\Theta_1\cos\Theta_2\cdot\boldsymbol{n}^0$$
$$\boldsymbol{n}_2=\cos\Theta_2\sin\Theta_1\cdot\boldsymbol{g}_1^0-\sin\Theta_2\cdot\boldsymbol{g}_2^0+\cos\Theta_2\cos\Theta_1\cdot\boldsymbol{n}^0$$

在物理可实现意义上,这两个转动并不是分别发生的,而是同时进行的,因此方程是近似的。为获得唯一的转动,陈至达引入平均转动概念。当前位形上的单位法线是唯一的,即

$$\boldsymbol{n}=\frac{\boldsymbol{n}_1+\boldsymbol{n}_2}{2}=L_1^3\sin\Theta\cdot\boldsymbol{g}_1^0+L_2^3\sin\Theta\cdot\boldsymbol{g}_2^0+\cos\Theta\cdot\boldsymbol{n}^0 \tag{3-11}$$

这样,为使 $\boldsymbol{g}_1\cdot\boldsymbol{n}=\boldsymbol{g}_2\cdot\boldsymbol{n}=0$,陈理性力学取二维流形的弯曲的几何关系条件方程,即

$$\sin\Theta_1\cdot\frac{1+\cos\Theta_2}{2}=\sin\Theta\cdot L_1^3=-\sin\Theta\cdot L_3^1$$
$$\sin\Theta_2\cdot\frac{1+\cos\Theta_1}{2}=\sin\Theta\cdot L_3^2=-\sin\Theta\cdot L_2^3 \tag{3-12}$$
$$(L_3^1)^2+(L_3^2)=1$$

则有近似式

$$\cos\Theta_1\cos\Theta_2\approx\cos\Theta,$$
$$\sin\Theta_1\sin\Theta_2\approx L_3^2L_1^3(1-\cos\Theta) \tag{3-13}$$
$$\cos\Theta_1\approx1-(1-\cos\Theta)(L_1^3)^2,\quad \cos\Theta_2\approx1-(1-\cos\Theta)(L_3^2)^2$$

由张量代数理论,精确的二维流形曲面平均弯曲的一般形式为

$$\boldsymbol{g}_1=[1-(1-\cos\Theta)(L_1^3)^2]\boldsymbol{g}_1^0+(1-\cos\Theta)L_3^2L_1^3\cdot\boldsymbol{g}_2^0+\sin\Theta\cdot L_1^3\cdot\boldsymbol{n}^0$$
$$\boldsymbol{g}_2=(1-\cos\Theta)\cdot L_3^1L_2^3\cdot\boldsymbol{g}_1^0+[1-(1-\cos\Theta)(L_3^2)^2]\cdot\boldsymbol{g}_2^0+\sin\Theta\cdot L_2^3\cdot\boldsymbol{n}^0$$
$$\boldsymbol{n}=L_3^1\sin\Theta\cdot\boldsymbol{g}_1^0+L_3^2\sin\Theta\cdot\boldsymbol{g}_2^0+\cos\Theta\cdot\boldsymbol{n}^0 \tag{3-14}$$

由于前提性公式(3-8)适用于原始曲面为弯曲状的任意曲面,因此转动角 Θ 表达了曲面弯曲的增量,从而是力学意义上的弯曲变形量。将此混同于在平面上的刚体转动是非常错误的认识论方法。这也是长期以来对陈理性力学持否定性态度的根源之一。

对于**三维流形的单纯弯曲（三条正交物质线）**，陈至达给出的张量形式为

$$R_j^i=\delta_j^i+\sin\Theta\cdot L_j^i+(1-\cos\Theta)L_l^iL_j^l \tag{3-15}$$

表达的是三维弯曲微元体的变形前后弯曲程度的变化。其中，L_j^i 表示由 i 方向的基矢向 j 方向的基矢转动，称为转动方位张量，是反对称的；Θ 为局部整体转动角。对于刚体转动，它当然是正确的，但是由于形式上的一致而误认为这是刚体转动则是错误的。

在力学上，被研究的微元体始终是一个三维流形。它的弯曲变形可能是一维的单个方向的弯曲，也可能是二维的两个正交方向的同时发生的弯曲，而最为复杂的弯曲就是三个正交方向都参与的弯曲（里契流）。无论初始位形上的原始基矢是如何弯曲的，变形力学用上面的有关公式提纯出来的是变形后的当前位形上的基矢相对于原始基矢的弯曲增量。在这个意义上说，陈理性力学的转动概念是力学理论的本质性进展。

弯曲与长度变化分离的力学价值何在呢？我们从简单的板壳弯曲变形来看这个问题。任意曲面板的单向弯曲，对于 $L_3^2=0,L_1^3=1$ 的弯曲变形，上式退化为初始弯曲板的单向弯曲变形（转动），即

$$\boldsymbol{g}_1=\cos\Theta\cdot\boldsymbol{g}_1^0-\sin\Theta\cdot\boldsymbol{n}^0,\ \boldsymbol{g}_2=\boldsymbol{g}_2^0,\quad \boldsymbol{n}=\sin\Theta\cdot\boldsymbol{g}_1^0+\cos\Theta\cdot\boldsymbol{n}^0 \tag{3-16}$$

基尔霍夫板的中面假定引出了以中面为参考，用中面法线 $\boldsymbol{n}$ 转动角 Θ 表达弯曲（转动）的方法。因此，取中面为参考，沿厚度方向 z 的弯曲变化就表达为

$$\begin{aligned}\boldsymbol{g}_1&=\cos\left(\frac{\partial\Theta}{\partial z}\cdot z\right)\cdot\boldsymbol{g}_1^0-\sin\left(\frac{\partial\Theta}{\partial z}\cdot z\right)\cdot\boldsymbol{n}^0\approx\boldsymbol{g}_1^0-\left(\frac{\partial\Theta}{\partial z}\cdot z\right)\cdot\boldsymbol{n}^0\\ \boldsymbol{n}&=\sin\left(\frac{\partial\Theta}{\partial z}\cdot z\right)\cdot\boldsymbol{g}_1^0+\cos\left(\frac{\partial\Theta}{\partial z}\cdot z\right)\cdot\boldsymbol{n}^0\approx\left(\frac{\partial\Theta}{\partial z}\cdot z\right)\cdot\boldsymbol{g}_1^0+\boldsymbol{n}^0\end{aligned} \tag{3-17}$$

弯曲的主要原因是斯托克斯转动应变 $\omega_{1n}=-\omega_{n1}=-\frac{\partial\Theta}{\partial z}\cdot z$。由它构造的关于中面的转动力矩为 $M_{1n}=\int_{-D/2}^{D/2}\left(-2\mu\frac{\partial\Theta}{\partial z}\cdot z\right)\cdot z\mathrm{d}z=-\frac{\mu D^3}{6}\frac{\partial\Theta}{\partial z}$（尽管很多人反对或不接受这个公式，但理论上这是最为合理的）。如果使用工程应变概念，则存在应变 $\varepsilon_{11}=\frac{\sqrt{g_{11}}-\sqrt{g_{11}^0}}{\sqrt{g_{11}^0}}=\pm\frac{1}{2}\left(\frac{\partial\Theta}{\partial z}\cdot z\right)^2$；如果使用格林应变概念，则有应变 $\varepsilon_{11}=\frac{1}{2}(g_{11}-g_{11}^0)=\pm\frac{1}{2}\left(\frac{\partial\Theta}{\partial z}\cdot z\right)^2$。符号的选择是根据拉伸或压缩来确定的。由此应变产生的应力为 $\sigma_{11}=\pm\frac{1}{2}(\lambda+2\mu)\left(\frac{\partial\Theta}{\partial z}\cdot z\right)^2$，$\sigma_{22}=\sigma_{zz}=\pm\frac{\lambda}{2}\left(\frac{\partial\Theta}{\partial z}\cdot z\right)^2$。相对于中面而言，一侧的拉伸等同于另一侧的压缩，因此中面平均应力为零。但是，无法用它们构造出正确的弯矩公式。如何克服这个困难就成为一个重要的理论问题，并且至今

还是一个不断被讨论的问题。事实上，在经典板壳理论中，为了在不使用斯托克斯转动应变的情况下得到关于中面的转动力矩，可以对方程(3-17)作如下近似修改，即

$$\boldsymbol{g}_1 \approx \boldsymbol{g}_1^0 - \left(\frac{\partial \Theta}{\partial z}\cdot z\right)\cdot \boldsymbol{n}^0,\quad \boldsymbol{n} \approx \boldsymbol{n}^0 + \left(\frac{\partial \Theta}{\partial z}\cdot z\right)\cdot \boldsymbol{g}_1^0 \tag{3-18}$$

因此，可以按上式的几何意义引入随体应变 $\tilde{\varepsilon}_{11} \approx -\left(\frac{\partial \Theta}{\partial z}\cdot z\right)$。这样就得到关于中面的转动力矩，即

$$M_{1n} = \int_{-D/2}^{D/2} -(\lambda + 2\mu)\frac{\partial \Theta}{\partial z}\cdot z \cdot z\mathrm{d}z = -\frac{(\lambda + 2\mu)D^3}{12}\frac{\partial \Theta}{\partial z} \tag{3-19}$$

这就是目前经典的平版弯矩公式(各类理论的弹性系数有所不同，这里没有使用平面应力或应变假定)。为导出这个公式，各种各样的方法散见于各类教科书及论文中。在经典板壳理论中，$\Theta|_{z=0} = -\frac{\partial^2 w}{\partial x^2}$，$|\boldsymbol{g}_1|_{z=z}| - |\boldsymbol{g}_1|_{z=0}| \approx -\frac{\partial^2 w}{\partial x^2}\cdot z$，把$-\frac{\partial^2 w}{\partial x^2}$解释为中心面弯曲变形后的曲率。伸张量$-\frac{\partial^2 w}{\partial x^2}\cdot z$完全是由于在厚度方向上有曲率变化而引出的，中面上并无伸张应变，而且截面上关于厚度积分也给出零伸张。这种绕道而行的论述方法显然是要使用工程应变概念(长度的变化)来构造一个直接使用格林应变定义无法正确解决的问题。以上的讨论在于想说明一个论点，不考虑弯曲转动力学效应的格林应变不能直接应用于含有弯曲的变形。因此，把弯曲变化量与长度变化量分离开来是必要的，这也是板壳理论进展的路线所实践证明的。

杆板壳理论的研究工作被看成是 20 世纪初的重大成果。它表现在克服了弯曲变形的格林应变概念上的困难，同时表明了使用随体系(中面随体曲面系)的必要性。这个随体系的引入是辛格和钱伟长的贡献，称为拖带坐标系。一般来说，把变形分解为与单纯弯曲有关的应变；与纯粹的拖带长度变化产生的伸张应变；实际变形为两者的直和。这就是目前最为流行的理论方法。对于三维流形的变形，陈理性力学[4,5]给出的结论是，对任意有物理可实现性的变形梯度张量 F_j^i，总可以把它分解为一个对称的纯粹伸张张量和一个单位正交转动张量的直和。在一般情况下，不可逆性是与应变因子项$(1-\cos\Theta)$联系在一起的。对于较大的弯曲变形(转动)，其影响是不能忽略的。宏观尺度的微小变形不能等同于在微观上也是微小变形，宏观上的单纯伸张并不能等同于在微观上没有弯曲。联系到疲劳断裂总是能在微观尺度上归结为位错、定向变化、剪切应变代等与局部弯曲或转动有关的现象，可以认为应变因子项$(1-\cos\Theta)$是解开疲劳断裂理论机制的关键所在[13]。

3.2　弹　性　线

对于一根钢丝圆圈，半径由 r_0 变为 r，用圆周角 θ 作为拖带坐标，则其变形为

$$\boldsymbol{g}_\theta=\frac{r}{r_0}\boldsymbol{g}_\theta^0 \tag{3-20}$$

当前长度公式为 $\mathrm{d}s^2=r^2\ (\mathrm{d}\theta)^2$；参考位形长度公式为 $\mathrm{d}s_0^2=r_0^2\ (\mathrm{d}\theta)^2$。

变形张量(只有一个分量)为

$$F_\theta^\theta=\frac{r}{r_0}=1+\frac{u}{r_0} \tag{3-21}$$

应变为

$$\varepsilon_1^1=\varepsilon_\theta^\theta=F_\theta^\theta-1=\frac{r-r_0}{r_0}=\frac{u}{r_0} \tag{3-22}$$

对一般的任意变形，$u(\theta)$不是常数。它形成一个位移场，称为挠度(法线方向的位移)。

力 f_θ 与外力的基本平衡方程为

$$\sigma_1^1=\sigma_{\theta\theta}=\frac{f_\theta}{A}=E\varepsilon_\theta^\theta \tag{3-23}$$

其中，A 为钢丝截面面积；E 为材料弹性参数；应力 σ_1^1 的含义是作用在钢丝截面上的方向在钢丝线长方向上的力(折算为单位面积上的力)。

对一微小段的钢丝线段，取其自然长度方向为拖带坐标 x^1(等价于前面的 θ 方向)，则钢丝的纯弯曲(长度不变 $\varepsilon_1^1=0$)表现为由初始位形的曲率 $\alpha_0=\dfrac{1}{r_0}$，变成当前位形的曲率 $\alpha=\dfrac{1}{r}$，从而其变形的局部转动角为

$$\tilde{\varepsilon}_1^2=\Delta\alpha=\alpha-\alpha_0=\frac{1}{r}-\frac{1}{r_0} \tag{3-24}$$

对微小局部转动角，$L_1^2\sin\Theta\approx\Delta\alpha$。引入弹性线的抗弯刚度参数 EJ，就有弯矩 M_3 平衡方程(Stokes 应力)，取线段为$(\mathrm{d}x^1,\mathrm{d}x^2)$平面，即

$$\tilde{\sigma}_1^2=\frac{M_3}{A}=\frac{\mathrm{EJ}}{A}\left(\frac{1}{r}-\frac{1}{r_0}\right) \tag{3-25}$$

应力 σ_1^2 的含义是作用在钢丝截面上的方向在弯曲钢丝线主法线方向 $\mathrm{d}x^2$ 上的力(折算为单位面积上的力)。

如果还有绕率(自旋，绕长度方向的截面转动)，$L_2^3\sin\Theta\approx\Delta\beta=\beta-\beta_0=\dfrac{1}{\tau}-\dfrac{1}{\tau_0}$。引入弹性线的抗扭刚度参数 GI，就有扭矩 M_1 平衡方程(Stokes 应力，取挠向转动

为(dx^2, dx^3)平面，即

$$\tilde{\sigma}_2^3 = \frac{M_1}{A} = \frac{GI}{A}\left(\frac{1}{\tau} - \frac{1}{\tau_0}\right) \tag{3-26}$$

应力 $\tilde{\sigma}_2^3$ 的含义是作用在钢丝截面上的方向在弯曲钢丝线法线平面 $dx^2 dx^3$ 上转动的力(折算为单位面积上的力)。

以上几式是弹性线微小变形的基本应力应变关系方程(本构方程)。抗弯刚度参数 EJ 中的 J 取决于截面形状(E 为材料弹性参数)；抗扭刚度参数 GI 中的 I 取决于长度方向切面的形状(G 为材料弹性参数)。

弹性参数对(λ, μ)与弹性参数对(E, G)的关系为

$$\lambda = \frac{G(E-2G)}{3G-E}, \quad \mu = G \tag{3-27}$$

或者

$$E = \frac{\mu(3\lambda + 2\mu)}{\lambda + \mu}, \quad G = \mu \tag{3-28}$$

还有一个常用量是材料的泊松比，即 $\nu = \frac{E}{2G} - 1 = \frac{\lambda}{2(\lambda+\mu)}$。

材料物性参数的对子有多种取法，在各行业中系习惯性的。它们之间的换算要查有关转换公式表。

在实验室固定系，长度拖带坐标为 s 的螺旋线的坐标方程为

$$\begin{aligned} &X = R(s) \cdot \cos\alpha(s), \quad Y = R(s)\sin\alpha(s), \quad Z = s \cdot \sin\beta(s) \\ &ds^2 = R^2\,(d\alpha)^2 + s^2\,(d\beta)^2 \\ &\kappa = \frac{1}{\rho} = \frac{\cos^2\beta}{R}, \quad \chi = \frac{1}{\tau} = \frac{\cos\beta\sin\beta}{R} \end{aligned} \tag{3-29}$$

几何形象解释是一个半径为 $R(s)$的圆随长度在缓慢的升高(下密上稀)。这种结构是减震弹簧的常用结构。

对弹性线，应力应变的本构方程不能直接用微元体的方程(系数有变化)，这是因为，微观上材料的变形依然是三维变形(必须满足微观运动方程)。也就是说，宏观物性实测参数并不等于微观本性参数。

3.3　杆的弯曲

弹性线近似描写了杆的变形，但是实际的杆指的是截面尺度远小于长度的宏观一维流形。取长度拖带坐标为 $x=s$，截面坐标为(y, z)，杆的弯曲方向为 y，体力为 f^y，则杆会向 y 方向弯曲。这是宏观表象。取杆的中心线，假定中心线长度不变。杆是微观上三维物质微元组成的，弯曲导致微元内侧界面上的长度向收缩，外

侧面上的长度伸长。因此，在截面上，有 σ_x^x，但是$\int_{-h/2}^{h/2}\sigma_x^x\mathrm{d}y=0$。事实上，对杆的平面弯曲(原杆的曲率为零)，变形张量为

$$\begin{vmatrix}\boldsymbol{g}_x\\\boldsymbol{g}_y\end{vmatrix}=\begin{vmatrix}\cos\left(\Theta+\dfrac{\partial\Theta}{\partial y}y\right)+\Theta y & -\sin\left(\Theta+\dfrac{\partial\Theta}{\partial y}y\right)\\\sin\left(\Theta+\dfrac{\partial\Theta}{\partial y}y\right) & \cos\left(\Theta+\dfrac{\partial\Theta}{\partial y}y\right)\end{vmatrix}\begin{vmatrix}\boldsymbol{g}_x^0\\\boldsymbol{g}_y^0\end{vmatrix}\tag{3-30}$$

$y=0$ 对应于中心线的弯曲。对微小弯曲，舍去高阶小量，变形张量为

$$\begin{vmatrix}\boldsymbol{g}_x\\\boldsymbol{g}_y\end{vmatrix}\approx\begin{vmatrix}1+\Theta y & -\left(\Theta+\dfrac{\partial\Theta}{\partial y}y\right)\\\Theta+\dfrac{\partial\Theta}{\partial y}y & 1\end{vmatrix}\begin{vmatrix}\boldsymbol{g}_x^0\\\boldsymbol{g}_y^0\end{vmatrix}\tag{3-31}$$

因此，有微元体的非零应变分量为

$$\varepsilon_x^x=\Theta y\tag{3-32}$$

$$\tilde{\varepsilon}_x^y=-\tilde{\varepsilon}_y^x=-\left(\Theta+\frac{\partial\Theta}{\partial y}\mathrm{d}y\right)\tag{3-33}$$

对应的微元体应力为

$$\begin{gathered}\sigma_x^x=(\lambda+2\mu)\Theta y,\quad \sigma_y^y=\lambda\Theta y\\\tilde{\sigma}_x^y=-\tilde{\sigma}_y^x=-2\mu\left(\Theta+\frac{\partial\Theta}{\partial y}y\right)\end{gathered}\tag{3-34}$$

微小变形的运动方程为

$$\begin{gathered}\frac{\partial\sigma_x^x}{\partial x}+\frac{\partial\tilde{\sigma}_y^x}{\partial y}=0\\\frac{\partial\tilde{\sigma}_x^y}{\partial x}+\frac{\partial\sigma_y^y}{\partial y}=f^y\end{gathered}\tag{3-35}$$

将式(3-34)代入上式，就有

$$\begin{gathered}(\lambda+2\mu)\frac{\partial\Theta}{\partial x}y+2\mu\frac{\partial}{\partial y}\left(\Theta+\frac{\partial\Theta}{\partial y}y\right)=0\\-2\mu\frac{\partial}{\partial x}\left(\Theta+\frac{\partial\Theta}{\partial y}y\right)+\lambda\frac{\partial}{\partial y}(\Theta y)=f^y\end{gathered}\tag{3-36}$$

作代数运算后，上式变为

$$\begin{gathered}(\lambda+2\mu)\frac{\partial\Theta}{\partial x}y+2\mu\frac{\partial^2\Theta}{\partial y^2}y+4\mu\frac{\partial\Theta}{\partial y}=0\\-2\mu\frac{\partial\Theta}{\partial x}-2\mu\frac{\partial^2\Theta}{\partial y\partial x}y+\lambda\Theta+\lambda\frac{\partial\Theta}{\partial y}y=f^y\end{gathered}\tag{3-37}$$

舍去 2 次导数项，可以得到下式，即

$$(\lambda+2\mu)\frac{\partial\Theta}{\partial x}y+4\mu\frac{\partial\Theta}{\partial y}=0$$

$$-2\mu\frac{\partial\Theta}{\partial x}+\lambda\Theta+\lambda\frac{\partial\Theta}{\partial y}y=f^{y} \tag{3-38}$$

它表明截面的效应。经简单代数运算后，有

$$\begin{aligned}\frac{\partial\Theta}{\partial y}&=-\frac{\lambda+2\mu}{4\mu}\frac{\partial\Theta}{\partial x}y\\&\quad-\left[\frac{\lambda(\lambda+2\mu)}{4\mu}y^{2}+2\mu\right]\frac{\partial\Theta}{\partial x}+\lambda\Theta\\&=f^{y}\end{aligned} \tag{3-39}$$

这样，就把一维流形的弯曲变化用单位长度中线的 $\Theta(x)$ 表示出来。

由以上方程的第 1 式，可以把应力中的有关项重写。对应的微元体应力为

$$\begin{gathered}\sigma_{x}^{x}=(\lambda+2\mu)\Theta y,\quad \sigma_{y}^{y}=\lambda\Theta y\\ \tilde{\sigma}_{x}^{y}=-\tilde{\sigma}_{y}^{x}=-2\mu\Theta+\frac{\lambda+2\mu}{2}\frac{\partial\Theta}{\partial x}y^{2}\end{gathered} \tag{3-40}$$

传统上，对微小变形，在截面尺度很小时，微小变形的运动方程近似为

$$\begin{gathered}\frac{A}{h}\int_{-h/2}^{h/2}\frac{\partial\sigma_{x}^{x}}{\partial x}\mathrm{d}y=0\\ \frac{A}{h}\int_{-h/2}^{h/2}\frac{\partial\tilde{\sigma}_{x}^{y}}{\partial x}\mathrm{d}y=\frac{A}{h}\int_{-h/2}^{h/2}f^{y}\mathrm{d}y\end{gathered} \tag{3-41}$$

取 z 向为尺度$\frac{A}{h}$。下面求截面上有关积分，截面上的面力为

$$T_{x}=\frac{A}{h}\int_{-h/2}^{h/2}\sigma_{x}^{x}\mathrm{d}y=(\lambda+2\mu)\frac{A}{h}\int_{-h/2}^{h/2}\frac{\partial\Theta}{\partial x}y\mathrm{d}y=0 \tag{3-42}$$

从而，满足式(3-41)的第 1 式。

端面上单位长度的(体矩)弯矩为

$$\begin{aligned}M_{x}^{y}&=\frac{A}{h}\int_{-h/2}^{h/2}\tilde{\sigma}_{x}^{y}\mathrm{d}y\\&=-\frac{2\mu A}{h}\int_{-h/2}^{h/2}\Theta\mathrm{d}y+\frac{A(\lambda+2\mu)}{2h}\int_{-h/2}^{h/2}\frac{\partial\Theta}{\partial x}y^{2}\mathrm{d}y\\&=-2\mu A\Theta+\frac{Ah^{2}(\lambda+2\mu)}{24}\frac{\partial\Theta}{\partial x}\end{aligned} \tag{3-43}$$

分布载荷为

$$q_{y}=\frac{A}{h}\int_{-h/2}^{h/2}f^{y}\mathrm{d}y \tag{3-44}$$

因此，式(3-41)的第 2 式成为

$$\frac{\partial M_{x}^{y}}{\partial x}=-2\mu A\frac{\partial\Theta}{\partial x}+\frac{Ah^{3}(\lambda+2\mu)}{24}\frac{\partial^{2}\Theta}{\partial x^{2}}=q_{y} \tag{3-45}$$

它是一个二阶微分方程。其线性近似为

$$\frac{\partial \Theta}{\partial x}=-\frac{q_y}{2\mu A} \tag{3-46}$$

其解有一个不定常数，需由边界条件确定。边界条件的提法是相对于固定端 $x=0$，在加力端 $x=S$ 的总的力矩为

$$L_y=-2\mu A\int_0^S \Theta(x)\cdot \mathrm{d}x \tag{3-47}$$

其中，L_y 为给定实测值。

其力学意义是，中心线的弯曲函数 $\Theta(x)$ 满足特定的外界约束条件。

例如，对于只在端点加载的（分布载荷为零）杆 $q_y=0$，解为 $\Theta=\mathrm{Con}$，也就是圆环状，而边界条件成为 $\Theta=-\dfrac{L_y}{2\mu AS}$。力矩越大，弯曲越大；面积越大，弯曲越小。

在传统的杆弯曲理论中，由于没有局部转动角对应的反对称应变，就假定在长度方向上有力矩分布 $Q(x)$，满足方程 $\dfrac{\mathrm{d}Q}{\mathrm{d}x}=-q$，从而截面效应就是由截面应力 σ_x^x 构造力矩，$M=\dfrac{A}{h}\int_{-h/2}^{h/2}\sigma_x^x y\,\mathrm{d}y=\dfrac{A}{h}\int_{-h/2}^{h/2}(\lambda+2\mu)\Theta y^2\,\mathrm{d}y=\dfrac{Ah^2(\lambda+2\mu)}{12}\Theta$。

对直杆的微小弯曲，如果 $-\dfrac{2\mu A}{h}\int_{-h/2}^{h/2}\Theta\mathrm{d}y=0$（也就是以中线为参考），则有 $M_x^y=\dfrac{Ah^2(\lambda+2\mu)}{24}\dfrac{\partial \Theta}{\partial x}=\dfrac{1}{2}\dfrac{\partial M}{\partial x}$，式(3-41) 成为 $\dfrac{\partial M}{\partial x}=-2q_y$。如果忽略横向的曲率变化，取 $\Theta+\dfrac{\partial \Theta}{\partial y}y\approx\Theta$，则 $M_x^y=\dfrac{Ah^2(\lambda+2\mu)}{12}\dfrac{\partial \Theta}{\partial x}=\dfrac{\partial M}{\partial x}$，式(3-41) 成为 $\dfrac{\partial M}{\partial x}=-q_y$。这样，取不同的截面应力分布形式，就有不同的截面系数。这是工程必须面对的问题。

在工程测量中，取弹性线与某个固定方位的切角 θ 为观测自变量，则几何上有

$$\Theta=\frac{\mathrm{d}\theta}{\mathrm{d}x} \tag{3-48}$$

因此，就有弹性线的经典运动方程，即

$$\frac{\mathrm{d}^2\theta}{\mathrm{d}x^2}=-\frac{q}{2\mu A} \tag{3-49}$$

这种理想弹性线近似对截面的影响考虑不足，因此采用下面的办法。

经典力学并不引入反对称应力，而是利用式(3-40)的对称应力 σ_x^x 来计算体矩（弯矩），也就是用 $\dfrac{\partial \Theta}{\partial x}$ 算高阶矩，而非用 $\Theta(x)$ 的低阶矩。这样就显得板壳变形理论与弹性理论的逻辑自洽性出现混乱，而借助于引入各类假定来克服之。

取截面关于中心线（$y=0$）的转动体矩（转轴为 z）（弯矩），即

$$M_3 = \frac{A}{h}\int_{-h/2}^{h/2}\sigma_x^x y\,\mathrm{d}y = (\lambda + 2\mu)\,\frac{A}{h}\int_{-h/2}^{h/2}\frac{\partial\Theta}{\partial x}y^2\mathrm{d}y = (\lambda + 2\mu)\,\frac{Ah^2}{12}\,\frac{\partial\Theta}{\partial x} \tag{3-50}$$

与其相对应的是体矩在截面上的贡献项，即

$$\begin{aligned} M_x^y &= \frac{A}{h}\int_{-h/2}^{h/2}\tilde{\sigma}_x^y\mathrm{d}y \\ &= -\frac{2\mu A}{h}\int_{-h/2}^{h/2}\Theta\mathrm{d}y + \frac{A(\lambda+2\mu)}{2h}\int_{-h/2}^{h/2}\frac{\partial\Theta}{\partial x}y^2\mathrm{d}y \\ &= -2\mu A\Theta + \frac{Ah^2(\lambda+2\mu)}{24}\,\frac{\partial\Theta}{\partial x} \end{aligned} \tag{3-51}$$

取决于采用那个近似，引入截面影响几何系数 J，则有协调性弯矩方程（由 x 向 y 转），即

$$M_x^y = E\bar{J}\Theta,\quad \text{弹性线方程} \tag{3-52}$$

它是关于中心线的，忽略了截面的高阶效应。或是

$$M_3 = EJ\,\frac{\partial\Theta}{\partial x},\quad \text{杆弯曲} \tag{3-53}$$

它是以中心线为参考的$\left(\int_{-h/2}^{h/2}\Theta\mathrm{d}y = 0\right)$，把中心线的弯曲解释为纯粹的截面效应。

在实验室中，固定端 $\Theta(0)=0$，对单位长度的杆，两边关于长度积分，就有力矩实测值，即

$$L_3(s) = \int_0^s M_3(x)\mathrm{d}x = (\lambda+2\mu)\,\frac{Ah^2}{12}\int_0^s\frac{\partial\Theta}{\partial x}\mathrm{d}x = (\lambda+2\mu)\,\frac{Ah^2}{12}\Theta(s) = EJ\Theta(s) \tag{3-54}$$

其中，Θ 代表单位长度在弯矩作用下的弯曲。

在传统工程力学中（无反对称应力），使用上式的结果，用实验测量截面的转动矩，可以写为

$$M_3 = \mathrm{EJ}\left(\frac{1}{r} - \frac{1}{r_0}\right),\quad \Theta = \int_0^1\frac{\partial\Theta}{\partial x}\mathrm{d}x = \frac{1}{r} - \frac{1}{r_0} \tag{3-55}$$

在传统工程力学中使用对称应力，从而使用 M_3。

由式(3-40)，在引入弯矩 M_3 后，舍去横向应力分量，只有一个对称应力非零分量，即

$$\sigma_x^x = \frac{M_3}{\mathrm{EJ}}y,\quad \text{其他分量为零} \tag{3-56}$$

对直杆的弯曲，这个公式是较精确的。这个假定下的杆也称为梁。

对复杂截面的杆，尤其是要考虑边沿效应时，问题还是很复杂的。

3.4　理性力学中杆的变形理论

在矢量场理论中，对于任意矢量场 $\boldsymbol{u}$，总可以分解为无旋场矢量 $\boldsymbol{v}$ 和无散场矢量 $\boldsymbol{w}$ 的和，即

$$\boldsymbol{u}=\boldsymbol{v}+\boldsymbol{w},\quad \nabla\times\boldsymbol{v}=\boldsymbol{0},\quad \nabla\cdot\boldsymbol{w}=0 \tag{3-57}$$

也就是说，它是借助于微分算子来定义任意矢量的(弯曲矢量)。在张量理论中，这种弯曲是通过基矢变换来表达的。

在平面上，对曲杆，不考虑其截面形状及变化，假定为单位面积，取长度方向为拖带坐标 $x^1=s$，**长度为** $\mathrm{d}s$ **的微元体定义为**

$$\mathrm{d}I_0=\mathrm{d}s\cdot(\cos\alpha\cdot\boldsymbol{g}_1^0+\sin\alpha\cdot\boldsymbol{g}_2^0)\otimes\boldsymbol{g}_0^1 \tag{3-58}$$

其中，$\boldsymbol{g}_1^0$ 为切向，$\boldsymbol{g}_2^0$ 为法，$\boldsymbol{g}_0^1$ 为取截面基矢；$\otimes$表示张量积符号，变形后成为

$$\mathrm{d}I=\mathrm{d}s\left(1+\frac{\partial\boldsymbol{u}^s}{\partial s}\right)\cdot\left[\cos\left(\alpha+\frac{\partial\boldsymbol{u}^t}{\partial s}\right)\boldsymbol{g}_1^0+\sin\left(\alpha+\frac{\partial\boldsymbol{u}^t}{\partial s}\right)\boldsymbol{g}_2^0\right]\otimes\boldsymbol{g}_0^1 \tag{3-59}$$

对于微小变形(伸张和弯曲同时发生)，忽略截面变形，对应的变形张量为

$$F_i^j=\begin{bmatrix}\dfrac{\partial\boldsymbol{u}^s}{\partial s} & 0\\ 0 & 0\end{bmatrix}+\begin{bmatrix}\cos\dfrac{\partial\boldsymbol{u}^t}{\partial s} & \sin\dfrac{\partial\boldsymbol{u}^t}{\partial s}\\ -\sin\dfrac{\partial\boldsymbol{u}^t}{\partial s} & \cos\dfrac{\partial\boldsymbol{u}^t}{\partial s}\end{bmatrix} \tag{3-60}$$

其中，u^s 为杆长度方向的位移(线内位移)；u^t 为杆法向的位移(线外位移)，也就是说，有如下近似，即

$$\begin{aligned}\boldsymbol{g}_1&=\left(\frac{\partial\boldsymbol{u}^s}{\partial s}+\cos\frac{\partial\boldsymbol{u}^t}{\partial s}\right)\boldsymbol{g}_1^0+\left(\sin\frac{\partial\boldsymbol{u}^t}{\partial s}\right)\boldsymbol{g}_2^0\\ \boldsymbol{g}_2&=-\left(\sin\frac{\partial\boldsymbol{u}^t}{\partial s}\right)\boldsymbol{g}_1^0+\left(\cos\frac{\partial\boldsymbol{u}^t}{\partial s}\right)\boldsymbol{g}_2^0\end{aligned} \tag{3-61}$$

对于微小变形，忽略高阶小量，相应的应变非零分量为

$$\varepsilon_1^1=\frac{\partial\boldsymbol{u}^s}{\partial s},\quad \varepsilon_1^2=\frac{\partial\boldsymbol{u}^t}{\partial s} \tag{3-62}$$

也就是说**应变张量**形式为

$$\varepsilon=\varepsilon_1^1\cdot\boldsymbol{g}_1^0\otimes\boldsymbol{g}_0^1+\varepsilon_1^2\boldsymbol{g}_2^0\otimes\boldsymbol{g}_0^1 \tag{3-63}$$

对应的**应力张量**形式为

$$\sigma=(\lambda+2\mu)\varepsilon_1^1\cdot\boldsymbol{g}_1\otimes\boldsymbol{g}_0^1+2\mu\varepsilon_1^2\boldsymbol{g}_2\otimes\boldsymbol{g}_0^1 \tag{3-64}$$

对应力取微分，则有

$$\mathrm{d}\sigma=[(\lambda+2\mu)\mathrm{d}\varepsilon_1^1\cdot\boldsymbol{g}_1+2\mu\mathrm{d}\varepsilon_1^2\cdot\boldsymbol{g}_2+(\lambda+2\mu)\varepsilon_1^1\cdot\mathrm{d}\boldsymbol{g}_1+2\mu\varepsilon_1^2\mathrm{d}\boldsymbol{g}_2]\otimes\boldsymbol{g}_0^1 \tag{3-65}$$

也就是说，有

$$\mathrm{d}\sigma=[(\lambda+2\mu)\frac{\partial\varepsilon_1^1}{\partial s}\cdot\boldsymbol{g}_1+2\mu\frac{\partial\varepsilon_1^2}{\partial s}\boldsymbol{g}_2+(\lambda+2\mu)\varepsilon_1^1\cdot\frac{\partial \boldsymbol{u}^t}{\partial s}\boldsymbol{g}_2^0-2\mu\varepsilon_1^2\frac{\partial \boldsymbol{u}^t}{\partial s}\boldsymbol{g}_1^0]\otimes\boldsymbol{g}_0^1\mathrm{d}s \tag{3-66}$$

对微小变形，可以近似到初始位形上，即

$$\mathrm{d}\sigma\approx\left\{\left[(\lambda+2\mu)\frac{\partial\varepsilon_1^1}{\partial s}-2\mu\varepsilon_1^2\frac{\partial \boldsymbol{u}^t}{\partial s}\right]\cdot\boldsymbol{g}_1^0+\left[2\mu\frac{\partial\varepsilon_1^2}{\partial s}+(\lambda+2\mu)\varepsilon_1^1\cdot\frac{\partial \boldsymbol{u}^t}{\partial s}\right]\boldsymbol{g}_2^0\right\}\otimes\boldsymbol{g}_0^1\mathrm{d}s \tag{3-67}$$

如所加外力为

$$f=f_s\boldsymbol{g}_1^0\otimes\boldsymbol{g}_0^1+f_t\boldsymbol{g}_2^0\otimes\boldsymbol{g}_0^1 \tag{3-68}$$

以上的张量记法写出了张量基下的表达方式，目的是使读者加深对张量概念的理解。一般情况下是不写出张量基的。

杆的平衡方程为

$$\begin{aligned}&(\lambda+2\mu)\frac{\partial^2\boldsymbol{u}^s}{\partial s^2}-2\mu\frac{\partial \boldsymbol{u}^t}{\partial s}\frac{\partial \boldsymbol{u}^t}{\partial s}=f_s\\&2\mu\frac{\partial^2\boldsymbol{u}^t}{\partial s^2}+(\lambda+2\mu)\frac{\partial \boldsymbol{u}^s}{\partial s}\frac{\partial \boldsymbol{u}^t}{\partial s}=f_t\end{aligned} \tag{3-69}$$

或应力形式

$$\begin{aligned}&\frac{\partial\sigma_1^1}{\partial s}-\sigma_1^2\frac{\partial \boldsymbol{u}^t}{\partial s}=f_s\\&\frac{\partial\sigma_1^2}{\partial s}+\sigma_1^1\frac{\partial \boldsymbol{u}^t}{\partial s}=f_t\end{aligned} \tag{3-70}$$

一般而言，称前一式为切向力平衡方程，后一式为横向力平衡。这个方程关于位移场是非线性的。

下面处理截面问题。对于只在边界端点作用的力，方程为

$$\begin{aligned}&(\lambda+2\mu)\frac{\partial^2\boldsymbol{u}^s}{\partial s^2}-2\mu\frac{\partial \boldsymbol{u}^t}{\partial s}\frac{\partial \boldsymbol{u}^t}{\partial s}=0\\&2\mu\frac{\partial^2\boldsymbol{u}^t}{\partial s^2}+(\lambda+2\mu)\frac{\partial \boldsymbol{u}^s}{\partial s}\frac{\partial \boldsymbol{u}^t}{\partial s}=0\end{aligned} \tag{3-71}$$

如果在截面上，应力分量处处相等，则有面力形式，即

$$\begin{aligned}&\frac{\partial \boldsymbol{N}}{\partial s}-\boldsymbol{Q}\frac{\partial \boldsymbol{u}^t}{\partial s}=0\\&\frac{\partial \boldsymbol{Q}}{\partial s}+N\frac{\partial \boldsymbol{u}^t}{\partial s}=0\end{aligned} \tag{3-72}$$

其中

$$N=(\lambda+2\mu)\frac{\partial u^s}{\partial s}A,\quad Q=2\mu\frac{\partial u^t}{\partial s}A \tag{3-73}$$

式中，A 为截面面积(简单求和)，这就是(任意弯曲)杆的平面大挠度方程。

1. 直杆的三维弯曲变形问题。

对直杆，长度为 ds 的微元体定义为

$$\mathrm{d}I_0=\mathrm{d}s\cdot \boldsymbol{e}_1\otimes\boldsymbol{e}^1 \tag{3-74}$$

其中，$\boldsymbol{e}_1$ 为切向；$\boldsymbol{e}^1$ 为截面法向；截面 $d\boldsymbol{e}^1=0$(即不考虑面内扭转)。

弯曲变形后，有线性近似，即

$$\mathrm{d}I=\left(1+\frac{\partial u^1}{\partial s}\right)\cdot\boldsymbol{e}_1\otimes\boldsymbol{e}^1+\frac{\partial u^2}{\partial s}\boldsymbol{e}_2\otimes\boldsymbol{e}^1+\frac{\partial u^3}{\partial s}\boldsymbol{e}_3\otimes\boldsymbol{e}^1 \tag{3-75}$$

也就是说，**应变**形式为

$$\varepsilon=\varepsilon_1^1\cdot\boldsymbol{e}_1\otimes\boldsymbol{e}^1+\varepsilon_1^2\boldsymbol{e}_2\otimes\boldsymbol{e}^1+\varepsilon_1^3\boldsymbol{e}_3\otimes\boldsymbol{e}^1 \tag{3-76}$$

对应的**应力**形式为

$$\sigma=(\lambda+2\mu)\varepsilon_1^1\cdot\boldsymbol{g}_1\otimes\boldsymbol{e}^1+2\mu\varepsilon_1^2\boldsymbol{g}_2\otimes\boldsymbol{e}^1+2\mu\varepsilon_1^3\boldsymbol{g}_3\otimes\boldsymbol{e}^1 \tag{3-77}$$

几何上，以上公式等价于线性近似，即

$$\begin{aligned}\boldsymbol{g}_1&=\left(1+\frac{\partial u^1}{\partial s}\right)\boldsymbol{e}_1+\frac{\partial u^2}{\partial s}\boldsymbol{e}_2\\ \boldsymbol{g}_2&=\boldsymbol{e}_2+\frac{\partial u^3}{\partial s}\boldsymbol{e}_3-\frac{\partial u^2}{\partial s}\boldsymbol{e}_1\\ \boldsymbol{g}_3&=\boldsymbol{e}_3-\frac{\partial u^3}{\partial s}\boldsymbol{e}_2\end{aligned} \tag{3-78}$$

其初始拖带基矢的选择原则是，使得 $\boldsymbol{e}_1$(切向单位矢量)、$\boldsymbol{e}_2$(主法向单位矢量)和微元线段在一个面内，则$\frac{\partial u^2}{\partial s}=\frac{1}{\rho}$ (ρ 为曲率半径)为面内弯曲。取 $\boldsymbol{e}_3$(副法向单位矢量)定义为 $\boldsymbol{e}_3=\boldsymbol{e}_1\times\boldsymbol{e}_2$，则$\frac{\partial u^3}{\partial s}=\frac{1}{\tau}$($\tau$ 为挠率半径)为面外弯曲。当$\frac{\partial u^1}{\partial s}=0$ 时，这个结果被称为 Frenet 公式。

类似于前面的处理(利用式(3-77)获得基矢的微分)，对应力取微分，则有

$$\begin{aligned}\mathrm{d}\sigma=&(\lambda+2\mu)\frac{\partial\varepsilon_1^1}{\partial s}\cdot\boldsymbol{e}_1\otimes\boldsymbol{e}^1+2\mu\frac{\partial\varepsilon_1^2}{\partial s}\boldsymbol{e}_2\otimes\boldsymbol{e}^1+2\mu\frac{\partial\varepsilon_1^3}{\partial s}\boldsymbol{e}_3\otimes\boldsymbol{e}^1\\ &+(\lambda+2\mu)\varepsilon_1^1\cdot\varepsilon_1^2\boldsymbol{e}_2\otimes\boldsymbol{e}^1+2\mu\varepsilon_1^2(\varepsilon_1^3\boldsymbol{e}_3\otimes\boldsymbol{e}^1-\varepsilon_1^2\boldsymbol{e}_1\otimes\boldsymbol{e}^1)-2\mu\varepsilon_1^3\cdot\varepsilon_1^3\boldsymbol{e}_3\otimes\boldsymbol{e}^1\end{aligned} \tag{3-79}$$

如外力为

$$f=f^1\boldsymbol{e}_1\otimes\boldsymbol{e}^1+f^2\boldsymbol{e}_2\otimes\boldsymbol{e}^1+f^3\boldsymbol{e}_3\otimes\boldsymbol{e}^1 \tag{3-80}$$

一般称 f^i，$i=1,2,3$ 为单位体积受到的体力，则有**任意弯曲杆的三维平衡方程**，即

$$
\begin{aligned}
&(\lambda+2\mu)\frac{\partial^2 u^1}{\partial s^2}-2\mu\frac{\partial u^2}{\partial s}\frac{\partial u^2}{\partial s}=f^1\\
&2\mu\frac{\partial^2 u^2}{\partial s^2}+(\lambda+2\mu)\frac{\partial u^1}{\partial s}\frac{\partial u^2}{\partial s}=f^2\\
&2\mu\frac{\partial^2 u^3}{\partial s^2}+2\mu\left(\frac{\partial u^2}{\partial s}-\frac{\partial u^3}{\partial s}\right)\frac{\partial u^3}{\partial s}=f^3
\end{aligned}
\tag{3-81}
$$

或应力形式，即

$$
\begin{aligned}
&\frac{\partial\sigma_1^1}{\partial s}-\sigma_1^2\frac{1}{\rho}=f^1\\
&\frac{\partial\sigma_1^2}{\partial s}+\sigma_1^1\frac{1}{\rho}=f^2\\
&\frac{\partial\sigma_1^3}{\partial s}+\frac{1}{\tau}(\sigma_1^2-\sigma_1^3)=f^3
\end{aligned}
\tag{3-82}
$$

这个方程是最简单的形式。

在 $\tau\to\infty$ 时，退化为**平面弯曲杆的平衡方程**，即

$$
\begin{aligned}
&\frac{\partial\sigma_1^1}{\partial s}-\sigma_1^2\frac{1}{\rho}=f^1\\
&\frac{\partial\sigma_1^2}{\partial s}+\sigma_1^1\frac{1}{\rho}=f^2
\end{aligned}
\tag{3-83}
$$

其中，$1/\rho$ 为杆的初始弯曲曲率。

一般来说，它是长度坐标 s 的函数，因此这是一个非线性方程。

2. 直杆的内在扭转

特别的，对于内在扭转（截面自旋），可直接引入扭转角 Θ，即

$$
\begin{aligned}
&\boldsymbol{g}_2=\cos\Theta\cdot\boldsymbol{e}_2+\sin\Theta\cdot\boldsymbol{e}_3\\
&\boldsymbol{g}_3=-\sin\Theta\cdot\boldsymbol{e}_2+\cos\Theta\cdot\boldsymbol{e}_3
\end{aligned}
\tag{3-84}
$$

截面的单纯扭转等假于一个截面绕中线的正交转动。

有关的应变为

$$
\begin{aligned}
&\varepsilon_2^2=\varepsilon_3^3=\cos\Theta-1,\quad \varepsilon_3^2=-\varepsilon_2^3=\sin\Theta\\
&\tilde{\varepsilon}_3^2=-\tilde{\varepsilon}_2^3=-\sin\Theta
\end{aligned}
\tag{3-85}
$$

对应的经典应力（压缩）为

$$
\sigma_1^1=\lambda(\cos\Theta-1),\quad \sigma_2^2=\sigma_3^3=(\lambda+2\mu)(\cos\Theta-1)
\tag{3-86}
$$

对于理解压力引起的材料破坏这是很重要的一个结论（微观变形的位错、重新定向等对应的应力）。现已被应用于解释材料的疲劳-断裂-演化机制。

对应的转动应力（力偶）为

$$L_1=\tilde{\sigma}_3^2=-\tilde{\sigma}_2^3=2\mu\sin\Theta \tag{3-87}$$

由运动方程，即

$$\begin{aligned}&\frac{\partial\sigma_1^1}{\partial s}=f^1\\&\frac{\partial\sigma_2^2}{\partial x^2}+\frac{\partial\tilde{\sigma}_3^2}{\partial x^3}=f^2\\&\frac{\partial\sigma_3^3}{\partial x^3}+\frac{\partial\tilde{\sigma}_2^3}{\partial x^2}=f^3\end{aligned} \tag{3-88}$$

对于长条绳类编织杆，在只有伸张方向的外力时，可以得到一般化方程，即

$$\begin{aligned}&\lambda\frac{\partial\cos\Theta}{\partial s}=f^1\\&(\lambda+2\mu)\frac{\partial\cos\Theta}{\partial x^3}-2\mu\frac{\partial\sin\Theta}{\partial x^2}=0\\&(\lambda+2\mu)\frac{\partial\cos\Theta}{\partial x^2}+2\mu\frac{\partial\sin\Theta}{\partial x^3}=0\end{aligned} \tag{3-89}$$

这表明对内在长度不变的杆，拉伸外力可以由截面的扭转产生的应力来平衡。这是一种重要的疲劳断裂机制。

第二式对 x^3 求偏导，第三式对 x^2 求偏导，再相加就得到**扭转角的运动方程**，即

$$\frac{\partial^2\cos\Theta}{\partial x^2\partial x^2}+\frac{\partial^2\cos\Theta}{\partial x^3\partial x^3}=0 \tag{3-90}$$

这是一个截面内的调和方程，其解完全由边界条件决定。

对微小转动，$\cos\Theta\approx1-\frac{1}{2}\Theta^2$，就有**小扭转角的非线性运动方程**，即

$$\left(\frac{\partial\Theta}{\partial x^2}\right)^2+\left(\frac{\partial\Theta}{\partial x^3}\right)^2+\Theta\cdot\nabla^2\Theta=0 \tag{3-91}$$

可以将它改写为

$$\nabla^2\Theta=-\frac{1}{\Theta}\left[\left(\frac{\partial\Theta}{\partial x^2}\right)^2+\left(\frac{\partial\Theta}{\partial x^3}\right)^2\right] \tag{3-92}$$

就可以看出，扭转角本身的空间梯度就是扭转角增大的场源，而且在扭转角很小但梯度很大时，场源很强，因此能够“自动”的增大扭转角（等价于正反馈效应）。对这种空间上的不稳定性，还有待进一步的研究工作。

对微小转动，其线性近似形式为

$$\nabla^2\Theta=0 \tag{3-93}$$

对一般性情况，在 $\varepsilon_{23}=\frac{1}{2}\left(\frac{\partial u^3}{\partial x^2}+\frac{\partial u^2}{\partial x^3}\right)=0$ 时，总有 $\sin\Theta=\frac{1}{2}\left(\frac{\partial u^2}{\partial x^3}-\frac{\partial u^3}{\partial x^2}\right)$。

对圆形截面，在有对称性时，它的一个乏味解为 $\Theta = ar + b$。

杆的变形在很大程度上取决于截面上的应力、应变分布。也就是说，必须对微元截面作为三维（或二维）介质先求出截面的应力、应变分布，然后对运动方程关于截面取面积分，才能得到正确的运动方程。截面的几何及力学边界条件决定了一切。因此，对复合杆的研究工作、复杂环境下工作的杆，还是热门力学话题[35]。这类非线性方程的求解是非常困难的。

本书的杆理论是用陈至达的局部转动概念来处理弯曲和扭转的，从而区别于经典的杆理论。其中的局部转动角关于位移梯度是非线性的，因此也可归类为非线性力学的理论[36]，这个原则将贯穿于全书。

第 4 章　板壳的变形及其应变

弹性薄板的力学理论最早是由基尔霍夫建立的，他巧妙的做了一个假设而获得近似程度较高、较好求解的方程。以后，Love 将其推广到薄壳理论，这就形成了通用的基尔霍夫-拉夫变形几何假设(称为 Kirchhoff-Love 板)[37]。1910 年，卡门发表了平板大挠度非线性方程，钱学森、钱伟长等都有突出贡献。历经几十年的努力，取得很大的进展(称为卡门板)。但是，在新技术革命的冲击下，很多板壳论题还在研究之中。其理论基础逐步的由理想的简单弹塑性理论转移到一般化的连续介质力学理论上。本书包含 1940 年后的进展，但是限于应变部分。

无论是建筑还是机械设备，板壳结构是最为基本的结构单元。煤矿开采的巷道、采区工作面等，也被看成是结构(地下结构)。煤矿的底鼓、冒顶，巷道壁的弯曲，巷道弯曲等都是与煤矿安全开采密切相关的工程力学问题。

与结构有关的力学论题是几百年来始终不衰的热点，小的，如纳米管、细胞壁，大的，如飞机、火车、轮船大量使用板壳结构，更大尺度的如地壳变形、地貌演化(大地构造变形)。其几何尺度范围之大是令人惊叹的。

在力学上，对一个常见的板壳结构，在比板壳宏观尺度小很多的尺度上是一个三维微小变形力学问题(这部分内容主要是以“弹性力学”课程为主)。尺度增大时，就成为一个二维的有限变形力学问题。

在现代工业中，有各种各样的结构工作环境，无疑环境会对结构起一定的作用。最一般的完整性评价是以应变(或应力)实测为主导。

4.1　二维流形的变形张量

曲面就是二维流形，它厚度很小，也称为壳。厚度大时称为板。是最为重要的结构组成要素。其变形问题也就无疑的是工程力学的重点之一。

在壳曲面上取坐标(x^1,x^2)，则面上两点$(x^i,x^i+\mathrm{d}x^i)$的切向微分长度矢量为

$$\mathrm{d}\boldsymbol{s}=\boldsymbol{g}_1\mathrm{d}x^1+\boldsymbol{g}_2\mathrm{d}x^2 \tag{4-1}$$

其微分长度平方为

$$\mathrm{d}s^2=g_{11}(\mathrm{d}x^1)^2+2g_{12}\mathrm{d}x^1\mathrm{d}x^2+g_{22}(\mathrm{d}x^2)^2 \tag{4-2}$$

这是曲面的第一基本型。

过点(x^i)的单位长度法线矢量$\boldsymbol{n}(x^i)$和过点$(x^i+\mathrm{d}x^i)$的单位长度法线矢量$\boldsymbol{n}(x^i+\mathrm{d}x^i)$，在该微分长度矢量两点$(x^i,x^i+\mathrm{d}x^i)$所在切面线上定义的单位法线矢

量变化用 d$\boldsymbol{n}$ 表达，则可以表达为

$$\mathrm{d}\boldsymbol{n}=a_1^1\boldsymbol{g}_1\mathrm{d}x^1+a_2^2\boldsymbol{g}_2\mathrm{d}x^2+a_1^2\boldsymbol{g}_2\mathrm{d}x^1+a_2^1\boldsymbol{g}_1\mathrm{d}x^2 \tag{4-3}$$

则有

$$-\mathrm{d}\boldsymbol{s}\cdot\mathrm{d}\boldsymbol{n}=G_{11}(\mathrm{d}x^1)^2+2G_{12}\mathrm{d}x^1\mathrm{d}x^2+G_{22}(\mathrm{d}x^2)^2 \tag{4-4}$$

这是曲面的第二基本型。

于是曲面的法向曲率就定义为

$$\chi_0=\frac{-\mathrm{d}\boldsymbol{s}\cdot\mathrm{d}\boldsymbol{n}}{\mathrm{d}s^2}=\frac{G_{11}(\mathrm{d}x^1)^2+2G_{12}(\mathrm{d}x^1\mathrm{d}x^2)+G_{22}(\mathrm{d}x^2)^2}{g_{11}(\mathrm{d}x^1)^2+2g_{12}(\mathrm{d}x^1\mathrm{d}x^2)+g_{22}(\mathrm{d}x^2)^2} \tag{4-5}$$

对于坐标方向 x^1 和 x^2，有

$$\frac{\partial\boldsymbol{n}}{\partial x^1}=a_1^1\boldsymbol{g}_1+a_1^2\boldsymbol{g}_2,\quad \frac{\partial\boldsymbol{n}}{\partial x^2}=a_2^1\boldsymbol{g}_1+a_2^2\boldsymbol{g}_2 \tag{4-6}$$

可见，a_1^1 就是坐标线 x^1 的曲率 χ_{11}，a_2^2 就是坐标线 x^2 的曲率 χ_{22}。

在这两个坐标线是在主曲率方向上时，几何平均曲率为

$$H=\frac{1}{2}(\chi_{11}+\chi_{22}) \tag{4-7}$$

高斯曲率为

$$K^2=\chi_{11}\chi_{22} \tag{4-8}$$

对任意方向(用 α 表该方向与坐标线 x^1 的夹角)，曲面的法曲率为

$$\chi_0^2=(\chi_{11})^2\cos^2\alpha+(\chi_{22})^2\sin^2\alpha \tag{4-9}$$

在工程力学中，一般使用曲面的法向位移量 w 来描述壳的变形(等价于大地测量中的高程概念)。对于完全由挠度(曲面的法向位移量 w)给出的曲率，还有 Gauss-Codazzi 关系，即

$$\frac{\partial^2 w}{\partial Y^2}\frac{\partial^2 w}{\partial X^2}=-2\frac{\partial^2 w}{\partial X\partial Y}\frac{\partial^2 w}{\partial X\partial Y} \tag{4-10}$$

在有关壳体的方程中，这被称为协调方程。

例如，对圆柱壳中面，其曲面方程为

$$X=R\cos\theta,\quad Y=R\sin\theta,\quad Z=z \tag{4-11}$$

在圆柱坐标系(r,θ,z)中，该圆柱壳中面只有两个随体坐标$(x^1\equiv\theta, x^2\equiv z)$，不难得到下式，即

$$\begin{aligned}&\mathrm{d}s^2=R^2(\mathrm{d}\theta)^2+(\mathrm{d}z)^2\\&\boldsymbol{g}_1=-R\sin\theta\cdot\boldsymbol{i}+R\cos\theta\cdot\boldsymbol{j}\\&\boldsymbol{g}_2=\boldsymbol{k}\end{aligned} \tag{4-12}$$

单位法向矢量为

$$\boldsymbol{n}=\cos\theta\cdot\boldsymbol{i}+\sin\theta\cdot\boldsymbol{j} \tag{4-13}$$

则有

$$d\boldsymbol{n} = -\sin\theta \cdot d\theta \cdot \boldsymbol{i} + \cos\theta \cdot d\theta \cdot \boldsymbol{j} \tag{4-14}$$

因此,可以得到

$$\begin{aligned} -d\boldsymbol{s} \cdot d\boldsymbol{n} &= [(-R\sin\theta \cdot \boldsymbol{i} + R\cos\theta \cdot \boldsymbol{j})d\theta + \boldsymbol{k} \cdot dz] \cdot (-\sin\theta \cdot \boldsymbol{i} + \cos\theta \cdot \boldsymbol{j})d\theta \\ &= (R\sin^2\theta + R\cos^2\theta)(d\theta)^2 \\ &= R \cdot (d\theta)^2 \end{aligned} \tag{4-15}$$

因此,当 $dz=0$ 时,沿 θ 坐标线的曲率为

$$\chi_{\theta\theta} = \left(\frac{R(d\theta)^2}{R^2(d\theta)^2}\right) = \frac{1}{R} \tag{4-16}$$

取 $d\theta=0$,沿 z 坐标线的曲率为零。

因此,其平均曲率为 $H=\dfrac{1}{2R}$,高斯曲率为 $K=0$。类似的,对**球面中面**,其曲面方程为

$$X = R\sin\varphi \cdot \cos\theta, \quad Y = R\sin\varphi \cdot \sin\theta, \quad Z = R \cdot \cos\varphi \tag{4-17}$$

沿 θ 和 φ 坐标线的曲率为

$$\chi_{\theta\theta} = \frac{1}{R\sin\varphi}, \quad \chi_{\varphi\varphi} = \frac{1}{R} \tag{4-18}$$

以上的描述多为不采用张量概念的教科书使用。

为了更好地理解一般表述与张量表述间的关系,下面介绍一种描写薄壳变形的简化方案。

取壳中面,建立**正交随体拖带系**(x^1, x^2),其**基本度规基矢**为$(\boldsymbol{g}_1^0, \boldsymbol{g}_2^0)$,则壳面单位法线矢量为

$$\boldsymbol{n}^0 = \frac{\boldsymbol{g}_1^0 \times \boldsymbol{g}_2^0}{\sqrt{g_{11}^0 g_{22}^0}} = \frac{\boldsymbol{g}_1^0 \times \boldsymbol{g}_2^0}{\sqrt{g_0^{33}}} = \frac{\boldsymbol{g}_3^0}{\sqrt{g_0^{33}}} \tag{4-19}$$

显而易见,$\sqrt{g_0^{33}}$为所取面元大小。如果三维变形为

$$\begin{aligned} \boldsymbol{g}_1 &= F_1^1 \boldsymbol{g}_1^0 + F_1^2 \boldsymbol{g}_2^0 + F_1^3 \boldsymbol{g}_3^0 \\ \boldsymbol{g}_2 &= F_2^1 \boldsymbol{g}_1^0 + F_2^2 \boldsymbol{g}_2^0 + F_2^3 \boldsymbol{g}_3^0 \\ \boldsymbol{g}_3 &= F_3^1 \boldsymbol{g}_1^0 + F_3^2 \boldsymbol{g}_2^0 + F_3^3 \boldsymbol{g}_3^0 \end{aligned} \tag{4-20}$$

当前壳面单位法线矢量为

$$\boldsymbol{n} = \frac{\boldsymbol{g}_1 \times \boldsymbol{g}_2}{\sqrt{g_{11} g_{22}}} = \frac{(F_1^2 F_2^3 - F_1^3 F_2^2)\boldsymbol{g}_1^0 + (F_1^3 F_2^1 - F_1^1 F_2^3)\boldsymbol{g}_2^0 + (F_1^1 F_2^2 - F_1^2 F_2^1)\boldsymbol{g}_3^0}{\sqrt{g^{33}}} \tag{4-21}$$

因此,中面变形引起的中面法线的转动角 Θ 可由下式确定,即

$$\cos\Theta = \frac{\sqrt{g_{33}^0}}{\sqrt{g^{33}}}(F_1^1 F_2^2 - F_1^2 F_2^1) \tag{4-22}$$

不考查厚度向的变形，中壳面的变形就可以表达为中面的法向转动和中面的面内变形。在现代随体传感测量技术下，这个变换(4-20)的有关系数可以直接测定。

变形后的当前中面度规的分量为

$$\begin{aligned} g_{11} &= F_1^1 F_1^1 g_{11}^0 + F_1^2 F_1^2 g_{22}^0 \\ g_{22} &= F_2^1 F_2^1 g_{11}^0 + F_2^2 F_2^2 g_{22}^0 \\ g_{12} &= g_{21} = F_1^1 F_2^1 g_{11}^0 + F_1^2 F_2^2 g_{22}^0 \end{aligned} \tag{4-23}$$

一个中面法线转动为

$$\boldsymbol{n} = \frac{(F_1^2 F_2^3 - F_1^3 F_2^2)\boldsymbol{g}_1^0 + (F_1^3 F_2^1 - F_1^1 F_2^3)\boldsymbol{g}_2^0}{\sqrt{g^{33}}} + \left[\frac{(F_1^1 F_2^2 - F_1^2 F_2^1)}{\sqrt{g^{33}}}\sqrt{g_0^{33}}\right] \cdot \boldsymbol{n}^0 \tag{4-24}$$

在三维宏观表现上，观测到的中面等价变形为

$$\begin{bmatrix} \boldsymbol{g}_1 \\ \boldsymbol{g}_2 \\ \boldsymbol{n} \end{bmatrix} = \begin{bmatrix} F_1^1 & F_1^2 & \widetilde{F}_1^3 \\ F_2^1 & F_2^2 & \widetilde{F}_2^3 \\ \widetilde{F}_3^1 & \widetilde{F}_3^2 & \widetilde{F}_3^3 \end{bmatrix} \begin{bmatrix} \boldsymbol{g}_1^0 \\ \boldsymbol{g}_2^0 \\ \boldsymbol{n}^0 \end{bmatrix} \tag{4-25}$$

其中

$$\widetilde{F}_3^1 = \frac{(F_1^2 F_2^3 - F_1^3 F_2^2)}{\sqrt{g^{33}}}, \quad \widetilde{F}_3^2 = \frac{(F_1^3 F_2^1 - F_1^1 F_2^3)}{\sqrt{g^{33}}}, \quad \widetilde{F}_3^3 = \frac{(F_1^1 F_2^2 - F_1^2 F_2^1)}{\sqrt{g^{33}}}\sqrt{g_0^{33}} \tag{4-26}$$

它可以被分解为同时发生的两个变形，即中面面内变形和一个等价的法向转动。

$$\begin{bmatrix} \boldsymbol{g}_1 \\ \boldsymbol{g}_2 \\ \boldsymbol{n} \end{bmatrix} = \left(\begin{bmatrix} F_1^1 - 1 & F_1^2 & 0 \\ F_2^1 & F_2^2 - 1 & 0 \\ 0 & 0 & 0 \end{bmatrix} + \begin{bmatrix} 1 & 0 & \widetilde{F}_1^3 \\ 0 & 1 & \widetilde{F}_2^3 \\ \widetilde{F}_3^1 & \widetilde{F}_3^2 & \widetilde{F}_3^3 \end{bmatrix} \right) \begin{bmatrix} \boldsymbol{g}_1^0 \\ \boldsymbol{g}_2^0 \\ \boldsymbol{n}^0 \end{bmatrix} \tag{4-27}$$

显而易见，在无面内转动时($F_1^2 = F_2^1$)，等价的 Stokes 应变为

$$\omega_{31} = -\omega_{13} = -\frac{1}{2}(\widetilde{F}_3^1 - \widetilde{F}_1^3), \quad \omega_{23} = -\omega_{32} = \frac{1}{2}(\widetilde{F}_3^2 - \widetilde{F}_2^3) \tag{4-28}$$

中面转动参数为

$$\begin{gathered} \sin\Theta = \sqrt{(\omega_{31})^2 + (\omega_{23})^2} \\ L_1^3 = -L_3^1 = L_2 = -\frac{\omega_{13}}{\sin\Theta}, \quad L_3^2 = -L_2^3 = L_1 = \frac{\omega_{23}}{\sin\Theta} \end{gathered} \tag{4-29}$$

因此，就有中面法向的单位正交转动张量，即

$$R_j^i = \begin{bmatrix} 1 + (1-\cos\Theta)[(L_1)^2 - 1] & (1-\cos\Theta)L_1 L_2 & -L_2\sin\Theta \\ (1-\cos\Theta)L_1 L_2 & 1 + (1-\cos\Theta)[(L_1)^2 - 1] & L_1\sin\Theta \\ L_2\sin\Theta & -L_1\sin\Theta & 1 \end{bmatrix} \tag{4-30}$$

因此,等价的中面变形为

$$\begin{bmatrix} \boldsymbol{g}_1 \\ \boldsymbol{g}_2 \\ \boldsymbol{n} \end{bmatrix} = \begin{bmatrix} F_1^1-(1-\cos\Theta)[(L_1)^2-1] & F_1^2-(1-\cos\Theta)L_1L_2 & 0 \\ F_2^1-(1-\cos\Theta)L_1L_2 & F_2^2-(1-\cos\Theta)[(L_2)^2-1] & 0 \\ 0 & 0 & 1 \end{bmatrix} \cdot \begin{bmatrix} \boldsymbol{g}_1^0 \\ \boldsymbol{g}_2^0 \\ \boldsymbol{n}^0 \end{bmatrix} \tag{4-31}$$

对等价变形,就有面内 Stokes-陈内禀应变张量,即

$$\begin{aligned} S_1^1 &= F_1^1-(1-\cos\Theta)[(L_1)^2-1]-1=\boldsymbol{u}^1|_1-(1-\cos\Theta)[(L_1)^2-1] \\ S_2^2 &= F_2^2-(1-\cos\Theta)[(L_2)^2-1]-1=\boldsymbol{u}^2|_2-(1-\cos\Theta)[(L_2)^2-1] \\ S_2^1 &= S_1^2=\frac{1}{2}(\boldsymbol{u}^1|_2+\boldsymbol{u}^2|_1)-(1-\cos\Theta)L_1L_2 \end{aligned} \tag{4-32}$$

有关的**应力**(这里使用经典板壳理论的弹性参数符号)为

$$\begin{aligned} \sigma_1^1 &= \frac{E}{1-\nu^2}(S_1^1+\nu S_2^2) \\ \sigma_2^2 &= \frac{E}{1-\nu^2}(S_2^2+\nu S_1^1) \\ \sigma_2^1 &= \sigma_1^2=\frac{E}{1+\nu}S_2^1 \end{aligned} \tag{4-33}$$

中面的 **Stokes 转动应力**(内法向方向)为

$$\begin{aligned} \tilde{\sigma}_3^1 &= -\tilde{\sigma}_1^3=-\frac{E}{1+\nu}L_2\sin\Theta=\frac{E}{2(1+\nu)}\omega_{13} \\ \tilde{\sigma}_3^2 &= -\tilde{\sigma}_2^3=\frac{E}{1+\nu}L_1\sin\Theta=\frac{E}{2(1+\nu)}\omega_{23} \end{aligned} \tag{4-34}$$

这样,就有**面内内力**,即

$$\begin{aligned} &T_1^1=\int_{-h/2}^{h/2}\sigma_1^1\mathrm{d}Z,\quad T_2^1=T_1^2=\int_{-h/2}^{h/2}\sigma_2^1\mathrm{d}Z,\quad T_2^2=\int_{-h/2}^{h/2}\sigma_2^2\mathrm{d}Z,\quad \text{拉伸} \\ &W_3^1=-W_1^3=\int_{-h/2}^{h/2}\tilde{\sigma}_3^1\mathrm{d}Z,\quad \text{弯曲} \\ &W_3^2=-W_2^3=\int_{-h/2}^{h/2}\tilde{\sigma}_3^2\mathrm{d}Z \end{aligned} \tag{4-35}$$

把厚度的影响考虑进来,截面相对于中面转动的面内**内力矩**为

$$\begin{aligned} &M_1^1=\int_{-h/2}^{h/2}\sigma_1^1 Z\mathrm{d}Z,\quad M_2^1=M_1^2=\int_{-h/2}^{h/2}\sigma_2^1 Z\mathrm{d}Z,\quad M_2^2=\int_{-h/2}^{h/2}\sigma_2^2 Z\mathrm{d}Z \\ &Q_1=Q_3^1=-Q_1^3=\int_{-h/2}^{h/2}\tilde{\sigma}_3^1 Z\mathrm{d}Z \\ &Q_2=Q_3^2=-Q_2^3=\int_{-h/2}^{h/2}\tilde{\sigma}_3^2 Z\mathrm{d}Z \end{aligned} \tag{4-36}$$

要求得以上量,需要得到在厚度方向上的变化。为简洁起见,作微小转动近似。

一般来说，在中面长度不变时，$S=0$，但是在微小弯曲近似下，外侧是有拉伸的 $S>0$，而内侧是有压缩的 $S<0$。而这两个量与厚度成正比。

4.2 板的弯曲

板的弯曲表现为单纯的微小局部转动(中面没有伸张，中面相对于原始位形的弯曲增量 Θ 很小，作线性近似 $\sin\Theta\approx\Theta$，$1-\cos\Theta\approx 0$)。其变形张量可近似为

$$R_j^i \approx \begin{bmatrix} 1 & 0 & -L_2\Theta \\ 0 & 1 & -L_1\Theta \\ L_2\Theta & L_1\Theta & 1 \end{bmatrix} \tag{4-37}$$

上面的是中面(X,Y)转动。下面研究在截面上的变化，取外法线为 Z 正向，X 轴向内弯 $L_3^1=L_2\geqslant 0$，Y 轴向内弯 $L_3^2=L_1\geqslant 0$，$(L_1)^2+(L_2)^2=1$。

相应的陈-Stokes 转动应变为

$$\tilde{\varepsilon}_1^3=-\tilde{\varepsilon}_3^1=-L_2\Theta,\quad \tilde{\varepsilon}_2^3=-\tilde{\varepsilon}_3^2=-L_1\Theta \tag{4-38}$$

在厚度 Z 位置(取外法向为 Z 轴方向)，局部转动角(曲率)为

$$\Theta(Z)=\frac{1}{\dfrac{1}{\Theta(0)}+Z}=\frac{\Theta(0)}{1+\Theta(0)Z}\approx\Theta(0)-\Theta^2(0)Z \tag{4-39}$$

厚度方向转角变化微小。

相对于中平面 $\Theta(0)$，沿平行于中面长度方向，一侧为伸长，另一侧为收缩。对于 X 轴的弯曲，局部的半径由中面的$\dfrac{1}{\Theta(0)}$，变化为厚度位置 Z 处的$\dfrac{1}{\Theta(0)}[1+\Theta(0)\cdot Z]$，因此有 X 方向的长度变化。以中面为参考，对应的伸张应变为

$$S_1^1=\frac{\dfrac{1}{\Theta(0)}[1+\Theta(0)\cdot Z]-\dfrac{1}{\Theta(0)}}{\dfrac{1}{L_2\Theta(0)}}=L_2\Theta(0)Z \tag{4-40}$$

类似的，Y 方向的长度变化对应的伸张应变为

$$S_2^2=\frac{\dfrac{1}{\Theta(0)}[1+\Theta(0)Z]-\dfrac{1}{\Theta(0)}}{\dfrac{1}{L_1\Theta(0)}}=L_1\Theta(0)Z \tag{4-41}$$

下面用 $\Theta=\Theta(X,Y)$ 表中面的局部转动角(弯曲)增量。

在不同厚度位置，在长度方向上，有线性伸张应变近似，即

$$S_1^1=L_2\Theta\cdot Z,\quad S_2^2=L_1\Theta\cdot Z$$

$$S_2^1 = S_1^2 = \frac{L_1 + L_2}{2} \cdot \Theta \cdot Z \tag{4-42}$$

也就是说，中面的弯曲 Θ 决定了伸张应变。

由式(4-39)和式(4-42)，舍去高阶小量，非零应力分量为

$$\begin{aligned}
\sigma_1^1 &= \frac{E}{1-\nu^2}(L_2 + \nu L_1)\Theta \cdot Z \\
\sigma_2^2 &= \frac{E}{1-\nu^2}(L_1 + \nu L_2)\Theta \cdot Z \\
\sigma_2^1 &= \sigma_1^2 = \frac{E}{1+\nu}\frac{L_1 + L_2}{2}\Theta \cdot Z \\
\tilde{\sigma}_1^3 &= -\tilde{\sigma}_3^1 = -\frac{E}{1+\nu}L_2\Theta \\
\tilde{\sigma}_2^3 &= -\tilde{\sigma}_3^2 = -\frac{E}{1+\nu}L_1\Theta
\end{aligned} \tag{4-43}$$

微元体的应力平衡方程为($f^1 = f^2 = 0$)

$$\begin{aligned}
&\frac{\partial \sigma_1^1}{\partial X} + \frac{\partial \sigma_2^1}{\partial Y} + \frac{\partial \tilde{\sigma}_3^1}{\partial Z} = 0 \\
&\frac{\partial \sigma_1^2}{\partial X} + \frac{\partial \sigma_2^2}{\partial Y} + \frac{\partial \tilde{\sigma}_3^2}{\partial Z} = 0 \\
&\frac{\partial \tilde{\sigma}_1^3}{\partial X} + \frac{\partial \tilde{\sigma}_2^3}{\partial Y} = f^3
\end{aligned} \tag{4-44}$$

以上是微元体运动的基本方程，是必须满足的。下面研究厚度的效应。

第一组方程：对厚度取积分。显然，由式(4-43)，有

$$T_1^1 = T_2^2 = T_2^1 = T_1^2 = 0, \quad \text{中面面内无伸张向内力}$$

$$\begin{aligned}
Q_1 &= -Q_1^3 = Q_3^1 = \int_{-h/2}^{h/2} \frac{E}{1+\nu}L_2\Theta \mathrm{d}Z = \frac{E \cdot h}{1+\nu}L_2 \cdot \Theta \\
Q_2 &= -Q_2^3 = Q_3^2 = \int_{-h/2}^{h/2} \frac{E}{1+\nu}L_1\Theta \mathrm{d}Z = \frac{E \cdot h}{1+\nu}L_1 \cdot \Theta
\end{aligned} \tag{4-45}$$

也就是说，有面内的弯曲内力。由式(4-44) 第 3 式，其平衡方程为

$$\frac{\partial Q_1^3}{\partial X} + \frac{\partial Q_2^3}{\partial Y} = \int_{-h/2}^{h/2} f^3 \mathrm{d}Z = q \tag{4-46}$$

其中，Q_3^1 为 X 轴向内弯曲的力矩；Q_3^2 为 Y 轴向内弯曲的力矩。

由于是定义在中面上的，也称为**面力矩**，以区分于后面的体矩(弯矩)。就实际生活经验而言，中面弯曲的原因可能是法向外力 f^3，或中面两边的挤压。这是非常直观的弯曲现象。该方程是经典的应力平衡方程，确定了中面的弯曲程度 Θ 及方位在面上的分布。其中，q 事实上是由体力分布 f^3 折算到中面上的，不同的厚

度分布方式会产生不同的载荷。

第二组方程:要借助于附加的与厚度有关的方程来确定具体的弯曲方位。

截面相对于中面转动的弯矩为

$$M_1^1=\int_{-h/2}^{h/2}\sigma_1^1 Z\mathrm{d}Z=\int_{-h/2}^{h/2}\frac{E}{1-\nu^2}(L_2+\nu L_1)\Theta\cdot Z^2\mathrm{d}Z=\frac{h^3E}{12(1-\nu^2)}(L_2+\nu L_1)\Theta$$

$$M_2^1=-M_1^2=\int_{-h/2}^{h/2}\sigma_2^1 Z\mathrm{d}Z=\int_{-h/2}^{h/2}\frac{E}{1+\nu}\frac{L_1+L_2}{2}\Theta Z^2\mathrm{d}Z=\frac{h^3E}{12(1+\nu)}\frac{L_1+L_2}{2}\Theta \tag{4-47}$$

$$M_2^2=\int_{-h/2}^{h/2}\sigma_2^2 Z\mathrm{d}Z=\int_{-h/2}^{h/2}\frac{E}{1-\nu^2}(L_1+\nu L_2)\Theta\cdot Z^2\mathrm{d}Z=\frac{h^3E}{12(1-\nu^2)}(L_1+\nu L_2)\Theta$$

所有的内力矩都依赖于转动方位 $L_1(X,Y)$ 或 $L_2(X,Y)$,以及中面的局部转动角 $\Theta(X,Y)$,因此问题大为化简。

由式(4-44),对厚度方向做上述积分,就得到第二组运动方程,即

$$\frac{\partial M_1^1}{\partial X}+\frac{\partial M_2^1}{\partial Y}+Q_3^1=0$$

$$\frac{\partial M_1^2}{\partial X}+\frac{\partial M_2^2}{\partial Y}+Q_3^2=0 \tag{4-48}$$

注意到,$M_2^1=-M_1^2$,第一式对 X 求偏导,第二式对 Y 求偏导,相加可以得到下式,即

$$\frac{\partial^2 M_1^1}{\partial X^2}+\frac{\partial^2 M_2^2}{\partial Y^2}+\frac{\partial Q_3^1}{\partial X}+\frac{\partial Q_3^2}{\partial Y}=0 \tag{4-49}$$

再利用式(4-46),可以得到板单纯的微小局部转动的平衡方程,即

$$\frac{\partial^2 M_1^1}{\partial X^2}+\frac{\partial^2 M_2^2}{\partial Y^2}=q \tag{4-50}$$

从精确理论角度看,应用式(4-46)和式(4-50)求解两个独立量,即 $\Theta(X,Y)$ 和 $L_1(X,Y)$。

为了易于求解,作为工程上的近似,对式(4-47)略去转动方位引起的系数各向异性,取

$$\frac{h^3E}{12(1-\nu^2)}(L_2+\nu L_1)\approx\frac{h^3E\nu}{12(1-\nu^2)},\quad \frac{h^3E}{12(1-\nu^2)}(L_1+\nu L_2)\approx\frac{h^3E\nu}{12(1-\nu^2)} \tag{4-51}$$

就把方程近似成为关于中面转动角的平面调和方程,即

$$\frac{h^3E\nu}{12(1-\nu^2)}\cdot\left(\frac{\partial^2\Theta}{\partial X^2}+\frac{\partial^2\Theta}{\partial Y^2}\right)=q \tag{4-52}$$

以上是理性力学基于局部转动概念给出的板壳运动方程。为明确其意义,下面用经典理论重新论述这个论题。

在经典板壳理论中，引入法向位移场 $W(X,Y)$，其切向角为 $\dfrac{\partial W}{\partial X}$，切向角的变化为局部转动角（曲率）$\dfrac{\partial^2 W}{\partial X^2}$。这样，就有几何方程近似，即

$$L_2\Theta=-\frac{\partial^2 W}{\partial X^2},\quad L_1\Theta=-\frac{\partial^2 W}{\partial Y^2},\quad \frac{L_1+L_2}{2}\Theta=-\frac{\partial^2 W}{\partial X\partial Y} \tag{4-53}$$

其中，$W(X,Y)$ 是一个拖带的法向位移场（称为挠度，也称为面外位移）；$\dfrac{\partial W}{\partial X}$ 为 X 切向；$\dfrac{\partial^2 W}{\partial X^2}$ 为切向局部转动角（$\approx -L_2\Theta$），也就是绕 Y 轴的中面局部转动；$\dfrac{\partial W}{\partial Y}$ 为 Y 切向；$\dfrac{\partial^2 W}{\partial X^2}$ 为切向局部转动角（$\approx -L_1\Theta$），也就是绕 X 轴的中面局部转动；$\dfrac{\partial^2 W}{\partial X\partial Y}$ 为二者的几何平均。

一般的，把这个几何关系看成是 Kirchhoff 假定，弯曲后，法向 Z 与面 (X,Y) 的局部正交关系不变，也可以看成是 Gauss-Codazzi 关系的一个推论。

使用拖带坐标系，用挠度来表达局部转动是 20 世纪初的重要力学进展，但是长期没有给出严格的力学解释。以下结果为第一次以严格力学理论形式导出该结果，是陈理性力学的重要应用成果。下面是其力学推导。

利用式(4-53)，就得到传统的、用挠度表示的内矩即

$$\begin{aligned}
M_1^1 &= \int_{-h/2}^{h/2}\sigma_1^1 Z\mathrm{d}Z = -\int_{-h/2}^{h/2}\frac{E}{1-\nu^2}\left(\frac{\partial^2 W}{\partial X^2}+\nu\frac{\partial^2 W}{\partial Y^2}\right)\cdot Z^2\mathrm{d}Z \\
&= -\frac{h^3 E}{12(1-\nu^2)}\left(\frac{\partial^2 W}{\partial X^2}+\nu\frac{\partial^2 W}{\partial Y^2}\right) \\
M_2^1 &= -M_1^2 = \int_{-h/2}^{h/2}\sigma_2^1 Z\mathrm{d}Z = -\int_{-h/2}^{h/2}\frac{E}{1+\nu}\frac{\partial^2 W}{\partial X\partial Y}Z^2\mathrm{d}Z \\
&= -\frac{h^3 E}{12(1+\nu)}\frac{\partial^2 W}{\partial X\partial Y} \\
M_2^2 &= \int_{-h/2}^{h/2}\sigma_2^2 Z\mathrm{d}Z = -\int_{-h/2}^{h/2}\frac{E}{1-\nu^2}\left(\frac{\partial^2 W}{\partial Y^2}+\nu\frac{\partial^2 W}{\partial X^2}\right)\cdot Z^2\mathrm{d}Z \\
&= -\frac{h^3 E}{12(1-\nu^2)}\left(\frac{\partial^2 W}{\partial Y^2}+\nu\frac{\partial^2 W}{\partial X^2}\right)
\end{aligned} \tag{4-54}$$

这就是经典的微小弯曲近似。

对应的物性方程为$\left(\text{取 } D=\dfrac{h^3 E}{12(1-\nu^2)}\right)$

$$M_1^1=-D\left(\frac{\partial^2 W}{\partial X^2}+\nu\frac{\partial^2 W}{\partial Y^2}\right)$$

$$M_2^2=-D\left(\frac{\partial^2 W}{\partial Y^2}+\nu\frac{\partial^2 W}{\partial X^2}\right) \tag{4-55}$$

$$M_2^1=-M_1^2=-D(1-\nu)\frac{\partial^2 W}{\partial X\partial Y}$$

这样,利用式(4-46)和式(4-48),根本无需具体知道 Q_1 和 Q_2 量,只要认为它们存在,并能对式(4-46)和式(4-48)给出某种说明(此类论述在各类教科书中有不同推导方法),就有下式,即

$$\frac{\partial}{\partial X}\left(\frac{\partial M_1^1}{\partial X}+\frac{\partial M_2^1}{\partial Y}\right)+\frac{\partial}{\partial Y}\left(-\frac{\partial M_1^2}{\partial X}+\frac{\partial M_2^2}{\partial Y}\right)=q \tag{4-56}$$

经整理后,就是经典的板壳运动方程,即

$$\frac{\partial^2 M_1^1}{\partial X^2}+\frac{\partial^2 M_2^2}{\partial Y^2}=q \tag{4-57}$$

把式(4-55)代入式(4-57),就有挠度形式的平衡方程,即

$$\Delta\Delta W=\frac{\partial^4 W}{\partial X^4}+2\frac{\partial^4 W}{\partial X^2\partial Y^2}+\frac{\partial^4 W}{\partial Y^4}=\frac{q}{D(1+\nu)} \tag{4-58}$$

采用挠度表达方式的优点是 Q_1 和 Q_2 是中间量,只要承认它们的存在(不为零)就可以导出最终的正确方程(4-58)。因此,经典板壳理论的这种不自恰性是由理论本身引起的。

如果采用局部转动角,利用式(4-54),则平衡方程(4-50)可以分解为

$$\left[\frac{\partial^2 L_2}{\partial X^2}+\frac{\partial^2(L_1+L_2)}{\partial X\partial Y}+\frac{\partial^2 L_1}{\partial Y^2}\right]\Theta+\left[L_2\frac{\partial^2\Theta}{\partial X^2}+(L_1+L_2)\frac{\partial^2\Theta}{\partial X\partial Y}+L_1\frac{\partial^2\Theta}{\partial Y^2}\right]=\frac{q}{D} \tag{4-59}$$

前一部分表示转动方位的改变,后一部分表示转动角的改变。特别的,对统计意义上的各向同性转动($L_1=L_2=\frac{1}{\sqrt{2}}$),如材料组分的弯曲为随机分布,有

$$\frac{\partial^2\Theta}{\partial X^2}+2\frac{\partial^2\Theta}{\partial X\partial Y}+\frac{\partial^2\Theta}{\partial Y^2}=\frac{\sqrt{2}\cdot q}{D} \tag{4-60}$$

该方程可用于疲劳断裂问题。

对板的弯曲,如果弯曲角为给定函数,则弯曲方位的改变会成为与外加载荷平衡的机制。这种现象是失稳的表现,因此方程(4-59)可用于 Θ 已知时研究稳定性的方程。

在工程上,称 $\chi_x=-\frac{\partial^2 W}{\partial X^2}$,$\chi_y=-\frac{\partial^2 W}{\partial Y^2}$,$\chi_{xy}=-\frac{\partial^2 W}{\partial X\partial Y}$为曲率。由于上式的对称性,不难证明存在两个主曲率,且其方向正交。几何上,$\frac{\partial^2 W}{\partial X\partial Y}=\frac{1}{2}\left(\frac{\partial^2 W}{\partial X^2}+\frac{\partial^2 W}{\partial Y^2}\right)$是平

均几何曲率的定义式，也称为协调方程。

挠度方程一般写为

$$\frac{\partial^4 W}{\partial X^4}+\frac{\partial^4 W}{\partial Y^4}+2\frac{\partial^4 W}{\partial X^2 \partial Y^2}=\frac{q}{D(1+\nu)} \tag{4-61}$$

历史上，该方程是以其他方式导出的，称为 Love-Kirchhoff 板挠度方程。有关专著很多，但是远不如这里的推导优美。

为简化计算，Love-Kirchhoff 板有三个理论假定[37]。

① 采用变形前的位形为参考。

② 中面法线变形后还是中面法线（使用了随体系）；厚度变化可以忽略不计；中面内各点没有平行于中面的位移。

③ 采用微小变形理论，并不考虑中面上的法向应力。

Love-Kirchhoff 板的解决力学问题思路是用板的平衡方程求得挠度 $W(X,Y)$；由于应变、应力均表达为挠度的函数，由此得到的挠度 $W(X,Y)$ 计算板内任一点的三维应力。

Love-Kirchhoff 板的力学考虑是一个中面弯曲所应满足的方程，它主要关注 Z 向截面（上部拉伸，下部压缩，而中面上则既无拉伸也无压缩）在中面上的力学效果；中面上的四个沿厚度方向的截面应满足的方程。也就是两种变形，伸张和转动必须同时满足，以得到较真实的变形。

由内外两个曲面围成的物体称为壳体。

与薄板主要由沿厚度线变化的弯曲应力(M)来承受载荷相比，薄壳主要由沿厚度线均匀分布的薄膜应力(T)来承受载荷。梁是以沿某个方向的转动或弯曲的宏观力矩(Q)来承受载荷。对一个方梁，减小厚度就成为薄板($Q\Rightarrow M$)。把薄板加工弯曲成曲面时，就成为壳。把薄板加工弯曲成曲面是塑性力学中的论题。薄壳的变形就等价于薄板 $M\Rightarrow T$，也就是说由弯矩作用转化为膜力作用。

有了这样一个概念，可以设想一个大挠度的薄板，如果载荷除去后，还维持其挠度（也就是说，经历了一个塑性成形过程），就是一个壳体。因此，壳体的变形就是大挠度薄板的增量变形（扰动）。这一点是变分法在解决板壳力学问题中取得进展的内在原因。

4.3　壳体的变形

对于壳体，由微元体力学平衡方程，对任意的初始弯曲板壳（二维流形）的有关弯曲变形的平衡方程如下。

① 宏观中面转动平衡方程（关于 Θ、L_1、L_2）。中面转动面内的内力矩变化是由于中面法向的载荷 q 引起的（横剪力平衡），即

$$Q_1|_1+Q_2|_2=q \tag{4-62}$$

② 中面截面的内矩平衡方程(关于 L_1、L_2、Θ)。截面绕中面的内矩变化是由于中面转动面内的内力矩产生的(截面内矩平衡),即

$$M_1^1|_1+M_1^2|_2=Q_1$$
$$M_2^1|_1+M_2^2|_2=Q_2 \tag{4-63}$$

注意到,以上两组方程是耦合在一起的。

它们一般的合成是一个方程,即传统形式为挠度方程(4-58)。

③ 中面内力平衡方程(关于中面的 S_j^i)。中面内力的变化是由面内载荷 q_1,q_2 引起的(中面伸张平衡),即

$$T_1^1|_1+T_1^2|_2=q_1$$
$$T_2^1|_1+T_2^2|_2=q_2 \tag{4-64}$$

对微小无中面伸张变形(纯弯曲变形),它自动得到满足($S\propto Z$)。有关量的定义见式(4-35)和式(4-36)。

4.4 管道、球罐的变形

对于一般的正交转动变形,$R_j^i=\delta_j^i+\sin\Theta\cdot L_j^i+(1-\cos\Theta)L_l^iL_j^l$,可观测到的各向同性压力为$-2\lambda(1-\cos\Theta)\delta_j^i$。在弯曲平面内,各向同性的平面压力为$-2(\lambda+\mu)(1-\cos\Theta)\delta_j^i$,与弯曲的方向无关。但弯曲面法向的应力为$-2\lambda(1-\cos\Theta)$,等价于受到一个面上的膨胀力 $2\mu(1-\cos\Theta)$。这是常见的弯曲面最大局部弯曲处开裂的基本原因。它也与弯曲的方向无关,这两个一般性就是结构不稳定性的基本原因。

如果三轴压力有一个分量小,则弯曲发生在压力分量大的两个分量决定的面内。例如,地层的断层形成,弯曲界面断裂,实质源于平均水平地压。地层的隆起,也源于地层的内部结构性介质弯曲。

在介质内部,结晶的弯曲应力 $2\mu\sin\Theta\cdot L_j^i$ 是观测不到的,因此长期以来局部转动的力学价值没有得到人们的重视。

对压力容器的开裂问题,管道、球罐、圆柱的变形是典型的工程力学问题,也是常见的基础设施结构失效的内在原因。作为对本书的现代几何场理论引入的应变概念,下面就用拖带系的基矢变换来导出有关的变形,这对推广现代几何场的应用是有帮助的。

(1) 圆柱管

圆柱管是二维流形。对单纯的半径变大,其中面基矢变换及应变为

$$\boldsymbol{g}_\theta=\frac{r}{r_0}\boldsymbol{g}_\theta^0,\quad \varepsilon_\theta^\theta=\frac{r}{r_0}-1 \tag{4-65}$$

这是基本的变形，只有一个非零内在应变分量。其中，r_0 为初始半径，r 为当前半径。

在经典理论中，假定管壁的位移是整体性的，即 $r=r_0+u(r_0)$，则 u 为径向位移场。取中面位移场为 u_0，经典理论[37]给出的是 $\varepsilon_{rr}=\frac{\partial u}{\partial r}$，$\varepsilon_{\theta\theta}=\frac{u}{r_0}$。从直观上，对管的单纯半径变大，实质的变形是管壁沿周向的单纯拉伸，而厚度的变化是由材料的内在变形属性决定的。因此，用位移场引入应变是不合理的，应被视为厚度效应。

现在的问题是，厚度的变形 $\boldsymbol{g}_r=F_r^r\boldsymbol{g}_r^0$，及高度的变形 $\boldsymbol{g}_z=F_z^z\boldsymbol{g}_z^0$ 为何。原则上，对各向同性材料，$F_r^r=F_z^z$。对很多工业管道，$F_z^z=1$ 是由外部附加应力实现的，材料等价于各向异性材料。

如果材料体积不变（两端自由管），则 $\frac{r}{r_0}F_r^rF_z^z=1$，微观上变形为各向同性的（等价于经典力学的不可压缩材料假设）。因此，对两端自由管的各向同性变形，$F_r^r=F_z^z=\sqrt{\frac{r_0}{r}}$。对两端固定管，管长不变（两端固定管），$F_r^r=\frac{r_0}{r}$，$F_z^z=1$。

应变分别为

$$\varepsilon_r^r=\varepsilon_z^z=\sqrt{\frac{r_0}{r}}-1,\quad \varepsilon_\theta^\theta=\frac{r}{r_0}-1,\quad \text{两端自由管} \tag{4-66}$$

$$\varepsilon_r^r=\frac{r_0}{r}-1,\quad \varepsilon_\theta^\theta=\frac{r}{r_0}-1,\quad \text{两端固定管} \tag{4-67}$$

对两端自由管（各向同性变形），对应的应力为

$$\sigma_r^r=\sigma_z^z=\lambda\left(2\sqrt{\frac{r_0}{r}}+\frac{r}{r_0}-3\right)+2\mu\left(\sqrt{\frac{r_0}{r}}-1\right)$$

$$\sigma_\theta^\theta=\lambda\left(2\sqrt{\frac{r_0}{r}}+\frac{r}{r_0}-3\right)+2\mu\left(\frac{r}{r_0}-1\right) \tag{4-68}$$

对两端固定管（各向异性变形），应力为

$$\sigma_r^r=\lambda\left(\frac{r_0}{r}+\frac{r}{r_0}-2\right)+2\mu\left(\frac{r_0}{r}-1\right),\quad \sigma_z^z=\lambda\left(\frac{r_0}{r}+\frac{r}{r_0}-2\right)$$

$$\sigma_\theta^\theta=\lambda\left(\frac{r_0}{r}+\frac{r}{r_0}-2\right)+2\mu\left(\frac{r}{r_0}-1\right) \tag{4-69}$$

以上公式是设计部门用的，假定变形与外加载荷平衡。

引入法向位移量 $u(r)$（也就只有面内伸张），则 $r=r_0+u(r_0)$，由于

$$\frac{r_0}{r}\approx1-\frac{u}{r_0},\quad \frac{r}{r_0}=1+\frac{u}{r_0},\quad \sqrt{\frac{r_0}{r}}\approx1-\frac{1}{2}\frac{u}{r_0}$$

$$\varepsilon_r^r=\varepsilon_z^z\approx -\frac{u}{2r_0},\quad \varepsilon_\theta^\theta\approx\frac{u}{r_0},\quad \text{两端自由管} \tag{4-70}$$

$$\varepsilon_r^r\approx -\frac{u}{r_0},\quad \varepsilon_\theta^\theta\approx\frac{u}{r_0},\quad \text{两端固定管}$$

则在线性近似下，应力分别为

$$\sigma_r^r=\sigma_z^z=-\mu\frac{u}{r_0},\quad \sigma_\theta^\theta=2\mu\frac{u}{r_0},\quad \text{两端自由管} \tag{4-71}$$

$$\sigma_r^r=-2\mu\frac{u}{r_0},\quad \sigma_z^z=0,\sigma_\theta^\theta=2\mu\frac{u}{r_0},\quad \text{两端固定管} \tag{4-72}$$

特别的，对圆管的上述两类变形均有 $\sigma_r^r+\sigma_\theta^\theta+\sigma_z^z=0$。这是圆管有良好力学性能的原因，应力张量的迹为零。

经典理论给出的平衡方程为

$$\frac{\partial\sigma_r^r}{\partial r}+\frac{\sigma_r^r-\sigma_\theta^\theta}{r_0}=\rho\frac{\partial^2 u}{\partial t^2} \tag{4-73}$$

作为一个例子，下面求两端固定管的疲劳断裂解。

对两端固定管的微小变形，有

$$-\frac{2\mu}{r_0}\frac{\partial u}{\partial r}+\frac{2\mu}{r_0^2}u-\frac{4\mu}{r_0^2}u=\rho\frac{\partial^2 u}{\partial t^2} \tag{4-74}$$

即

$$-\frac{2\mu}{r_0}\frac{\partial u}{\partial r}-\frac{2\mu}{r_0^2}u=\rho\frac{\partial^2 u}{\partial t^2} \tag{4-75}$$

管道内部的静应力平衡条件为

$$-\frac{2\mu}{r_0}\frac{\partial u}{\partial r}-\frac{2\mu}{r_0^2}u=0 \tag{4-76}$$

把 r_0 看成是常数(中面近似)，其解(本征解)为

$$u=u_0\cdot e^{1-\frac{r}{r_0}} \tag{4-77}$$

这个解表明，相对于中面，外壳层的位移小，内壳层的位移大。

考察式(4-66)和式(4-67)，对于管径增大(膨胀变形)，$\varepsilon_r^r<0$；对于管径变小(压缩变形)，$\varepsilon_r^r>0$，对疲劳断裂类问题，这是非常有价值的。

对圆管膨胀变形问题，取$\dfrac{\partial\tilde{u}}{\partial r}=-\dfrac{1}{r_0}\tilde{u}$ 为微扰工况(式(4-77)为静态解，也就是说满足静态平衡方程，对管壁这是连续性要求)，则有

$$-\frac{4\mu}{r_0^2}\tilde{u}=\rho\frac{\partial^2\tilde{u}}{\partial t^2} \tag{4-78}$$

疲劳位移解为

$$\tilde{u}(t)=\hat{u}_0\sin\left(\sqrt{\frac{4\mu}{\rho r_0^2}}\cdot t\right) \tag{4-79}$$

其中，$\hat{u}_0$ 为初始损伤缺陷对应的位移，随时间的增大而增大。

疲劳的效应是剥离壳层，在管内产生空隙，或管的持续膨胀，或周期性胀缩（自振）。

完整解为

$$u(r,t)=u_0\cdot e^{1-\frac{r}{r_0}}\cdot\left[1+\hat{u}_0\cdot\sin\left(\sqrt{\frac{4\mu}{\rho r_0^2}}\cdot t\right)\right] \tag{4-80}$$

它表明，管道损伤的特征频率为

$$f=\frac{1}{2\pi r_0}\cdot\sqrt{\frac{4\mu}{\rho}} \tag{4-81}$$

对小管径管为高频超声频段，因此管道的损伤表现为高频损伤。其周期性表明有损伤长期自修复机制。

对管道压缩变形（依然使用式（4-77）为静态解；取微扰工况为$\frac{\partial\tilde{u}}{\partial r}=\frac{1}{r_0}\tilde{u}$，等价于应变是可逆的，也就是变形为弹性的）。类似的，其疲劳位移解为

$$\tilde{u}(t)=\hat{u}_0\cdot\exp\left(\pm\sqrt{\frac{4\mu}{\rho r_0^2}}\cdot t\right) \tag{4-82}$$

完整解为

$$u(r,t)=u_0\cdot e^{1-\frac{r}{r_0}}\cdot\left[1+\hat{u}_0\cdot\exp\left(\pm\sqrt{\frac{4\mu}{\rho r_0^2}}\cdot t\right)\right] \tag{4-83}$$

取正号为损伤（表现为爆裂），取负号为长期自修复。

对比式（4-80）和式（4-83），虽然两者的静态解是一致的，但是对于管道压缩微扰和管道膨胀微扰的响应是不同的，此时压缩微扰和膨胀微扰是不可逆的。这类微扰变形的不可逆产生残余应变，随时间累积成为疲劳应变，最终导致断裂。

以上结果的获得是基于经典的应力平衡方程和用现代几何场引入的应变。经典理论用管道径向位移梯度导出的应变概念并不能得到以上结果。这体现了新理论的应用价值。对软管，以上就是流变解。

类似的，下面求两端固定管的疲劳断裂解。对于两端自由管，由 $\varepsilon_z^z=-\frac{1}{2}\frac{u}{r_0}$，可以得到 $u^z=-\frac{1}{2}\frac{u\cdot z}{r_0}$，从而有

$$\frac{\partial\sigma_r^z}{\partial z}=2\mu\frac{\partial^2u^z}{\partial r\partial z}=\mu\frac{u}{r_0^2} \tag{4-84}$$

由平衡方程，即

$$\frac{\partial \sigma_r^r}{\partial r}+\frac{\partial \sigma_z^r}{\partial z}+\frac{\sigma_r^r-\sigma_\theta^\theta}{r_0}=\rho\frac{\partial^2 u}{\partial t^2} \tag{4-85}$$

得到位移场的运动方程，即

$$-\frac{\mu}{r_0}\frac{\partial u}{\partial r}-\frac{\mu}{r_0^2}u=\rho\frac{\partial^2 u}{\partial t^2} \tag{4-86}$$

其静态形式解仍为式(4-77)。类似的，其含疲劳断裂效应的完整形式解为

$$u(r,t)=u_0\cdot \mathrm{e}^{1-\frac{r}{r_0}}\cdot\left[1+\hat{u}_0\cdot\sin\left(\sqrt{\frac{2\mu}{\rho r_0^2}}\cdot t\right)\right],\quad \text{膨胀变形}$$

$$u(r,t)=u_0\cdot \mathrm{e}^{1-\frac{r}{r_0}}\cdot\left[1+\hat{u}_0\cdot\exp\left(\pm\sqrt{\frac{4\mu}{\rho r_0^2}}\cdot t\right)\right],\quad \text{压缩变形} \tag{4-87}$$

材料的微观变形并不影响静态解，但是影响疲劳解。因此，疲劳是材料微观变形决定的，它取决于宏观变形。宏观的可逆变形并不等价于微观上的可逆，这样就把材料的微观特性引入了变形解。以上疲劳断裂解对于理解疲劳机制是重要的。

下面讨论用载荷条件确定完整解中有关的常数。对输运圆管，变形的基本机制是周向拉伸，这是由管周边界的封闭性引起的，因此基本的应力平衡为

$$\sigma_\theta^\theta\cdot 2DH=2\mu\frac{u}{r_0}\cdot 2DH=p_0\cdot 2\pi r_0 H \tag{4-88}$$

其中，H 为管长；$2D$ 为圆管厚度。

压力表现为对闭合截面上的拉力，其解为

$$\sigma_\theta^\theta=\frac{\pi r_0}{D}p_0 \tag{4-89}$$

即

$$u_0=\frac{p_0\cdot\pi r_0^2}{2\mu D} \tag{4-90}$$

取 $p_0=\frac{F}{2\pi r_0 H}$，则 $u_0=\frac{r_0}{4\mu DH}F$。

对圆管，经典理论引入的基本应变是 $\varepsilon_{rr}=\frac{\partial u}{\partial r}$ 和 $\varepsilon_{\theta\theta}=\frac{u}{r_0}$。协调方程[30]为 $\frac{\partial \varepsilon_{\theta\theta}}{\partial r}=\frac{1}{r_0}(\varepsilon_{rr}-\varepsilon_{\theta\theta})$，平衡方程为 $\frac{\partial \sigma_{rr}}{\partial r}+\frac{\sigma_{rr}-\sigma_{\theta\theta}}{r_0}=\rho\frac{\partial^2 u}{\partial t^2}$。对静态问题，经典理论的形式为 $\sigma_r=A-\frac{B}{r^2}$，$\sigma_\theta=A+\frac{B}{r^2}$，而不是真实解式(4-77)对应的结果。其根本问题是 $\varepsilon_{rr}=\frac{\partial u}{\partial r}$，而不是真实的 $\varepsilon_r^r=-\frac{u}{r_0}$。这是一个概念性错误，对管道，它近似为零。所谓的协调方程不过是挽救这个错误的办法。

由于这个原因，经典理论引入 $\sigma_r\approx p_0\ll\sigma_\theta$，显然是错误的。它是把应力定义简

单地理解为外力除以作用面积的结果。在微观上，σ_r 与 σ_θ 是一个数量级的。

概括以上分析，主变形是由外加载荷引起的，它们间有一个平衡问题；其他分量的变形是由物质内在变形机制决定的，它们是以主变形为自变量的函数；在前者的意义上讲，外力决定变形应变；在后者的意义上讲，变形决定应力；应力平衡方程并不能决定应变的唯一性，但是能大概的决定位移的唯一性；板壳力学在微元体意义上是正确的，但在全局来看是错误的。尤其是引入 4 阶微分方程；位移协调方程或变形协调方程的引入，是在事实上代替了物质内在变形的关系方程，是一种主观行为。

(2) 球壳

考查压力容器。对于球对称情况，球壳的简单膨胀（中面半径由初始的 r_0 变为当前的 r）表现为中面的基矢变换，即

$$\boldsymbol{g}_\theta=\frac{r}{r_0}\boldsymbol{g}_\theta^0=\left(1+\frac{u}{r_0}\right)\boldsymbol{g}_\theta^0$$

$$\boldsymbol{g}_\varphi=\frac{r}{r_0}\boldsymbol{g}_\kappa^0=\left(1+\frac{u}{r_0}\right)\boldsymbol{g}_\varphi^0 \tag{4-91}$$

其中，中面上应变的非零分量为

$$\varepsilon_2^2=\varepsilon_\theta^\theta=\frac{u}{r_0},\quad \varepsilon_3^3=\varepsilon_\varphi^\varphi=\frac{u}{r_0} \tag{4-92}$$

对三维微元体，其厚度向的基矢变换及应变非零分量为

$$\boldsymbol{g}_r=\left(1+\frac{\partial u}{\partial r}\right)\boldsymbol{g}_r^0,\quad \varepsilon_1^1=\varepsilon_r^r=\frac{\partial u}{\partial r} \tag{4-93}$$

因此，应力非零分量为

$$\sigma_1^1=\lambda\left(\frac{\partial u}{\partial r}+\frac{2u}{r}\right)+2\mu\frac{\partial u}{\partial r},\quad \sigma_2^2=\sigma_3^3=\lambda\left(\frac{\partial u}{\partial r}+\frac{2u}{r}\right)+2\mu\frac{u}{r} \tag{4-94}$$

如果材料是不可压缩（体积不变）介质，则有

$$\frac{\partial u}{\partial r}=-2\frac{u}{r_0} \tag{4-95}$$

给出的厚度向变形解为

$$u=u_0\cdot\exp\left[r_0\left(1-\frac{r^2}{r_0^2}\right)\right] \tag{4-96}$$

其中，u_0 为中面的位移（挠度）。

在已知壳体中面的宏观变形条件下，材料的微观变形规律决定了实际的厚度方向上的变形。这个认识对研究疲劳断裂问题是很重要的。

经典理论以位移场形式给出的微元体运动方程[37]为

$$(\lambda+2\mu)\left(\frac{\partial^2 u}{\partial r^2}+\frac{2}{r}\frac{\partial u}{\partial r}-\frac{2u}{r^2}\right)=f^1 \tag{4-97}$$

对 $f^1=0$，它等价于

$$\frac{\partial}{\partial r}\left(\frac{\partial u}{\partial r}+\frac{2u}{r}\right)=0 \tag{4-98}$$

显然，对球壳 $r\approx r_0$，式(4-95)满足经典方程。

特别的，注意到$\frac{\partial u}{\partial r}+\frac{2u}{r}$为微元物质的体应变。因此，可以认为经典理论等价于假定了微元物质的体应变为常数。对球面弹性波，$f^1=\rho\frac{\partial^2 u}{\partial t^2}$，($\rho$ 为体密度)运动方程(4-97)成为

$$\frac{\partial}{\partial r}\left(\frac{\partial u}{\partial r}+\frac{2u}{r}\right)=\frac{\rho}{\lambda+2\mu}\frac{\partial^2 u}{\partial t^2} \tag{4-99}$$

因此，P 波[25]被解释为体积波。

从以上对比分析看出，经典理论给出的运动方程(4-97)并不适用于研究球形容器的微元体变形问题。这是因为球壳中面内侧微元体的体积变化与外侧微元体的体积变化是显然不同的，而这种差异性正是理解疲劳断裂类失稳所需要的。下面就用张量理论的运动方程研究这一论题。

(3)球壳变形的失稳

一般来说，在实际的工程中，并不需要对任意情况求其完全解(实际上也是不可能的)。对于实际的力学问题，由于特定压力容器的强化处理不同，或者材料的微观变形特点不同，经度向和纬度向的应力是可控的。这类外加的强化处理给出的是不同的应力条件关系。它们将通过应力控制来改变微元位移场，也就是说，应力平衡方程是必须满足的，但某些应力项是可控的。这实质上是控制理论的力学实践。

在现代的压力容器中，大量使用强化结构或各类应力控制技术。由于此时的宏观应力平衡方程是必须满足的，因此微元体的变形被各类应力控制技术强行改变。这一方面是延长材料寿命的手段，另一方面也是改善结构稳定性的办法。

下面就研究可能的应力控制技术是如何影响球壳的厚度向变形的。

混合应力张量理论给出的平衡方程(角动量守恒)为

$$\frac{\partial \sigma_1^1}{\partial r}+\frac{1}{r}(2\sigma_1^1-\sigma_2^2-\sigma_3^3)=f^1 \tag{4-100}$$

对于简单的压力容器，有球对称性。基于不同的应力控制条件及几何条件，下面进一步的研究在应力控制技术下其位移场形式。

在没有纬度方向上的应力时(通过材料加筋或强化处理，或某种待发明的应力控制技术，使得材料微元并没有纬度方向的应力，但是不改变纬度向的应变)，这里不考察如何实现，只假定它是可能的。也就是说，通过某种应力控制技术，使 $\sigma_3^3=0$。对

疲劳断裂问题，也可以理解为材料失效造成，则式(4-100)可以简化为

$$\frac{\partial}{\partial r}\left[\lambda\left(\frac{\partial u}{\partial r}+\frac{2u}{r}\right)+2\mu\frac{\partial u}{\partial r}\right]+\frac{1}{r}\left[\lambda\left(\frac{\partial u}{\partial r}+\frac{2u}{r}\right)+4\mu\frac{\partial u}{\partial r}-2\mu\frac{u}{r}\right]=f^1 \tag{4-101}$$

完全展开后，有

$$(\lambda+2\mu)\frac{\partial^2 u}{\partial r^2}+\frac{3\lambda+4\mu}{r}\frac{\partial u}{\partial r}-2(\lambda+\mu)\frac{u}{r^2}=f^1 \tag{4-102}$$

因此，研究该方程，有如下结论。

① 研究 $\left|\frac{3\lambda+4\mu}{r}\frac{\partial u}{\partial r}\right|\gg\left|2(\lambda+\mu)\frac{u}{r^2}\right|$ 的情况，式(4-102)简化为

$$(\lambda+2\mu)\frac{\partial^2 u}{\partial r^2}+\frac{3\lambda+4\mu}{r}\frac{\partial u}{\partial r}=f^1 \tag{4-103}$$

其自由解($f^1=0$)为

$$\frac{\partial u}{\partial r}\cdot(r)^{\frac{3\lambda+4\mu}{\lambda+2\mu}}=\mathrm{Cons} \tag{4-104}$$

即

$$u=u_0\cdot\left(\frac{r}{r_0}\right)^{-2\frac{\lambda+\mu}{\lambda+2\mu}} \tag{4-105}$$

径向拖带位移变化表现为幂律。具体幂次由物性确定。固体中的球面脉冲波(如地震波在地壳的传播)体现了这个特点。固体中衰减最快，近似为 r^{-2} 律；在弹性液体介质($\lambda\ll\mu$)中，为 r^{-1} 律，这是实验观测证实的。几何衰减律与物性(岩性)有关。

该解表明，对大球形容器，内表面位移大，外表面位移小，但与厚度的关系是非线性的。

② 研究 $\left|\frac{3\lambda+4\mu}{r}\frac{\partial u}{\partial r}\right|\ll\left|2(\lambda+\mu)\frac{u}{r^2}\right|$ 的情况，式(4-102)简化为

$$(\lambda+2\mu)\frac{\partial^2 u}{\partial r^2}-2(\lambda+\mu)\frac{u}{r^2}=f^1 \tag{4-106}$$

为欧拉方程，取决于物性参数，其 $f^1=0$ 的形式解为

$$u=C_1 r^{\frac{1}{2}+\frac{\sqrt{1+\frac{8(\lambda+\mu)}{\lambda+2\mu}}}{2}}+C_2 r^{\frac{1}{2}-\frac{\sqrt{1+\frac{8(\lambda+\mu)}{\lambda+2\mu}}}{2}} \tag{4-107}$$

其中，C_1 和 C_2 为待定参数；前一项代表膨胀，后一项代表压缩，从而出现两种变形机制在厚度方向上的竞争。

因此，这是一个弹性失稳解。在物性变化是由疲劳产生时，这就是一个由疲劳引起失稳的理论基础。

位移场控制下的多解性表明，以上结果对于研究材料疲劳引起的压力容器的失稳是很有价值的。

第5章　疲劳断裂

近代以来，经典变形力学假设的人为性太强，往往得到的结果不能满足需求。人们认识到，微结构的变形是由材料的本质物性决定的，而宏观变形是外在的。因此，把外在的宏观变形量(应力或应变)作为自变量，研究微观物质微元的变形[38]。这类研究一般称为本构方程研究。疲劳、断裂、完整性评价等走的就是这样一条路线。

对这类研究，精确的测定应变量是关键。它是实验观测的自变量，而由微观变形力学研究，得到因变量，如应力、寿命、有效物性参数、裂纹扩展等。

此类论题，不但是数学上复杂，力学上意义混乱，而且理论进展也还在进行中。

对于材料的疲劳问题，Suresh 在《材料的疲劳》一书作了系统性的总结。该书在论述结晶材料的疲劳机制问题中，对分解剪应力和切应变的概念，以及对 Schmid 法则的讨论，在本质上是引入了一个局部的内在转动概念。事实上，这个概念在该专著中以隐含的方式用于讨论与纹理、剪切带等有关的论题。我们可以这样来理解，微观上的纹理及剪切带等价于微观尺度上的杆、板的弯曲及断裂。从经典的杆板壳力学中，我们知道在满足常规的三维应力平衡方程的条件下，杆板壳的挠度方程对应于上一级尺度的弯曲效应。

在这样的对比下，我们可以合理的推测疲劳断裂是这样的一个问题，在宏观尺度，它的变形满足常规的三维应力平衡方程，而在微观尺度，支配性的方程是与弯曲或滑移有直接关系的另一组运动方程。

断裂力学家 George 提出这样的观点[17-19]：对一个宏观尺度的疲劳断裂问题，物性参数随宏观力学量的变化(可以由实验曲线得到)应该由次级尺度上的变形力学方程得到(或作出解释)，而不是简单地把宏观尺度的变形看成是可以直接推广到次级尺度的。另外，他还认为在这两个不同的尺度上，变形能量是不同的，从而能量守恒观点并不能作为联系两个尺度的联系性方程的条件。我们使用线动量守恒和角动量守恒作为联系两个尺度现象的基本方程[15]。

在疲劳断裂的实验研究中，研究材料疲劳断裂问题的主要方法是用实验得到疲劳断裂曲线，从中得到某个度量尺度量(如寿命)与应变率或应力速率的关系。但是，这类实验在很大程度上得到发散性较大的曲线，造成很大的困惑。这种发散性很大程度上是宏观变形与微观的局部变形的分解是困难的。因此，如果能够在理论上进行宏观变形与局部微观变形的有效分解，从而得到以宏观变形表达出的微观变形，就会得到一条干净的理论曲线作为对比，发散性问题就可以在一定程度上得到克服。理论上,这样一条曲线应该是在满足变形力学基本方程条件下的一个摄动方程。本章用理性力学的方法,由有限变形力学的非线性运动方程给出了这样的方程。

5.1　微观变形与疲劳应变

材料疲劳变形的典型实验观测特征是疲劳应变取决于物性参数和载荷属性(应力)。就周期性加载实验现象看,对于固定的拉应力幅度,随着材料的疲劳加剧,实际产生的应变越来越大。如果是固定应变幅度,则随着材料的疲劳加剧,实际施加的应力越来越小。如果用等效物性参数表达,则是材料的弹性系数越来越小。

从实验事实看,对有限尺度物体的疲劳断裂变形,疲劳效应突出的表现为微结构的重新定向或弯曲程度的变化。这种微结构的变形是随机的,但是在宏观应力作用下,或是宏观变形的引导下,微结构变形的概率分布是变化的,从而其微观统计效应也是变化的。如何用微观统计的办法表征在给定应力下,宏观应变变化引起的疲劳应变就是下面的论题。

先用理性力学理论,推导微结构的重新定向,或是弯曲程度的变化引起的伸张应变的理论形式。然后,对于均匀随机分布,推导随机疲劳分布的理论形式。另外,对于板壳的拉伸变形和弯曲变形,由于宏观变形的存在,引起微结构变形概率分布的特定模式,从而产生宏观的疲劳伸张或是疲劳弯曲。由以上研究可以得到相应的疲劳应变和寿命的理论公式。

5.1.1　参考变形和增量变形的张量表达

在实验中,疲劳效应突出的表现为微结构的重新定向,或是弯曲程度的变化[17-19]。在理性力学中,这类变化是局部转动张量的变化,会产生相应的伸张张量的变化。在疲劳断裂试验中,一般是施加一个固定的参考变形,然后施加周期性的增量变形[38]。要研究实验数据的力学意义就要先精确的表达这两个变形间的相互关系。

基于变形张量的陈-Stokes 分解定理,对于一个在外加应力场 σ 下产生的变形几何场,即

$$F^i_j(\sigma)=S^i_j(\sigma)+R^i_j(\sigma)=\delta^i_j+\frac{\partial u^i(\sigma)}{\partial x^j} \tag{5-1}$$

其中,S^i_j 为伸张应变张量,是对称张量;R^i_j 为单位正交转动张量,表微元体的平均弯曲变化;u^i 为位移场,对曲线系,上面的偏导数符号为协变导数。

S 和 R 的位移场表达方式为

$$S_j^i(\sigma)=\frac{1}{2}\left(\frac{\partial u^i}{\partial x^j}+\frac{\partial u^j}{\partial x^i}\right)-(1-\cos\Theta)L_l^iL_j^l$$

$$R_j^i(\sigma)=\delta_j^i+\sin\Theta\cdot L_j^i+(1-\cos\Theta)L_l^iL_j^l \tag{5-2}$$

$$\Theta=\arcsin\left\{\frac{1}{2}\sqrt{\left(\frac{\partial u^1}{\partial x^2}-\frac{\partial u^2}{\partial x^1}\right)^2+\left(\frac{\partial u^2}{\partial x^3}-\frac{\partial u^3}{\partial x^2}\right)^2+\left(\frac{\partial u^3}{\partial x^1}-\frac{\partial u^1}{\partial x^3}\right)^2}\right\}$$

$$\sin\Theta\cdot L_j^i=\frac{1}{2}\left(\frac{\partial u^i}{\partial x^j}-\frac{\partial u^j}{\partial x^i}\right)$$

其中，$L_j^i=-L_i^j$ 是转动方位张量，$(L_2^1)^2+(L_3^2)^2+(L_1^3)^2=1$，重复指标表示对 $l=1,2,3$ 求和。

长度的变化(伸张应变张量)含有位移梯度的非线性项，这是不同于经典线性近似理论的。取 $\Theta=0$ 就回到经典的线性理论，规定 $0\leqslant\Theta<\pi/2$，正转或反转由转动方位表达。按这个约定，一个曲率很大的微结构变成曲率很小(或平直)结构时，与一个曲率很小(或平直)的微结构变成曲率很大结构时，Θ 的值是相同的，但是转动方位是相反的。

在外加应力场变为 $\sigma+\mathrm{d}\sigma$ 时(这里应理解为平均应力的量度，具体的计算方法有待进一步研究。在实验中，这是指一个特定的应力分量。本书假定它是某个分量，而且也只考虑一个分量引起的变化)，新的变形张量可表达为

$$F_j^i(\sigma+\mathrm{d}\sigma)=[S_j^i(\sigma)+R_j^i(\sigma)]+\frac{\partial F_j^i}{\partial\sigma}\mathrm{d}\sigma \tag{5-3}$$

再次应用陈-Stokes 分解定理，与式 $F_j^i(\sigma+\mathrm{d}\sigma)=S_j^i(\sigma+\mathrm{d}\sigma)+R_j^i(\sigma+\mathrm{d}\sigma)$ 相比，有

$$S_j^i(\sigma+\mathrm{d}\sigma)=S_j^i(\sigma)+\frac{1}{2}\left(\frac{\partial F_j^i}{\partial\sigma}+\frac{\partial F_i^j}{\partial\sigma}\right)\mathrm{d}\sigma-(1-\cos\widetilde{\Theta})\widetilde{L}_l^i\widetilde{L}_j^l$$

$$R_j^i(\sigma+\mathrm{d}\sigma)=R_l^i(\sigma)\cdot[\delta_j^l+\sin\widetilde{\Theta}\cdot\widetilde{L}_j^l+(1-\cos\widetilde{\Theta})\widetilde{L}_k^l\widetilde{L}_j^k] \tag{5-4}$$

其中

$$\widetilde{\Theta}=\arcsin\left\{\frac{\mathrm{d}\sigma}{2}\sqrt{\left(\frac{\partial F_2^1}{\partial\sigma}-\frac{\partial F_1^2}{\partial\sigma}\right)^2+\left(\frac{\partial F_3^2}{\partial\sigma}-\frac{\partial F_2^3}{\partial\sigma}\right)^2+\left(\frac{\partial F_1^3}{\partial\sigma}-\frac{\partial F_3^1}{\partial\sigma}\right)^2}\right\}$$

$$\sin\widetilde{\Theta}\cdot\widetilde{L}_j^i=\frac{1}{2}\left(\frac{\partial F_j^i}{\partial\sigma}-\frac{\partial F_i^j}{\partial\sigma}\right)\mathrm{d}\sigma \tag{5-5}$$

式中，$\widetilde{L}_j^i=-\widetilde{L}_i^j$ 是增量变形转动方位张量，$(\widetilde{L}_2^1)^2+(\widetilde{L}_3^2)^2+(\widetilde{L}_1^3)^2=1$。

在经典力学理论中，传统上的理论计算公式为

$$\varepsilon_{ij}=\frac{1}{2}\left(\frac{\partial u^i}{\partial x^j}+\frac{\partial u^j}{\partial x^i}\right),\quad \Delta\varepsilon_{ij}=\frac{1}{2}\left[\frac{\partial(\Delta u^i)}{\partial x^j}+\frac{\partial(\Delta u^j)}{\partial x^i}\right]$$

$$\Delta\varepsilon_{ij}(\sigma)=\varepsilon_{ij}(\sigma+\mathrm{d}\sigma)-\varepsilon_{ij}(\sigma)=\frac{1}{2}\left(\frac{\partial F_j^i}{\partial\sigma}+\frac{\partial F_i^j}{\partial\sigma}\right)\mathrm{d}\sigma \tag{5-6}$$

它有两个问题：一是假定$\frac{1}{2}\left(\frac{\partial u^i}{\partial x^j}-\frac{\partial u^j}{\partial x^i}\right)=0$和$\frac{1}{2}\left[\frac{\partial(\Delta u^i)}{\partial x^j}-\frac{\partial(\Delta u^j)}{\partial x^i}\right]=0$，也就是不考虑微元体局部转动效应；二是增量变形是相对于参考变形而定义的，而上式的增量应变是相对于原始位形。由于这两个问题，对疲劳断裂类问题，其理论精度是不够的[39,40]。

在实验中，测量的是长度的变化 S_j^i（伸张应变张量），而单位正交转动张量对长度变化无贡献，是不实际测量的。对于微观尺度，以上描述是精确的。实验是只测宏观尺度的变形，它是微观尺度变形的统计结果。下面就推导有关的结果。

5.1.2　完全随机分布下的微结构统计特征

理论上，对于任意变形（或自然宏观位形），微结构的弯曲程度是随机的，但是其均值不为零[41-43]，一般为高斯正态分布 $\tilde{p}(\Theta)$，因此有

$$\Theta(\sigma)=\int_0^{\pi/2}\Theta\tilde{p}(\Theta)\mathrm{d}\Theta \tag{5-7}$$

但是，弯曲的方位是随机的，其具体分布取决于材料微结构特征，也取决于当前的宏观变形。假定 Θ 是由微结构及当前变形共同决定的。对于 3 维随机转动方位分布，如果为各向同性均匀分布，则有

$$\int_{-1}^{1}L_j^i p(\xi)\mathrm{d}\xi=0,\quad \int_{-1}^{1}L_l^i L_j^l p(\xi)\mathrm{d}\xi=-\frac{1}{3}\delta_j^i \tag{5-8}$$

其中，前一式 $\xi=L_j^i$；后一式 $\xi=L_l^i L_j^l$；$p(\xi)\mathrm{d}\xi$ 为被积分随机变量的概率分布。

由式(5-2)取均值，对各向均匀分布，其平均效应是在伸张应变中有一个等价的初始应变，即

$$S_j^i(\sigma)=\varepsilon_{ij}+\frac{1}{3}(1-\cos\Theta)\delta_j^i \tag{5-9}$$

其中，$\varepsilon_{ij}=\frac{1}{2}\left(\frac{\partial u^i}{\partial x^j}+\frac{\partial u^j}{\partial x^i}\right)$为经典理论的格林应变（有的实验研究用它计算应变）。

对实验室的微小样品实验，实测的应变是它。对于很多金属材料，$S_j^i(\sigma)\approx 0$，因此由式(5-9)实测格林应变为收缩。表象与本质是不一致的。就上式而言，实测的格林应变由材料微结构的内在伸张和微结构的弯曲变化两部分构成。在实践上，改善材料疲劳特性有两个入手点，即强化微观组分的拉压性能和改善组分间的结构性关系。由于加法分解是没有唯一解的，因此在疲劳问题上观点很多。

在疲劳实验曲线中，经多次加卸载试验后，如果在 $\sigma=0$ 时（由本构方程，格林应变 ε_{ij} 为零），$\frac{1}{3}(1-\cos\Theta)\delta_j^i$ 并不等于零，就被定义为疲劳应变。它有一个特征，与拉压（应力方向）无关，微结构弯曲变化产生的应变总是等价为扩张性格林应变。微结构变形的各向均匀分布显然是大多数情况下的良好近似，从而式(5-9)是普

遍有效的一个近似。

5.1.3 参考变形决定的增量变形统计特征

对增量变形[39]，由式(5-1)和式(5-2)，有

$$\frac{\partial F_j^i}{\partial \sigma}$$
$$=\frac{\partial S_j^i}{\partial \sigma}+\frac{\partial R_j^i}{\partial \sigma}$$
$$=\frac{\partial S_j^i}{\partial \sigma}+(\cos\Theta\cdot L_j^i+\sin\Theta L_k^i L_j^k)\frac{\partial \Theta}{\partial \sigma}+\sin\Theta\frac{\partial (L_j^i)}{\partial \sigma}+(1-\cos\Theta)\frac{\partial (L_k^i L_j^k)}{\partial \sigma} \tag{5-10}$$

从而有

$$\frac{1}{2}\left(\frac{\partial F_j^i}{\partial \sigma}+\frac{\partial F_i^j}{\partial \sigma}\right)=\frac{\partial S_j^i}{\partial \sigma}+\sin\Theta L_k^i L_j^k\frac{\partial \Theta}{\partial \sigma}+(1-\cos\Theta)\frac{\partial (L_k^i L_j^k)}{\partial \sigma}$$
$$\frac{1}{2}\left(\frac{\partial F_j^i}{\partial \sigma}-\frac{\partial F_i^j}{\partial \sigma}\right)=\cos\Theta\cdot L_j^i\frac{\partial \Theta}{\partial \sigma}+\sin\Theta\frac{\partial (L_j^i)}{\partial \sigma} \tag{5-11}$$

对于完全随机分布下的微结构统计特征，虽然上式第二个方程右边的均值为零，即增量变形在平均意义上是无局部转动的。但是，第一个方程表明，增量应力将改变全局变形的局部转动角，即$\frac{\partial \Theta}{\partial \sigma}\neq 0$。

由式(5-4)式和式(5-11)，利用式(5-8)有增量应力下的伸张应变公式，即

$$S_j^i(\sigma+\mathrm{d}\sigma)=S_j^i(\sigma)+\frac{\partial S_j^i(\sigma)}{\partial \sigma}\mathrm{d}\sigma-\delta_j^i\frac{1}{3}\sin\Theta\cdot\frac{\partial \Theta}{\partial \sigma}\mathrm{d}\sigma \tag{5-12}$$

它表明，由于微结构弯曲，即便是完全随机分布，其弯曲程度也随增量应力而变化。作为线性近似，引入物性参数 $k_\Theta=\frac{\partial \Theta}{\partial \sigma}$，则有

$$\Theta(\sigma+\mathrm{d}\sigma)=\Theta(\sigma)+k_\Theta\mathrm{d}\sigma \tag{5-13}$$

一般来说，在零应力下 $\Theta(0)=\Theta_0\neq 0$，是由材料的微结构完全决定。

5.1.4 寿命曲线的理论形式

在疲劳断裂试验中，长时间 T 内连续施加周期应力增量 $\mathrm{d}\sigma=\Delta\sigma\sin(\omega t)$，但是维持动态应变幅恒定，即$\int_0^T\frac{\partial S_j^i(\sigma)}{\partial \sigma}\mathrm{d}\sigma=0$。对式(5-12)，取长时间 T 作用下的平均值，假定为遍历性过程，则有

$$\int_0^T[S_j^i(\sigma+\mathrm{d}\sigma)-S_j^i(\sigma)]\mathrm{d}t=-\delta_j^i\frac{1}{3}\int_0^T k_\Theta\sin\Theta\mathrm{d}\sigma\mathrm{d}t \tag{5-14}$$

把式(5-13)代入，就有

$$\int_0^T[S_j^i(\sigma+\mathrm{d}\sigma)-S_j^i(\sigma)]\mathrm{d}t=-\delta_j^i\frac{1}{3}\int_0^T k_\Theta\sin[\Theta(\sigma)+k_\Theta\mathrm{d}\sigma]\mathrm{d}\sigma\mathrm{d}t \tag{5-15}$$

对于微小增量弯曲，其线性近似为

$$\begin{aligned}&\int_0^T[S_j^i(\sigma+\mathrm{d}\sigma)-S_j^i(\sigma)]\mathrm{d}t\\&\approx-\delta_j^i\frac{1}{3}\int_0^T\cos\Theta(\sigma)\cdot(k_\Theta\mathrm{d}\sigma)^2\mathrm{d}t\\&=-\delta_j^i\cos\Theta(\sigma)\cdot\frac{(k_\Theta\Delta\sigma)^2}{3\omega}\cdot T\end{aligned}\tag{5-16}$$

因此，对于周期应力增量 $\mathrm{d}\sigma=\Delta\sigma\sin(\omega t)$ 实验，**疲劳伸张应变**为

$$\Delta S_j^i(\sigma,\Delta\sigma,\omega,T)=-\delta_j^i\cos\Theta(\sigma)\cdot\frac{(k_\Theta\Delta\sigma)^2}{3\omega}\cdot T\tag{5-17}$$

这表明，在恒定应力幅实验中，由弯曲变化引起的增量疲劳伸张应变总是负的，疲劳区的本质表现为收缩。另一方面，与拉压(应力方向)无关，微结构弯曲产生的参考变形的应变总是等价为扩张性格林应变。因此，在疲劳区邻近倾向于产生裂纹。

在裂纹带上，形成局部的自由位形，等价于零应力或是零应变。因此，可以合理地认为裂纹的几何条件为

$$\frac{1}{3}[1-\cos\Theta(\sigma)]-\cos\Theta(\sigma)\frac{(k_\Theta\Delta\sigma)^2}{3\omega}T=0\tag{5-18}$$

把它写成为**寿命公式**形式就是

$$T=\frac{1}{(k_\Theta)^2}\cdot\left[\frac{1}{\cos\Theta(\sigma)}-1\right]\cdot\frac{\omega}{(\Delta\sigma)^2}\tag{5-19}$$

注意到 $\Theta(0)=\Theta_0\neq0$，上式表明**初始微结构的弯曲是有助于提高材料寿命的，是很重要的提高材料寿命的常用办法**。这里给出了理论解释。

上式表明，在周期应力载荷下，微结构逐步失去弯曲能力，从而导致疲劳断裂。

①对维持应变幅恒定的周期应力加载，不同的参考变形(应力)就有不同的寿命曲线系数。

②在 $\sigma=0$ 时，$\frac{1}{3}(1-\cos\Theta)\delta_j^i$ 并不为零，而是完全由微结构弯曲的统计特征所决定，因此微结构决定了寿命曲线系数。

③物性参数 $k_\Theta=\frac{\partial\Theta}{\partial\sigma}$ 的影响是本质性的，而它是由微观结构弯曲对应力的敏感性决定的，显然它是依赖于温度的。

所得到的理论寿命公式表明需要做不同应力参考下的实验曲线，得到对 $\Theta(\sigma)$ 及 $k_\Theta=\frac{\partial\Theta}{\partial\sigma}$ 的估计值；在寿命公式的系数得到后，就可以对不同的周期应力加载计算材料的寿命。

以上公式适用于完全随机的各向均匀分布的微结构增量弯曲。由于宏观变形的有向性，微结构的弯曲也可能表现出方向性[44-47]。下面研究与此有关的疲劳应变。

5.1.5 板壳结构的单向拉伸(或压缩)

假定参考变形的分布为随机各向同性的,从而上面的结果依然有效。对条状样品测试,疲劳的效果是相对于原始样品更容易拉伸或压缩。增量拉伸或压缩,在微结构层面表现为重新定向(局部转动)或弯曲程度的变化,但是其分布是受拉伸或压缩方向而变化的。这点已经被无数实验事实所揭示。因此,对于板壳结构(x^1,x^2),取其厚度方向为(x^3),一个合理的近似是,有如下非零均值,即

$$
\begin{aligned}
\int_{-1}^{1}\widetilde{L}_2^1 p(\xi)\mathrm{d}\xi &= -\int_{-1}^{1}\widetilde{L}_1^2 p(\xi)\mathrm{d}\xi = \eta \\
\int_{-1}^{1}\widetilde{L}_l^1\widetilde{L}_1^l p(\xi)\mathrm{d}\xi &= -\frac{1+\eta^2}{2} \\
\int_{-1}^{1}\widetilde{L}_l^2\widetilde{L}_2^l p(\xi)\mathrm{d}\xi &= -\frac{1+\eta^2}{2} \\
\int_{-1}^{1}\widetilde{L}_l^3\widetilde{L}_3^l p(\xi)\mathrm{d}\xi &= -(1-\eta^2)
\end{aligned}
\tag{5-20}
$$

由式(5-4)取均值,并利用式(5-12),它所产生的伸张应变为

$$
\begin{aligned}
S_1^1(\sigma+\mathrm{d}\sigma) &= S_1^1(\sigma)+\frac{\partial S_1^1(\sigma)}{\partial\sigma}\mathrm{d}\sigma-\frac{1}{3}\sin\Theta\cdot\frac{\partial\Theta}{\partial\sigma}\mathrm{d}\sigma+\frac{1+\eta^2}{2}(1-\cos\widetilde{\Theta}) \\
S_2^2(\sigma+\mathrm{d}\sigma) &= S_2^2(\sigma)+\frac{\partial S_2^2(\sigma)}{\partial\sigma}\mathrm{d}\sigma-\frac{1}{3}\sin\Theta\cdot\frac{\partial\Theta}{\partial\sigma}\mathrm{d}\sigma+\frac{1+\eta^2}{2}(1-\cos\widetilde{\Theta}) \\
S_3^3(\sigma+\mathrm{d}\sigma) &= S_3^3(\sigma)+\frac{\partial S_3^3(\sigma)}{\partial\sigma}\mathrm{d}\sigma-\frac{1}{3}\sin\Theta\cdot\frac{\partial\Theta}{\partial\sigma}\mathrm{d}\sigma+(1-\eta^2)(1-\cos\widetilde{\Theta})
\end{aligned}
\tag{5-21}
$$

此时,由于微结构增量变形的定向性,有非零 Stokes 应变增量,即

$$
\sin\widetilde{\Theta}\cdot\widetilde{L}_2^1=-\sin\widetilde{\Theta}\cdot\widetilde{L}_1^2=\eta\sin\widetilde{\Theta}=\eta\frac{\partial\Theta}{\partial\sigma}\mathrm{d}\sigma \tag{5-22}
$$

因此,有

$$
(1-\cos\widetilde{\Theta})\approx\frac{1}{2}\left(\frac{\partial\Theta}{\partial\sigma}\mathrm{d}\sigma\right)^2=\frac{(k_\Theta)^2}{2}(\mathrm{d}\sigma)^2 \tag{5-23}
$$

在疲劳断裂试验中,长时间 T 内连续施加周期应力增量 $\mathrm{d}\sigma=\Delta\sigma\cdot\sin(\omega t)$,并利用式(5-16),有

$$
\begin{aligned}
\int_0^T[S_1^1(\sigma+\mathrm{d}\sigma)-S_1^1(\sigma)]\mathrm{d}t &= \left[\frac{3(1+\eta^2)}{4}-\cos\Theta(\sigma)\right]\frac{(k_\Theta\Delta\sigma)^2}{3\omega}T \\
\int_0^T[S_2^2(\sigma+\mathrm{d}\sigma)-S_2^2(\sigma)]\mathrm{d}t &= \left[\frac{3(1+\eta^2)}{4}-\cos\Theta(\sigma)\right]\frac{(k_\Theta\Delta\sigma)^2}{3\omega}T \\
\int_0^T[S_3^3(\sigma+\mathrm{d}\sigma)-S_3^3(\sigma)]\mathrm{d}t &= \left[\frac{3(1-\eta^2)}{2}-\cos\Theta(\sigma)\right]\frac{(k_\Theta\Delta\sigma)^2}{3\omega}T
\end{aligned}
\tag{5-24}
$$

上式表明增量变形的方位性产生的疲劳应变为正，从而是伸张，表现为某个方向的开裂。

在增量变形产生的厚度向疲劳应变为零时，实验中应该是材料疲劳断裂了，因此板壳结构在单向拉伸（压缩下）的**寿命公式**为

$$T=\frac{2[1-\cos\Theta(\sigma)]}{[3(1-\eta^2)-2\cos\Theta(\sigma)](k_\Theta)^2}\cdot\frac{\omega}{(\Delta\sigma)^2} \tag{5-25}$$

与式(5-19)相比，微结构的有向性增量弯曲变化使材料寿命增大。这也说明，对于不同的样品结构和加载方式，寿命数据是不同的。

5.1.6　板壳结构的弯曲

对条状样品测试，弯曲导致各向异性分布。对于板壳结构(x^1,x^2)，取其弯曲面的厚度方向为(x^3)，一个合理的近似是转动方位分布为面内的 2 维随机分布；厚度方向的正态分布。因此，有以下非零均值，即

$$\begin{gathered}\int_{-1}^{1}\widetilde{L}_3^1 p(\xi)\mathrm{d}\xi=-\int_{-1}^{1}\widetilde{L}_1^3 p(\xi)\mathrm{d}\xi=\beta,\quad \int_{-1}^{1}\widetilde{L}_3^2 p(\xi)\mathrm{d}\xi=-\int_{-1}^{1}\widetilde{L}_2^3 p(\xi)\mathrm{d}\xi=\gamma\\ \int_{-1}^{1}\widetilde{L}_l^1\widetilde{L}_1^l p(\xi)\mathrm{d}\xi=-(1-\gamma^2),\quad \int_{-1}^{1}\widetilde{L}_l^2\widetilde{L}_2^l p(\xi)\mathrm{d}\xi=-(1-\beta^2)\\ \int_{-1}^{1}\widetilde{L}_l^3\widetilde{L}_3^l p(\xi)\mathrm{d}\xi=-(\beta^2+\gamma^2),\quad \int_{-1}^{1}\widetilde{L}_l^1\widetilde{L}_2^l p(\xi)\mathrm{d}\xi=\int_{-1}^{1}\widetilde{L}_l^2\widetilde{L}_1^l p(\xi)\mathrm{d}\xi=-\beta\gamma\end{gathered} \tag{5-26}$$

如取 $\gamma=0$，则是板的单向弯曲。类似于上节的处理方法，有疲劳应变，即

$$\begin{aligned}\int_0^T[S_1^1(\sigma+\mathrm{d}\sigma)-S_1^1(\sigma)]\mathrm{d}t&=\left[\frac{3(1-\gamma^2)}{2}-\cos\Theta(\sigma)\right]\frac{(k_\Theta\Delta\sigma)^2}{3\omega}T\\ \int_0^T[S_2^2(\sigma+\mathrm{d}\sigma)-S_2^2(\sigma)]\mathrm{d}t&=\left[\frac{3(1-\beta^2)}{2}-\cos\Theta(\sigma)\right]\frac{(k_\Theta\Delta\sigma)^2}{3\omega}T\\ \int_0^T[S_3^3(\sigma+\mathrm{d}\sigma)-S_3^3(\sigma)]\mathrm{d}t&=\left[\frac{3(\beta^2+\gamma^2)}{2}-\cos\Theta(\sigma)\right]\frac{(k_\Theta\Delta\sigma)^2}{3\omega}T\\ \int_0^T[S_1^2(\sigma+\mathrm{d}\sigma)-S_1^2(\sigma)]\mathrm{d}t&=\int_0^T[S_2^1(\sigma+\mathrm{d}\sigma)-S_2^1(\sigma)]\mathrm{d}t\\ &=\left[\frac{3\beta\gamma}{2}-\cos\Theta(\sigma)\right]\frac{(k_\Theta\Delta\sigma)^2}{3\omega}T\end{aligned} \tag{5-27}$$

其理论寿命公式与式(5-25)类似。例如，对 S_1^1 分量，板壳结构在弯曲变形下的**寿命公式**为

$$T=\frac{2[1-\cos\Theta(\sigma)]}{[3(1-\gamma^2)-2\cos\Theta(\sigma)](k_\Theta)^2}\cdot\frac{\omega}{(\Delta\sigma)^2} \tag{5-28}$$

在多数的疲劳断裂实验中，取 $\Delta\sigma$ 为定值而改变频率，得到 $T(\omega)$ 曲线，或取 ω 为定值而改变 $\Delta\sigma$，得到 $T(\Delta\sigma)$ 曲线。

5.2 微结构与热应变

材料高温变形的典型实验观测特征是热应变只取决于热膨胀系数(物性参数)和温度增量。力学教科书的一般描述是 $\varepsilon=\varepsilon(\sigma)+\alpha\Delta T$。就实验现象看,对于固定的拉应力,对于固定的温度增量,参考温度不同,热膨胀系数 α 不同,因此热膨胀系数是温度的函数 $\alpha(T)$。另一方面,对不同的变形水平,热膨胀系数也不一样,从而也是应变的函数 $\alpha(T,\varepsilon)$。这样一来,对高温变形或是增量变形,热膨胀系数不是物性的本质参数形式[41]。

从实验事实看,对有限尺度物体的高温变形,温度效应突出的表现为微结构的重新定向,或是弯曲程度的变化。这种微结构的变形是随机的,但是在宏观应力作用或是宏观变形的引导下,微结构变形的概率分布是变化的,从而其微观统计效应也是变化的[42,43]。如何用微观统计的办法表征在给定参考变形下温度变化引起的热应变就是我们的论题。

首先,用理性力学理论,推导了微结构的重新定向,或是弯曲程度的变化引起的伸张应变的理论形式。然后,对于均匀随机分布,推导了热膨胀系数的理论形式。另外,对于板壳的高温变形,由于温度空间梯度的存在,引起微结构变形概率分布的特定模式,从而产生宏观的热伸张或是热弯曲。研究结果表明,高温引起的拉伸效应在外边界区域最大,从而疲劳断裂表现为边界表面的拉伸裂纹,而温度最高的中心区域具有最大的可能形成内裂纹或空隙。最后,从理论上看,高温变形还可能有一个热缩效应。当热缩效应与热膨胀效应相等时,在宏观统计意义上没有净的热应变。也就是说,如果微结构尺度上的局部转动角和转动方位保持某种协同性,则材料没有热应变。

5.2.1 弯曲程度变化和弯曲方位变化的张量表达

实验上,温度效应突出的表现为微结构的重新定向或弯曲程度的变化。在理性力学中,这类变化是局部转动张量的变化,会产生相应的伸张张量的变化。

基于变形张量的陈-Stokes 分解定理,对于一个在参考温度 T_0 下的给定变形为 $F^i_j(T_0)=S^i_j(T_0)+R^i_j(T_0)$。在温度变为 T 时,弯曲和重新定向后的张量可以表达为

$$F^i_j(T)=S^i_j(T_0)+\left[R^i_j(T_0)+\frac{\mathrm{d}R^i_j}{\mathrm{d}T}\Delta T\right]=\left[S^i_j(T_0)+\Delta S^i_j\right]+R^i_j(T) \quad (5\text{-}29)$$

也就是说,宏观上局部转动张量的变化会引起伸张张量的变化。温度的效应在于,对于宏观不变的给定变形,伸张应变是变化的。对简单理想弹性介质,格林应力变化为

$$\Delta\sigma_j^i=\lambda(\Delta S_l^l)\delta_j^i+2\mu(\Delta S_j^i) \tag{5-30}$$

对实验室观测而言，ΔS_j^i 就是热应变。虽然学界尚未达成共识，但是效果上 $\Delta\sigma_j^i$ 可以看成是热应力的定义。也就是说，热膨胀的效果等价于有一个应力增量，因此为了产生指定的变形，可以减小所施加的应力(增量变形)。

微结构的弯曲及定向由下面的变形张量描述，即

$$R_j^i(T)=\delta_j^i+L_j^i\sin\Theta+(1-\cos\Theta)L_l^iL_j^l \tag{5-31}$$

其中，Θ 为局部转动角，$0\leqslant\Theta<\pi/2$，正转或反转(实质为变大或变小)由转动方位表达；$L_j^i=-L_i^j$ 为局部转动方位张量，满足$(L_2^1)^2+(L_3^2)^2+(L_1^3)^2=1$。

按这个约定，一个曲率很大的微结构变成曲率很小(或平直)结构时，与一个曲率很小(或平直)的微结构变成曲率很大结构时，Θ 的值是符号相同的，但是转动方位是相反的。

微结构弯曲所产生的伸张应变为

$$\Delta S_j^i=-(1-\cos\Theta)L_l^iL_j^l=(1-\cos\Theta)L_l^iL_j^l \tag{5-32}$$

在上述基本理论框架下，温度变化引起的变形量推导如下。

温度的变化引起微结构弯曲程度的变化，则有

$$\frac{\mathrm{d}R_j^i}{\mathrm{d}T}=(\cos\Theta L_j^i+\sin\Theta L_l^iL_j^l)\frac{\mathrm{d}\Theta}{\mathrm{d}T}+\sin\Theta\frac{\mathrm{d}L_j^i}{\mathrm{d}T}+(1-\cos\Theta)\frac{\mathrm{d}(L_l^iL_j^l)}{\mathrm{d}T} \tag{5-33}$$

相应的伸张应变(以下也称格林应变)为

$$\frac{\mathrm{d}S_j^i}{\mathrm{d}T}=-\sin\Theta L_l^iL_j^l\frac{\mathrm{d}\Theta}{\mathrm{d}T}-(1-\cos\Theta)\frac{\mathrm{d}(L_l^iL_j^l)}{\mathrm{d}T} \tag{5-34}$$

相应的 Stokes 应变为

$$\frac{\mathrm{d}\omega_j^i}{\mathrm{d}T}=(\cos\Theta L_j^i)\frac{\mathrm{d}\Theta}{\mathrm{d}T}+\sin\Theta\frac{\mathrm{d}L_j^i}{\mathrm{d}T} \tag{5-35}$$

在上面的有关理论式中，Θ 是由参考温度下的变形决定的，因此温度效应也取决于参考变形。事实上，无论是简单的拉伸还是压缩，在次级尺度上的弯曲是客观存在的。

5.2.2 热膨胀系数的理性表达

理论上，对于任意变形(或自然宏观位形)，微结构的弯曲程度是随机的，但是其均值不为零，一般为高斯正态分布 $\tilde{p}(\Theta)$。因此，有

$$\Theta(T)=\int_0^{\pi/2}\Theta\tilde{p}(\Theta)\mathrm{d}\Theta \tag{5-36}$$

但是，弯曲的方位是随机的，其具体分布取决于材料微结构特征，也取决于当前的宏观变形。这里假定 Θ 是由参考温度下的微结构及当前变形共同决定的。

对于 3 维随机转动方位分布，如果为各向同性均匀分布，则有

$$\int_{-1}^{1} L_j^i p(\xi)\mathrm{d}\xi = 0, \quad \int_{-1}^{1} L_l^i L_j^l p(\xi)\mathrm{d}\xi = -\frac{1}{3}\delta_j^i \tag{5-37}$$

其中，$p(\xi)\mathrm{d}\xi$ 为被积分随机变量的概率分布。

由式(5-34)取均值，对各向均匀分布，其平均效应为

$$\frac{\mathrm{d}S_j^i}{\mathrm{d}T} = \frac{1}{3}\sin\Theta \cdot \frac{\mathrm{d}\Theta}{\mathrm{d}T}\delta_j^i \tag{5-38}$$

产生的等效格林热应变为

$$\Delta S_j^i = \left(\frac{1}{3}\sin\Theta \cdot \frac{\mathrm{d}\Theta}{\mathrm{d}T}\right)\Delta T\delta_{ij} = \alpha\Delta T\delta_{ij} \tag{5-39}$$

上式就是最常见的热膨胀表达方式，Θ 由参考位形的微结构和当前变形决定。

对式(5-35)取均值，等效的 Stokes 应变为零。因此，热膨胀系数为 $\alpha = \left(\frac{1}{3}\sin\Theta \cdot \frac{\mathrm{d}\Theta}{\mathrm{d}T}\right)$。基于理论考虑，把 $\frac{\mathrm{d}\Theta}{\mathrm{d}T} = k_\Theta$ 作为物性参数，可以假定它为材料常数，则有

$$\Theta(T) = \Theta(T_0) + k_\Theta(T - T_0)$$

$$\Delta S_j^i = \frac{k_\Theta}{3}\sin\Theta(T_0) \cdot \Delta T \cdot \delta_j^i \tag{5-40}$$

因此，热膨胀系数的理论形式为

$$\alpha = \frac{k_\Theta}{3}\sin[\Theta(T_0) + k_\Theta(T - T_0)] \tag{5-41}$$

也就是热膨胀系数与温度的关系是非线性的。特别的，对于在参考温度 T_0 下有显著微结构弯曲(局部 $\Theta(T_0)$ 较大)的高温介质，这种非线性更为明显。另外，对高温介质，热膨胀系数温敏性(对温度的导数)明显相对于低温而变小。

微结构变形的各向均匀分布显然是大多数情况下的良好近似，因此式(5-41)是普遍有效的一个近似。但是，对板壳结构，分布是有偏的，各向异性的。

5.2.3 板壳结构的单向拉伸(或压缩)

对条状样品测试，高温的效果是相对于低温更容易拉伸或压缩。拉伸或压缩在微结构层面表现为重新定向(局部转动)或弯曲程度的变化，但其分布是受拉伸或压缩方向而变化的。这点已经被无数实验事实所揭示，因此对于板壳结构 (x^1, x^2)，取其厚度方向为 (x^3)，一个合理的近似是，有如下非零均值，即

$$\int_{-1}^{1} L_2^1 p(\xi)\mathrm{d}\xi = -\int_{-1}^{1} L_1^2 p(\xi)\mathrm{d}\xi = \eta$$

$$\int_{-1}^{1} L_l^1 L_1^l p(\xi)\mathrm{d}\xi = -\frac{1+\eta^2}{2}$$

$$\int_{-1}^{1} L_i^2 L_2^l p(\xi)\mathrm{d}\xi = -\frac{1+\eta^2}{2} \tag{5-42}$$

$$\int_{-1}^{1} L_i^3 L_3^l p(\xi)\mathrm{d}\xi = -(1-\eta^2)$$

由式(5-34)取均值,它所产生的等效格林热应变为

$$\begin{aligned}
\frac{\mathrm{d}S_1^1}{\mathrm{d}T} &= \frac{1+\eta^2}{2}\sin\Theta\frac{\mathrm{d}\Theta}{\mathrm{d}T} + 2\eta(1-\cos\Theta)\frac{\mathrm{d}\eta}{\mathrm{d}T}\\
\frac{\mathrm{d}S_2^2}{\mathrm{d}T} &= \frac{1+\eta^2}{2}\sin\Theta\frac{\mathrm{d}\Theta}{\mathrm{d}T} + 2\eta(1-\cos\Theta)\frac{\mathrm{d}\eta}{\mathrm{d}T}\\
\frac{\mathrm{d}S_3^3}{\mathrm{d}T} &= (1-\eta^2)\sin\Theta\frac{\mathrm{d}\Theta}{\mathrm{d}T} - 2\eta(1-\cos\Theta)\frac{\mathrm{d}\eta}{\mathrm{d}T}
\end{aligned} \tag{5-43}$$

由式(5-35)取均值,相应的 Stokes 热应变为

$$\frac{\mathrm{d}\omega_2^1}{\mathrm{d}T} = -\frac{\mathrm{d}\omega_1^2}{\mathrm{d}T} = \eta\cos\Theta\frac{\mathrm{d}\Theta}{\mathrm{d}T} + \sin\Theta\frac{\mathrm{d}\eta}{\mathrm{d}T} \tag{5-44}$$

这表明,定向拉伸或压缩会导致微结构的定向有偏分布。由于这种弯曲是有偏的,因此将表现为样品在宏观上出现弯曲。这种热致弯曲在现实生活中也是常见现象。

对于小的 Θ,Stokes 热应变远大于格林热应变,因此温度变化的效果主要表现为面内的弯曲。对长条板,如果侧边为自由边,表现为边沿由直变弯。如果长条板的四边是被固定的,则表现为面内几何中心临近的裂纹,且裂纹走向与拉压方向一致。如果 Stokes 应变不足以产生宏观裂纹,则表现为疲劳条带。这方面的表象实验资料很多,建议用上面的方程重新解释实验曲线。

5.2.4　板壳结构的弯曲

对条状样品测试,高温的效果相对于低温更容易弯曲。对于板壳结构 (x^1, x^2),取其弯曲方向为厚度方向(x^3),一个合理的近似是转动方位分布为面内的 2 维随机分布,厚度方向的正态分布。因此,有以下非零均值,即

$$\begin{gathered}
\int_{-1}^{1} L_3^1 p(\xi)\mathrm{d}\xi = -\int_{-1}^{1} L_1^3 p(\xi)\mathrm{d}\xi = \beta,\quad \int_{-1}^{1} L_3^2 p(\xi)\mathrm{d}\xi = -\int_{-1}^{1} L_2^3 p(\xi)\mathrm{d}\xi = \gamma\\
\int_{-1}^{1} L_i^1 L_1^l p(\xi)\mathrm{d}\xi = -(1-\gamma^2),\quad \int_{-1}^{1} L_i^2 L_2^l p(\xi)\mathrm{d}\xi = -(1-\beta^2)\\
\int_{-1}^{1} L_i^3 L_3^l p(\xi)\mathrm{d}\xi = -(\beta^2+\gamma^2),\quad \int_{-1}^{1} L_i^1 L_2^l p(\xi)\mathrm{d}\xi = \int_{-1}^{1} L_i^2 L_1^l p(\xi)\mathrm{d}\xi = -\beta\gamma
\end{gathered} \tag{5-45}$$

如果取 $\gamma=0$,则是板的单向弯曲。

由式(5-34)取均值,它产生的等效格林热应变为

$$\frac{\mathrm{d}S_1^1}{\mathrm{d}T} = (1-\gamma^2)\sin\Theta\frac{\mathrm{d}\Theta}{\mathrm{d}T} - 2\gamma(1-\cos\Theta)\frac{\mathrm{d}\gamma}{\mathrm{d}T}$$

$$\frac{\mathrm{d}S_2^1}{\mathrm{d}T}=\frac{\mathrm{d}S_1^2}{\mathrm{d}T}=\beta\gamma\sin\Theta\frac{\mathrm{d}\Theta}{\mathrm{d}T}+(1-\cos\Theta)\left(\beta\frac{\mathrm{d}\gamma}{\mathrm{d}T}+\gamma\frac{d\beta}{\mathrm{d}T}\right) \tag{5-46}$$

$$\frac{\mathrm{d}S_2^2}{\mathrm{d}T}=(1-\beta^2)\sin\Theta\frac{\mathrm{d}\Theta}{\mathrm{d}T}-2\beta(1-\cos\Theta)\frac{d\beta}{\mathrm{d}T}$$

$$\frac{\mathrm{d}S_3^3}{\mathrm{d}T}=(\beta^2+\gamma^2)\sin\Theta\frac{\mathrm{d}\Theta}{\mathrm{d}T}+2(1-\cos\Theta)\left(\beta\frac{d\beta}{\mathrm{d}T}+\gamma\frac{\mathrm{d}\gamma}{\mathrm{d}T}\right)$$

由式(5-35)取均值，产生的等效 Stokes 热应变为

$$\frac{\mathrm{d}\omega_3^1}{\mathrm{d}T}=-\frac{\mathrm{d}\omega_1^3}{\mathrm{d}T}=\beta\cos\Theta\frac{\mathrm{d}\Theta}{\mathrm{d}T}+\sin\Theta\frac{d\beta}{\mathrm{d}T}$$

$$\frac{\mathrm{d}\omega_3^2}{\mathrm{d}T}=-\frac{\mathrm{d}\omega_2^3}{\mathrm{d}T}=\gamma\cos\Theta\frac{\mathrm{d}\Theta}{\mathrm{d}T}+\sin\Theta\frac{\mathrm{d}\gamma}{\mathrm{d}T} \tag{5-47}$$

对于小的 Θ，Stokes 热应变远大于格林热应变。换句话说，单晶类材料($\Theta(T_0)\approx 0$)的热弯曲现象要远大于陶瓷类($\Theta(T_0)$很大)材料的热弯曲现象。

对以上温敏变形，有两个近似。一是常温近似，对于在参考温度 T_0 下微结构弯曲小(局部 $\Theta(T)$较小)的介质，可取$\frac{d\beta}{\mathrm{d}T}=0$，$\frac{\mathrm{d}\gamma}{\mathrm{d}T}=0$ 来近似。二是高温近似，对于在高参考温度 T_0 下微结构弯曲大(局部 $\Theta(T)$较大)的高温介质 $\cos\Theta\approx 0$(微结构接近折断)，或 $k_\Theta\approx 0$ 的耐高温介质，故有在这个意义上的高温近似。

5.2.5　高温变形的几何方程的参数测量

以上导出的随温度变化的几何方程的核心量是 $\Theta(T_0)$和 k_Θ。如何测量它们呢？材料的方位统计参数 β 和 γ 如何测量呢？下面讨论这个问题。

(1) 测 $\Theta(T_0)$和 k_Θ

对方块状样品不施加外力，使之处于零变形参考状态。改变样品温度，就可以测得其热膨胀应变：$\Delta S_j^i=\frac{k_\Theta}{3}\sin\Theta(T_0)\cdot\Delta T\cdot\delta_j^i$。因此，测得曲线$(S,T)$，则有

$$\frac{\Delta S}{\Delta T}=\frac{k_\Theta}{3}\sin\Theta(T_0) \tag{5-48}$$

由于 k_Θ 是个常数，连续改变参考温度，就形成一条曲线。因此，可以先由曲线形态得到 $\Theta(T_0)$，在由最佳曲线拟合得到 k_Θ。

事实上，由于

$$\alpha(T)=\frac{k_\Theta}{3}\sin[\Theta(T_0)+k_\Theta(T-T_0)]\approx\frac{k_\Theta}{3}\sin\Theta(T_0)+\frac{(k_\Theta)^2}{3}(T-T_0)\cos\Theta(T_0) \tag{5-49}$$

因此，利用膨胀系数的切线计算得到下式，即

$$\frac{\Delta\alpha(T_0)}{\Delta T}=\frac{(k_\Theta)^2}{3}\cos\Theta(T_0) \tag{5-50}$$

应用于整条实验区线，由上面的两个实测方程就可以得到材料的微结构统计参数 $\Theta(T)$ 和材料的物性参数 k_Θ。

(2) 测统计参数 $\eta(T)$、$\beta(T)$ 和 $\gamma(T)$

取薄板状长条样品，单向拉伸（x^1 方向），维持拉应力不变。测量边线中点的横向（x^2 方向）宽度收缩量随温度的变化，得到中点的宽度变化 $\Delta w(T)$ 曲线，则有

$$\frac{\mathrm{d}\omega_2^1}{\mathrm{d}T}=\eta\cos\Theta\frac{\mathrm{d}\Theta}{\mathrm{d}T}+\sin\Theta\frac{\mathrm{d}\eta}{\mathrm{d}T}=\frac{\Delta w}{l} \tag{5-51}$$

其中，w 为样品宽度；l 为样品长度。

对于小的 Θ，有

$$\eta\cos\Theta\frac{\mathrm{d}\Theta}{\mathrm{d}T}\approx\frac{\Delta w}{l} \tag{5-52}$$

因为 $\cos\Theta\dfrac{\mathrm{d}\Theta}{\mathrm{d}T}=k_\Theta\cos\Theta$ 已由前一实验测定，因此可由上式实测 $\eta(T)$。

由以上对比，对于长条板的高温变形，温度梯度引起的热应变分布为温度最高的中心区域具有最大的局部转动角（可能形成内裂纹或空隙），而在外边界区域，局部转动角为零。高温区的局部转动引起的拉伸效应在外边界区域最大，因此疲劳断裂表现为边界表面的拉伸裂纹。这在实验上是常观测到的现象。

对 $\beta(T)$ 和 $\gamma(T)$ 的实测是类似的。其原则是维持载荷不变，测温度变化引起的 Stokes 热应变。理论上，由测得的由温度变化引起的增量位移场 u^i，Stokes 热应变的计算公式为

$$\omega_j^i=\frac{1}{2}\left(\frac{\partial u^i}{\partial x^j}-\frac{\partial u^j}{\partial x^i}\right) \tag{5-53}$$

如果能用染色的光测办法实测整个物体外表面的热变形（维持载荷不变），原则上可以用理论公式计算得到有关量。

5.2.6　高温变形的本构方程

取应力为自变量，假定已经在不同应力水平下测得了有关的材料参数 k_Θ，$\Theta(T)$，$\eta(T,\sigma)$，$\beta(T,\sigma)$，$\gamma(T,\sigma)$，σ 为参考温度下的变形应力。采用力学教科书的一般形式，即 $\varepsilon=\varepsilon(\sigma)+\alpha\Delta T$。原则上，对低温变形，可以建立包含温度效应及变形效应的高温变形本构方程，格林应变为

$$S_j^i=E_j^i(\sigma)-\left[k_\Theta\sin\Theta\cdot(L_l^iL_j^l)+(1-\cos\Theta)\frac{\mathrm{d}(L_l^iL_j^l)}{\mathrm{d}T}\right]\cdot\Delta T \tag{5-54}$$

其中，$E_j^i(\sigma)$ 为参考温度下的本构关系方程（指一般经典形式）；k_Θ 为物性常数，

$\Theta(T)=\Theta(T_0)+k_\Theta(T-T_0)$；$\Theta(T_0)$为物性常数；$(L_l^iL_j^l)=-\eta_{ij}(T,\sigma)$为统计意义下的物性参量。

当$\sigma=0$时，$(L_l^iL_j^l)=-\dfrac{1}{3}\delta_j^i$。一般情况下，在有外力作用时，Stokes应变为

$$\omega_j^i=\frac{1}{2\mu}\tilde{\sigma}_j^i+\left[k_\Theta\cos\Theta\cdot(L_j^i)+\sin\Theta\cdot\frac{\mathrm{d}(L_j^i)}{\mathrm{d}T}\right]\Delta T \tag{5-55}$$

其中，$(L_j^i)=\beta_j^i(T,\tilde{\sigma})$为统计量；$\tilde{\sigma}_j^i$为反对称应力(单位微元体弯矩)。

5.2.7 疲劳断裂-热缩介质的必要条件

由热膨胀系数的理论形式，即$\alpha=\dfrac{k_\Theta}{3}\sin[\Theta(T_0)+k_\Theta(T-T_0)]$，材料热缩的必要条件是$\dfrac{\mathrm{d}\Theta}{\mathrm{d}T}=k_\Theta<0$，也就是其微结构的弯曲变化随温度的升高而越来越小。因此，如果能够实现这种材料，那么理论上存在一个$\dfrac{\mathrm{d}\Theta}{\mathrm{d}T}=k_\Theta=0$的临界温度$T_{\mathrm{cri}}$(物性常数)。在温度高于该临界温度时，可能出现热缩变形，即

$$-\left[k_\Theta\sin\Theta\cdot(L_l^iL_j^l)+(1-\cos\Theta)\frac{\mathrm{d}(L_l^iL_j^l)}{\mathrm{d}T}\right]\cdot\Delta T<0 \tag{5-56}$$

注意到，一般$L_l^iL_j^l$的均值是负的。

从物理上看，对于热膨胀介质，裂纹或疲劳纹邻近接近于自由边界，$\dfrac{\mathrm{d}\Theta}{\mathrm{d}T}\leqslant0$的等效介质是可以出现的，而且$\dfrac{\mathrm{d}(L_l^iL_j^l)}{\mathrm{d}T}>0$的情况也是可能经由疲劳断裂而出现的。因此，热膨胀介质的热缩区就是疲劳断裂的基本表征(变形引起的失稳)。

此外，在微观上使得$\dfrac{\mathrm{d}(L_l^iL_j^l)}{\mathrm{d}T}=-\dfrac{\mathrm{d}\eta_{ij}(T,\sigma)}{\mathrm{d}T}>0$是可能的，由于这个条件是由微结构的方位特性决定的，因此有可能设计出此类热缩介质。

对于高温下的疲劳实验，有两个相反的现象，即温度引起的热膨胀和周期应力载荷下的疲劳收缩。两者的效应有抵消性。事实上，在实际工程中，常是用热处理的办法来使材料恢复热膨胀性能，从而改善疲劳特性。

5.3 裂纹及裂纹扩展

尽管疲劳断裂最终归结为微结构的失效，但是在宏观上，产生破坏的原因是宏观的应力场应变场。虽然宏观应力应变的关系是由材料物性参数表征的，但是应力应变在空间上的分布却是由运动方程决定的。因此，可以把疲劳断裂的原因归

结为宏观变形，疲劳的空间扩展是由运动方程决定的。

在宏观上，如果某个点出现失效（如裂纹），则其扩展是非常重要的力学理论课题。大尺度结构上的裂纹及其扩展是完整性评价的核心实测量。裂纹的未来发展是失稳，在数理求解方程上称为扰动。一般是不可直接看到的，存在于介质内部的。

一个部件或结构在高应力或高应变条件下，那个地方会出现裂纹呢？一般地说，常用的答案是在有材料缺陷的地方。有时，这个回答是无法令人满意的。经验上，裂纹产生的机制是应力集中或变形太大。那么应力在那会集中呢？应用弹性力学的基本方程，在给定边界条件下求解，可以得到最大应力的区域，从而得到答案。这是非常传统的方案。

板壳结构的裂纹空间扩展问题始终是一个难题[48,49]。Kirchhoff 板壳理论的巧妙之处是以变形后的中面为参考，在一个拖带坐标系中建立运动方程，从而把一个宏观大变形问题变成一个局部微小变形问题。这样做付出的代价是把宏观大变形对局部变形的影响消除了。后来 von Karman 又把这一项考察进来，从而建立了板壳的非线性方程，并广泛地应用于稳定性研究[50]。对给定的初始裂纹，裂纹扩展的问题也是用类似的办法，把应力作为驱动因素，对裂纹建立边界条件，由运动方程来得到扩展规律[51]。无论是回答那个问题，边界条件都是决定性的，因此边界条件的提法决定了所寻求的全局解[52]。这个方法是有待改进的。首先，裂纹的产生和扩展是一种局部现象，全局解只不过是它的发展背景。真正的原因是局部的应力或应变。在裂纹区，应力应变不满足原来的本构关系。因此，使用经典的弹性方程得到位移场解的方法在逻辑上是有问题的，因为它假定应力应变满足原来的本构关系。其次，就全局看，应力是连续的，裂纹产生的局部应变突变并不意味着应力的突变，这是因为弹性力学的基本运动方程是关于应力的。反之，全局的应力连续性也不能保证应变是连续的，如果在局部本构关系不再成立的话。单纯的本构方程的考虑是另一种方案，但是这种方案是先验性的。

经验上，裂纹的产生和扩展是一种物理守恒律的局部破坏现象。理论上，如果所有的守恒律都得到满足，就不会有裂纹了。在下面的讨论中，使用理性力学的基本方程，首先介绍变形的非线性运动方程的逆变形式（线动量守恒、体力平衡方程）和协变形式（角动量守恒、面力平衡方程。虽然体力和面力有一定的等价转换关系，但是两者在物理本质上是有区别的[53]。这一论题远超出本书范围，因此可把这看成为一个物理或力学假说）。然后，求应力传播的一般解，再应用这个一般解来导出裂纹的扩展解。由所得到的解，只要知道了某个参考点的应力状态，就可以用变形量来表示应力集中方向，从而确定裂纹扩展方向。同时，对给定应力水平，也给出了局部弹性参数与局部应力水平的理论关系。

5.3.1　非线性运动方程

在理性力学[5]中,变形是由拖带坐标系的基矢变换表达的,即

$$\boldsymbol{g}_i = F^j_i \boldsymbol{g}^0_j \tag{5-57}$$

其中,$\boldsymbol{g}^0_i$是初始位形上的基矢;$\boldsymbol{g}_i$ 是当前位形上的基矢,它们都定义在拖带坐标(x^1, x^2, x^3)中。

如果引入局部位移场(u^1, u^2, u^3),则变形张量 F^i_j 可以表示为

$$F^j_i = u^j\Big|_i + \delta^j_i \tag{5-58}$$

Cauchy 应变也就是

$$\varepsilon^j_i = u^j\Big|_i = F^j_i - \delta^j_i \tag{5-59}$$

对于简单的各向同性介质,应力张量为

$$\sigma^j_i = (\lambda\delta^j_i\delta^l_k + 2\mu\delta^l_i\delta^j_k)\varepsilon^k_l = \lambda\varepsilon^k_k\delta^j_i + 2\mu\varepsilon^j_i \tag{5-60}$$

在工程力学中,被解释为作用在面 $\boldsymbol{g}^i$ 上的沿 $\boldsymbol{g}^0_j$ 方向的面力分量。一般来说,内在应力的对称性 $\sigma^i_j = \sigma^j_i$ 并不意味着工程应力的对称性,因为工程应力分量为 $\tilde{\sigma}^i_j = \dfrac{\sqrt{g^0_{(ii)}}}{\sqrt{g_{(jj)}}}\sigma^i_j$(这里小括号表示不求和)。由式(5-57) $\boldsymbol{g}_i = F^j_i \boldsymbol{g}^0_j$,有 $\boldsymbol{g}^0_j = \widetilde{F}^i_j \boldsymbol{g}_i$ 和 $F^i_l \widetilde{F}^l_j = \delta^i_j$。因此,有一般关系式,即

$$\frac{\partial \boldsymbol{g}_i}{\partial x^k} = F^j_i \frac{\partial \boldsymbol{g}^0_j}{\partial x^k} + \frac{\partial F^j_i}{\partial x^k}\boldsymbol{g}^0_j = \left(F^j_i \Gamma^l_{jk} + \frac{\partial F^l_i}{\partial x^k}\right)\boldsymbol{g}^0_l = \left(F^j_i \Gamma^l_{jk} + \frac{\partial F^l_i}{\partial x^k}\right)\widetilde{F}^m_l \boldsymbol{g}_m \tag{5-61}$$

即

$$\widetilde{\Gamma}^i_{jk} = \Gamma^m_{lk} F^l_j \widetilde{F}^i_m + \widetilde{F}^i_l \frac{\partial F^l_j}{\partial x^k} \tag{5-62}$$

对于无限小变形,近似的有

$$\widetilde{F}^i_j \approx \delta^i_j - \varepsilon^i_j = \delta^i_j - u^i\Big|_j \tag{5-63}$$

因此,式(5-61) 可以近似为

$$\widetilde{\Gamma}^i_{jk} = \Gamma^m_{lk} F^l_j \widetilde{F}^i_m + \widetilde{F}^i_l \frac{\partial F^l_j}{\partial x^k} = \Gamma^i_{jk} + \Gamma^i_{lk}\varepsilon^l_j - \Gamma^m_{jk}\varepsilon^i_m + \frac{\partial \varepsilon^i_j}{\partial x^k} \tag{5-64}$$

由协变导数的一般公式,有

$$\sigma^i_j\Big|_k = \frac{\partial \sigma^i_j}{\partial x^k} + \sigma^l_j \Gamma^i_{lk} - \sigma^i_l \Gamma^l_{jk} - \sigma^i_l\left(\Gamma^l_{mk}\varepsilon^m_j - \Gamma^m_{jk}\varepsilon^l_m + \frac{\partial \varepsilon^l_j}{\partial x^k}\right) \tag{5-65}$$

为了使有关的讨论简化,取初始位形为直角坐标系,则 $\Gamma^k_{ij} = 0$,方程可以简化为

$$\sigma_j^i\Big|_k=\frac{\partial\sigma_j^i}{\partial x^k}-\sigma_l^i\frac{\partial\varepsilon_j^l}{\partial x^k}\tag{5-66}$$

它表明，对于大变形梯度$\frac{\partial\varepsilon_j^l}{\partial x^k}$和高应力$\sigma_l^i$的变形，非线性项$-\sigma_l^i\frac{\partial\varepsilon_j^l}{\partial x^k}$的影响是不能忽略的。

线动量守恒给出的微分运动方程[13]是逆变力形式的，即

$$\frac{\partial\sigma_j^i}{\partial x^j}-\sigma_l^i\frac{\partial\varepsilon_j^l}{\partial x^j}=f^i\tag{5-67}$$

角动量守恒给出的微分运动方程[13]是协变力形式的，即

$$\frac{\partial\sigma_i^j}{\partial x^j}-\sigma_l^j\frac{\partial\varepsilon_i^l}{\partial x^j}=f^jF_i^j\tag{5-68}$$

在 von Karman 弹性壳理论中，$-\frac{\partial\varepsilon_j^l}{\partial x^i}=-\frac{\partial^2 \boldsymbol{u}^l}{\partial x^j\partial x^i}$$(l=3;i,j=1,2)$被解释为曲率变化。上式与 von Karman 方程是类似的。

5.3.2 静态裂纹应力的传播理论解

对于很多弹性变形，在使用经典的线性方程时，位移场一般地说是一个调和函数解。因此，缺陷可以用不满足经典线性解的量来定义。对于任一个位移分量u^l，$l=1,2,3$，可以定义一个位移的曲率矢量Δ^l为

$$\frac{\partial\varepsilon_j^l}{\partial x^j}=\frac{\partial^2\boldsymbol{u}^l}{\partial x^1\partial x^1}+\frac{\partial^2\boldsymbol{u}^l}{\partial x^2\partial x^2}+\frac{\partial^2\boldsymbol{u}^l}{\partial x^3\partial x^3}=\Delta^l\tag{5-69}$$

在板壳的弯曲变形中，这是一个曲率项。此时，Δ^l是连续的（它也是调和函数）。这里把它看成是一个可独立测量的量，或者是已知量。也就是说，看成是给定的大变形度量。由线动量守恒给出的微分方程(5-68)，把曲率矢量Δ^l看成是参数，有

$$\frac{\partial\sigma_j^i}{\partial x^j}-\sigma_l^i\Delta^l=f^i\tag{5-70}$$

它的应力形式解（略去高价小量$\frac{\partial\Delta^l}{\partial x^k}$）为

$$\sigma_j^i=\left[\bar{\sigma}_l^i+\int f^i\exp\left(-\int\Delta^l\mathrm{d}x^k\right)\cdot\mathrm{d}x^k\right]\cdot\exp\left(\int\Delta^l\mathrm{d}x^j\right)\tag{5-71}$$

其中，$\bar{\sigma}_l^i$为常数张量的分量。

$$\exp\left[\int\Delta^m\mathrm{d}x^i\right]=\exp(\Delta_i^m)=\delta_i^m+\Delta_i^m+\frac{1}{2}\Delta_k^m\Delta_i^k+\cdots\tag{5-72}$$

在无外部体力$f^i=0$时，由此可以定义应力传播方程，即

$$\sigma_j^i(Q)=\sigma_l^i(P)\cdot\exp\left(\int_P^Q\Delta^l\mathrm{d}x^j\right)=\sigma_l^i(P)\cdot\exp(\Delta_j^l)\tag{5-73}$$

其中，P 和 Q 表示两个点。

它表明，对板壳变形，P 点的应力是经由 P 和 Q 点间的累积曲率传播到 Q 点的。对于 $\int_P^Q \Delta^l \mathrm{d}x^j > 0$，应力是沿 $P\rightarrow Q$ 方向增大的；对于 $\int_P^Q \Delta^l \mathrm{d}x^j < 0$，应力是沿 $P\rightarrow Q$ 方向变小的。对于 $\int_P^Q \Delta^j \mathrm{d}x^i = 0$，也就是说在 P 和 Q 点间没有净变形，应力是一样的。这种幂函数形式的传播系数张量使得在大变形或大尺度时，很容易产生应力奇点，也就是说应力集中现象[51]。

作为一个简单例子，对板(x^1,x^2)弯曲，只有位移场 $u^3=u^3(x^1,x^2)$，假如位移场在 $r=r_0$ 的圆周上有奇异性(圆孔裂纹)，即

$$\frac{\partial^2 u^3}{\partial x^1 \partial x^1}+\frac{\partial^2 u^3}{\partial x^2 \partial x^2}=\Delta^3 \delta(r-r_0) \tag{5-74}$$

其中，$\Delta^3>0$ 为常数；$\delta(x)=\begin{cases}1, x=0\\ 0, x\neq 0\end{cases}$为狄拉克函数。

$$\sigma_j^i(Q)=\sigma_l^i(P)\cdot\exp[\Delta^l n_j U(r-r_0)]\approx\sigma_j^i(P)+\sigma_3^i(P)\Delta^3 n_j U(r-r_0) \tag{5-75}$$

其中，n_j 是 P 和 Q 连线方向的单位矢量分量；$U(k_1x^1-Vt)$为阶跃函数；$U(x)=\begin{cases}1, x>0\\ 0, x<0\end{cases}$，选取 P 和 Q 两点分别在 $r=r_0$ 圆的内侧和外侧。

由此，以 P 点应力为参考，圆的内、外侧应力跃变量的线性近似为

$$\delta\sigma_1^1=\sigma_3^1(P)\Delta^3 n_1,\quad \delta\sigma_2^2=\sigma_3^2(P)\Delta^3 n_2 \tag{5-76}$$

$$\delta\sigma_1^2=\sigma_3^2(P)\Delta^3 n_1,\quad \delta\sigma_2^1=\sigma_3^1(P)\Delta^3 n_2 \tag{5-77}$$

注意到 $\delta\sigma_2^1\neq\delta\sigma_1^2$，因此在圆孔裂纹邻近，应力是不对称的。这种不对称应力会产生一对转动矩(绕 x^3 轴)，因此有许多研究工作引入矩来解释裂纹尖端的应力状态。

在板内，无圆孔裂纹时，$\sigma_1^1=0,\sigma_2^2=0$，而在有裂纹时，两者都不等于零。在圆孔裂纹的等效曲率足够大时，在圆孔裂纹边界出现断裂，其条件为

$$|\sigma_3^1(P)\Delta^3|\geqslant\sigma_s \text{ 或 } |\sigma_3^2(P)\Delta^3|\geqslant\sigma_s \tag{5-78}$$

其中，σ_s 为材料的应力强度。

在经典裂纹理论中，许多结果可由$\frac{\partial^2 u^3}{\partial x^1 \partial x^1}+\frac{\partial^2 u^3}{\partial x^2 \partial x^2}=\Delta^3 \delta(r-r_0)$给出的位移场形式解释。例如，取

$$\Delta^3\delta(r-r_0)=\Delta^3\frac{a}{\pi[a^2+(r-r_0)^2]} \tag{5-79}$$

其中，a 非常小，可以看成是裂纹宽度参数，则有形式解，即

$$\frac{\partial u^3}{\partial r}=\frac{\Delta^3}{r}\int\frac{ar\,\mathrm{d}r}{\pi[a^2+(r-r_0)^2]}=\frac{\Delta^3}{\pi r}\cdot\left\{C+\frac{a}{2}\ln[a^2+(r-r_0)^2]+\arctan\frac{r-r_0}{a}\right\} \tag{5-80}$$

这个应变是板圆孔裂纹的基本解[37]，其中 C 为积分常数。对于圆点状裂纹，$r_0=0$，如取

$$\Delta^3\delta(r)=\frac{\Delta^3}{2a\sqrt{\pi b}}\exp\left(-\frac{r^2}{4a^2 b}\right) \tag{5-81}$$

其中，b 非常小，可以看成是裂纹宽度参数，则有形式解

$$\frac{\partial u^3}{\partial r}=\frac{1}{r}\int\frac{\Delta^3}{2a\sqrt{\pi b}}\exp\left(-\frac{r^2}{4a^2 b}\right)r\,\mathrm{d}r=\frac{\Delta^3 ab}{r\sqrt{\pi b}}\cdot\left[D-\exp\left(-\frac{r^2}{4a^2 b}\right)\right] \tag{5-82}$$

这个应变是点裂纹的基本解，其中 D 为积分常数。

由上面的两个例子可以看出，裂纹的真实几何分布是一个很敏感的函数。不同的逼近方法会给出表面上看来差别很大的裂纹应变(应力)函数，这也是长期以来迷惑人的地方。裂纹的几何是决定尖端应力跃变得非常敏感的函数，而它的几何特性又是由曲率变化线积分给出的全局应力传播理论解决定的，因此裂纹空间的产生和扩展是由全局应力、应变决定的局部效应。

5.3.3　裂纹传播的理论方程

在以上研究结果的基础上，可以研究裂纹传播的理论问题。为此，不失一般性，对板(x^1,x^2)弯曲，只有位移场 $u^l=u^l(x^1,x^2)$，假定裂纹的传播方向为 x^1，传播速度为 V(这是一个很小的速度)，则有

$$u^l=u^l(x)\cdot U(x^1-Vt) \tag{5-83}$$

其中，$U(x^1-Vt)$ 为阶跃函数；$U(x)=\begin{cases}1, x>0\\0, x<0\end{cases}$。

因此，有曲率传播方程，即

$$\frac{\partial^2 u^l}{\partial x^1\partial x^1}+\frac{\partial^2 u^l}{\partial x^2\partial x^2}+\frac{\partial^2 u^l}{\partial x^3\partial x^3}=\Delta^l\cdot U(x^1-Vt)+\varepsilon_1^l\cdot\delta(x^1-Vt) \tag{5-84}$$

在除自身的惯性力(动量的跃变值)外，无其他外部体力时的裂纹运动方程为

$$\frac{\partial\sigma_j^i}{\partial x^j}-\sigma_l^i\cdot\Delta^l\cdot U(x^1-Vt)-\sigma_l^i\cdot\varepsilon_1^l\cdot\delta(x^1-Vt)=\rho V u^i\cdot\delta(x^1-Vt) \tag{5-85}$$

形式解近似为(略去高阶小量)

$$\sigma_j^i\approx\bar{\sigma}_j^i+\rho V\int u^i\delta(x^1-Vt)\mathrm{d}x^j+\bar{\sigma}_l^i\left[\int\Delta^l U(x^1-Vt)\mathrm{d}x^j+\int\varepsilon_1^l\delta(x^1-Vt)\mathrm{d}x^j\right] \tag{5-86}$$

其更具体的形式为

$$\sigma_1^i\approx\bar{\sigma}_1^i+(\rho V u^i+\bar{\sigma}_l^i\varepsilon_1^l)U(x^1-Vt)+\bar{\sigma}_l^i\int\Delta^l U(x^1-Vt)\mathrm{d}x^1$$

$$\sigma_2^i \approx \bar{\sigma}_2^i + \left(\rho V\int u^i \mathrm{d}x^2 + \bar{\sigma}_l^i \int \varepsilon_1^l \mathrm{d}x^2\right)\delta(x^1 - Vt) + \left(\bar{\sigma}_l^i \int \Delta^l \mathrm{d}x^2\right)U(x^1 - Vt) \tag{5-87}$$

其中,含有脉冲波动因子 $\delta(x^1-Vt)$的项表现的是弹性波,只出现在平行于裂纹传播的面上。去掉有脉冲波动因子 $\delta(x^1-Vt)$的项以后,在裂纹传播过后,截面上的应力为永久性的。一般来说,在工程中,厚度方向的应力近似为零,即 $\bar{\sigma}_3^3=0$,取 $u^3=u^3(x)\cdot U(x^1-Vt)$。一个最为简单的近似是取 $\Delta^l=0$,这是因为与 u^3 和 ε_1^l 相比,它们是高阶小量。此时,板内相应的应力为

$$\sigma_1^3 \approx \bar{\sigma}_1^3 + \rho V u^3 \cdot U(x^1 - Vt), \quad \sigma_1^2 \approx \bar{\sigma}_1^2 + \bar{\sigma}_3^2 \varepsilon_1^3 \cdot U(x^1 - Vt)$$

$$\sigma_1^1 \approx \bar{\sigma}_1^1 + \bar{\sigma}_3^1 \varepsilon_1^3 U(x^1 - Vt), \quad \sigma_2^1 \approx \bar{\sigma}_2^1 + (\bar{\sigma}_3^1 \int \varepsilon_1^3 \mathrm{d}x^2) \cdot \delta(x^1 - Vt) \tag{5-88}$$

$$\sigma_2^2 \approx \bar{\sigma}_2^2 + (\bar{\sigma}_3^2 \int \varepsilon_1^3 \mathrm{d}x^2)\delta(x^1 - Vt), \quad \sigma_2^3 \approx \bar{\sigma}_2^3 + (\rho V \int u^3 \mathrm{d}x^2)\delta(x^1 - Vt)$$

这表明,在裂纹传播过程中,板的弯曲应力 σ_1^3 和 σ_2^3 发生的变化是由裂纹位移量 u^3 确定的,而板内应力是由裂纹在传播方向上的位移梯度 ε_1^3 确定的。这是一个很重要的结论,也就是说裂纹传播过程中调整的是板的截面上的所有方向上的应力。在传播方向的法截面上的调整是永久性的,而在与传播方向平行的截面上的调整是非永久性的(脉冲波式的)。在裂纹传播的动量很大时,如果略去裂纹在传播方向上的位移梯度,一个最简单的裂纹突发性扩展模式是如下的弯曲应力跃变量,即

$$\delta\sigma_1^3 \approx \rho V u^3 \cdot U(x^1 - Vt), \quad \delta\sigma_2^3 \approx \left(\rho V \int u^3 \mathrm{d}x^2\right)\delta(x^1 - Vt) \tag{5-89}$$

在爆炸力学中,这是一个常用的近似式。

以上研究表明,裂纹的几何是决定尖端应力跃变的非常敏感的函数,而它的几何特性又是由曲率变化线积分给出的全局应力传播理论解决定的,因此,裂纹空间的产生和扩展是由全局应力、应变决定的局部效应。

5.4 寿　　命

材料的疲劳导致工件寿命的下降。对工件寿命的计算问题是失效分析研究中的一个重要的理论问题和工程实践问题。失效分析是一个反演问题。解决好该反演问题的基础是关于疲劳破坏的力学理论,这是一个正演问题。在关于疲劳破坏的力学基础性理论工作完成后,就可以开展断口反演问题的研究。正演是反演问题的基础和前提。

前面已论述,疲劳是由不可逆的内禀局部转动产生的,可以用局部整旋角参数和转动方位表示;当局部整旋角参数增大到临界值时,将在转动方位方向出现破裂。这里在此基础上进一步推导计算工件寿命的理论公式。

5.4.1 反对称应力时变演化方程

取直角坐标系为工件材料的初始随体坐标系，则工件材料的运动方程[13]为

$$\frac{\partial}{\partial x^l}\sigma_l^i=\frac{\partial}{\partial t}(\rho u^i)$$

$$\frac{\partial}{\partial x^i}\sigma_j^i=\frac{\partial}{\partial t}(\rho u^i\widetilde{F}_j^i) \tag{5-90}$$

$$e_{ijk}\widetilde{F}_l^j\sigma_k^l=0$$

其中，$e_{ijk}=\begin{cases}1,(i,j,k=123,231,312)\\-1,\text{其他}\end{cases}$为排列符号；$\rho$ 为质量密度；u^i 为速度分量；σ_j^i 为应力分量；$\widetilde{F}_j^i$ 为变形梯度。

它由位移场 U^i 给出，即

$$\widetilde{F}_j^i=\frac{\partial U^i}{\partial x^j}+\delta_j^i \tag{5-91}$$

瞬时变形定义为

$$F_j^i=\frac{\partial u^i}{\partial x^j}+\delta_j^i \tag{5-92}$$

对式(5-90) 的第 3 式($e_{ijk}\widetilde{F}_l^j\sigma_k^l=0$)两边取时间偏导数可以得到下式，即

$$e_{ijk}\left[(F_l^j-\delta_l^j)\sigma_k^l+\widetilde{F}_l^j\frac{\partial}{\partial t}\sigma_k^l\right]=0 \tag{5-93}$$

该方程表明应力、应力速率、变形梯度和瞬时变形是非独立的。对多数工件而言，变形是很小的，因此有近似

$$\widetilde{F}_j^i=\int_0^t\frac{\partial u^i}{\partial x^j}\mathrm{d}t+\delta_j^i\approx\delta_j^i$$

该近似假定了材料的瞬时记忆效应是微小的。

这样，方程(5-93)可以改写成

$$e_{ijk}\left[(F_l^j-\delta_l^j)\sigma_k^l+\frac{\partial}{\partial t}\sigma_k^j\right]=0 \tag{5-94}$$

该方程是一个关于应力速率的非线性方程，表明应力速率不是简单地由瞬时变形决定，还取决于应力场(含静态场)本身。

由于工件疲劳破坏的内在原因是动态变形引起的非对称应力造成的局部整旋，为突出这种特征，引入对称应力 $\tilde{\sigma}_j^i$ 和反对称应力 t_j^i，即

$$\tilde{\sigma}_j^i=\frac{1}{2}(\sigma_j^i+\sigma_i^j)$$

$$t_j^i=\frac{1}{2}(\sigma_j^i-\sigma_i^j) \tag{5-95}$$

则运动方程可以重写为

$$\frac{\partial}{\partial x^l}\sigma_l^i=\frac{\partial}{\partial t}(\rho u^i)$$

$$\frac{\partial}{\partial x^i}t^i_j=\frac{1}{2}(\rho u^i)(F^i_j-\delta^i_j) \tag{5-96}$$

$$\frac{\partial}{\partial t}t^j_k=-[(F^j_l-F^l_j)\tilde{\sigma}^l_k+(F^j_l+F^l_j)t^l_k]$$

在经典的理论中,工件的应力状况是由方程第一式在给定边界条件和初始条件计算的。方程第二式和第三式对应于疲劳破坏解,这个方程肯定了反对称应力的存在。假定工况已经为已知,也就是说解已知,即假定方程前两式及定解条件已近似得到满足。因此,下面只研究方程的第三式,因为它给出了一个反对称应力的时变演化方程。这就是局部转动角的时变演化方程。

对于 $F^i_j=S^i_j+R^i_j$,方程的第三式可重写如下。对给定工况(F^i_j 为已知量,微小变形),反对称应力时变演化方程可以近似为

$$\frac{\partial}{\partial t}t^j_k=-2L^j_l\sin\Theta\cdot\tilde{\sigma}^l_k-2S^j_lt^l_k \tag{5-97}$$

注意到,其场源项是$(F^j_l-F^l_j)\tilde{\sigma}^l_k\approx 2L^j_l\sin\Theta\cdot\tilde{\sigma}^l_k$,物理上可以解释为瞬时局部转动对应的变形能变化张量(弯曲能流速率)。其时变速率因子是项 $F^j_l+F^l_j\approx 2S^j_l$,也就是经典伸张格林应变,因此经典应变和弯曲变形能的变化共同决定了工件的寿命。

5.4.2 对称瞬时变形下的疲劳破坏寿命解

对称瞬时变形指的是变形速率满足条件,即

$$\left|\frac{\partial u^i}{\partial x^j}-\frac{\partial u^j}{\partial x^i}\right|\ll\left|\frac{\partial u^i}{\partial x^j}+\frac{\partial u^j}{\partial x^i}\right| \tag{5-98}$$

此时,按经典理论,应变速率为

$$S^i_j\approx\frac{1}{2}\left(\frac{\partial u^i}{\partial x^j}+\frac{\partial u^j}{\partial x^i}\right) \tag{5-99}$$

在以上记号下,由式(5-96)得到描述疲劳破坏的方程,即

$$\frac{\partial}{\partial x^i}t^i_j=\frac{1}{2}\rho u^iS^i_j$$

$$\frac{\partial}{\partial t}t^j_k=-S^j_lt^l_k \tag{5-100}$$

利用陈 S+R 分解公式,有

$$t^i_j=2\mu\sin\Theta\cdot L^i_j \tag{5-101}$$

由于疲劳破坏是一种长期的叠加效应,因此可假定局部转动方位不变。虽然

就瞬时而言，局部转动微小，但是其累积效果则不是微小的。因此，可直接写出。方程(5-102)可以写成局部平均转动的形式，即

$$\frac{\partial}{\partial t}(\sin\Theta)\cdot L_k^i=-S_l^i L_k^l\cdot\sin\Theta \tag{5-102}$$

不失一般性，假定转动轴是 x^3 轴，则

$$L_j^i=\begin{bmatrix}0 & 1 & 0\\ -1 & 0 & 0\\ 0 & 0 & 0\end{bmatrix} \tag{5-103}$$

式(5-102)可以进一步简化为

$$\frac{\partial}{\partial t}(\sin\Theta)=-S_1^1\cdot\sin\Theta$$

$$\frac{\partial}{\partial t}(\sin\Theta)=-S_2^2\cdot\sin\Theta \tag{5-104}$$

它们表明，只有转动平面上的应变速率对 Θ 有贡献。关于 x^3 轴的对称性要求有 $S_1^1=S_2^2$。方程(5-100)第一式表现疲劳破坏的空间分布规律，第二式表现疲劳破坏的时间分布规律。下面，考察方程(5-104)在工件不同工作方式下的疲劳破坏。

1. 平均应变速率的寿命公式

考察方程(5-104)在静态工件加载卸载的瞬间情况。加载时的时间定义为零点时间，则对这种工况，平均应变速率(假定为正)为

$$S_1^1(t)\approx\overline{S} \tag{5-105}$$

加载卸载时的典型反对称应力为

$$t_2^1(0)=\mu\left(\frac{\partial U^1(0)}{\partial x^2}-\frac{\partial U^2(0)}{\partial x^1}\right)=2\mu\sin[\Theta(0)]\cdot L_2^1 \tag{5-106}$$

这两个量均为已知。

方程(5-104)的时变瞬时解为

$$\sin\Theta(t)=\sin[\Theta(0)]\cdot\exp(-\overline{S}t)=\frac{t_2^1(0)}{2\mu}\cdot\exp(-\overline{S}t) \tag{5-107}$$

在时间 T 内，它对平均局部转动的静态贡献量为

$$\Delta\sin\Theta=\int_0^T\frac{t_2^1(0)}{2\mu}\cdot\exp(-\overline{S}t)\mathrm{d}T=\frac{t_2^1(0)}{2\mu\overline{S}}[1-\exp(-\overline{S}T)] \tag{5-108}$$

也就是说，其累积效果是等价于出现静态的局部转动。依照现有的经典疲劳断裂解释，$t_2^1(0)\neq0$ 的空间位置被看成是材料的初始缺陷位置。随着长期的加载，缺陷被放大，形成疲劳纹，并最终发展为断裂。

由于反对称应变远小于对称应变，因此有

$$\left|\frac{t_2^1(0)}{\mu\bar{S}}\right|=\left|\frac{1}{K}\right|\ll 1$$

每次典型加卸载产生的局部整旋角增量为

$$\Delta\Theta=\arcsin\left\{\frac{t_2^1(0)}{2\mu\bar{S}}[1-\exp(-\bar{S}T)]\right\}\approx\frac{t_2^1(0)}{2\mu\bar{S}}[1-\exp(-\bar{S}T)] \quad (5\text{-}109)$$

其中,T 为一次加载卸载的平均延续时间,由材料特性及工件特性决定。

对于局部最大整旋角为 Θ_C 的材料,用最大加卸载次数表达的寿命为

$$N=\frac{\Theta_C}{\Delta\Theta}\approx\frac{2\mu\bar{S}}{t_2^1(0)}\cdot\frac{\Theta_C}{1-\exp(-\bar{S}T)}=K\cdot\frac{2\mu\Theta_C}{1-\exp(-\bar{S}T)} \quad (5\text{-}110)$$

其中,K 是由工作特性决定的,表现加卸载时转动面上主应变速率与反对称应变的比。

由于主应变速率可由 P 波波幅测定,反对称应变可由 S 波脉冲峰的幅值测定,因此 K 是可原位测定的。对于疲劳断裂的早期在线诊断而言,这是有技术开发价值的。

作为一个量级估计,假如工作特性 K 典型值可达10^3,而 $\bar{S}$ 的典型值为10^{-3},假定 T 的典型值为数秒(即10^1),$\Theta_C\approx\frac{\pi}{3}$,则有 $N\approx10^5$。事实上,对大多数工件,$|\bar{S}T\ll 1|$,因此有

$$N=\frac{\Theta_C}{\Delta\Theta}\approx\frac{2\mu\bar{S}}{t_2^1(0)}\cdot\frac{\Theta_C}{\bar{S}T}=\frac{2\mu\Theta_C}{T\cdot t_2^1(0)} \quad (5\text{-}111)$$

由上式,提高寿命的方法为减小加卸载时的反对称应力;对给定的对称应变速率值,增大工作特性 K 值;对给定的工作特性 K 值,降低加卸载时的对称应变速率值。后两个要求是自相矛盾的,这表明疲劳破坏的客观性。

2. 时变应变速率的寿命公式

考察方程(5-104)在动态工件加载的瞬间情况,加载时的时间定义为零点时间,则对这种工况,时变应变速率为

$$S_1^1(t)=\bar{S}\cdot\exp(-\beta t) \quad (5\text{-}112)$$

其中,β 为材料的记忆时间参数。

加载时的典型反对称应力仍为式(5-106)。

方程(5-104)的解为

$$\sin\Theta(t)=\frac{t_2^1(0)}{2\mu}\cdot\exp\left\{-\frac{\bar{S}}{\beta}[1-\exp(-\beta t)]\right\} \quad (5\text{-}113)$$

对动态工件的材料,一般的 β 值较大,工件很快就正常运行,因此一次正常运行产生的局部整旋角增量为

$$\Delta\Theta(t)=\arcsin\left[\frac{t_2^1(0)}{2\mu}\cdot\exp\left(-\frac{\overline{S}}{\beta}\right)\right]\approx\frac{t_2^1(0)}{2\mu}\cdot\exp\left(-\frac{\overline{S}}{\beta}\right) \tag{5-114}$$

对于局部最大整旋角为 Θ_C 的材料，用正常运行次数表达的寿命为

$$N=\frac{\Theta_C}{\Delta\Theta}=\frac{2\mu\Theta_C}{t_2^1(0)}\exp\left(\frac{\overline{S}}{\beta}\right) \tag{5-115}$$

由上式，提高寿命的方法包括减小加卸载时的反对称应力；增大 $\overline{S}/\beta$ 值；增大 β 值。疲劳破坏的客观性表现为后两个要求是自相矛盾的。

3. 简谐应变速率的寿命公式

考察方程(5-104)动态工件在简谐应变速率下的情况，用 ω 表示工作的角频率，则应变速率为

$$S_1^1(t)=\overline{S}\sin(\omega t) \tag{5-116}$$

则方程(5-104)的解为

$$\sin\Theta(t)=\sin\Theta(0)\cdot\left\{1-\exp\left[\frac{\overline{S}}{\omega}\cos(\omega t)\right]\right\} \tag{5-117}$$

一个周期 $T=\dfrac{2\pi}{\omega}$ 产生的局部整旋角增量为

$$\Delta\Theta(T)=\arcsin\left[\sin\Theta(0)\cdot\exp\left(\frac{\overline{S}}{\omega}\right)\right]-\Theta(0)\approx\arcsin\left[\sin\Theta(0)\cdot\left(\frac{\overline{S}}{\omega}\right)\right] \tag{5-118}$$

假如 $|\overline{S}/\omega|\ll 1$，也就是说应变远小于频率(工程上基本如此)，则有

$$\Delta\Theta(T)\approx\sin\Theta(0)\cdot\left(\frac{\overline{S}}{\omega}\right) \tag{5-119}$$

对于局部最大整旋角为 Θ_C 的材料，用周期数表达的寿命为

$$N=\frac{\Theta_C}{\Delta\Theta(T)}=\frac{\Theta_C}{\sin\Theta(0)}\cdot\frac{\omega}{\overline{S}}=\frac{\Theta_C}{\sin\Theta(0)}\cdot\frac{2\pi}{\overline{S}T} \tag{5-120}$$

因此，得到用时间长度表达的寿命为

$$D=NT=\frac{\Theta_C}{\sin\Theta(0)}\cdot\frac{2\pi}{\overline{S}}=\frac{2\mu\Theta_C}{t_2^1(0)}\cdot\frac{2\pi}{\overline{S}} \tag{5-121}$$

事实上，应变速率幅度可写为频率与应变幅度 S_0 的积，即 $\overline{S}=\omega S_0$。因此，上式可以写为用频率与应变幅度表达的时间长度寿命，即

$$D=\frac{2\mu\Theta_C}{t_2^1(0)}\cdot\frac{2\pi}{S_0\cdot\omega} \tag{5-122}$$

由上式，提高寿命的方法包括减小加卸载时的反对称应力；减小应变幅度 S_0；降低简谐频率。疲劳破坏的客观性表现为后两个要求是常与对工件的工作要求矛

盾的。

总结以上结果，对以对称瞬时变形为主的工件，提高寿命的根本方法是减小加卸载时和工作期间的反对称应力。另外，就这类疲劳破坏的方程(5-104)而言，它们是应变循环驱动的，因此可称为应变疲劳破坏。

5.4.3 反对称瞬时变形下的疲劳破坏寿命解

反对称瞬时变形指的是满足下方程的变形，即

$$\left|\frac{\partial u^i}{\partial x^j}-\frac{\partial u^j}{\partial x^i}\right| \gg \left|\frac{\partial u^i}{\partial x^j}+\frac{\partial u^j}{\partial x^i}\right| \tag{5-123}$$

对反对称瞬时变形，利用陈 S+R 分解的推广形式[12]有下式，即

$$\frac{\partial u^i}{\partial x^j}+\delta^i_j=\frac{1}{\cos\theta}\widetilde{R}^i_j \tag{5-124}$$

其中

$$\widetilde{R}^i_j=\delta^i_j+\sin\theta\cdot\widetilde{L}^i_j+(1-\cos\theta)\widetilde{L}^i_k\widetilde{L}^k_j$$

$$\widetilde{L}^i_j=\frac{\cos\theta}{2\sin\theta}\left(\frac{\partial u^i}{\partial x^j}-\frac{\partial u^j}{\partial x^i}\right) \tag{5-125}$$

$$(\cos\theta)^{-2}=1+\frac{1}{4}\left[\left(\frac{\partial u^1}{\partial x^2}-\frac{\partial u^2}{\partial x^1}\right)^2+\left(\frac{\partial u^2}{\partial x^3}-\frac{\partial u^3}{\partial x^2}\right)^2+\left(\frac{\partial u^3}{\partial x^1}-\frac{\partial u^1}{\partial x^3}\right)^2\right]$$

式(5-96)的第三式成为

$$\frac{\partial}{\partial t}t^i_k=-\frac{2}{\cos\theta}\left[\sin\theta\cdot\widetilde{L}^i_l\tilde{\sigma}^l_k+t^i_k+(1-\cos\theta)\cdot\widetilde{L}^i_m\widetilde{L}^m_l t^l_k\right] \tag{5-126}$$

不失一般性，假定转动轴是 x^3 轴，则

$$\widetilde{L}^i_j=\begin{bmatrix}0 & 1 & 0\\ -1 & 0 & 0\\ 0 & 0 & 0\end{bmatrix} \tag{5-127}$$

此时，只有一个独立的非零反对称应力速率分量 $t^1_2=-t^2_1$，疲劳破坏方程(5-126)为

$$\frac{\partial}{\partial t}t^1_2=-2\tan\theta\cdot\tilde{\sigma}^2_2-\frac{2}{\cos\theta}t^1_2$$

$$\frac{\partial}{\partial t}t^2_1=2\tan\theta\cdot\tilde{\sigma}^1_1-\frac{2}{\cos\theta}\cdot t^2_1 \tag{5-128}$$

应当指出，对称应力 $\tilde{\sigma}^i_j$ 和反对称应力 t^i_j 是由工件的运动方程和边值初值条件决定的。

可以看出，方程(5-128)的协调性要求有条件

$$\tilde{\sigma}^1_1=\tilde{\sigma}^2_2=\bar{\sigma} \tag{5-129}$$

也就是说，在局部转动平面上对称应力是各向同性的。

另外，对反对称应力 t_2^1，有

$$t_2^1=2\mu\frac{\sin\theta}{\cos\theta} \tag{5-130}$$

因此，描述疲劳破坏的方程可以归结为

$$\frac{\partial}{\partial t}(\tan\theta)=-\left(\frac{\bar{\sigma}}{\mu}+\frac{2}{\cos\theta}\right)\tan\theta \tag{5-131}$$

其线性化的时变瞬时近似解为

$$\tan\theta(t)=\tan\theta_0\cdot\exp\left[-\left(\frac{\bar{\sigma}}{\mu}+\frac{2}{\cos\theta_0}\right)t\right] \tag{5-132}$$

其中，$\tan\theta_0$ 取决于静态工况，由下式决定，即

$$t_2^1(0)=\mu\left(\frac{\partial U^1(0)}{\partial x^2}-\frac{\partial U^2(0)}{\partial x^1}\right)=2\mu\tan\theta_0 \tag{5-133}$$

由于转动平面上的对称主应变很小，即 $\left|\frac{\bar{\sigma}}{\mu}\right|\ll 1$，因此有如下近似，即

$$\tan\theta(t)\approx\tan\theta_0\cdot\exp\left[-\left(\frac{\bar{\sigma}}{\mu}\right)t\right] \tag{5-134}$$

因此对瞬变持续时间为 T 的过程，T 为一次加载卸载的平均瞬变延续时间（由材料特性及工件特性决定），局部整旋角增量为

$$\Delta\theta=\arctan\left\{\tan\theta_0\cdot\frac{\mu}{\bar{\sigma}}\left[1-\exp\left(-\frac{\bar{\sigma}}{\mu}T\right)\right]\right\} \tag{5-135}$$

利用式(5-133)可以写为

$$\Delta\theta=\arctan\left\{\frac{t_2^1(0)}{2\bar{\sigma}}\cdot\left[1-\exp\left(-\frac{\bar{\sigma}}{\mu}T\right)\right]\right\}\approx\frac{t_2^1(0)}{2\bar{\sigma}}\cdot\left[1-\exp\left(-\frac{\bar{\sigma}}{\mu}T\right)\right] \tag{5-136}$$

对于局部最大整旋角为 θ_C 的材料，用瞬变持续时间的个数（加载卸载次数）表达的寿命为

$$M=\frac{2\bar{\sigma}\theta_C}{t_2^1(0)\left[1-\exp\left(-\frac{\bar{\sigma}}{\mu}T\right)\right]}\approx\frac{2\mu\theta_C}{t_2^1(0)\cdot T} \tag{5-137}$$

由上式，提高寿命的方法包括减小加卸载时的反对称应力；减小瞬变持续时间。另外，就这类疲劳破坏的方程而言，它们是应力驱动的，因此可称为应力疲劳破坏。

总结本节结果，对以反对称瞬时变形为主的工件，提高寿命的根本方法是减小加卸载时和工作期间的反对称应力。

应变疲劳破坏是由对称应变速率引起的；应力疲劳破坏是由反对称应变速率引起的。提高寿命的根本方法是减小加卸载时和工作期间的反对称应力。对已知材料和工况参数的工件，反对称应力（应变）瞬变可借助 S 波测量进行定量估计，

瞬变持续时间和对称应力(应变)瞬变可用 P 波测量进行定量估计,这样工件的寿命就可以用计算方法得到。

关于疲劳破坏的空间分布规律是下一步的研究工作。在这些基础性理论工作完成后,就可以开展断口反演问题的研究。正演是反演问题的基础和前提。

5.5 疲劳的非线性力学理论

在经典断裂力学中,断裂的原因往往归结为局部应力集中,但是经典的应力平衡方程本身并不支持这点。因此,表现为理论与现实的脱钩。在半个世纪前,非线性力学理论坚信,应力集中现象应能由非线性力学的平衡方程来得到说明[54],但是系统性的研究成果还是有待进一步研究的。理性力学也属于非线性力学的一个部分,坚信之所以无法解释应力集中现象的基本原因是应变概念,以及基于精确几何描述的运动方程。

下面假定变形能流方程自动得到满足,而单纯研究非线性运动方程本身产生的疲劳断裂机制。

取初始拖带坐标系为标准直角系(x^1,x^2,x^3),对于混合应变,其位移场表达方式为

$$\varepsilon_j^i=\frac{\partial \boldsymbol{u}^i}{\partial x^j} \tag{5-138}$$

其中,u^i 为位移场。

相应的应力定义为

$$\sigma_i^j=(\lambda\delta_i^j\delta_k^l+2\mu\delta_i^l\delta_k^j)\varepsilon_l^k \tag{5-139}$$

则用应变给出的非线性运动方程组[46]为

$$\left(\lambda\frac{\partial\varepsilon_m^m}{\partial x^i}+2\mu\frac{\partial\varepsilon_j^i}{\partial x^j}\right)-\left(\lambda\varepsilon_m^m\frac{\partial\varepsilon_j^i}{\partial x^j}+2\mu\varepsilon_n^i\frac{\partial\varepsilon_j^n}{\partial x^j}\right)=f^i$$

$$\left(\lambda\frac{\partial\varepsilon_m^m}{\partial x^i}+2\mu\frac{\partial\varepsilon_i^j}{\partial x^j}\right)-\left(\lambda\varepsilon_m^m\frac{\partial\varepsilon_i^j}{\partial x^j}+2\mu\varepsilon_n^j\frac{\partial\varepsilon_i^n}{\partial x^j}\right)=f^i+f^j\varepsilon_i^j \tag{5-140}$$

如果引入格林对称应变和 Stokes 反对称应变,即

$$\varepsilon_{ij}=\frac{1}{2}(\varepsilon_j^i+\varepsilon_i^j),\quad \omega_{ij}=\frac{1}{2}(\varepsilon_j^i-\varepsilon_i^j) \tag{5-141}$$

将式(5-140)的两式相加和两式相减,则相应的非线性方程组为

$$\left[\lambda\frac{\partial\varepsilon_{mm}}{\partial x^i}+2\mu\frac{\partial\varepsilon_{ij}}{\partial x^j}\right]-\left[\lambda\varepsilon_{mm}\frac{\partial\varepsilon_{ij}}{\partial x^j}+\mu\frac{\partial(\varepsilon_n^j\varepsilon_i^n)}{\partial x^j}\right]=f^i+\frac{1}{2}f^j\varepsilon_i^j$$

$$2\mu\frac{\partial\omega_{ij}}{\partial x^j}-\left[\lambda\varepsilon_{mm}\frac{\partial\omega_{ij}}{\partial x^j}+2\mu\left(\varepsilon_n^i\frac{\partial\varepsilon_j^n}{\partial x^j}-\varepsilon_n^j\frac{\partial\varepsilon_i^n}{\partial x^j}\right)\right]=-f^j\varepsilon_i^j \tag{5-142}$$

研究疲劳断裂机制就是研究非线性项在大应力或在大应变条件下的效应。如果将上面的方程线性化，就得到经典的线性运动方程，也就是只能借助引入扰动项来解释疲劳断裂机制，在已有的研究中，多数是取局部的材料缺陷以隐含的方式引入一个空间扰动项[55]。由于这两个方程组是耦合在一起的，这个方程在疲劳断裂论题上并不好使用。

5.5.1 用陈 S+R 和分解表出的疲劳运动方程

对变形张量做陈-Stokes S+R 和分解，即

$$F_i^j = S_i^j + R_i^j = \delta_i^j + \varepsilon_i^j$$

其中，R_j^i 为单位正交转动张量；S_j^i 为对称内在伸张张量。

它们均可由位移梯度显式给出，为简洁起见，这里不加罗列，据此可以研究两种典型的变形。

1. 无 Stokes 应变的经典变形

对于变形 $F_i^j = S_i^j + R_i^j \approx S_i^j + \delta_i^j$，此时 $S_j^i = \varepsilon_{ij}$，退化为经典的格林应变。运动方程(5-142)退化为一个方程，即

$$\left(\lambda \frac{\partial S_m^m}{\partial x^i} + 2\mu \frac{\partial S_i^j}{\partial x^j}\right) - \left[\lambda S_m^m \frac{\partial S_i^j}{\partial x^j} + 2\mu \frac{\partial (S_n^j S_i^n)}{\partial x^j}\right] = f^i + \frac{1}{2} f^j S_i^j \tag{5-143}$$

对板壳问题，这个方程等价于 von Karman 的板壳大挠度运动方程。von Karman 的板壳大挠度运动方程给出宏观的变形解，但是不给出疲劳机制解[54]。

进一步简化该方程。引入对称应力 σ_{ij}^0 解，由下式定义为

$$\frac{\partial \sigma_{ij}^0}{\partial x^j} = \left(\lambda \frac{\partial S_m^m}{\partial x^i} + 2\mu \frac{\partial S_i^j}{\partial x^j}\right) - \left[\lambda S_m^m \frac{\partial S_i^j}{\partial x^j} + 2\mu \frac{\partial (S_n^j S_i^n)}{\partial x^j}\right] \tag{5-144}$$

就有

$$\frac{\partial \sigma_{ij}^0}{\partial x^j} \approx f^i \tag{5-145}$$

在工程中，称 σ_{ij}^0 为等效应力，因为它满足经典力学的应力平衡方程。如果把上方程作为前提条件，则方程(5-144)就会给出一个非线性的应力应变关系，这是非线性力学中广为熟悉的路线，应力定义应包括应变梯度效应或变形能梯度效应。由这条路线得到的应力应变关系，即本构方程，是非线性的。它把疲劳现象的根本原因归结为应变梯度效应或变形能梯度效应所带来的后果是本构方程的随意性和复杂性(称为几何非线性)。

方程(5-145)是工件设计用的基本方程。在疲劳断裂问题中，可以认为应力场 σ_{ij}^0 是已知的。理性力学区别于此的是物性参数本身是不变的，因为物质本身并没有发生质的变化。疲劳断裂在宏观上归结为非线性运动方程本身的解。

2. 纯粹局部转动的运动方程

把 S_j^i 变形对应的应力定义为起始应力 σ_{ij}^0，S+R 和分解在消去内在伸张后，就等同于变形 $F_j^i=R_j^i$，注意到 $R_i^j=\delta_i^j+\sin\Theta\cdot L_i^j+(1-\cos\Theta)L_k^jL_i^k$，$\omega_{ji}=\sin\Theta\cdot L_i^j$。对微小的局部转动，$F_j^i=R_j^i(\Theta)$，$S_j^i=0$，此时 $\varepsilon_{ij}=(1-\cos\Theta)L_k^jL_i^k$。因此，运动方程(5-140)退化为

$$2\mu\frac{\partial(\sin\Theta\cdot L_j^i)}{\partial x^j}=-\frac{1}{2}f^j[\sin\Theta\cdot L_i^j+(1-\cos\Theta)L_l^jL_i^l]$$

$$\lambda\frac{\partial\varepsilon_{ll}}{\partial x^i}+2\mu\frac{\partial\varepsilon_{ij}}{\partial x^j}=f^i+\frac{1}{2}f^j(\sin\Theta\cdot L_i^j) \tag{5-146}$$

在疲劳断裂实验中[55]，往往是产生一个时变空变的振动应力来等效于工作环境，也就是说疲劳振动实验的典型运动方程就是上式。

事实上，由于 $\sin\Theta$ 最大也只不过是与 ε_{ij} 是一个数量级的，对小变形，与 $\sin\Theta\approx\Theta$ 相比，$(1-\cos\Theta)\approx\frac{1}{2}\Theta^2$ 为高阶小量，从而一般的变形 $F_j^i=S_j^i+R_j^i$ 可以看成是一个经典的变形加上一个局部转动的疲劳损伤性变形。

5.5.2 单向动载疲劳断裂实验的理论解

疲劳属于动态变形产生的特有现象，因此惯性力不为零。对典型的长条状样品的实验，一般的加动载方式是 ε_{33} 或 σ_{33} 为加载分量，而其他分量近似为零。不失一般性，对实验样品的简单单向拉压动载荷试验，取转动方位张量的分量为 $L_1^3=-L_3^1=1$，其他分量为零。此时，$\varepsilon_{ll}=-2(1-\cos\Theta)$，$\varepsilon_{11}=-(1-\cos\Theta)$，$\varepsilon_{33}=-(1-\cos\Theta)$，其他格林应变分量为零。方程(5-146)简化为如下简单形式，即

$$\begin{aligned}2\mu\frac{\partial\sin\Theta}{\partial x^1}&=\frac{1}{2}\tilde{f}^3(1-\cos\Theta)\\-2\mu\frac{\partial\sin\Theta}{\partial x^3}&=-\frac{1}{2}\tilde{f}^3\sin\Theta\\2\mu\frac{\partial\cos\Theta}{\partial x^1}&=\frac{1}{2}\tilde{f}^3\sin\Theta\\2(\lambda+\mu)\frac{\partial\cos\Theta}{\partial x^3}&=\frac{1}{2}\tilde{f}^3\end{aligned} \tag{5-147}$$

在上面的方程中，体力项 f^3 来源于式(5-145)。在线性近似时有 $\left(\lambda\frac{\partial S_m^m}{\partial x^i}+2\mu\frac{\partial S_i^j}{\partial x^j}\right)=0$，但是由于非线性效应，等效加载应力 σ_{33}^0 是关于应变非线性的，因此有

$$\frac{\partial\sigma_{ij}^0}{\partial x^j}=-\left[\lambda S_m^m\frac{\partial S_i^j}{\partial x^j}+2\mu\frac{\partial(S_n^jS_i^n)}{\partial x^j}\right]=\tilde{f}^i\neq 0 \tag{5-148}$$

对单向动载疲劳实验,可以近似的取

$$\frac{\partial\sigma_{33}^0}{\partial x^3}\approx\tilde{f}^3 \tag{5-149}$$

也就是说,非线性效应是疲劳断裂现象的惯性力来源。

为了得到一个理论上的近似解,假定 Θ 非常小,舍弃 $1-\cos\Theta$ 和 $\cos\Theta$ 的偏导数项所对应的高阶小项,式(5-147)可以简化为

$$-2\mu\frac{\partial\sin\Theta}{\partial x^3}=-\frac{1}{2}\tilde{f}^3\sin\Theta \tag{5-150}$$

其形式解为

$$\sin\Theta=A\cdot\exp\left(\frac{1}{4\mu}\int\tilde{f}^3\,\mathrm{d}x^3\right) \tag{5-151}$$

其中,A 为待定的任意常函数,表达材料的初始属性(在实验中常用人为办法产生初始损伤)。

下面对两种加载方式分别讨论它们的疲劳断裂解。

对于周期性单向应力加载,即

$$\sigma_{33}(x^3,t)=\sigma_{33}^0\cdot\cos(k_3x^3)\,|\sin(\omega t)| \tag{5-152}$$

其中,k_3 为波数矢量分量,由驻波方程解决定;ω 为角频率;σ_{33}^0 为常数。

振动方程给出的关系方程为 $k_3=\dfrac{\omega}{V_p}$,$V_p=\sqrt{\dfrac{\lambda+2\mu}{\rho}}$为样品介质的 P 波速度。由$\dfrac{\partial\sigma_{33}^0}{\partial x^3}\approx f^3$,可以得到惯性力的一般形式,即

$$f^3(x,t)=-\sigma_{33}^0\cdot k_3\sin(k_3x^3)\,|\sin(\omega t)| \tag{5-153}$$

对于周期性单向应变加载,即

$$\varepsilon_{33}(x^3,t)=\varepsilon_{33}^0\cdot\sin(k_3x^3)\,|\sin(\omega t)| \tag{5-154}$$

有

$$f^3(x^3,t)=\frac{\rho\omega^2}{k_3}\varepsilon_{33}^0\cdot\cos(k_3x^3)\,|\sin(\omega t)| \tag{5-155}$$

其中,ρ 为材料质量密度,式中利用了 $u_0^i(x)=\int_{x_0}^{x}\varepsilon_{ij}^0(x)\,\mathrm{d}x^j$ 位移场应变关系方程。

(1) 周期性应力加载的解

对周期性应力加载,在样品内部,式(5-151)和式(5-155)给出的形式解为

$$\sin\Theta(x^3,t)=A\cdot\exp\left\{\frac{\sigma_{33}^0}{4\mu}\cos\left(\frac{\omega}{V_p}x^3\right)\cdot|\sin(\omega t)|\right\} \tag{5-156}$$

非零的 Stokes 应变(也叫分解切应变[55])为 $\omega_{31}=\sin\Theta\cdot L_1^3$。也就是说,一个单向的拉或压外力会在样品内部产生不可逆的局部转动(Stokes 应变),形成分解切应变(滑移、位错、结晶方向改变等微观现象)。

在时间$(0,T)$内累积的局部转动角为

$$\Omega(x^3,T)=\int_0^T\arcsin\left\{A\cdot\exp\left\{\frac{\sigma_{33}^0}{4\mu}\cos\left(\frac{\omega}{V_p}x^3\right)\cdot|\sin(\omega t)|\right\}\right\}\cdot\mathrm{d}T \tag{5-157}$$

在它达到某个值时,材料断裂。这样就在理论上解答了周期应力载荷下疲劳断裂的基本原因,它给出了材料的寿命(T)估计。对于$\frac{\sigma_{33}^0}{4\mu}\ll 1$,其线性近似为

$$\Omega(x^3,T)\approx A\cdot T\left\{1+\frac{\sigma_{33}^0\omega}{2\pi\mu}\cos\left(\frac{\omega}{V_p}x^3\right)\right\} \tag{5-158}$$

其中,利用$\int_0^T|\sin(\omega t)|\mathrm{d}T=\frac{2T\omega}{\pi}$。

对正整数 n,在 $\frac{\omega}{V_p}x^3=(2n+1)\pi$ 处,累积的局部转动角最小$\left(A\cdot T\left\{1-\frac{\sigma_{33}^0\omega}{2\pi\mu}\right\}\right)$;在$\frac{\omega}{V_p}x^3=2n\pi$ 处,累积的局部转动角最大$\left(A\cdot T\left\{1+\frac{\sigma_{33}^0\omega}{2\pi\mu}\right\}\right)$。就微观几何来讲,两者间的差异是决定结晶面定向破坏的主要因素,它造成结晶线的弯曲,这种弯曲可以用下面的曲率因子(正负峰峰局部转动角差值除于正负峰间的几何距离$=\frac{\pi V_p}{\omega}$)来度量,即

$$\Delta\Omega=\frac{\sigma_{33}^0\omega^2}{\pi^2V_p\mu}A\cdot T \tag{5-159}$$

当结晶线的曲率达到某个临界值时,结晶线断裂。上式表明,高频高应力易于产生疲劳断裂。当 $\Delta\Omega$ 大于或等于材料容许的临界值时,发生疲劳断裂,因此容许的最大 $\Delta\Omega$ 是材料的物性参数。在经验上,A 是材料的特性参数,上式表明它是局部转动角的时间增长速率因子,与加载量一起,决定了材料的寿命,可以由实验得到。

对于给定材料特性 $\Delta\Omega$,寿命 T 的近似理论表达为

$$T=\frac{\pi^2V_p\mu\Delta\Omega}{A}\cdot\frac{1}{\sigma_{33}^0\omega^2} \tag{5-160}$$

在疲劳断裂实验中,一般称 $\sigma_{33}^0\omega=\dot{\sigma}_{33}^0$ 为应力速率,而 $\sigma_{33}^0\omega^2=\dot{\sigma}_{33}^0\omega$ 可以称为应力加速率。这样上式就解释为材料寿命 T 与应力加速率(应力速率和频率的积)成反比。

(2) 周期性应变加载的解

对周期性应变加载,在样品内部,式(5-151)和式(5-155)给出的形式解为

$$\sin\Theta = A \cdot \exp\left[\frac{\rho V_p^2 \varepsilon_{33}^0}{4\mu}\sin\left(\frac{\omega}{V_p}x^3\right) \cdot |\sin(\omega t)|\right] \tag{5-161}$$

对于$\dfrac{\rho V_p^2 \varepsilon_{33}^0}{4\mu} \ll 1$ 的情形,有线性近似,即

$$\sin\Theta = A \cdot \left[1 + \frac{\rho V_p^2 \varepsilon_{33}^0}{4\mu}\sin\left(\frac{\omega}{V_p}x^3\right) \cdot |\sin(\omega t)|\right] \tag{5-162}$$

而时间$(0,T)$内累积的局部转动角为

$$\Omega = \int_0^T \arcsin\left\{A \cdot \exp\left[\frac{\rho V_p^2 \varepsilon_{33}^0}{4\mu}\sin\left(\frac{\omega}{V_p}x^3\right) \cdot |\sin(\omega t)|\right]\right\} \cdot \mathrm{d}T \tag{5-167}$$

在它达到某个值时,材料断裂。这样就在理论上解答了周期性应变载荷下疲劳断裂的基本原因。它给出了材料的寿命(T)估计,其线性近似为

$$\Omega \approx AT \cdot \left[1 + \frac{\rho V_p^2 \varepsilon_{33}^0 \omega}{2\pi\mu}\sin\left(\frac{\omega}{V_p}x^3\right)\right] \tag{5-168}$$

类似于前节,引入的长度方向结晶线局部转动产生的曲率因子为

$$\Delta\Omega \approx AT \cdot \frac{\rho V_p \varepsilon_{33}^0 \omega^2}{\pi^2 \mu} \tag{5-169}$$

当结晶线的曲率达到某个临界值时,结晶线断裂。这表明高频高应变易于产生疲劳断裂。在经验上,A 是材料的特性参数,上式表明它是局部转动角的时间增长速率因子,与初始损伤一起,决定了材料的寿命,可以由实验得到。当 $\Delta\Omega$ 大于或等于材料容许的临界值时,发生疲劳断裂,因此容许的最大 $\Delta\Omega$ 是材料的物性参数。

对于给定材料特性 $\Delta\Omega$,寿命 T 的近似理论表达为

$$T = \frac{\pi^2 \mu \Delta\Omega}{A\rho V_p} \cdot \frac{1}{\varepsilon_{33}^0 \omega^2} \tag{5-170}$$

在疲劳断裂实验中,一般称 $\varepsilon_{33}^0 \omega = \dot{\varepsilon}_{33}^0$ 为应变速率。这样上式就解释为材料寿命 T 与应变加速率(应变速率与频率的积)成反比。

5.5.3　材料寿命的理论公式

物理上,对给定的完全相同的材料,无论是用应力加载解还是其等价的应变加载解,得到的曲率因子应是一样的。式(5-159)和式(5-169)给出协调性条件为

$$\sigma_{33}^0 = \rho V_p^2 \varepsilon_{33}^0 \tag{5-170}$$

这表明,对同一个实验,无论是用应力加载解还是应变加载解,得到的曲率因子是一样的,从而寿命是一样的,只不过是计算公式不同。

在疲劳断裂的低频实验中，寿命被定义为破坏前的单脉冲总的数量 N，对应的时间长度为 $T=\frac{2\pi N}{\omega}$，因此，对于给定的材料有

$$N_\sigma=\left(\frac{\Delta\Omega\cdot\pi V_p\mu}{2A}\right)\cdot\frac{1}{\sigma_{33}^0\omega},\quad \text{应力加载寿命}$$

$$N_\varepsilon=\left(\frac{\Delta\Omega\cdot\pi\mu}{2A\rho V_p}\right)\cdot\frac{1}{\varepsilon_{33}^0\omega},\quad \text{应变加载寿命} \tag{5-171}$$

括号内的值由材料特性决定，从而寿命与载荷幅度和频率的积成反比。这个结论被大量的寿命实验数据所证实，从一个侧面说明疲劳断裂机制是正确的。注意，该公式只不过是线性近似，精确的公式可由精确的积分公式得到。

我们认为，对实际的样品材料，表达材料的初始损伤特性的 A 值有很大的发散性，因此人为地制造损伤(如切口)的办法无助于得到材料的寿命特性，也对揭示疲劳断裂机制没有多大的帮助(只有定性的)。

在工程上，如果知道材料内部的残余应力 $\Delta\sigma_{33}^0$(可由实验曲线得到)，利用下式，即

$$\Delta\sigma_{33}^0=-2(\lambda+\mu)(1-\cos\Theta_0) \tag{5-172}$$

可以得到 A 值的估计值，即

$$A=\sin\Theta_0=\sqrt{1-\left(1-\frac{|\Delta\sigma_{33}^0|}{2(\lambda+\mu)}\right)^2} \tag{5-173}$$

对于结晶面或切口，如果结晶面(或切平面)法向与样品长度方向的夹角为 α，则取偏转方向为 x^1 轴，在结晶面(或切平面)上有 $\sigma_1^3=\sigma_{33}^0\cdot\sin\alpha$，从而有

$$A=\chi\cdot\sin\alpha \tag{5-174}$$

其中，χ 为结晶面(或切口切平面)的面积与样品截面积的比。

在工程上，疲劳断裂实验常常使用应力速率 $\dot{\sigma}_{33}^0=\omega\sigma_{33}^0$ 或应变速率 $\dot{\varepsilon}_{33}^0=\omega\varepsilon_{33}^0$ 作为自变量，寿命作为因变量。由上式看是不正确的，它导致物性参数与频率呈线性关系，从而容易把黏弹性误认为等价于疲劳参数。用黏性参数来评价寿命多少与这种认识有关。

5.5.4 疲劳断裂的反演问题

形式解方程(5-157)和方程(5-167)表明，在疲劳后，累积转动角 Ω 在样品长度方向上会使得结晶线出现弯曲。方程(5-147)表明，Θ 对截面坐标有弱的依赖性。对于多种结晶成分的微观尺度物质构成的宏观尺度的样品，各种结晶成分的结晶线弯曲程度(曲率)是不同的，这种差异性将在断面微观显微相片上表现为疲劳辉纹。

适当的选择某种辉纹，就可以测量其对应的曲率因子，因此由式(5-159)或式(5-169)，在已知材料疲劳断裂特性参数时，估算产生的等效累积曲率。在寿命$\left(N=\dfrac{T\omega}{2\pi}\right)$已知时，估算出加载应力速率幅度($\dot{\sigma}_{33}^{0}$)或加载应变速率幅度($\dot{\varepsilon}_{33}^{0}$)；或者说，在应力速率幅或应变速率幅已知时，估算残余寿命。这对于失效分析是非常重要的。

疲劳断裂的根本原因可以归结为变形运动方程的非线性项的作用，而这种作用可以经由 $F=S+R$ 的变形分解得到局部转动项所满足的运动方程。虽然对单次加载局部转动角所产生的格林应变与格林切应变相比是高阶小量，但是其解的不可逆性所导致的累积局部转动角却是一个随加载时间成大致单调增长的量。这就解释了从经验上得到的疲劳断裂的根本原因，是在外加的应力作用下或是外加的变形作用下材料的物性发生变化。这种物性变化是次级尺度上复杂变形引起的非线性效应，在显微观察下，材料微观变形痕迹被认为是判断疲劳断裂机制的有效手段。

5.6 断口反演分析

对于断裂后的材料目前已能在各种尺度下进行断口变形的形貌描述。这样对断口的定量描述就有了可以利用的实测资料。概念上，材料经受的物理力学过程、最终断裂过程及相关的断裂历史的最后结果就是当前断口的形貌。这样断口的形貌就是材料物理力学过程的变形解。断口分析的问题就是由这一实测变形解求解材料物理力学过程，即求反演解。显然，反演解是非唯一的，依赖于对物理力学过程的假定。对于这一特点已有不少的理论和实践性探讨，但大多数是基于小变形力学理论或晶体微观分析。这一问题的综合性评论请参见文献[38]的工作。

在下面的讨论中，假定有限变形是产生断口形貌的唯一原因。这一假定等价于把断口形貌解释为变形力学方程的解。由于这种变形力学方程的外力驱动量是未知的待求量，因此反演解不能由完整的变形力学方程得到。这样就需要借助已有的经验解或理论解用实测资料进行求反演解。在这个意义下，称之为半经验反演解法。下面用断裂的理论解给出用实测资料计算断裂应力和剩余局部应力的有关公式。对给定的断口变形，断裂应力描述了产生断裂的动态应力峰值，剩余局部应力给出了断裂产生后的等效内应力(塑性应力)。与经典的小变形理论不同，这里使用大变形理论公式描述断裂变形，并用各个增量断裂变形的乘积描述最终的系列断裂作用。

5.6.1　基本理论

按照陈至达理性力学理论[4,5]，在非对称变形的局部转动角超过材料物理上允许的临界转动角时，材料将在转动平面上产生断裂变形[15]。假定转动平面为(x^1,x^2)面，转动轴在x^3方向，则断裂变形的局部变形梯度[13]为

$$F^i_j=\frac{1}{\cos\theta}R^i_j=\begin{bmatrix}1 & \tan\theta & 0\\ -\tan\theta & 1 & 0\\ 0 & 0 & \dfrac{1}{\cos\theta}\end{bmatrix} \tag{5-175}$$

其中，R^i_j为正交单位转动张量。

对原始的均匀各向同性理想弹性材料，对应的断裂应力为

$$\sigma^i_j=(\lambda+2\mu)\left(\frac{1}{\cos\theta}-1\right)\delta^i_j+2\mu\begin{bmatrix}0 & \tan\theta & 0\\ -\tan\theta & 0 & 0\\ 0 & 0 & 0\end{bmatrix} \tag{5-176}$$

在断裂形成后，断裂后的材料将形成静态平衡。对静态平衡，反对称应力消失。剩余的局部应力(维持断裂后材料现状的应力)为各向同性应力，即

$$\bar{\sigma}^i_j=(\lambda+2\mu)\left(\frac{1}{\cos\theta}-1\right)\delta^i_j \tag{5-177}$$

在经典断裂分析中，对式(5-175)变形，仅有应力分量$\sigma_{33}=(\lambda+2\mu)\left(\frac{1}{\cos\theta}-1\right)$，并且被定义为断裂应力。这种认识是普遍的，因此我们强调这种区分，但不加讨论。

在x^3方向上，原单位长度间距的两点间的间距变为$\frac{1}{\cos\theta}$，但因裂面为自由面，从而可以定义断裂面间距(局部断裂宽度)，即

$$D=\Delta X^3=\frac{1}{\cos\theta}-1 \tag{5-178}$$

在(x^1,x^2)断裂面上，局部断裂宽度满足平面调和方程，即

$$\frac{\partial^2(\cos\theta)^{-1}}{(\partial x^1)^2}+\frac{\partial^2(\cos\theta)^{-1}}{(\partial x^2)^2}=0 \tag{5-179}$$

其形式解为

$$D(r)=\frac{1}{\cos\theta}-1=A\cdot\ln\left(\frac{1}{r}\right)+B \tag{5-180}$$

其中，$r=\sqrt{(x^1)^2+(x^2)^2}$；A和B为待定常数。

下面讨论用上式进行反演解的方法。一般地，奇点$r=0$对应于奇点$\theta=\frac{\pi}{2}$，这

是物理上不允许的状况。

5.6.2 断裂应力的计算

为简单扼要，考虑圆对称情况，如已测得 r_0 处的最大断裂宽度 $D(r_0)$ 和 R_0 处的最小断裂宽度 $D(R_0)$，则有

$$D(r)=\frac{1}{\cos\theta}-1=\frac{D(R_0)-D(r_0)}{\ln\left(\frac{r_0}{R_0}\right)}\cdot\ln\left(\frac{\sqrt{r_0R_0}}{r}\right)+\frac{1}{2}[D(r_0)+D(R_0)] \tag{5-181}$$

由上式得到 $\theta(r)$ 后，就可以用式(5-176)计算断裂应力，用式(5-177)计算剩余局部应力。

5.6.3 断裂系列反演解法

一般而言，在断口可以被区分成不同时期形成时，需要分析各个时期的断裂应力。在塑性力学中，这对应于乘积分解。这种分析反演对重建材料的断裂历史是非常重要的。为进行这种分析，用 $D(r_n,T_n)$ 和 $D(R_n,T_n)$ 表示 T_n 时期的断裂情况($n=1,2,\cdots,N$)。对断口的分析可以用显微测量直接得到 r_n, R_n 系列，$D(r_n,T_n)$ 和 $D(R_n,T_n)$ 系列则需要根据对断裂断面的具体分析加以估计。在得到这些系列后，对第 M 次断裂，其对应的断裂宽度为

$$D(r,T_M)=\frac{1}{\cos\theta(T_M)}-1=\frac{D(R_M)-D(r_M)}{\ln\left(\frac{r_M}{R_M}\right)}\cdot\ln\left(\frac{\sqrt{r_MR_M}}{r}\right)+\frac{1}{2}[D(r_M)+D(R_M)] \tag{5-182}$$

利用这些等式可以求得任意第 M 次断裂后的 $\theta(r,T_M)$，可建立局部转动角系列 $\theta(r,T_i)$。

由于断裂是一个连续性过程，相对于初始位形，第 M 次断裂的变形的局部变形梯度[13,56]为

$$F^i_j(0,T_M)=F^k_j(T_M)F^l_k(T_{M-1})\cdots F^i_l(T_1) \tag{5-183}$$

由式(5-175)，第 M 次的增量断裂可用局部转动增量角 $\Delta\theta(T_M)$ 表示，则上式可写成为

$$F^i_j[\theta(T_M)]=F^k_j[\Delta\theta(T_M)]F^l_k[\Delta\theta(T_{M-1})]\cdots F^i_l[\Delta\theta(T_1)] \tag{5-184}$$

对第 M 次断裂，其参考位形是第 $M-1$ 次断裂。对第 $M-1$ 次断裂后的位形，度规张量为

$$g_{ij}(T_{M-1})=\left[\frac{1}{\cos\theta(T_{M-1})}\right]^2\delta_{ij} \tag{5-185}$$

因此,第 M 次断裂的物理断裂应力为

$$\sigma_j^i(T_M)=\left\{(\lambda+2\mu)\left[\frac{1}{\cos\Delta\theta(T_M)}-1\right]\delta_j^i\right.$$
$$\left.+2\mu\begin{bmatrix}0 & \tan\Delta\theta(T_M) & 0\\ -\tan\Delta\theta(T_M) & 0 & 0\\ 0 & 0 & 0\end{bmatrix}\right\}\cdot\cos\theta(T_{M-1}) \tag{5-186}$$

它表明,随着断裂的扩大,引起增量断裂的应力越来越小。在反演问题中,虽然最后一次的应力增量导致材料完全的失效,但最主要的破坏机制却需要通过具体的断裂历史分析来下结论。

传统的做法是引入断裂后材料的等效弹性参数$(\bar{\lambda},\bar{\mu})$,有

$$\bar{\lambda}(T_{M-1})=\lambda\cdot\cos\theta(T_{M-1}),\quad \bar{\mu}(T_M)=\mu\cdot\cos\theta(T_{M-1}) \tag{5-187}$$

显然,对 $\theta(T_{M-1})\Rightarrow\frac{\pi}{2}$,$\bar{\lambda},\bar{\mu}\Rightarrow 0$,因此可认为 $\cos\theta(T_{M-1})$因子为第 $M-1$ 次断裂后的有效弹性因子。上式表明,局部转动角表征了有效弹性。

第 M 次断裂后的剩余的局部应力增量为

$$\Delta\tilde{\sigma}_j^i(T_M)=(\lambda+2\mu)\cos\theta(T_{M-1})\left[\frac{1}{\cos\Delta\theta(T_M)}-1\right]\cdot\delta_j^i \tag{5-188}$$

但第 M 次断裂后的剩余的局部应力(维持断裂后材料现状的各向同性应力)可由下式计算,即

$$\tilde{\sigma}_j^i(T_M)=\sum_{I=1}^{M}\Delta\tilde{\sigma}_j^i(T_I)=(\lambda+2\mu)\sum_{I=1}^{M}\cos\theta(T_{I-1})\left[\frac{1}{\cos\Delta\theta(T_I)}-1\right]\cdot\delta_j^i \tag{5-189}$$

总结以上结果,断口断裂历史的反演解法为沿断裂剖面,先测量第 M 次断裂后的断裂宽度与范围 $D(r,T_M)$,由式(5-182)计算第 M 次断裂后的局部转动角系列 $\theta(r,T_i)$;计算第 M 次增量断裂的局部转动增量角 $\Delta\theta(T_M)$,由式(5-186)计算第 M 次断裂的物理断裂应力 $\sigma_j^i(T_M)$;用式(5-187)计算断裂后材料的等效弹性参数$(\bar{\lambda},\bar{\mu})$,因此形成断裂系列的几何和力学描述。这就构成了需要的反演解。

由于本书的公式是用张量给出的,以上结果可以推广到任意断裂线情况。

5.6.4 增量应力的计算

应当指出的是,在经典的小变形理论中是利用增量应变来计算应力历史的。如第 M 次断裂与第 $M-1$ 次断裂间的断裂宽度增量为

$$\Delta D(r,T_{M,M-1})=\frac{1}{\cos\theta(T_M)}-\frac{1}{\cos\theta(T_{M-1})} \tag{5-190}$$

如使用有效弹性参数,则断裂应力增量为

$$\sigma_j^i=\left\{(\lambda+2\mu)\left[\frac{1}{\cos\theta(T_M)}-\frac{1}{\cos\theta(T_{M-1})}\right]\delta_j^i\right.$$

$$\left.+2\mu\begin{vmatrix}0 & \tan\theta(T_M)-\tan\theta(T_{M-1}) & 0\\ -\tan\theta(T_M)+\tan\theta(T_{M-1}) & 0 & 0\\ 0 & 0 & 0\end{vmatrix}\right\}\cdot\cos\theta(T_{M-1}) \tag{5-191}$$

残余应力增量为

$$\sigma_j^i=(\lambda+2\mu)\left[\frac{1}{\cos\theta(T_M)}-\frac{1}{\cos\theta(T_{M-1})}\right]\delta_j^i \tag{5-192}$$

对比观察式(5-186)和式(5-191)可以发现，二者在 $\theta(T_{M-1})$ 较大时有显著的差别。另外，在经典断裂分析中，仅有应力分量 $\sigma_{33}=(\lambda+2\mu)\left(\frac{1}{\cos\theta}-1\right)$，并且定义为断裂应力。用这种经典断裂分析法无法得到引起破坏的真实应力历史。

一般而言，在断裂区邻近存在疲劳区。疲劳区的变形梯度为 $F_j^i=S_j^i+R_j^i$，式中 S 为对称应变，R 为单位正交转动(转动角用 Θ 表示)。按物理连续性要求，局部转动的方向是连续的。在材料由式 $F_j^i=S_j^i+R_j^i$ 形式的变形变成式(5-175)形式的变形时，局部转动角由 Θ 跃变成 θ，因此疲劳区与断裂区在微观上形成结晶向的分界面。这样，断裂边界是可准确确定的。

另一方面，实际的断裂面是任意曲面，并且在剖面上的断裂线也是任意曲线。此时，需要对曲线曲面进行平面或直线逼近。这就形成变化的转动方向数据，并且式(5-181)和式(5-182)的形式解仍可分段应用，这将形成更真实的断裂历史反演解。此时必须使用式(5-183)和式(5-184)的一般公式。如果微观上有可对比的原始结晶向，则断裂区的结晶向与原始结晶向的对比可直接给出转动轴方位和局部转动角。此时，应力的计算可直接进行。

5.7 冲击断裂

平板受到正面的冲击波作用而断裂破坏是一个看似简单但机制复杂的力学理论问题。由于在经验上(实验研究方面)已有很多的积累，因此可以看成是检验力学基本理论有效性的典型论题。

对于冲击断裂问题，以被冲击材料的纵波速度为参考，如果冲击波的速度远小于它，可以看成是低速冲击；如果远大于它，可以看成是高速冲击。为避免探讨高速冲击的波形决定的非线性激波[4]效应，这里研究低速冲击，不考虑热效应问题。虽然这样会显著的降低对理论有效性的期待，但是却能较好的说明损伤和断裂机制。

一旦假定冲击波速度小于板的纵波速度，人们倾向于把冲击波看成是一个平板波动的场源（爆炸源）问题而用经典的波动方程或板的挠度方程求解。前者的运动方程的有效性本质上是基于微小变形假定（线动量守恒），因此理论上不能给出断裂的有效描述。板的挠度方程在本质上是局部转动（角动量守恒），但是它以板的中面为参考，因此难于把中面的动力学变形纳入进来（方程过于复杂）。这样，寻求新的理论方案也就是很自然的想法。

在本研究中，依然是以板的中面为参考建立随体系以描述变形张量，但是把变形张量分解为纯粹的伸张张量与纯粹的转动张量的直和。对冲击问题，如果做出阶段性划分就可以把问题简化。第一阶段，在冲击波作用下板的弯曲，引入局部转动张量来精确的描述，而不使用精度较低的挠度（或板内位移、板外位移）。第二阶段，在弯曲达到材料的弹性极限时，在格林应力连续的条件下，变形张量出现跃变，这是经验上广为人知但在经典理论上缺乏精确描述的一个问题。对于第三个阶段，裂纹扩展，但是由于断裂是非完全的，从而出现大弯曲甚至于卷曲的条带状破坏片。经验上，这类裂纹扩展的运动是确定性的，引入的几何场方程为这方面的研究工作提出一个新的思路。

由于给出的几何场方程在本质上是非线性的，这里将限于求近似解，直接引用有关的方程，而对有关理论本身的推导等不加讨论。换句话说，下面讨论的着重点是本专著介绍的几何方程是否能较好的描述高速冲击问题，如是，则今后可以设法求其精确解来做出进一步的判断。在对基本理论做出简单概述后，下面将对以上三个阶段分别按顺序描述，最后给出结论。

对低速冲击，介质的波动速度远大于冲击速度，因此可以用速度场定义单位时间的瞬时变形（不使用等价的应变速率概念，也不引入波动场）。

5.7.1 基本理论

对无限平板，取冲击中心点为坐标原点，建立板内的随体中心平面坐标（$x^1=x, x^2=y$），取板的厚度方向为第三个坐标（$x^3=z$），板的中心面上 $z=0$。在板未受到冲击时，这是一个标准的直角坐标系。基于理性力学描述方法，变形可以由下面的瞬时变形张量描述，即

$$F^i_j=\delta^i_j+\frac{\partial u^i}{\partial x^j} \tag{5-193}$$

其中，δ^i_j 是单位张量；u^i 是在随体系上观测到的单位时间位移场（out-plane instant displacement）。

按照陈-Stokes 直和分解公式，瞬时变形张量可以分解为内在伸张张量 S^i_j 与单位正交转动张量 R^i_j 的直和。为简洁，这里时间参数不直接写出，取 $t=0$ 为冲击

开始时间。第一阶段的弹塑性变形瞬时变形张量为

$$F^i_j = S^i_j + R^i_j \tag{5-194}$$

对于板中面的单纯弯曲，中面的变形是绕中面(x^1，x^2)上的某个轴方向(L_1，L_2)的局部相对转动，这样中面的单纯弯曲变形张量是一个单位正交张量，即

$$R^i_j = \begin{bmatrix} 1+(\cos\Theta-1)[1-(L_1)^2] & (\cos\Theta-1)(1-L_1L_2) & -\sin\Theta\cdot L_2+(\cos\Theta-1) \\ (\cos\Theta-1)(1-L_1L_2) & 1+(\cos\Theta-1)[1-(L_2)^2] & \sin\Theta\cdot L_1+(\cos\Theta-1) \\ \sin\Theta\cdot L_2+(\cos\Theta-1) & -\sin\Theta\cdot L_1+(\cos\Theta-1) & \cos\Theta \end{bmatrix} \tag{5-195}$$

其中，上标对应于行号；下标对应于列号；Θ 为单位时间的局部转动角。

对这种变形，格林应变为

$$\varepsilon_{ij} = \frac{1}{2}\left(\frac{\partial u^i}{\partial x^j} + \frac{\partial u^j}{\partial x^i}\right) = S_{ij} + (1-\cos\Theta)(L_iL_j - \delta_{ij}) \tag{5-196}$$

其中，$S_{ij} = \frac{1}{2}(S^i_j + S^j_i)$。

由经验资料，在板的弯曲程度足够大时，会产生板的局部开裂。基于变形几何场理论的研究结果，在局部开裂区，变形是带有体积膨胀的重新定向局部转动。因此，其变形张量是一个带有尺度增大的局部正交转动张量(共形场)。此时，出现断裂后的瞬时变形张量可分解为

$$F^i_j = \widetilde{S}^i_j + \frac{1}{\cos\theta}\widetilde{R}^i_j \tag{5-197}$$

带有尺度增大的局部正交转动张量为

$$\begin{aligned} &\frac{1}{\cos\theta}\widetilde{R}^i_j \\ &= \frac{1}{\cos\theta}\begin{bmatrix} 1+(\cos\theta-1)(\widetilde{L}_2)^2 & (\cos\theta-1)(1-\widetilde{L}_1\widetilde{L}_2) & -\sin\theta\cdot\widetilde{L}_2+(\cos\theta-1) \\ (\cos\theta-1)(1-\widetilde{L}_1\widetilde{L}_2) & 1+(\cos\theta-1)(\widetilde{L}_1)^2 & \sin\theta\cdot\widetilde{L}_1+(\cos\theta-1) \\ \sin\theta\cdot\widetilde{L}_2+(\cos\theta-1) & -\sin\theta\cdot\widetilde{L}_1+(\cos\theta-1) & \cos\theta \end{bmatrix} \end{aligned} \tag{5-198}$$

其中，θ 为单位时间的局部转动角；($\widetilde{L}_1$，$\widetilde{L}_2$)为转轴方位。

就宏观上看整个变形过程，断裂瞬间、局部转动跃变的几何变形连续性条件为

$$\left(\frac{1}{\cos\theta}\right)^2 = 1+(\sin\Theta)^2,\quad \widetilde{L}_1 = \frac{\cos\theta\cdot\sin\Theta}{\sin\theta}\cdot L_1,\quad \widetilde{L}_2 = \frac{\cos\theta\cdot\sin\Theta}{\sin\theta}\cdot L_2 \tag{5-199}$$

也就是说，局部转动出现转动方向和转角大小的改变。

对这种断裂变形，格林应变为

$$\varepsilon_{ij}=\frac{1}{2}\left(\frac{\partial u^j}{\partial x^i}+\frac{\partial u^i}{\partial x^j}\right)=\widetilde{S}_{ij}+\left(\frac{1}{\cos\theta}-1\right)\widetilde{L}_i\widetilde{L}_j \tag{5-200}$$

其中，$\widetilde{S}_{ij}=\frac{1}{2}(\widetilde{S}^i_j+\widetilde{S}^j_i)$。

对低速冲击断裂问题，格林应变是连续的。在这样的一个变形过程中，假定在间断后并没有分子尺度的拉伸效应（内在伸张张量 $\widetilde{S}^i_j=0$），因此在冲击变形到断裂的瞬时 $t=t_{\text{frac}}$，格林应变应力连续的条件方程为

$$S_{ij}=\left(\frac{1}{\cos\theta}-1\right)\widetilde{L}_i\widetilde{L}_j-(1-\cos\Theta)(L_iL_j-\delta_{ij}) \tag{5-201}$$

尽管变形是连续性的，但是存在变形张量梯度的间断，变形是有分叉性的。也就是说，对冲击变形，由初始的弹塑性变形 $F^i_j=S^i_j+R^i_j\,(t<t_{\text{frac}})$ 的变形模式变为断裂后的内在尺度扩张模式 $F^i_j=\widetilde{S}^i_j+\frac{1}{\cos\theta}\widetilde{R}^i_j\approx\frac{1}{\cos\theta}\widetilde{R}^i_j\,(t>t_{\text{frac}})$ 模式。

5.7.2　弯曲损伤、断裂

对于断裂后的变形，$F^i_j\approx\frac{1}{\cos\theta}\widetilde{R}^i_j$，格林应力张量为

$$\tilde{\sigma}_{ij}=\lambda\left(\frac{1}{\cos\theta}-1\right)\delta_{ij}+2\mu\left(\frac{1}{\cos\theta}-1\right)\widetilde{L}_i\widetilde{L}_j \tag{5-202}$$

其中，λ 和 μ 为材料的拉梅常数。

若材料的断裂临界应力为 σ_C，则它决定了断裂变形的一个临界转动角 θ_C，即

$$2\mu\left(\frac{1}{\cos\theta_C}-1\right)=\sigma_C \tag{5-203}$$

在此之前的弹塑性变形的临界转动角 Θ_C，由连续性条件方程可以由下式确定，即

$$(\sin\Theta_C)^2=\left(\frac{1}{\cos\theta_C}\right)^2-1 \tag{5-204}$$

由上述方程，$\Theta_C>\theta_C$，也就是说，在断裂后，局部转动角变小了。一般在经验上称之为回弹。也就是说，断裂后板的弯曲程度变小了。

断裂前弹塑性弯曲变形的格林应力为

$$\sigma_{ij}=\lambda S_{ll}\delta_{ij}+2\mu S_{ij}-2\lambda(1-\cos\Theta_C)\delta_{ij}+2\mu(1-\cos\Theta_C)(L_iL_j-\delta_{ij}) \tag{5-205}$$

由格林应力（应变）的连续性条件，可以得到在断裂瞬间材料受到的内在伸张应力，即

$$\bar{\sigma}_{ij}=\lambda S_{ll}\delta_{ij}+2\mu S_{ij}=\lambda\left[\left(\frac{1}{\cos\theta_C}-1\right)+2(1-\cos\Theta_C)\right]\delta_{ij}$$
$$+2\mu\left[\left(\frac{1}{\cos\theta_C}-1\right)\tilde{L}_i\tilde{L}_j-(1-\cos\Theta_C)(L_iL_j-\delta_{ij})\right] \quad (5\text{-}206)$$

一般来说,它远大于格林应力。

在材料发生伸张断裂后,其变形跃变回形式,即

$$F_j^i=R_j^i \quad (5\text{-}207)$$

此时,格林应力为

$$\sigma_{ij}=-2\lambda(1-\cos\Theta)\delta_{ij}+2\mu(1-\cos\Theta)(L_iL_j-\delta_{ij}) \quad (5\text{-}208)$$

在冲击刚开始作用于平板时,冲击波前的曲率(在所选单位尺度下度量)就是起始的局部转动角 Θ_0,这是已知的。

总结以上结果,冲击断裂过程的应力响应形式如下。

① 当 $t=0$ 时

$$\sigma_{ij}=\lambda S_{ll}\delta_{ij}+2\mu S_{ij}-2\lambda(1-\cos\Theta_0)\delta_{ij}+2\mu(1-\cos\Theta_0)(L_iL_j-\delta_{ij}) \quad (5\text{-}209)$$

在此后,$\Theta\approx\Theta_0\cdot\exp(\eta t)$,$\eta>0$ 是一个由运动方程确定的参数。

② 当 $0<t<t_{\text{frac}}$时

$$\sigma_{ij}=\lambda S_{ll}\delta_{ij}+2\mu S_{ij}-2\lambda(1-\cos\Theta)\delta_{ij}+2\mu(1-\cos\Theta)(L_iL_j-\delta_{ij}) \quad (5\text{-}210)$$

③ 当 $t=t_{\text{frac}}$时,格林应力为

$$\tilde{\sigma}_{ij}=\lambda\left(\frac{1}{\cos\theta_C}-1\right)\delta_{ij}+2\mu\left(\frac{1}{\cos\theta_C}-1\right)\tilde{L}_i\tilde{L}_j \quad (5\text{-}211)$$

而此时,材料受到的内在伸张应力为

$$\bar{\sigma}_{ij}=\lambda\left[\left(\frac{1}{\cos\theta_C}-1\right)+2(1-\cos\Theta_C)\right]\delta_{ij}$$
$$+2\mu\left[\left(\frac{1}{\cos\theta_C}-1\right)\tilde{L}_i\tilde{L}_j-(1-\cos\Theta_C)(L_iL_j-\delta_{ij})\right] \quad (5\text{-}212)$$

④ 当 $t>t_{\text{frac}}$时

$$\tilde{\sigma}_{ij}=\lambda\left(\frac{1}{\cos\theta}-1\right)\delta_{ij}+2\mu\left(\frac{1}{\cos\theta}-1\right)\tilde{L}_i\tilde{L}_j \quad (5\text{-}213)$$

在裂纹的扩张过程中,$\frac{1}{\cos\theta}=\frac{1}{\cos\theta_C}\cdot\exp(\tilde{\eta}t)$由运动方程确定。单位尺度的裂纹大小为

$$W_{\text{frac}}=\frac{1}{\cos\theta}-1 \quad (5\text{-}214)$$

⑤ 当 $t\gg t_{\text{frac}}$时

$$\sigma_{ij}=-2\lambda(1-\cos\Theta)\delta_{ij}+2\mu(1-\cos\Theta)(L_iL_j-\delta_{ij}) \tag{5-215}$$

在此后，$\Theta\approx\Theta_C\cdot\exp(-\eta t)$，$\dfrac{1}{\cos\theta}=\dfrac{1}{\cos\theta_C}\cdot\exp(-\tilde{\eta}t)$，出现大弯曲，甚至于卷曲的条带状破坏片。

5.7.3 裂纹扩展及尖端应力

断裂后，在单位面积上，存在裂纹线，而在线周围，变形还是弹塑性的。在等权意义上，在裂纹的扩张过程，参照方程(5-212)，裂纹尖端应力(内在拉伸应力)为

$$\sigma_{ij}^{\text{tip}}=\lambda\left(1+\frac{1}{\cos\theta}-2\cos\Theta\right)\delta_{ij}+2\mu\left[\left(\frac{1}{\cos\theta}-1\right)\tilde{L}_i\tilde{L}_j-(1-\cos\Theta)(L_iL_j-\delta_{ij})\right] \tag{5-215}$$

裂纹扩展的方向可以由最大应力方向确定，条件方程为

$$\left[\left(\frac{1}{\cos\theta}-1\right)\tilde{L}_i\tilde{L}_j-(1-\cos\Theta)L_iL_j\right]=\text{Maximum} \tag{5-216}$$

利用方程(5-199)，该条件方程可以改写为

$$\left[\left(\frac{1}{\cos\theta}-1\right)\left(\frac{\cos\theta\cdot\sin\Theta}{\sin\theta}\right)^2-(1-\cos\Theta)\right]L_iL_j=\text{Maximum} \tag{5-217}$$

它表明，弹塑性变形的转轴方向就是裂纹扩展方向。例如，对 $L_1=1$，$L_2=0$ 的绕 x^1 轴的局部转动，裂纹尖端应力分量 σ_{11}^{tip} 为最大值，即

$$\text{Max}[\sigma_{ij}^{\text{tip}}]=\lambda\left(1+\frac{1}{\cos\theta}-2\cos\Theta\right)+2\mu\left[\left(\frac{1}{\cos\theta}-1\right)\left(\frac{\cos\theta\cdot\sin\Theta}{\sin\theta}\right)^2\right] \tag{5-218}$$

裂纹扩展方向就是 x^1 轴方向。

在与裂纹扩展方向垂直的平面方向上，裂纹尖端应力分量的最小值(σ_{22}^{tip}，σ_{33}^{tip})为

$$\text{Mini}[\sigma_{ij}^{\text{tip}}]=\lambda\left(1+\frac{1}{\cos\theta}-2\cos\Theta\right)+2\mu(1-\cos\Theta) \tag{5-219}$$

按照本研究工作，裂纹尖端的应力(内在伸张应力)含有两个部分，即无裂纹部分的弯曲变形应力；有裂纹部分的弯曲变形应力。

如果只是考查断裂后变形，则格林应力为 $\tilde{\sigma}_{ij}=\lambda\left(\dfrac{1}{\cos\theta}-1\right)\delta_{ij}+2\mu\left(\dfrac{1}{\cos\theta}-1\right)\tilde{L}_i\tilde{L}_j$，其最大最小值分别为 $\text{Max}[\tilde{\sigma}_{ij}]=\lambda\left(\dfrac{1}{\cos\theta}-1\right)+2\mu\left(\dfrac{1}{\cos\theta}-1\right)$ 和 $\text{Mini}[\tilde{\sigma}_{ij}]=\lambda\left(\dfrac{1}{\cos\theta}-1\right)$，它们远小于对应的裂纹尖端应力。

如果只考查断裂前变形，式(5-210)给出的格林应力远小于材料受到的内在伸张应力，因为 $-2\lambda(1-\cos\Theta)\delta_{ij}+2\mu(1-\cos\Theta)(L_iL_j-\delta_{ij})<0$，因此也得到远小

于裂纹尖端应力。

因此，在断裂瞬间，材料受到的内在伸张应力远大于之前的弹塑性变形的格林应力，也远大于之后的断裂性变形的格林应力。由式(5-203)和式(5-206)，材料受到的内在伸张应力也远大于材料的临界断裂应力。这是因为工程上使用的格林应力并没有把局部转动对应的应力考查进来而产生的，而局部转动既产生对称应力，也产生反对称应力。

裂纹尖端应力问题是一个长期争论不休的问题，这里给出的是就几何场理论而言得到的结论，其正确性有待实验进一步检验。

5.7.4　冲击断裂的动力学运动方程

以上结果是从几何场观点考察的半经验性结果。要获得从式(5-209)～式(5-215)的在时间域和空间域的具体解还是要使用运动方程。取初始拖带坐标系为标准直角系(x^1,x^2,x^3)，对于瞬时混合应变，其单位时间位移(速度)场表达方式为

$$\varepsilon_j^i=\frac{\partial u^i}{\partial x^j} \tag{5-220}$$

其中，u^i 为单位时间位移场。

相应的应力定义为

$$\sigma_i^j=(\lambda\delta_i^j\delta_k^l+2\mu\delta_i^l\delta_k^j)\varepsilon_l^k \tag{5-221}$$

则用应变给出的非线性运动方程组[5,6]为

$$\left(\lambda\frac{\partial\varepsilon_m^m}{\partial x^i}+2\mu\frac{\partial\varepsilon_j^i}{\partial x^j}\right)-\left(\lambda\varepsilon_m^m\frac{\partial\varepsilon_j^i}{\partial x^j}+2\mu\varepsilon_n^i\frac{\partial\varepsilon_j^n}{\partial x^j}\right)=f^i \tag{5-222}$$

$$\left(\lambda\frac{\partial\varepsilon_m^m}{\partial x^i}+2\mu\frac{\partial\varepsilon_i^j}{\partial x^j}\right)-\left(\lambda\varepsilon_m^m\frac{\partial\varepsilon_i^j}{\partial x^j}+2\mu\varepsilon_n^j\frac{\partial\varepsilon_i^n}{\partial x^j}\right)=f^i+f^j\varepsilon_i^j \tag{5-223}$$

目前，对方程求解的工作只是刚开始。对于平板的一个简单冲击弯曲($F_j^i=R_j^i(\Theta)$)，一个理论上的近似解是假定 Θ 非常小，舍弃 $1-\cos\Theta$ 和 $\cos\Theta$ 的偏导数项所对应的高阶小项，式(5-222)和式(5-223)可以简化为

$$-2\mu\frac{\partial\sin\Theta}{\partial x^3}=-\frac{1}{2}\widetilde{f}^3\sin\Theta \tag{5-224}$$

其形式解为

$$\sin\Theta=A\cdot\exp\left(\frac{1}{4\mu}\int\widetilde{f}^3\mathrm{d}x^3\right) \tag{5-225}$$

其中，A 为待定的任意常函数，表达材料的初始属性(在实验中常用人为办法产生初始损伤)，表达了损伤在板的厚度方向上的扩展特性。

这项研究工作目前也还是初步的。

平板在冲击载荷下的断裂是一个变形张量连续，但变形张量的梯度不连续的变形分叉现象。由初始的弹塑性变形 $F_j^i=S_j^i+R_j^i(\Theta)$ 开始，在弯曲达到临界值时，变形张量跃变为断裂变形 $F_j^i=\frac{1}{\cos\theta}\tilde{R}_j^i(\theta)$。在这个转换过程中，由于格林应变和格林应力连续的要求，材料的内在伸张变形张量 S_j^i 被确定，从而也决定了一个裂纹尖端应力。裂纹尖端应力远大于格林应力，从而出现裂纹扩展现象。在此后，变形渐趋于 $F_j^i=R_j^i(\Theta)$ 的形式。

第6章　大变形的非线性运动方程

在经典连续介质力学理论中，无限小变形是一个约定性的、前提性的隐含假设。由于当前位形和参考位形间的差异可以忽略，所以运动方程是把未变形前的初始位形作为参考位形的。但是，任意性的边界条件并不能保证变形是无限小的。在这种情况下，就与理论的初始假定在逻辑上不协调了。尽管可以辩论说运动方程是在任意参考位形下导出的，因此独立于边界条件，但是物理事实是解依赖于边界条件。因此，一个解即便是它满足相对于初始参考位形的运动方程，也未必满足相对于最终位形的运动方程。换句话说，相对于初始位形的解与相对于终了位形的解是不同的[5]。

作为一个逻辑性的疑问就是运动方程是理解为相对于初始位形还是理解为相对于终了位形？这是一个理性力学研究者熟知的问题，也是发展非线性连续介质理论的主要动因之一。但是，这个问题被过于简单化的理解为通过在应力定义中引入非线性项，相对于初始位形的精确应力定义可以克服这个问题。的确，基于此信念的非线性力学做出了不少进展，但是逻辑上的不协调性问题依然是存在的。

另一方面，简单直接的把运动方程看成是相对于最终位形又会使运动方程复杂化，以至于看来是无望对于任意边界条件确定相对于最终位形的解。这是一个逻辑怪圈。要解决这个问题，对于大变形(不采用无限小变形假设的任意变形)就必须基于物理学的原理来重新加以考察。

第一个问题就是应力的理论概念问题。如果应力是相对于初始位形定义的，则逻辑上的结论就是运动方程必须被理解为相对于初始位形。对于大变形，这样定义的应力场显著的不同于相对于终了位形定义的应力场。也就是说，初始位形和终了位形"感受"到的是不同的应力场。因此，无论是将应力场定义在初始位形上还是当前位形上，就一个变形过程而言，应力场是非唯一的。从逻辑上看，对一个变形过程，应力场必须是唯一的。

这样，唯一的办法就是把应力场定义为初始位形和终了位形间的某个瞬时位形，从而应力就是关于两个位形的场量，这又把问题归结为应变的定义问题。基于有关此类问题的研究，有一个观点是把变形定义为两点张量。在本质意义上，变形张量是定义在两个位形间的张量。

Truesdell 用变形张量的极分解把变形张量分解为局部相对转动，从而把它从应变定义中分离出去。用这个办法，应变有 6 个独立分量并包括部分来源于局部转动的项。这里深层次的基本哲学观点是先求解转动以得到与转动有关的项(称为消除局部转动效应)，然后求解关于内在伸张张量的运动方程。最后用得到的局部转动和伸张张量确定位移场。在数学上，要唯一的确定一个 3 维介质内的位移矢量场，需要先确定变形位移梯度的 9 个独立分量。通过局部转动的运动方程，有 3 个关于位移梯度的分量方程，随后用对称应变张量的运动方程来得到 6 个关于位移梯度的分量方程。实践表明，这个办法是绕来绕去的，因为局部转动与内在伸张是紧紧的耦合在一起的。因此，在工程应用方面并无显著的进展。

尽管如此，把变形分解为局部转动和内在伸张是一条正确的道路。本章研究在大变形时的运动方程问题，而这个问题可以归结为混合张量(应力，应变)的协变导数问题。

6.1 Clifford 几何代数下的变形张量

对大变形而言，由 Truesdell 引入的变形张量是一个两点张量。由陈至达引入的在拖带系下的基矢变换唯一的定义了初始位形和当前位形间的变形，从而建立了新的理性力学体系。在拖带系，一个物质点的坐标为(x^1,x^2,x^3)，它与变形无关。记初始位形的基矢为$(\boldsymbol{g}_1^0,\boldsymbol{g}_2^0,\boldsymbol{g}_3^0)$，当前位形的基矢为$(\boldsymbol{g}_1,\boldsymbol{g}_2,\boldsymbol{g}_3)$，则两个物质坐标点间的微分距离就是初始位形上的 $\mathrm{d}\boldsymbol{s}_0=\mathrm{d}x^i\boldsymbol{g}_i^0$，当前位形上的 $\mathrm{d}\boldsymbol{s}=\mathrm{d}x^i\boldsymbol{g}_i$。工程上广为使用的格林应变 ε_{ij} 为

$$\frac{\mathrm{d}s^2-\mathrm{d}s_0^2}{\mathrm{d}s_0^2}=\frac{(g_{ij}-g_{ij}^0)\mathrm{d}x^i\mathrm{d}x^j}{\mathrm{d}s_0^2}=2\varepsilon_{ij}\mathrm{d}x^i\mathrm{d}x^j \tag{6-1}$$

通常，在初始位形下($g_{ij}^0=\boldsymbol{g}_i^0\cdot\boldsymbol{g}_j^0$) 引入位移场 $\mathrm{d}u=\mathrm{d}u^i\boldsymbol{g}_i^0$，则对于无限小变形，一般的是定义格林张量为 $\varepsilon_{ij}=\dfrac{1}{2}(u^i|_j+u^j|_i)$，这里协变导数是在初始位形上的度规张量所决定的。因此，格林应变张量一般是理解为 $\varepsilon_{ij}(\boldsymbol{g}_0^i\otimes\boldsymbol{g}_0^j)$。对大变形，即便是在初始系为直角系的情况下，这个定义也是有争议的。

对于大变形，陈至达定义的变形张量 F_j^i 为

$$\boldsymbol{g}_i=F_i^j\boldsymbol{g}_j^0=(\delta_i^j+u^j|_i)\boldsymbol{g}_j^0 \tag{6-2}$$

应用 Clifford 几何代数理论[6,11]，应变张量可以定义为

$$\frac{\mathrm{d}\boldsymbol{s}-\mathrm{d}\boldsymbol{s}_0}{\mathrm{d}\boldsymbol{s}_0}=\frac{(\mathrm{d}\boldsymbol{s}-\mathrm{d}\boldsymbol{s}_0)\mathrm{d}\boldsymbol{s}_0}{\mathrm{d}\boldsymbol{s}_0\mathrm{d}\boldsymbol{s}_0}=\frac{\mathrm{d}\boldsymbol{s}\mathrm{d}\boldsymbol{s}_0-\mathrm{d}s_0^2}{\mathrm{d}s_0^2}=\frac{\mathrm{d}\boldsymbol{s}\cdot\mathrm{d}\boldsymbol{s}_0-\mathrm{d}s_0^2}{\mathrm{d}s_0^2}+\frac{\mathrm{d}\boldsymbol{s}\wedge\mathrm{d}\boldsymbol{s}_0}{\mathrm{d}s_0^2} \tag{6-3}$$

其中，$\mathrm{d}\boldsymbol{s}\mathrm{d}\boldsymbol{s}_0=\mathrm{d}\boldsymbol{s}\cdot\mathrm{d}\boldsymbol{s}_0+\mathrm{d}\boldsymbol{s}\wedge\mathrm{d}\boldsymbol{s}_0$ 是 Clifford 几何积；前一部分是标积(内积)；后一部分是外积。

式(6-3)可以重写为

$$\frac{\mathrm{d}\boldsymbol{s}-\mathrm{d}\boldsymbol{s}_0}{\mathrm{d}\boldsymbol{s}_0}=\frac{(F_i^l-\delta_i^l)\boldsymbol{g}_l^0\cdot\boldsymbol{g}_j^0\mathrm{d}x^i\mathrm{d}x^j}{\mathrm{d}s_0^2}+\frac{F_i^l\boldsymbol{g}_l^0\wedge\boldsymbol{g}_j^0\mathrm{d}x^i\mathrm{d}x^j}{\mathrm{d}s_0^2} \tag{6-4}$$

因此，应变由两个部分组成。

① 标量部分（黎曼张量）给出经典的柯西应变张量 $\varepsilon_{ij}(\boldsymbol{g}_0^i \otimes \boldsymbol{g}_0^j)$，即

$$\varepsilon_{ij} = \frac{1}{2}(F_j^i + F_i^j) - \delta_j^i = \frac{1}{2}(u^i|_j + u^j|_i) \tag{6-5}$$

② 外积部分给出经典的 Stokes 应变张量 $\omega_{ij}(\boldsymbol{g}_0^i \wedge \boldsymbol{g}_0^j)$，即

$$\omega_{ij} = \frac{1}{2}(F_j^i - F_i^j) = u^i|_j = \frac{1}{2}(u^i|_j - u^j|_i) \tag{6-6}$$

然而，对大变形，以上两个应变具有不同的代数结构。一个一般性的应变张量就要能同时容纳这两个结构，而这样的一个张量理论就是陈至达建立的有限变形几何场理论[5]。

陈至达理论的关键点是把 Clifford 几何积 $F_i^l \boldsymbol{g}_l^0 \boldsymbol{g}_j^0 \mathrm{d}x^i \mathrm{d}x^j$ 写成为加法形式 $S_i^l \boldsymbol{g}_l^0 \boldsymbol{g}_j^0 \mathrm{d}x^i \mathrm{d}x^j + R_i^l \boldsymbol{g}_l^0 \boldsymbol{g}_j^0 \mathrm{d}x^i \mathrm{d}x^j$，其中 S_i^l 是内在伸张应变（绝对长度变化），R_i^l 是局部转动（等价于曲率，也可看成是微元体的整体弯曲）。基于这样的几何意义解释，变形张量的 Stokes-陈 S+R 加法分解为

$$F_i^j = S_i^j + R_i^j \tag{6-7}$$

它们可以由位移梯度分量表出，即

$$\begin{aligned} S_i^j &= \frac{1}{2}(u^j|_i + u^j|_i^{\mathrm{T}}) - (1-\cos\Theta)L_k^j L_i^k \\ R_i^j &= \delta_i^j + \sin\Theta \cdot L_i^j + (1-\cos\Theta)L_k^j L_i^k \\ L_i^j &= \frac{1}{2\sin\Theta}(u^j|_i - u^j|_i^{\mathrm{T}}) \end{aligned} \tag{6-8}$$

$$\sin\Theta = \frac{1}{2}\sqrt{(u^1|_2 - u^2|_1)^2 + (u^2|_3 - u^3|_2)^2 + (u^3|_1 - u^1|_3)^2}$$

所有量都是在初始位形几何上定义的。

对于初始位形引入逆变基矢 $\boldsymbol{g}_0^i$，当前位形引入逆变基矢 $\boldsymbol{g}^i$ 就可以消化外积代数（因为在 3 维空间，$\boldsymbol{g}^i = \mathrm{e}^{ijk}\boldsymbol{g}_j \boldsymbol{g}_k I^{-1}$，而 $I = \boldsymbol{g}_1 \boldsymbol{g}_2 \boldsymbol{g}_3$ 是 Clifford 几何代数意义下的伪标量）。由方程(6-2)，变形张量可以写成为混合张量形式，即

$$F_i^j = \boldsymbol{g}_i \boldsymbol{g}_0^j \tag{6-9}$$

因此，内在伸张张量 S_i^j 可以理解为 $S_i^j(\boldsymbol{g}^i \boldsymbol{g}_j^0)$；局部转动变化张量 $R_i^j - \delta_i^j$ 可以理解为$(R_i^j - \delta_i^j)(\boldsymbol{g}^i \boldsymbol{g}_j^0)$。

对于无限小变形，它们回到经典形式（但是有不同的张量属性）。

应变张量的理性力学定义为

$$\varepsilon_i^j = S_i^j + (R_i^j - \delta_i^j) = u^j|_i = F_i^j - \delta_i^j \tag{6-10}$$

基于当前的理论研究，对于弹性波，S_i^j 对应于 P 波，而 $R_i^j - \delta_i^j$ 对应于 S 波。作为一个直接的推论，纯粹的 P 波或 S 波在内在意义下是可以独立存在的[42]。

6.2　应力为混合张量

对于理想的简单各向同性弹性介质，由于应变张量的混合张量性质，由物性方程(本构方程)引入的应力张量 $\sigma_i^j(\boldsymbol{g}^i\boldsymbol{g}_j^0)$ 也是混合张量，即

$$\sigma_i^j=(\lambda\delta_i^j\delta_k^l+2\mu\delta_i^l\delta_k^j)\varepsilon_l^k=\lambda\varepsilon_k^k\delta_i^j+2\mu\varepsilon_i^j \tag{6-11}$$

在工程意义上，应力张量被解释为作用在当前面 $\boldsymbol{g}^i$ 上的方向为 $\boldsymbol{g}_j^0$ 的面力。事实上，这样的工程解释也被广泛的在教科书中用于解释应力张量 σ_{ij}。其逻辑上的弱点在于，一个下标表示力的作用面，一个下标表示力的作用方向。此时，应力张量的对称性是必要的条件。

应力张量的对称性 $\sigma_j^i=\sigma_i^j$ 纯粹是数量意义下的(有不少学者认为谈混合张量的对称性是毫无意义的)。这种对称并不意味着应力物理分量的对称性。这是因为，对于混合应力张量，其物理分量[26]形式为 $\tilde{\sigma}_j^i=\dfrac{\sqrt{g_{(ii)}^0}}{\sqrt{g_{(jj)}}}\sigma_j^i$。当然，实际工程应力的对称性也并不意味着应力在内在意义上的对称性。

当然，以上论点是可争议的。然而，本书正是为了展示混合应力张量的优点而展开的。

6.3　大变形的非线性运动方程

对于大变形和大转动，应力张量的几何代数形式是相同的 $\sigma_i^j(\boldsymbol{g}^i\boldsymbol{g}_j^0)$。因此，一个逻辑推论就是，对大变形或大转动，应力的协变导数[5,10]为

$$\sigma_j^i\Big|_k=\frac{\partial\sigma_j^i}{\partial x^k}+\sigma_j^l\Gamma_{lk}^i-\sigma_l^i\widetilde{\Gamma}_{jk}^l \tag{6-12}$$

其中，Γ_{jk}^i 是定义在初始位形上的(由未变形前的几何决定)；$\widetilde{\Gamma}_{jk}^i$ 是定义在当前位形上的(由变形后的几何决定)。

由基本方程(6-2) $\boldsymbol{g}_i=F_i^j\boldsymbol{g}_j^0$，有 $\boldsymbol{g}_j^0=\widetilde{F}_j^i\boldsymbol{g}_i$，$F_l^i\widetilde{F}_j^l=\delta_j^i$，因此有关系方程，即

$$\frac{\partial\boldsymbol{g}_i}{\partial x^k}=F_i^j\frac{\partial\boldsymbol{g}_j^0}{\partial x^k}+\frac{\partial F_i^j}{\partial x^k}\cdot\boldsymbol{g}_j^0=\left(F_i^j\Gamma_{jk}^l+\frac{\partial F_i^l}{\partial x^k}\right)\boldsymbol{g}_l^0=\left(F_i^j\Gamma_{jk}^l+\frac{\partial F_i^l}{\partial x^k}\right)\widetilde{F}_l^m\boldsymbol{g}_m \tag{6-13}$$

则当前位形上的联络系数为

$$\widetilde{\Gamma}_{jk}^i=\Gamma_{lk}^mF_j^l\widetilde{F}_m^i+\widetilde{F}_l^i\frac{\partial F_j^l}{\partial x^k} \tag{6-14}$$

这里方程 $\widetilde{F}_j^lF_l^i=\delta_j^i$ 把张量 $\widetilde{F}_j^i$ 定义为张量 F_j^i 的逆。

对足够小的变形，舍去高阶无限小量，有下面的近似，即

$$\widetilde{F}^i_j \approx \delta^i_j - \varepsilon^i_j = \delta^i_j - u^i|_j \tag{6-15}$$

因此，方程(6-14)可以近似为

$$\widetilde{\Gamma}^i_{jk} = \Gamma^m_{lk} F^l_j \widetilde{F}^i_m + \widetilde{F}^i_l \frac{\partial F^l_j}{\partial x^k} = \Gamma^i_{jk} + \Gamma^i_{lk} \varepsilon^l_j - \Gamma^m_{jk} \varepsilon^i_m + \frac{\partial \varepsilon^i_j}{\partial x^k} \tag{6-16}$$

略去高阶小量，对大变形，应力的协变导数可以近似为

$$\sigma^i_j \Big|_k = \frac{\partial \sigma^i_j}{\partial x^k} + \sigma^l_j \Gamma^i_{lk} - \sigma^i_l \Gamma^l_{jk} - \sigma^i_l \left(\Gamma^l_{mk} \varepsilon^m_j - \Gamma^m_{jk} \varepsilon^l_m + \frac{\partial \varepsilon^l_j}{\partial x^k} \right) \tag{6-17}$$

取初始位形为标准直角坐标系 $\Gamma^k_{ij}=0$，就可以得到最简化的形式，即

$$\sigma^i_j \Big|_k = \frac{\partial \sigma^i_j}{\partial x^k} - \sigma^i_l \frac{\partial \varepsilon^l_j}{\partial x^k} \tag{6-18}$$

它表明对大变形而言，非线性项主要来源于应变梯度和应力张量的积。在弹性力学中，曾经对应变梯度产生的非线性效应做过广泛的研究，但是对应力产生的非线性研究则相对很少(流体力学除外)。

以下讨论中，把运动方程分成协变力形式和逆变力形式。在数学意义上，两者是等价的。在变形力学意义上，它们是不等价的，而是必须同时满足的。一般而言，逆变力形式对应于线动量守恒，而协变力形式对应于角动量守恒。

6.3.1　逆变力平衡方程

对于牛顿惯性力，可以使用牛顿惯性速度场，惯性力为

$$\boldsymbol{f} = \frac{\mathrm{d}(\rho V^i \boldsymbol{g}^0_i)}{\mathrm{d}t} = \left[\frac{\partial(\rho V^i)}{\partial t} + \rho V^l \frac{\partial V^i}{\partial x^l} \right] \boldsymbol{g}^0_i \tag{6-19}$$

这里，引入了物质微元的中心点速度 $\boldsymbol{V}(x)=V^i(x,t)\boldsymbol{g}^0_i(x(t))$，参考位形的变化为 $\dfrac{\mathrm{d}\boldsymbol{g}^0_i}{\mathrm{d}T}=V^l \dfrac{\partial V^i}{\partial x^l}\boldsymbol{g}^0_i$，它是由参考位形的随体性质及变形共同引起的(可参看李导数概念以进一步理解本文概念)。瞬时变形的定义为

$$\widetilde{F}^i_j = \delta^i_j + \frac{\partial V^i}{\partial x^j} = \delta^i_j + \frac{\partial \varepsilon^i_j}{\partial t} \tag{6-20}$$

注意到，物质微元的惯性速度是在初始系几何下定义的是独立于全局变形(位移)而定义的。一般而言，在拖带坐标系中，它不能由局部位移场定义。基于方程(6-12)，有

$$\sigma^i_j \Big|_j = \frac{\partial \sigma^i_j}{\partial x^j} + \sigma^l_j \Gamma^i_{lj} - \sigma^i_l \widetilde{\Gamma}^l_{jj} \tag{6-21}$$

因此，逆变力的一般运动方程为

$$\frac{\partial \sigma^i_j}{\partial x^j} + \sigma^l_j \Gamma^i_{lj} - \sigma^i_l \left(\Gamma^m_{nj} F^n_j \widetilde{F}^l_m + \widetilde{F}^l_m \frac{\partial F^m_j}{\partial x^j} \right) = \frac{\partial(\rho V^i)}{\partial t} + \rho V^l \frac{\partial V^i}{\partial x^l} \tag{6-22}$$

物理上,这个方程是由线动量守恒导出的。数学上,这个方程是关于初始位形的。事实上,对无限小变形,大多数运动方程都是在此意义下来理解的。人们相信这个方程也意味着角动量守恒自然得到满足。对于大变形或大转动,这个认识是错误的。

取初始位形为标准直角系 $\Gamma_{ij}^{k}=0$,上面的方程可以简化为

$$\frac{\partial\sigma_j^i}{\partial x^j}-\sigma_l^i\left(\widetilde{F}_m^l\frac{\partial F_j^m}{\partial x^j}\right)=\frac{\partial(\rho V^i)}{\partial t}+\rho V^l\frac{\partial V^i}{\partial x^l}\tag{6-23}$$

对于无限小变形,它可以进一步的简化为

$$\frac{\partial\sigma_j^i}{\partial x^j}-\sigma_l^i\frac{\partial\varepsilon_j^l}{\partial x^j}=\frac{\partial(\rho V^i)}{\partial t}+\rho V^l\frac{\partial V^i}{\partial x^l}$$

从而发现,只是在小应力和低速运动情况下,传统的弹性波动方程($V^i\boldsymbol{g}_i^0=\frac{\partial \boldsymbol{u}^i}{\partial t}\boldsymbol{g}_i^0$ 定义为惯性速度)才是正确的,即

$$\frac{\partial\sigma_j^i}{\partial x^j}=\frac{\partial^2(\rho u^i)}{\partial t^2}\tag{6-24}$$

本研究揭示,对于大应力,静态逆变力 $\boldsymbol{f}=f^i\boldsymbol{g}_i^0$ 时,在直角系中,非线性运动方程为

$$\frac{\partial\sigma_j^i}{\partial x^j}-\sigma_l^i\frac{\partial\varepsilon_j^l}{\partial x^j}=f^i\tag{6-25}$$

在 von Karman 的板壳弹性理论中,项 $-\frac{\partial\varepsilon_j^l}{\partial x^i}=-\frac{\partial^2 \boldsymbol{u}^l}{\partial x^j\partial x^i}$ $(l=3;i,j=1,2)$ 被解释为参考板壳(或大变形后板壳)的曲率,因此也可视该方程为 von Karman 方程的推广形式。基于这个曲率解释,可以推论对于大应力下的变形,由变形产生的曲率是必须考虑的。

对流体力学(应力和应变由瞬时变形张量构造),项 $-\sigma_l^i\frac{\partial\varepsilon_j^l}{\partial x^j}$ 对应于 Reynolds 应力。基于上述曲率解释,对涡线型流线 Reynolds 应力是非常显著的。

有必要指出的是,如果使用运动方程 $\frac{\partial\bar{\sigma}_j^i}{\partial x^j}=f^i$ 作为静平衡方程,将要求有条件 $\frac{\partial\sigma_j^i}{\partial x^j}-\sigma_l^i\frac{\partial\varepsilon_j^l}{\partial x^j}=\frac{\partial\bar{\sigma}_j^i}{\partial x^j}$。在这种情况下,应力将是应变和应变梯度的一般函数。作为其后果就是引入非线性本构方程以把应变梯度的贡献包括进来。在这种工程化处理模式下,已经确立了许多非线性弹性理论。对这类非线性弹性理论而言,缺乏逻辑一致性和普遍有效性是突出问题。

6.3.2　协变力平衡方程

对于牛顿惯性力，当前位形下有

$$\boldsymbol{f}=f^{i}\boldsymbol{g}_{i}^{0}=f^{i}g_{ij}^{0}\boldsymbol{g}_{0}^{j} \tag{6-26}$$

利用定义方程 $\boldsymbol{g}_{0}^{i}=F_{j}^{i}\boldsymbol{g}^{j}$ 就可以得到下面方程，即

$$\boldsymbol{f}=g_{ki}^{0}\left[\frac{\partial(\rho V^{k})}{\partial t}+\rho V^{l}\frac{\partial V^{k}}{\partial x^{l}}\right]F_{j}^{i}\boldsymbol{g}^{j} \tag{6-27}$$

引用前面的方程(6-12)，就有

$$\sigma_{j}^{i}\Big|_{i}=\frac{\partial\sigma_{j}^{i}}{\partial x^{i}}+\sigma_{j}^{l}\Gamma_{li}^{i}-\sigma_{l}^{i}\widetilde{\Gamma}_{ji}^{l} \tag{6-28}$$

因此，对于牛顿惯性力，一般形式的协变力平衡方程为

$$\frac{\partial\sigma_{j}^{i}}{\partial x^{i}}+\sigma_{j}^{l}\Gamma_{li}^{i}-\sigma_{l}^{i}\left(\Gamma_{ni}^{m}F_{j}^{n}\widetilde{F}_{m}^{l}+\widetilde{F}_{m}^{l}\frac{\partial F_{j}^{m}}{\partial x^{i}}\right)=g_{ki}^{0}\left[\frac{\partial(\rho V^{k})}{\partial t}+\rho V^{l}\frac{\partial V^{k}}{\partial x^{l}}\right]F_{j}^{i} \tag{6-29}$$

物理上，该方程是由角动量守恒导出的。数学上，该方程是关于最终位形的。在标准直角系中 $\Gamma_{ij}^{k}=0$，可以简化为

$$\frac{\partial\sigma_{j}^{i}}{\partial x^{i}}-\sigma_{l}^{i}\left(\widetilde{F}_{m}^{l}\frac{\partial F_{j}^{m}}{\partial x^{i}}\right)=\left[\frac{\partial(\rho V^{k})}{\partial t}+\rho V^{l}\frac{\partial V^{k}}{\partial x^{l}}\right]F_{j}^{k} \tag{6-30}$$

对于小变形，忽略高阶小量，方程可近似为

$$\frac{\partial\sigma_{j}^{i}}{\partial x^{i}}-\sigma_{l}^{i}\frac{\partial\varepsilon_{j}^{l}}{\partial x^{i}}=\frac{\partial(\rho V^{j})}{\partial t}+\rho V^{l}\frac{\partial V^{j}}{\partial x^{l}} \tag{6-31}$$

仅仅对于小应力和高速运动（等价于高频波），才能得到传统的黏弹性波动方程[57]，即

$$\frac{\partial\sigma_{j}^{i}}{\partial x^{i}}=\frac{\partial(\rho V^{j})}{\partial t}+\rho V^{k}\frac{\partial\varepsilon_{k}^{j}}{\partial t} \tag{6-32}$$

对无限小变形（$F_{j}^{i}\approx\delta_{j}^{i}$），在惯性速度是由材料的特征响应时间 τ 决定并可表达为形式 $V^{i}=V_{0}^{i}\mathrm{e}^{-t/\tau}+\dfrac{\partial u^{i}}{\partial t}$ 时，舍去加速度等高阶小量，方程可以重写为

$$\frac{\partial\sigma_{j}^{i}}{\partial x^{i}}-\rho\mathrm{e}^{-t/\tau}\cdot V_{0}^{k}\frac{\partial\varepsilon_{k}^{j}}{\partial t}=\rho\frac{\partial^{2}u^{j}}{\partial t^{2}} \tag{6-33}$$

如果使用方程 $\dfrac{\partial\bar{\sigma}_{j}^{i}}{\partial x^{j}}=\rho\dfrac{\partial^{2}u^{i}}{\partial t^{2}}$，取代上方程作为瞬时平衡方程（一般在流变学中研究此类问题），则必将要求 $\dfrac{\partial\sigma_{j}^{i}}{\partial x^{i}}-\rho\mathrm{e}^{-t/\tau}\cdot V_{0}^{k}\dfrac{\partial\varepsilon_{k}^{j}}{\partial t}=\dfrac{\partial\bar{\sigma}_{j}^{i}}{\partial x^{i}}$。在这种情况下，应力就是应变和应变率的函数。采用经典运动方程的后果就是必须引入黏弹性本构方程以包含应变率的贡献。但是，这类黏弹性理论在逻辑上不协调，也是不具有普遍性的。

这就使得大变形力学理论的进步非常的磕磕碰碰。事实上，这个论题与工程力学中的疲劳断裂现象是密切相关的。

对于静态问题，大变形的非线性运动方程(体力为静态的 $\boldsymbol{f}=f^i\boldsymbol{g}_i^0=f^i\boldsymbol{g}_{ij}^0\boldsymbol{g}_0^j=f^ig_{ij}^0F_l^j\boldsymbol{g}^l$)在直角系中为

$$\frac{\partial\sigma_j^i}{\partial x^i}-\sigma_l^i\frac{\partial\varepsilon_j^l}{\partial x^i}=f^iF_j^i\approx f^j+f^i\varepsilon_j^i \tag{6-34}$$

它表明，在把初始位形上的逆变力转换为当前位形上的协变力后，大变形的非线性项也就被揭示出来了。

6.3.3 静态变形问题的应力对称性条件

为简单起见，使用直角系作为初始系。对于给定的静态体力 $\boldsymbol{f}=f^i\boldsymbol{g}_i^0$ 协变力平衡方程为

$$\frac{\partial\sigma_i^j}{\partial x^j}-\sigma_l^j\frac{\partial\varepsilon_i^l}{\partial x^j}=f^i+f^j\varepsilon_i^j \tag{6-35}$$

另一方面，逆变力平衡方程为

$$\frac{\partial\sigma_j^i}{\partial x^j}-\sigma_l^i\frac{\partial\varepsilon_j^l}{\partial x^j}=f^i \tag{6-36}$$

它们给出 6 个独立的分量方程，而不是经典理论的 3 个分量方程。

就纯粹的标量分量形式而言，通过简单的两式相加和两式相减，可以得到对称应力和反对称应力的运动方程，即

$$\begin{aligned}
&\frac{1}{2}\frac{\partial(\sigma_j^i+\sigma_i^j)}{\partial x^j}-\frac{1}{2}\left(\sigma_l^i\frac{\partial\varepsilon_j^l}{\partial x^j}+\sigma_l^j\frac{\partial\varepsilon_i^l}{\partial x^j}\right)=f^i+\frac{1}{2}f^j\varepsilon_i^j\\
&\frac{1}{2}\frac{\partial(\sigma_j^i-\sigma_i^j)}{\partial x^j}-\frac{1}{2}\left(\sigma_l^i\frac{\partial\varepsilon_j^l}{\partial x^j}-\sigma_l^j\frac{\partial\varepsilon_i^l}{\partial x^j}\right)=-\frac{1}{2}f^j\varepsilon_i^j
\end{aligned} \tag{6-37}$$

对无限小变形和小应力，它们可以简化为

$$\begin{aligned}
&\frac{1}{2}\frac{\partial(\sigma_j^i+\sigma_i^j)}{\partial x^j}=f^i\\
&\frac{1}{2}\frac{\partial(\sigma_j^i-\sigma_i^j)}{\partial x^j}=0
\end{aligned} \tag{6-38}$$

这样，应力张量是对称的，而且表达为 $\sigma_{ij}=\dfrac{1}{2}(\sigma_j^i+\sigma_i^j)$ 的经典理论形式。这表明对称应力理论只是在一阶近似意义下成立，因此使用经典的格林应力概念 ($\sigma_{ij}=\sigma_{ji}$)，两组运动方程就简化为经典的运动方程，即

$$\frac{1}{2}\frac{\partial(\sigma_j^i+\sigma_i^j)}{\partial x^j}=\frac{\partial\sigma_{ij}}{\partial x^j}=f^i \tag{6-39}$$

对于一般变形，其成立的前提条件是满足下面的逻辑协调性方程(或是误差方程)，即

$$-\sigma_l^i\frac{\partial\varepsilon_i^l}{\partial x^j}=f^j\varepsilon_i^j,\quad -\sigma_l^i\frac{\partial\varepsilon_j^l}{\partial x^j}=0 \tag{6-40}$$

对简单弹性变形，用位移场表出的逻辑协调性条件为

$$-\lambda\frac{\partial u^l}{\partial x^l}\frac{\partial^2 u^j}{\partial x^i\partial x^j}-2\mu\frac{\partial u^j}{\partial x^l}\frac{\partial^2 u^l}{\partial x^i\partial x^j}=f^j\frac{\partial u^j}{\partial x^i}$$

$$-\lambda\frac{\partial u^l}{\partial x^l}\frac{\partial^2 u^i}{\partial x^j\partial x^j}-2\mu\frac{\partial u^i}{\partial x^l}\frac{\partial^2 u^l}{\partial x^j\partial x^j}=0 \tag{6-41}$$

可以看出，逻辑协调性条件成立与否取决于材料物性参数和体力。这样就产生了一个逻辑悖论：材料物性取决于变形和体力。事实上，在工程力学中以非线性弹性的名义，这个悖论已经被广泛的接受[45]。

因此，一个逻辑性的结论就是理性的、大变形的非线性运动方程是不能基于对称应力应变概念来建立而又在逻辑上协调。对大变形或大应力，应力不是对称的。这个问题目前已经被认识到了，也是期刊上的热点理论问题之一。

6.3.4　静态变形非线性运动方程的简化

取初始系为直角系，利用本构方程 $\sigma_i^j=(\lambda\delta_i^j\delta_k^l+2\mu\delta_i^l\delta_k^j)\varepsilon_l^k$，有

$$\begin{aligned}&\frac{\partial\sigma_j^i}{\partial x^j}-(\lambda\delta_l^i\delta_m^n+2\mu\delta_m^i\delta_l^n)\varepsilon_n^m\frac{\partial\varepsilon_j^l}{\partial x^j}\\&=\frac{\partial\sigma_j^i}{\partial x^j}-\left(\lambda\varepsilon_m^m\frac{\partial\varepsilon_j^i}{\partial x^j}+2\mu\varepsilon_n^i\frac{\partial\varepsilon_j^n}{\partial x^j}\right)\\&=\left(\lambda\frac{\partial\varepsilon_m^m}{\partial x^i}+2\mu\frac{\partial\varepsilon_j^i}{\partial x^j}\right)-\left(\lambda\varepsilon_m^m\frac{\partial\varepsilon_j^i}{\partial x^j}+2\mu\varepsilon_n^i\frac{\partial\varepsilon_j^n}{\partial x^j}\right)\\&\frac{\partial\sigma_i^j}{\partial x^j}-(\lambda\delta_l^j\delta_m^n+2\mu\delta_m^j\delta_l^n)\varepsilon_n^m\frac{\partial\varepsilon_i^l}{\partial x^j}\\&=\frac{\partial\sigma_i^j}{\partial x^j}-\left(\lambda\varepsilon_m^m\frac{\partial\varepsilon_i^j}{\partial x^j}+2\mu\varepsilon_n^j\frac{\partial\varepsilon_i^n}{\partial x^j}\right)\\&=\left(\lambda\frac{\partial\varepsilon_m^m}{\partial x^i}+2\mu\frac{\partial\varepsilon_i^j}{\partial x^j}\right)-\left(\lambda\varepsilon_m^m\frac{\partial\varepsilon_i^j}{\partial x^j}+2\mu\varepsilon_n^j\frac{\partial\varepsilon_i^n}{\partial x^j}\right)\end{aligned} \tag{6-42}$$

用应变形式表示的大变形非线性运动方程为

$$\left(\lambda\frac{\partial\varepsilon_m^m}{\partial x^i}+2\mu\frac{\partial\varepsilon_j^i}{\partial x^j}\right)-\left(\lambda\varepsilon_m^m\frac{\partial\varepsilon_j^i}{\partial x^j}+2\mu\varepsilon_n^i\frac{\partial\varepsilon_j^n}{\partial x^j}\right)=f^i$$

$$\left(\lambda\frac{\partial\varepsilon_m^m}{\partial x^i}+2\mu\frac{\partial\varepsilon_i^j}{\partial x^j}\right)-\left(\lambda\varepsilon_m^m\frac{\partial\varepsilon_i^j}{\partial x^j}+2\mu\varepsilon_n^j\frac{\partial\varepsilon_i^n}{\partial x^j}\right)=f^i+f^j\varepsilon_i^j \tag{6-43}$$

两式相加可以得到下式，即

$$\left[\lambda \frac{\partial \varepsilon_m^m}{\partial x^i}+\mu \frac{\partial(\varepsilon_j^i+\varepsilon_i^j)}{\partial x^j}\right]-\left[\frac{1}{2}\lambda\varepsilon_m^m \frac{\partial(\varepsilon_j^i+\varepsilon_i^j)}{\partial x^j}+\mu \frac{\partial(\varepsilon_n^j\varepsilon_i^n)}{\partial x^j}\right]=f^i+\frac{1}{2}f^j\varepsilon_i^j$$

两式相减可以得到下式，即

$$2\mu \frac{\partial(\varepsilon_j^i-\varepsilon_i^j)}{\partial x^j}-\left[\lambda\varepsilon_m^m \frac{\partial(\varepsilon_j^i-\varepsilon_i^j)}{\partial x^j}+2\mu\left(\varepsilon_n^i \frac{\partial\varepsilon_j^n}{\partial x^j}-\varepsilon_n^j \frac{\partial\varepsilon_i^n}{\partial x^j}\right)\right]=-f^j\varepsilon_i^j \tag{6-44}$$

因此，对经典的格林应变 $\varepsilon_{ij}=\frac{1}{2}(\varepsilon_j^i+\varepsilon_i^j)$ 和 *Stokes* 应变 $\omega_{ij}=\frac{1}{2}(\varepsilon_j^i-\varepsilon_i^j)$，非线性运动方程为

$$\left[\lambda \frac{\partial \varepsilon_{mm}}{\partial x^i}+2\mu \frac{\partial \varepsilon_{ij}}{\partial x^j}\right]-\left[\lambda\varepsilon_{mm} \frac{\partial \varepsilon_{ij}}{\partial x^j}+\mu \frac{\partial(\varepsilon_n^j\varepsilon_i^n)}{\partial x^j}\right]=f^i+\frac{1}{2}f^j\varepsilon_i^j$$

$$2\mu \frac{\partial \omega_{ij}}{\partial x^j}-\left[\lambda\varepsilon_{mm} \frac{\partial \omega_{ij}}{\partial x^j}+2\mu\left(\varepsilon_n^i \frac{\partial\varepsilon_j^n}{\partial x^j}-\varepsilon_n^j \frac{\partial\varepsilon_i^n}{\partial x^j}\right)\right]=-f^j\varepsilon_i^j \tag{6-45}$$

它们的线性形式为

$$\lambda \frac{\partial \varepsilon_{mm}}{\partial x^i}+2\mu \frac{\partial \varepsilon_{ij}}{\partial x^j}=f^i+\frac{1}{2}f^j(\varepsilon_{ji}+\omega_{ji})$$

$$2\mu \frac{\partial \omega_{ij}}{\partial x^j}=-f^j(\varepsilon_{ji}+\omega_{ji}) \tag{6-46}$$

以上结果表明，对称张量和反对称张量分解在数学求解意义上带来的简化并不多。

下面采用陈至达 $S+R$ 分解来考查运动方程的其他形式。

对于一般变形 $F_i^j=S_i^j+R_i^j=\delta_i^j+\varepsilon_i^j$，运动方程为

$$\left(\lambda \frac{\partial R_m^m}{\partial x^i}+2\mu \frac{\partial R_j^i}{\partial x^j}\right)-\left[\lambda(R_m^m-3)\frac{\partial R_j^i}{\partial x^j}+2\mu(R_n^i-\delta_n^i)\frac{\partial R_j^n}{\partial x^j}\right]$$

$$+\left(\lambda \frac{\partial S_m^m}{\partial x^i}+2\mu \frac{\partial S_j^i}{\partial x^j}\right)-\left(\lambda S_m^m \frac{\partial S_j^i}{\partial x^j}+2\mu S_n^i \frac{\partial S_j^n}{\partial x^j}\right)=f^i$$

$$\left(\lambda \frac{\partial R_m^m}{\partial x^i}+2\mu \frac{\partial R_i^j}{\partial x^j}\right)-\left[\lambda(R_m^m-3)\frac{\partial R_i^j}{\partial x^j}+2\mu(R_n^j-\delta_n^j)\frac{\partial R_i^n}{\partial x^j}\right]$$

$$+\left(\lambda \frac{\partial S_m^m}{\partial x^i}+2\mu \frac{\partial S_i^j}{\partial x^j}\right)-\left(\lambda S_m^m \frac{\partial S_i^j}{\partial x^j}+2\mu S_n^j \frac{\partial S_i^n}{\partial x^j}\right)=f^j(S_i^j+R_i^j) \tag{6-47}$$

有 6 个独立量需要确定。由于独立方程数是 6 个，求解是没有原则性问题的。对于特殊情况，应该还能有进一步的简化。

1. 没有局部转动的非线性运动方程

对于变形 $F_i^j=S_i^j+R_i^j\approx S_i^j+\delta_i^j$，平均意义上的可以把上面的方程合并成为一个方程，即

$$\left(\lambda\frac{\partial S_m^m}{\partial x^i}+2\mu\frac{\partial S_i^j}{\partial x^j}\right)-\left[\lambda S_m^m\frac{\partial S_i^j}{\partial x^j}+2\mu\frac{\partial(S_n^jS_i^n)}{\partial x^j}\right]=f^i+\frac{1}{2}f^jS_i^j \tag{6-48}$$

但是，对于大伸张，局部转动的影响是难于忽略的。

2. 没有内在伸张的非线性运动方程

另一方面，对于纯粹的弯曲变形($S_j^i=0$ 内在伸张为零)$F_j^i=R_j^i$，运动方程为

$$\left(\lambda\frac{\partial R_m^m}{\partial x^i}+2\mu\frac{\partial R_j^i}{\partial x^j}\right)-\left[\lambda(R_m^m-3)\frac{\partial R_j^i}{\partial x^j}+2\mu(R_n^i-\delta_n^i)\frac{\partial R_j^n}{\partial x^j}\right]=f^i$$

$$\left(\lambda\frac{\partial R_m^m}{\partial x^i}+2\mu\frac{\partial R_i^j}{\partial x^j}\right)-\left[\lambda(R_m^m-3)\frac{\partial R_i^j}{\partial x^j}+2\mu(R_n^j-\delta_n^j)\frac{\partial R_i^n}{\partial x^j}\right]=f^jR_i^j \tag{6-49}$$

注意到，对于单位正交转动张量 $F_j^i=R_j^i$，在直角系中，忽略高阶小量可以简化为

$$\frac{\partial\sigma_j^i}{\partial x^j}=f^i$$

$$\frac{\partial\sigma_i^j}{\partial x^j}=f^jR_i^j \tag{6-50}$$

利用两式相减，由它们可以构造非线性运动方程，即

$$\frac{\partial(\sigma_j^i-\sigma_i^j)}{\partial x^j}=-f^j(R_i^j-\delta_i^j) \tag{6-51}$$

利用本构方程，可以写为

$$2\mu\frac{\partial(R_j^i-R_i^j)}{\partial x^j}=-f^j(R_i^j-\delta_i^j) \tag{6-52}$$

注意到 $R_i^j=\delta_i^j+\sin\Theta\cdot L_i^j+(1-\cos\Theta)L_k^jL_i^k$，从而存在下列几何方程，即

$$\frac{1}{2}\frac{\partial(R_j^i+R_i^j)}{\partial x^j}=\frac{\partial[(1-\cos\Theta)L_l^iL_j^l]}{\partial x^j}$$

$$\frac{1}{2}\frac{\partial(R_j^i-R_i^j)}{\partial x^j}=\frac{\partial(\sin\Theta L_j^i)}{\partial x^j}$$

$$R_l^i\frac{\partial R_j^l}{\partial x^j}+R_j^l\frac{\partial R_l^i}{\partial x^j}=\frac{\partial(R_l^iR_j^l)}{\partial x^j}=\frac{\partial(R_i^lR_j^l)}{\partial x^j}=\frac{\partial\delta_{ij}}{\partial x^j}=0 \tag{6-53}$$

$$R_m^m-\delta_m^m=-2(1-\cos\Theta)$$

利用这几个几何方程，方程(6-52)可以重写为

$$2\mu\frac{\partial(\sin\Theta\cdot L_j^i)}{\partial x^j}=-\frac{1}{2}f^j[\sin\Theta\cdot L_i^j+(1-\cos\Theta)L_l^jL_i^l] \tag{6-54}$$

另一方面，利用两式相加，还有另一组非线性方程，即

$$2\lambda\frac{\partial\cos\Theta}{\partial x^i}+2\mu\frac{\partial[(1-\cos\Theta)L_l^iL_j^l]}{\partial x^j}=f^i+\frac{1}{2}f^j[\sin\Theta\cdot L_i^j+(1-\cos\Theta)L_l^jL_i^l] \tag{6-55}$$

以上两组方程表明，要产生单纯的局部转动，对体力或初始应力条件的要求是很苛刻的。因此，对一般变形，内在伸张是不可舍去的。实际上，对于微小的 Θ，$(1-\cos\Theta)$ 是高阶小量，虽然对求近似解而言可以忽略，但是它恰恰是疲劳断裂及失稳的根本机制。

对于给定物性参数 μ，方程 (6-54) 足于确定一个解。如果得到了这样的一个解，那么方程(6-55) 将“确定”可以接受的物性参数 λ。换句话说，为使经典近似成立，必须调整物性参数来代替实际存在的方程(6-55)。这就是目前经典断裂力学的现状。

要克服这样一个过度定解的问题，一个办法是把它们合并成一组方程(加法)，即

$$2\lambda\frac{\partial\cos\Theta}{\partial x^i}+2\mu\frac{\partial(\sin\Theta\cdot L_j^i)}{\partial x^j}+2\mu\frac{\partial[(1-\cos\Theta)L_l^iL_j^l]}{\partial x^j}=f^i \tag{6-56}$$

把它与经典运动方程 $\frac{\partial\sigma_{ij}}{\partial x^j}=f^i$ 比较，对于没有内在伸张的单纯弯曲变形，本构方程可以写为

$$\sigma_{ij}=2\lambda\cos\Theta\delta_j^i+2\mu(R_j^i-\delta_j^i) \tag{6-57}$$

它有一个等价的各性同性初始应力，但是纯粹弯曲变形的应力场是非对称的。

对于无限小弯曲，略去高阶无限小量，方程 (6-56) 可以简化为

$$2\lambda\frac{\partial\cos\Theta}{\partial x^i}+2\mu\frac{\partial(\sin\Theta\cdot L_j^i)}{\partial x^j}=f^i \tag{6-58}$$

这个方程是高度非线性的。

还有一个办法来克服过度定解的问题，这就是引入一个对称应力作为不可或缺的内在伸张效应。因此，把没有内在伸张的纯粹弯曲变形的本构方程定义为

$$\sigma_i^j=\sigma_{ij}^0+(\lambda\delta_i^j\delta_k^l+2\mu\delta_i^l\delta_k^j)(R_l^k-\delta_l^k) \tag{6-59}$$

在这种工程化处理中，对称应力 σ_{ij}^0 应被称为初始应力，而且应看成是物性参数。

这样，第 2 组非线性运动方程就可以改写为

$$\begin{aligned}&\frac{\partial\sigma_{ij}^0}{\partial x^j}+2\lambda\frac{\partial\cos\Theta}{\partial x^j}+2\mu\frac{\partial[(1-\cos\Theta)L_l^iL_j^l]}{\partial x^j}\\&=\frac{1}{2}f^i+f^j[\sin\Theta\cdot L_i^j+(1-\cos\Theta)L_l^jL_i^l]\end{aligned} \tag{6-60}$$

对于无限小变形，舍去高阶小量，该方程可以简化为

$$\frac{\partial\sigma_{ij}^0}{\partial x^j}+2\lambda\frac{\partial\cos\Theta}{\partial x^j}=\frac{1}{2}f^i+f^j(\sin\Theta\cdot L_i^j) \tag{6-61}$$

在流体力学中，对于涡动，对称应力 σ_{ij}^0 被称为动态压力；在固体力学中，它被解释为由局部弯曲产生的疲劳应力。事实上，它也可以被解释为塑性残留应力。

总结以上讨论，没有内在伸张的非线性运动方程为

$$2\mu\frac{\partial(\sin\Theta\cdot L^i_j)}{\partial x^j}=-\frac{1}{2}f^j[\sin\Theta\cdot L^j_i+(1-\cos\Theta)L^j_lL^l_i]$$

$$\frac{\partial\sigma^0_{ij}}{\partial x^j}=\frac{1}{2}f^i+f^j(\sin\Theta\cdot L^j_i)-2\lambda\frac{\partial\cos\Theta}{\partial x^j}\tag{6-62}$$

第 1 组用来得到解，第 2 组用来得到残存应力或疲劳应力。

3. 一般变形的非线性运动方程

对于一般情况，非线性运动方程形式为

$$2\lambda\frac{\partial\cos\Theta}{\partial x^i}+[2\mu+2\lambda(1-\cos\Theta)+2\mu]\frac{\partial[(1-\cos\Theta)L^i_lL^l_j]}{\partial x^j}$$

$$+\left(\lambda\frac{\partial S^m_m}{\partial x^i}+2\mu\frac{\partial S^i_j}{\partial x^j}\right)-\left(\lambda S^m_m\frac{\partial S^i_j}{\partial x^j}+2\mu S^i_n\frac{\partial S^n_j}{\partial x^j}\right)=\frac{1}{2}f^i+\frac{1}{2}f^j(S^j_i+R^j_i)$$

$$[2\mu+2\lambda(1-\cos\Theta)+2\mu]\frac{\partial(\sin\Theta\cdot L^i_j)}{\partial x^j}-2\mu R^i_n\frac{\partial R^n_j}{\partial x^j}$$

$$=-\frac{1}{2}f^j[S^j_i+\sin\Theta\cdot L^j_i+(1-\cos\Theta)L^j_lL^l_i]\tag{6-63}$$

在数学上，两者间是弱耦合的。总结以上讨论，基于陈至达的 S+R 分解，把一般变形看成是两个相对独立的变形的叠加。对无限小转动，$R^i_j\approx\delta^i_j$，方程(6-63)第二式可以进一步简化为

$$[2\mu+2\lambda(1-\cos\Theta)]\frac{\partial(\sin\Theta\cdot L^i_j)}{\partial x^j}-2\mu\frac{\partial[(1-\cos\Theta)L^i_lL^l_j]}{\partial x^j}$$

$$=-\frac{1}{2}f^j[S^j_i+\sin\Theta\cdot L^j_i+(1-\cos\Theta)L^j_lL^l_i]\tag{6-64}$$

对于无限小转动 $R^i_j\approx\delta^i_j$，舍去与转动有关的高阶无限小量，最简单的大变形非线性运动方程为

$$\left(\lambda\frac{\partial S^m_m}{\partial x^i}+2\mu\frac{\partial S^i_j}{\partial x^j}\right)-\left(\lambda S^m_m\frac{\partial S^i_j}{\partial x^j}+2\mu S^i_n\frac{\partial S^n_j}{\partial x^j}\right)=f^i+\frac{1}{2}f^jS^j_i-2\lambda\frac{\partial\cos\Theta}{\partial x^i}$$

$$2\mu\frac{\partial(\sin\Theta\cdot L^i_j)}{\partial x^j}=-\frac{1}{2}f^j(S^j_i+\sin\Theta\cdot L^j_i)\tag{6-65}$$

这个弱偶合形式体现了 S+R 分解的优点。

容易验证，满足方程(6-65)第一式的内在伸张有一项力是源于局部转动；局部转动角和转动方位满足方程(6-65)第二式，有一项力是源于内在伸张；作为一个逻辑推论，$S^i_j+R^i_j$ 分解大大地简化了运动方程；尽管格林应变 ε_{ij} 和 Stokes 应变 ω_{ij} 可以满足经典的线性运动方程，但是对大变形它们无法独立的满足运动方程。因此，$\varepsilon_{ij}+\omega_{ij}$ 分解是不独立的。事实上，这个问题是大家熟知的。这也是提出新理

论的客观背景。

在经典弹性理论中，位移解的获得是需要引入附加的协调方程的。这类协调性方程源于对称变形条件，这等价于忽略局部转动(弯曲)。

6.3.5 在保守力下的运动方程

对于由位场产生的体力 $\boldsymbol{q}=\frac{\partial\varphi}{\partial x^i}\boldsymbol{g}^i$，运动方程为

$$\sigma_i^j\Big|_j=\frac{\partial\sigma_i^j}{\partial x^j}+\sigma_i^l\Gamma_{lj}^j-\sigma_l^j\left(\Gamma_{ni}^m F_i^n\widetilde{F}_m^l+\widetilde{F}_m^l\frac{\partial F_i^m}{\partial x^j}\right)=\frac{\partial\varphi}{\partial x^i} \tag{6-66}$$

因为 $\boldsymbol{g}^i=\widetilde{F}_j^i\boldsymbol{g}_0^j=\widetilde{F}_j^i g_0^{jl}\boldsymbol{g}_l^0$，另一组方程为

$$\sigma_j^i\Big|_j=\frac{\partial\sigma_j^i}{\partial x^j}+\sigma_j^l\Gamma_{lj}^i-\sigma_l^i\left(\Gamma_{nj}^m F_j^n\widetilde{F}_m^l+\widetilde{F}_m^l\frac{\partial F_j^m}{\partial x^j}\right)=g_0^{li}\widetilde{F}_l^j\frac{\partial\varphi}{\partial x^j} \tag{6-67}$$

取初始位形为直角系，以使 $\Gamma_{ij}^k=0$，上面的两组方程就简化为

$$\frac{\partial\sigma_i^j}{\partial x^j}-\sigma_l^j\left(\widetilde{F}_m^l\frac{\partial F_i^m}{\partial x^j}\right)=\frac{\partial\varphi}{\partial x^i}$$

$$\frac{\partial\sigma_j^i}{\partial x^j}-\sigma_l^i\left(\widetilde{F}_m^l\frac{\partial F_j^m}{\partial x^j}\right)=\widetilde{F}_i^j\frac{\partial\varphi}{\partial x^j} \tag{6-68}$$

对于小变形，舍去高阶小量，它们可以近似为

$$\frac{\partial\sigma_i^j}{\partial x^j}-\sigma_l^j\frac{\partial\varepsilon_i^l}{\partial x^j}=\frac{\partial\varphi}{\partial x^i}$$

$$\frac{\partial\sigma_j^i}{\partial x^j}-\sigma_l^i\frac{\partial\varepsilon_j^l}{\partial x^j}=\frac{\partial\varphi}{\partial x^i}-\varepsilon_i^j\frac{\partial\varphi}{\partial x^j} \tag{6-69}$$

对于方程的左边，应用与前面类似的简单代数处理方法，就可以得到大变形非线性运动方程的最简化形式，即

$$\left(\lambda\frac{\partial S_m^m}{\partial x^i}+2\mu\frac{\partial S_j^i}{\partial x^j}\right)-\left(\lambda S_m^m\frac{\partial S_j^i}{\partial x^j}+2\mu S_n^i\frac{\partial S_j^n}{\partial x^j}\right)=\frac{\partial\varphi}{\partial x^i}-\frac{1}{2}\frac{\partial\varphi}{\partial x^j}S_i^j-2\lambda\frac{\partial\cos\Theta}{\partial x^i}$$

$$2\mu\frac{\partial(\sin\Theta\cdot L_j^i)}{\partial x^j}=\frac{1}{2}\frac{\partial\varphi}{\partial x^j}(S_i^j+\sin\Theta\cdot L_i^j) \tag{6-70}$$

值的指出的是，曲率效应项 $-\sigma_l^j\frac{\partial\varepsilon_i^l}{\partial x^j}$ 和 $-\sigma_l^i\frac{\partial\varepsilon_j^l}{\partial x^j}$ 已经在非线性方程中出现很长时间了，但是未能把应变分解为内在伸张和局部转动是个致命缺陷。因为在工程中，这个缺陷是通过引入一系列的转动矩或弯矩平衡方程来克服的。因局部转动的确含有内在伸张，因此通过 Kirchhoff 假设，取当前位形为参考位形，局部转动就直接的被相对于参考位形的相对转动来代替。这个方法基本上是正确的，对称应力下的悖论和局部转动(与力偶相联系)就没有被力学界看成是严重的理论问

题。然而，一旦要研究动力稳定性问题，这类基础理论性问题就暴露出来了。

总结以上结果，通过引入 S+R 分解，非线性就深埋于局部转动参数中。有了这个办法，才能得到最简单形式的大变形非线性运动方程。观察该方程可以看出，即便是只取位移梯度的线性项，运动方程依然是关于位移梯度为非线性的。这也显示了 S+R 分解的优点。

6.4　曲线系中的一般运动方程

作为前面的一般运动方程的应用，对于杆、板、壳的大弯曲变形下的运动方程是本部分的主题。

一般而言，对此类弯曲变形，中面(或中线)是作为参考位形的，这就是广为使用的 Kirchhoff 假设。在本书中，Kirchhoff 假设等价于如下假设，即

$$S^i_j=0,\quad F^i_j=R^i_j(\Theta),\quad \text{中面弯曲变形} \tag{6-71}$$

中面的伸张变形为

$$F^i_j=\delta^i_j+S^i_j \tag{6-72}$$

实际变形被假设为上面两个变形的叠加。通过这个办法来实现内在伸张和局部转动的分解，这个分解显然是普遍有效的。

6.4.1　一般形式的运动方程

不失一般性，假定静态体力的形式为 $\boldsymbol{f}=f^i\boldsymbol{g}^0_i=f^ig^0_{ij}\boldsymbol{g}^j_0=f^ig^0_{ij}F^j_l\boldsymbol{g}^l=f_l\boldsymbol{g}^l$。应用前面的结果，参照式(6-66)和式(6-67)，非线性运动方程可以写为

$$\begin{aligned}&\frac{\partial\sigma^i_j}{\partial x^j}+\sigma^l_j\Gamma^i_{lj}-\sigma^i_l\left(\Gamma^m_{nj}F^n_j\widetilde{F}^l_m+\widetilde{F}^l_m\frac{\partial F^m_j}{\partial x^j}\right)=f^i\\&\frac{\partial\sigma^j_i}{\partial x^j}+\sigma^l_i\Gamma^j_{lj}-\sigma^j_l\left(\Gamma^m_{nj}F^n_i\widetilde{F}^l_m+\widetilde{F}^l_m\frac{\partial F^m_i}{\partial x^j}\right)=f^lg^0_{lm}F^m_i\end{aligned} \tag{6-73}$$

对于小变形 $F^i_j=\delta^i_j+\varepsilon^i_j$，作为其低价近似有 $\widetilde{F}^i_j\approx\delta^i_j-\varepsilon^i_j$，因此有如下等式，即

$$F^i_j\widetilde{F}^k_l\approx(\delta^i_j+\varepsilon^i_j)(\delta^k_l-\varepsilon^k_l)\approx\delta^i_j\delta^k_l+\varepsilon^i_j\delta^k_l-\delta^i_j\varepsilon^k_l \tag{6-74}$$

把它们代入一般方程，舍去高阶小量，就得到下面的运动方程，即

$$\begin{aligned}&\frac{\partial\sigma^i_j}{\partial x^j}+\sigma^l_j\Gamma^i_{lj}-\sigma^i_l\left(\Gamma^l_{jj}+\Gamma^l_{nj}\varepsilon^n_j-\Gamma^m_{jj}\varepsilon^l_m+\frac{\partial\varepsilon^l_j}{\partial x^j}\right)=f^i\\&\frac{\partial\sigma^j_i}{\partial x^j}+\sigma^l_i\Gamma^j_{lj}-\sigma^j_l\left(\Gamma^l_{ij}+\Gamma^l_{nj}\varepsilon^n_i-\Gamma^m_{ij}\varepsilon^l_m+\frac{\partial\varepsilon^l_i}{\partial x^j}\right)=f^lg^0_{li}+f^lg^0_{lm}\varepsilon^m_i\end{aligned} \tag{6-75}$$

如果关于 ε^i_j 应变线性化，也就是引用 S+R 分解，它们可以被重写为

$$\frac{\partial\sigma^i_j}{\partial x^j}+\sigma^l_j\Gamma^i_{lj}-\sigma^i_l\left(\Gamma^l_{jj}+\Gamma^l_{nj}S^n_j-\Gamma^m_{jj}S^l_m+\frac{\partial S^l_j}{\partial x^j}\right)$$

$$-\sigma_l^i\left[\Gamma_{nj}^l(R_j^n-\delta_j^n)-\Gamma_{jj}^m(R_m^l-\delta_m^l)+\frac{\partial R_j^l}{\partial x^j}\right]=f^i$$

$$\frac{\partial\sigma_i^j}{\partial x^j}+\sigma_i^l\Gamma_{lj}^j-\sigma_l^j\left(\Gamma_{ij}^l+\Gamma_{nj}^lS_i^n-\Gamma_{ij}^mS_m^l+\frac{\partial S_i^l}{\partial x^j}\right)$$

$$-\sigma_l^j\left[\Gamma_{nj}^l(R_i^n-\delta_i^n)-\Gamma_{ij}^m(R_m^l-\delta_m^l)+\frac{\partial R_i^l}{\partial x^j}\right]=f^lg_{lm}^0(S_i^m+R_i^m)\tag{6-76}$$

其中，$-\sigma_l^i\dfrac{\partial\varepsilon_j^l}{\partial x^j}$ 是与初始位形坐标选择无关的，因此这类非线性项是内在的、是普适的；$\sigma_l^i(\Gamma_{nj}^lS_j^n-\Gamma_{jj}^mS_m^l)$是与变形能量联系在一起的，因此可以把非线性与塑性联系起来。

1. 分解为 S+R 形式

把应力分解为 $\sigma_j^i=\sigma_{Sj}^i+\sigma_{Rj}^i$，令它们分别对应于两种变形，把它们代入应力方程，就有

$$\frac{\partial\sigma_{Sj}^i}{\partial x^j}+\sigma_{Sj}^l\Gamma_{lj}^i-\sigma_{Sl}^i\Gamma_{jj}^l-(\sigma_{Sl}^i+\sigma_{Rl}^i)\left(\Gamma_{nj}^lS_j^n-\Gamma_{jj}^mS_m^l+\frac{\partial S_j^l}{\partial x^j}\right)$$
$$+\frac{\partial\sigma_{Rj}^i}{\partial x^j}+\sigma_{Rj}^l\Gamma_{lj}^i-\sigma_{Rl}^i\Gamma_{jj}^l-(\sigma_{Sl}^i+\sigma_{Rl}^i)\left[\Gamma_{nj}^l(R_j^n-\delta_j^n)-\Gamma_{jj}^m(R_m^l-\delta_m^l)+\frac{\partial R_j^l}{\partial x^j}\right]=f^i$$
$$\frac{\partial\sigma_{Si}^j}{\partial x^j}+\sigma_{Si}^l\Gamma_{lj}^j-\sigma_{Sl}^j\Gamma_{ij}^l-(\sigma_{Sl}^j+\sigma_{Rl}^j)\left(\Gamma_{nj}^lS_i^n-\Gamma_{ij}^mS_m^l+\frac{\partial S_i^l}{\partial x^j}\right)$$
$$+\frac{\partial\sigma_{Ri}^j}{\partial x^j}+\sigma_{Ri}^l\Gamma_{lj}^j-\sigma_{Rl}^j\Gamma_{ij}^l-(\sigma_{Sl}^j+\sigma_{Rl}^j)\left[\Gamma_{nj}^l(R_i^n-\delta_i^n)-\Gamma_{ij}^m(R_m^l-\delta_m^l)+\frac{\partial R_i^l}{\partial x^j}\right]$$
$$=f^lg_{lm}^0(S_i^m+R_i^m)\tag{6-77}$$

其中，$\sigma_{Si}^j=(\lambda\delta_i^j\delta_k^l+2\mu\delta_i^l\delta_k^j)S_l^k$；$\sigma_{Ri}^j=(\lambda\delta_i^j\delta_k^l+2\mu\delta_i^l\delta_k^j)(R_l^k-\delta_l^k)$。

2. S 类主导变形的运动方程

S 类变形主导的变形给出两组运动方程，即

$$\frac{\partial\sigma_{Sj}^i}{\partial x^j}+\sigma_{Sj}^l\Gamma_{lj}^i-\sigma_{Sl}^i\Gamma_{jj}^l-(\sigma_{Sl}^i+\sigma_{Rl}^i)\left(\Gamma_{nj}^lS_j^n-\Gamma_{jj}^mS_m^l+\frac{\partial S_j^l}{\partial x^j}\right)=f_S^i\tag{6-78}$$

$$\frac{\partial\sigma_{Si}^j}{\partial x^j}+\sigma_{Si}^l\Gamma_{lj}^j-\sigma_{Sl}^j\Gamma_{ij}^l-(\sigma_{Sl}^j+\sigma_{Rl}^j)\left(\Gamma_{nj}^lS_i^n-\Gamma_{ij}^mS_m^l+\frac{\partial S_i^l}{\partial x^j}\right)=f_S^lg_{lm}^0(S_i^m+R_i^m)\tag{6-79}$$

其中

$$f_S^i=f^i-\left\{\frac{\partial\sigma_{Rj}^i}{\partial x^j}+\sigma_{Rj}^l\Gamma_{lj}^i-\sigma_{Rl}^i\Gamma_{jj}^l-(\sigma_{Sl}^i+\sigma_{Rl}^i)\left[\Gamma_{nj}^l(R_j^n-\delta_j^n)-\Gamma_{jj}^m(R_m^l-\delta_m^l)+\frac{\partial R_j^l}{\partial x^j}\right]\right\}\tag{6-80}$$

对于给定的局部转动张量，可以用来得到内在伸张张量的 6 个分量。一般而言，它们是不能表达为位移场的(因为内在伸张含有局部转动的贡献)。

3. R 类主导变形的运动方程

R 类变形主导的变形给出的两组运动方程为

$$\frac{\partial\sigma_{Rj}^{i}}{\partial x^{j}}+\sigma_{Rj}^{l}\Gamma_{lj}^{i}-\sigma_{Rl}^{i}\Gamma_{jj}^{l}-(\sigma_{Sl}^{i}+\sigma_{Rl}^{i})\left[\Gamma_{nj}^{l}(R_{j}^{n}-\delta_{j}^{n})-\Gamma_{jj}^{m}(R_{m}^{l}-\delta_{m}^{l})+\frac{\partial R_{j}^{l}}{\partial x^{j}}\right]=f_{R}^{i}$$

$$\frac{\partial\sigma_{R}{}_{i}^{j}}{\partial x^{j}}+\sigma_{R}{}_{i}^{l}\Gamma_{lj}^{j}-\sigma_{R}{}_{l}^{j}\Gamma_{ij}^{l}-(\sigma_{Sl}^{j}+\sigma_{R}{}_{l}^{j})\left[\Gamma_{nj}^{l}(R_{i}^{n}-\delta_{i}^{n})-\Gamma_{ij}^{m}(R_{m}^{l}-\delta_{m}^{l})+\frac{\partial R_{i}^{l}}{\partial x^{j}}\right]$$
$$=f_{R}^{l}g_{lm}^{0}(S_{i}^{m}+R_{i}^{m}) \tag{6-81}$$

其中

$$f_{R}^{i}=f^{i}-\left\{\frac{\partial\sigma_{Sj}^{i}}{\partial x^{j}}+\sigma_{S}{}_{j}^{l}\Gamma_{lj}^{i}-\sigma_{Sl}^{i}\Gamma_{jj}^{l}-(\sigma_{Sl}^{i}+\sigma_{Rl}^{i})\left(\Gamma_{nj}^{l}S_{j}^{n}-\Gamma_{jj}^{m}S_{m}^{l}+\frac{\partial S_{j}^{l}}{\partial x^{j}}\right)\right\} \tag{6-82}$$

对于给定的内在伸张应变张量，它们可以确定转动张量的 3 个参数量和初始应力张量(3 个独立参数)。一般而言，它们也不能表达为位移场的形式。

4. 工程力学上如何求解运动方程

在工程力学中，对于变形分解 $F_{j}^{i}=S_{j}^{i}+R_{j}^{i}$，应用 Kirchhoff 假设于 R 主导的弯曲变形，其一般求解方法如下。

①对于 $F_{j}^{i}=R_{j}^{i}$ 的中面变形，取内在应变引出初始应力，使用修改后的本构方程 $\sigma_{j}^{i}=\sigma_{Sj}^{i}+(\lambda\delta_{j}^{i}\delta_{l}^{k}+2\mu\delta_{l}^{i}\delta_{j}^{k})(R_{k}^{l}-\delta_{k}^{l})$，求解运动方程，即

$$\frac{\partial\sigma_{j}^{i}}{\partial x^{j}}+\sigma_{j}^{l}\Gamma_{lj}^{i}-\sigma_{l}^{i}\Gamma_{jj}^{l}-\sigma_{l}^{i}\left[\Gamma_{nj}^{l}(R_{j}^{n}-\delta_{j}^{n})-\Gamma_{jj}^{m}(R_{m}^{l}-\delta_{m}^{l})+\frac{\partial R_{j}^{l}}{\partial x^{j}}\right]=f^{i}$$

$$\frac{\partial\sigma_{i}^{j}}{\partial x^{j}}+\sigma_{i}^{l}\Gamma_{lj}^{j}-\sigma_{l}^{j}\Gamma_{ij}^{l}-\sigma_{l}^{j}\left[\Gamma_{nj}^{l}(R_{i}^{n}-\delta_{i}^{n})-\Gamma_{ij}^{m}(R_{m}^{l}-\delta_{m}^{l})+\frac{\partial R_{i}^{l}}{\partial x^{j}}\right]=f^{l}g_{lm}^{0}R_{i}^{m} \tag{6-83}$$

可以得到初始应力和局部转动张量。

②对于 $F_{j}^{i}=S_{j}^{i}+\delta_{j}^{i}$ 变形，取局部转动效应的等价物反对称应力，应用修改后的本构方程 $\sigma_{j}^{i}=2\mu\sin\Theta\cdot L_{j}^{i}+(\lambda\delta_{j}^{i}\delta_{l}^{k}+2\mu\delta_{l}^{i}\delta_{j}^{k})S_{k}^{l}$，求解运动方程，即

$$\frac{\partial\sigma_{j}^{i}}{\partial x^{j}}+\sigma_{j}^{l}\Gamma_{lj}^{i}-\sigma_{l}^{i}\left(\Gamma_{jj}^{l}+\Gamma_{nj}^{l}S_{j}^{n}-\Gamma_{jj}^{m}S_{m}^{l}+\frac{\partial S_{j}^{l}}{\partial x^{j}}\right)=f^{i}$$

$$\frac{\partial\sigma_{i}^{j}}{\partial x^{j}}+\sigma_{i}^{l}\Gamma_{lj}^{j}-\sigma_{l}^{j}\left(\Gamma_{ij}^{l}+\Gamma_{nj}^{l}S_{i}^{n}-\Gamma_{ij}^{m}S_{m}^{l}+\frac{\partial S_{i}^{l}}{\partial x^{j}}\right)=f^{l}g_{lm}^{0}(S_{i}^{m}+\delta_{i}^{m}) \tag{6-84}$$

就可以确定内在伸张的 6 个独立分量。注意到,对于大变形,变形能是必须考虑进来的量。

③对于实际的变形 $F_j^i = S_j^i + R_j^i$,重复上面的分解而实现多次迭代以获得足够高的精度。

6.4.2 直角系下的运动方程

在直角系中 $\Gamma_{jk}^i = 0$,注意到 $\varepsilon_j^i = \dfrac{\partial u^i}{\partial x^j}$,则运动方程为

$$\frac{\partial \sigma_j^i}{\partial x^j} - \sigma_l^i \frac{\partial^2 u^l}{\partial x^j \partial x^j} = f^i$$

$$\frac{\partial \sigma_i^j}{\partial x^j} - \sigma_l^j \frac{\partial^2 u^l}{\partial x^i \partial x^j} = f^i + f^l \frac{\partial u^l}{\partial x^i} \tag{6-85}$$

在板壳理论中,这是工程力学中广为人知的 von Karman 方程,其中 $\dfrac{\partial^2 u^l}{\partial x^i \partial x^j}$ 被解释为板的曲率;$\dfrac{\partial^2 u^l}{\partial x^i \partial x^j}$ 的变化也被解释为壳运动的原因。

6.4.3 柱坐标系下的运动方程

对柱坐标系 (r, θ, z),非零度规张量分量为

$$g_{11}^0 = 1, \quad g_{22}^0 = (r)^2, \quad g_{33}^0 = 1 \tag{6-86}$$

非零联络系数为

$$\Gamma_{22}^1 = -r, \quad \Gamma_{12}^2 = \Gamma_{21}^2 = \frac{1}{r} \tag{6-87}$$

因此,逆变形式的运动方程为

$$\begin{gathered}
\frac{\partial \sigma_j^1}{\partial x^j} + r(\sigma_1^1 - \sigma_2^2) + \frac{1}{r}(\sigma_1^2 + \sigma_2^1) + r(\sigma_1^1 \varepsilon_2^2 - \sigma_l^1 \varepsilon_1^l) - \frac{1}{r}\sigma_2^1(\varepsilon_1^2 + \varepsilon_2^1) - \sigma_l^1 \frac{\partial \varepsilon_j^l}{\partial x^j} = f^1 \\
\frac{\partial \sigma_j^2}{\partial x^j} + r\sigma_1^2 + \frac{1}{r}(\sigma_2^1 + \sigma_1^2) + r(\sigma_1^2 \varepsilon_2^2 - \sigma_l^2 \varepsilon_1^l) - \frac{1}{r}\sigma_2^2(\varepsilon_2^1 + \varepsilon_1^2) - \sigma_l^2 \frac{\partial \varepsilon_j^l}{\partial x^j} = f^2 \\
\frac{\partial \sigma_j^3}{\partial x^j} + r\sigma_1^3 - r\sigma_l^3 \varepsilon_1^l - \frac{1}{r}\sigma_2^3(\varepsilon_2^1 + \varepsilon_1^2) - \sigma_l^3 \frac{\partial \varepsilon_j^l}{\partial x^j} = f^3
\end{gathered} \tag{6-88}$$

协变形式的运动方程为

$$\frac{\partial \sigma_1^j}{\partial x^j} + \frac{1}{r}(\sigma_1^1 - \sigma_2^2) + r\sigma_1^2 \varepsilon_1^2 + \frac{1}{r}(\sigma_l^2 \varepsilon_2^l - \sigma_2^1 \varepsilon_1^2 - \sigma_2^2 \varepsilon_1^1) - \sigma_l^j \frac{\partial \varepsilon_1^l}{\partial x^j} = f_1$$

$$\frac{\partial \sigma_2^j}{\partial x^j} + r\sigma_1^2 + \frac{1}{r}(\sigma_2^1 - \sigma_1^2) + r(\sigma_1^2 \varepsilon_2^2 - \sigma_l^2 \varepsilon_2^l) + \frac{1}{r}(\sigma_l^1 \varepsilon_2^l - \sigma_2^1 \varepsilon_2^2 - \sigma_2^2 \varepsilon_2^1) - \sigma_l^j \frac{\partial \varepsilon_2^l}{\partial x^j} = f_2$$

$$\frac{\partial \sigma_3^j}{\partial x^j}+\frac{1}{r}\sigma_3^1+r\sigma_1^2\varepsilon_3^2-\frac{1}{r}(\sigma_2^1\varepsilon_3^2+\sigma_2^2\varepsilon_3^1)+\sigma_l^j\frac{\partial \varepsilon_3^l}{\partial x^j}=f_3 \tag{6-89}$$

其中，协变体力分量为

$$\begin{aligned}
f_1&=f^1(1+\varepsilon_1^1)+r\cdot f^2\varepsilon_1^2+f^3\varepsilon_1^3\\
f_2&=f^1\varepsilon_2^1+r\cdot f^2(1+\varepsilon_2^2)+f^3\varepsilon_2^3\\
f_2&=f^1\varepsilon_3^1+r\cdot f^2\varepsilon_3^2+f^3(1+\varepsilon_3^3)
\end{aligned} \tag{6-90}$$

与变形能相联系的项是非线性的来源项。

为了阅读方便，把柱坐标系下用位移场表达的应变列出如下。

位移场梯度项为(柯西应变)

$$\begin{aligned}
&\varepsilon_1^1=\frac{\partial u^r}{\partial r},\quad \varepsilon_2^1=\frac{\partial u^r}{\partial \theta}-r\cdot u^\theta,\quad \varepsilon_3^1=\frac{\partial u^r}{\partial z}\\
&\varepsilon_1^2=\frac{\partial u^\theta}{\partial r}+\frac{u^\theta}{r},\quad \varepsilon_2^2=\frac{\partial u^\theta}{\partial \theta}+\frac{u^r}{r},\quad \varepsilon_3^2=\frac{\partial u^\theta}{\partial z}\\
&\varepsilon_1^3=\frac{\partial u^z}{\partial r},\quad \varepsilon_2^3=\frac{\partial u^z}{\partial \theta},\quad \varepsilon_3^3=\frac{\partial u^z}{\partial z}
\end{aligned} \tag{6-91}$$

如果使用 Stokes 分解，格林应变为

$$\begin{aligned}
&\varepsilon_{11}=\frac{\partial u^r}{\partial r},\quad \varepsilon_{22}=\frac{\partial u^\theta}{\partial \theta}+\frac{u^r}{r},\quad \varepsilon_{33}=\frac{\partial u^z}{\partial z}\\
&\varepsilon_{12}=\varepsilon_{21}=\frac{1}{2}\left(\frac{\partial u^r}{\partial \theta}+\frac{\partial u^\theta}{\partial r}+\frac{u^\theta}{r}-ru^\theta\right)\\
&\varepsilon_{13}=\varepsilon_{31}=\frac{1}{2}\left(\frac{\partial u^r}{\partial z}+\frac{\partial u^z}{\partial r}\right),\quad \varepsilon_{23}=\varepsilon_{32}=\frac{1}{2}\left(\frac{\partial u^\theta}{\partial z}+\frac{\partial u^z}{\partial \theta}\right)
\end{aligned} \tag{6-92}$$

Stokes 应变为

$$\begin{aligned}
&\omega_{12}=-\omega_{21}=\omega_{r\theta}=\frac{1}{2}\left(\frac{\partial u^r}{\partial \theta}-\frac{\partial u^\theta}{\partial r}-\frac{u^\theta}{r}-ru^\theta\right)\\
&\omega_{31}=-\omega_{13}=\omega_{zr}=\frac{1}{2}\left(\frac{\partial u^z}{\partial r}-\frac{\partial u^r}{\partial z}\right)\\
&\omega_{23}=-\omega_{32}=\omega_{\theta z}=\frac{1}{2}\left(\frac{\partial u^\theta}{\partial z}-\frac{\partial u^z}{\partial \theta}\right)
\end{aligned} \tag{6-93}$$

Stokes-陈 S+R 分解的有关量为

$$\begin{aligned}
&L_2^1=-L_1^2=L_3=\frac{\omega_{12}}{\sin\Theta}\\
&L_1^3=-L_3^1=L_2=\frac{\omega_{31}}{\sin\Theta}\\
&L_3^2=-L_2^3=L_1=\frac{\omega_{23}}{\sin\Theta}
\end{aligned} \tag{6-94}$$

$$\sin\Theta=\sqrt{(\omega_{12})^2+(\omega_{23})^2+(\omega_{31})^2}$$

注意到有恒等式,即

$$(1-\cos\Theta)L_l^iL_j^l=(1-\cos\Theta)(L_iL_j-\delta_{ij}) \tag{6-95}$$

局部转动张量为

$$R_j^i=\delta_j^i+\sin\Theta\cdot L_j^i+(1-\cos\Theta)L_l^iL_j^l \tag{6-96}$$

应用格林应变,内在伸张应变为

$$S_j^i=\varepsilon_{ij}-(1-\cos\Theta)L_l^iL_j^l \tag{6-97}$$

具体的分量为

$$\begin{aligned}
S_1^1&=\frac{\partial u^r}{\partial r}+(1-\cos\Theta)[1-(L_1)^2]\\
S_2^2&=\frac{\partial u^\theta}{\partial\theta}+\frac{u^r}{r}+(1-\cos\Theta)[1-(L_2)^2]\\
S_3^3&=\frac{\partial u^z}{\partial z}+(1-\cos\Theta)[1-(L_3)^2]\\
S_2^1=S_1^2&=\frac{1}{2}\left(\frac{\partial u^r}{\partial\theta}+\frac{\partial u^\theta}{\partial r}+\frac{u^\theta}{r}-ru^\theta\right)-(1-\cos\Theta)L_1L_2\\
S_1^3=S_3^1&=\frac{1}{2}\left(\frac{\partial u^r}{\partial z}+\frac{\partial u^z}{\partial r}\right)-(1-\cos\Theta)L_1L_3\\
S_3^2=S_2^3&=\frac{1}{2}\left(\frac{\partial u^\theta}{\partial z}+\frac{\partial u^z}{\partial\theta}\right)-(1-\cos\Theta)L_2L_3
\end{aligned} \tag{6-98}$$

需要求解的是拖带系下的位移场 u^r、u^θ、u^z,局部转动角 Θ 和转动方位 L_j^i。

下面是柱坐标系下与经典形式的比较。形式上看,得到的有关方程与常用形式有显著的差别,因此做以下比较是有意义的。注意到 $f_i=g_{ij}^0f^j$,舍去非线性项,其线性近似为

$$\begin{aligned}
&\frac{\partial\sigma_j^1}{\partial x^j}+r(\sigma_1^1-\sigma_2^2)+\frac{1}{r}(\sigma_1^2+\sigma_2^1)=f^1\\
&\frac{\partial\sigma_j^2}{\partial x^j}+r\sigma_1^2+\frac{1}{r}(\sigma_2^1+\sigma_1^2)=f^2\\
&\frac{\partial\sigma_j^3}{\partial x^j}=f^3
\end{aligned} \tag{6-97}$$

$$\begin{aligned}
&\frac{\partial\sigma_1^j}{\partial x^j}+\frac{1}{r}(\sigma_1^1-\sigma_2^2)=f^1\\
&\frac{\partial\sigma_2^j}{\partial x^j}+r\sigma_1^2+\frac{1}{r}(\sigma_2^1-\sigma_1^2)=r\cdot f^2\\
&\frac{\partial\sigma_3^j}{\partial x^j}+\frac{1}{r}\sigma_3^1=f^3
\end{aligned}$$

在工程力学中,使用的是物理分量。物理分量与拖带分量的关系为

$$\bar{\sigma}_j^i=\frac{\sqrt{g_{(ii)}^0}}{\sqrt{g_{(jj)}}}\sigma_j^i,\quad \sigma_j^i=\frac{\sqrt{g_{(jj)}}}{\sqrt{g_{(ii)}^0}}\bar{\sigma}_j^i \tag{6-98}$$

把它们代入运动方程(6-97)后三式,就得到了物理分量形式,即

$$\begin{aligned}&\frac{\partial\bar{\sigma}_1^1}{\partial r}+\frac{\partial\bar{\sigma}_1^2}{r\partial\theta}+\frac{\partial\bar{\sigma}_1^3}{\partial z}+\frac{1}{r}(\bar{\sigma}_1^1-\bar{\sigma}_2^2)=f^1\\&\frac{\partial\bar{\sigma}_2^1}{\partial r}+\frac{\partial\bar{\sigma}_2^2}{r\partial\theta}+\frac{\partial\bar{\sigma}_2^3}{\partial z}+\frac{2}{r}\bar{\sigma}_2^1+\frac{1}{r}\left(1-\frac{1}{r^2}\right)\bar{\sigma}_1^2=f^2\\&\frac{\partial\bar{\sigma}_3^1}{\partial r}+\frac{\partial\bar{\sigma}_3^2}{r\partial\theta}+\frac{\partial\bar{\sigma}_3^3}{\partial z}+\frac{1}{r}\bar{\sigma}_3^1=f^3\end{aligned} \tag{6-99}$$

在工程力学中,大多数教科书给出为

$$\begin{aligned}&\frac{\partial\bar{\sigma}_{11}}{\partial r}+\frac{\partial\bar{\sigma}_{11}}{r\partial\theta}+\frac{\partial\bar{\sigma}_{31}}{\partial z}+\frac{1}{r}(\bar{\sigma}_{11}-\bar{\sigma}_{22})=f^1\\&\frac{\partial\bar{\sigma}_{12}}{\partial r}+\frac{\partial\bar{\sigma}_{22}}{r\partial\theta}+\frac{\partial\bar{\sigma}_{32}}{\partial z}+\frac{2}{r}\bar{\sigma}_{12}=f^2\\&\frac{\partial\bar{\sigma}_{13}}{\partial r}+\frac{\partial\bar{\sigma}_{23}}{r\partial\theta}+\frac{\partial\bar{\sigma}_{33}}{\partial z}+\frac{1}{r}\bar{\sigma}_{13}=f^3\end{aligned} \tag{6-100}$$

以上对比表明,柱坐标系下的经典方程实质上是满足的协变力平衡方程(角动量守恒)。

注意到,唯一的差别在于项$\frac{1}{r}\left(1-\frac{1}{r^2}\right)\bar{\sigma}_1^2$ 并不出现在工程力学的方程中。在工程力学中,应力是对称的,但是由物理分量对称条件 $\bar{\sigma}_j^i-\bar{\sigma}_i^j=0$,意味着$\frac{1}{r}\sigma_2^1-r\sigma_1^2=0$。因此,有

$$\frac{\partial\sigma_2^j}{\partial x^j}+\frac{2}{r}\sigma_2^1-\frac{1}{r^3}\sigma_2^1=r\cdot f^2 \tag{6-101}$$

只是在 $r\gg 1$,才近似为经典形式,即

$$\frac{\partial\sigma_2^j}{\partial x^j}+\frac{2}{r}\sigma_2^1=r\cdot f^2 \tag{6-102}$$

因此,教科书的方程是应力对称条件下的近似。

对于关于 Z 轴对称的变形,工程力学的经典方程为

$$\begin{aligned}&\frac{\partial\bar{\sigma}_{11}}{\partial r}+\frac{\partial\bar{\sigma}_{31}}{\partial z}+\frac{1}{r}(\bar{\sigma}_{11}-\bar{\sigma}_{22})=f^1\\&\frac{\partial\bar{\sigma}_{13}}{\partial r}+\frac{\partial\bar{\sigma}_{33}}{\partial z}+\frac{1}{r}\bar{\sigma}_{13}=f^3\end{aligned} \tag{6-103}$$

由此可知,它们只是方程(6-97)中的两个方程,而其他方程被忽略了。也就是说,

经典力学里的运动方程实际上源于本书理论的角动量平衡方程。

6.4.4 球坐标系下的运动方程

对于球坐标系(r,θ,φ),有关量为

$$g_{11}=1,\quad g_{22}=(r\cdot\sin\varphi)^2,\quad g_{33}=r^2$$

$$\Gamma^1_{22}=-r\cdot\sin^2\varphi,\quad \Gamma^3_{22}=-\cos\varphi\cdot\sin\varphi,\quad \Gamma^2_{12}=\Gamma^3_{13}=\frac{1}{r},\quad \Gamma^2_{23}=\cot\varphi,\quad \Gamma^1_{33}=-r \tag{6-104}$$

为简单,舍去非线性项$\sigma^i_l(\Gamma^l_{nj}\varepsilon^n_j-\Gamma^m_{jj}\varepsilon^l_m)$和$\sigma^j_l(\Gamma^l_{nj}\varepsilon^n_i-\Gamma^m_{ij}\varepsilon^l_m)$,因为它们是高阶小量。在对方程(6-75)做简单代数运算后,在球坐标系下,逆变力形式的大变形非线性运动方程为

$$\begin{aligned}
&\frac{\partial\sigma^1_j}{\partial x^j}+r\sin^2\varphi\cdot(\sigma^1_1-\sigma^2_2)+r(\sigma^1_1-\sigma^3_3)+\cos\varphi\sin\varphi\cdot\sigma^1_3-\sigma^1_l\frac{\partial\varepsilon^l_j}{\partial x^j}=f^1\\
&\frac{\partial\sigma^2_j}{\partial x^j}+r\sigma^2_1(1+\sin^2\varphi)+\cot\varphi\cdot(\sigma^2_3+\sigma^3_2)+\cos\varphi\sin\varphi\cdot\sigma^2_3\\
&+\frac{1}{r}(\sigma^1_2+\sigma^2_1)-\sigma^2_l\frac{\partial\varepsilon^l_j}{\partial x^j}=f^2\\
&\frac{\partial\sigma^3_j}{\partial x^j}+r(1+\sin^2\varphi)\sigma^3_1+\cos\varphi\sin\varphi\cdot(\sigma^3_3-\sigma^2_2)+\frac{1}{r}(\sigma^3_1+\sigma^1_3)-\sigma^3_l\frac{\partial\varepsilon^l_j}{\partial x^j}=f^3
\end{aligned} \tag{6-105}$$

协变力形式的大变形非线性运动方程为

$$\begin{aligned}
&\frac{\partial\sigma^j_1}{\partial x^j}+\frac{1}{r}(2\sigma^1_1-\sigma^2_2-\sigma^3_3)-\sigma^j_l\frac{\partial\varepsilon^l_1}{\partial x^j}=f^1(1+\varepsilon^1_1)+r\sin\varphi\cdot f^2\varepsilon^2_1+rf^3\varepsilon^3_1\\
&\frac{\partial\sigma^j_2}{\partial x^j}+r\sigma^2_1+\cos\varphi\sin\varphi\cdot\sigma^2_3-\cot\varphi\cdot\sigma^3_2+\frac{1}{r}(\sigma^1_2+\sigma^3_2)-\sigma^j_l\frac{\partial\varepsilon^l_2}{\partial x^j}\\
&=f^1\varepsilon^1_2+r\sin\varphi\cdot f^2(1+\varepsilon^2_2)+rf^3\varepsilon^3_2\\
&\frac{\partial\sigma^j_3}{\partial x^j}+r\sigma^3_1-\cot\varphi\cdot\sigma^2_2+\frac{1}{r}(\sigma^1_3+\sigma^3_3)-\sigma^j_l\frac{\partial\varepsilon^l_3}{\partial x^j}\\
&=f^1\varepsilon^1_3+r\sin\varphi\cdot f^2\varepsilon^2_3+r\cdot f^3(1+\varepsilon^3_3)
\end{aligned} \tag{6-106}$$

为了阅读方便,把球坐标系下用位移场表达的应变列出如下。

在球坐标系,柯西应变为

$$\begin{aligned}
&\varepsilon^1_1=\frac{\partial u^r}{\partial r},\quad \varepsilon^1_2=\frac{\partial u^r}{\partial\theta}-r\sin^2\varphi\cdot u^\theta,\quad \varepsilon^1_3=\frac{\partial u^r}{\partial\varphi}-r\cdot u^\varphi\\
&\varepsilon^2_1=\frac{\partial u^\theta}{\partial r}+\frac{u^\theta}{r},\quad \varepsilon^2_2=\frac{\partial u^\theta}{\partial\theta}+\frac{u^r}{r}+\cot\varphi\cdot u^\varphi,\quad \varepsilon^2_3=\frac{\partial u^\theta}{\partial\varphi}+\cot\varphi\cdot u^\theta\\
&\varepsilon^3_1=\frac{\partial u^\varphi}{\partial r}+\frac{u^\varphi}{r},\quad \varepsilon^3_2=\frac{\partial u^\varphi}{\partial\theta}-\cos\varphi\sin\varphi\cdot u^\theta,\quad \varepsilon^3_3=\frac{\partial u^\varphi}{\partial\varphi}+\frac{u^r}{r}
\end{aligned} \tag{6-107}$$

经典的格林应变为

$$\varepsilon_{11}=\frac{\partial u^r}{\partial r},\quad \varepsilon_{22}=\frac{\partial u^\theta}{\partial \theta}+\frac{u^r}{r}+\cot\varphi\cdot u^\varphi,\quad \varepsilon_{33}=\frac{\partial u^\varphi}{\partial \varphi}+\frac{u^r}{r}$$

$$\varepsilon_{12}=\varepsilon_{21}=\frac{1}{2}\left(\frac{\partial u^r}{\partial \theta}+\frac{\partial u^\theta}{\partial r}-r\sin^2\varphi\cdot u^\theta+\frac{u^\theta}{r}\right)$$

$$\varepsilon_{13}=\varepsilon_{31}=\frac{1}{2}\left(\frac{\partial u^r}{\partial \varphi}+\frac{\partial u^\varphi}{\partial r}-r\cdot u^\varphi+\frac{u^\varphi}{r}\right) \tag{6-108}$$

$$\varepsilon_{23}=\varepsilon_{32}=\frac{1}{2}\left(\frac{\partial u^\varphi}{\partial \theta}+\frac{\partial u^\theta}{\partial \varphi}-\cos\varphi\sin\varphi\cdot u^\theta+\cot\varphi\cdot u^\theta\right)$$

经典的 Stokes 应变为

$$\omega_{12}=\frac{1}{2}\left(\frac{\partial u^r}{\partial \theta}-\frac{\partial u^\theta}{\partial r}-r\sin^2\varphi\cdot u^\theta-\frac{u^\theta}{r}\right)$$

$$\omega_{23}=\frac{1}{2}\left(\frac{\partial u^\theta}{\partial \varphi}-\frac{\partial u^\varphi}{\partial \theta}+\cot\varphi\cdot u^\theta+\cos\varphi\sin\varphi\cdot u^\theta\right) \tag{6-109}$$

$$\omega_{31}=\frac{1}{2}\left(\frac{\partial u^\varphi}{\partial r}-\frac{\partial u^r}{\partial \varphi}+\frac{u^\varphi}{r}+r\cdot u^\varphi\right)$$

基于以上结果，对于 S+R 分解，转动张量有关项为

$$\sin\Theta=\sqrt{(\omega_{12})^2+(\omega_{23})^2+(\omega_{31})^2}$$

$$L_2^1=-L_1^2=L_3=\frac{\omega_{12}}{\sin\Theta}$$

$$L_3^2=-L_2^3=L_1=\frac{\omega_{23}}{\sin\Theta} \tag{6-110}$$

$$L_1^3=-L_3^1=L_2=\frac{\omega_{31}}{\sin\Theta}$$

内在伸张应变为

$$S_1^1=\frac{\partial u^r}{\partial r}-(1-\cos\Theta)[(L_1)^2-1]$$

$$S_2^2=\frac{\partial u^\theta}{\partial \theta}+\frac{u^r}{r}+\cot\varphi\cdot u^\varphi-(1-\cos\Theta)[(L_2)^2-1]$$

$$S_3^3=\frac{\partial u^\varphi}{\partial \varphi}+\frac{u^r}{r}-(1-\cos\Theta)[(L_3)^2-1]$$

$$S_2^1=S_1^2=\frac{1}{2}\left(\frac{\partial u^r}{\partial \theta}+\frac{\partial u^\theta}{\partial r}-r\sin^2\varphi\cdot u^\theta+\frac{u^\theta}{r}\right)-(1-\cos\Theta)L_1L_2 \tag{6-111}$$

$$S_3^1=S_1^3=\frac{1}{2}\left(\frac{\partial u^r}{\partial \varphi}+\frac{\partial u^\varphi}{\partial r}-r\cdot u^\varphi+\frac{u^\varphi}{r}\right)-(1-\cos\Theta)L_1L_3$$

$$S_3^2=S_2^3=\frac{1}{2}\left(\frac{\partial u^\varphi}{\partial \theta}+\frac{\partial u^\theta}{\partial \varphi}-\cos\varphi\sin\varphi\cdot u^\theta+\cot\varphi\cdot u^\theta\right)-(1-\cos\Theta)L_2L_3$$

待求的是 3 个位移场分量 $(u^r, u^\theta, u^\varphi)$ 和 3 个独立转动参量 (Θ, L_i)。

下面对球坐标系下与经典形式进行比较。

为与工程力学中的经典形式比较,引入工程分量与张量分量的关系方程 $\bar{\sigma}_j^i = \frac{\sqrt{g^0_{(ii)}}}{\sqrt{g_{(jj)}}}\sigma_j^i, \sigma_j^i = \frac{\sqrt{g_{(jj)}}}{\sqrt{g^0_{(ii)}}}\bar{\sigma}_j^i$,舍去非线性项,方程 (6-106)可以写成工程分量的形式,即

$$\frac{\partial\bar{\sigma}_1^1}{\partial r} + \frac{1}{r\sin\varphi}\frac{\partial\bar{\sigma}_1^2}{\partial\theta} + \frac{\partial\bar{\sigma}_1^3}{r\partial\varphi} + \frac{1}{r}(2\bar{\sigma}_1^1 - \bar{\sigma}_2^2 - \bar{\sigma}_3^3) = f^1$$

$$r\sin\varphi\frac{\partial\bar{\sigma}_2^1}{\partial r} + \frac{\partial\bar{\sigma}_2^2}{\partial\theta} + \frac{\partial(\sin\varphi\cdot\bar{\sigma}_2^3)}{\partial\varphi} + \frac{1}{\sin\varphi}\bar{\sigma}_1^2 + \cos\varphi\cdot(\bar{\sigma}_3^2 - \bar{\sigma}_2^3) + \sin\varphi\cdot\bar{\sigma}_2^1$$
$$+\frac{\sin\varphi}{r}\bar{\sigma}_2^3 = r\sin\varphi\cdot f^2 \tag{6-112}$$

$$\frac{\partial(r\bar{\sigma}_3^1)}{\partial r} + \frac{\partial\bar{\sigma}_3^2}{\sin\varphi\cdot\partial\theta} + \frac{\partial\bar{\sigma}_3^3}{\partial\varphi} + \bar{\sigma}_1^3 + \bar{\sigma}_3^1 - \cot\varphi\cdot\bar{\sigma}_2^2 + \frac{1}{r}\bar{\sigma}_3^3 = r\cdot f^3$$

可以把它们写成工程力学上的常用形式,即

$$\frac{\partial\bar{\sigma}_1^1}{\partial r} + \frac{1}{r\sin\varphi}\frac{\partial\bar{\sigma}_1^2}{\partial\theta} + \frac{\partial\bar{\sigma}_1^3}{r\partial\varphi} + \frac{1}{r}(2\bar{\sigma}_1^1 - \bar{\sigma}_2^2 - \bar{\sigma}_3^3) = f^1$$

$$\frac{\partial\bar{\sigma}_2^1}{\partial r} + \frac{1}{r\sin\varphi}\frac{\partial\bar{\sigma}_2^2}{\partial\theta} + \frac{\partial\bar{\sigma}_2^3}{r\cdot\partial\varphi} + \frac{1}{r\sin^2\varphi}\bar{\sigma}_1^2 + \frac{\cot\varphi}{r}\cdot\bar{\sigma}_3^2 + \frac{1}{r}\bar{\sigma}_2^1 + \frac{1}{r^2}\bar{\sigma}_2^3 = f^2 \tag{6-113}$$

$$\frac{\partial\bar{\sigma}_3^1}{\partial r} + \frac{\partial\bar{\sigma}_3^2}{r\sin\varphi\cdot\partial\theta} + \frac{\partial\bar{\sigma}_3^3}{r\cdot\partial\varphi} + \frac{1}{r}(\bar{\sigma}_1^3 + 2\bar{\sigma}_3^1) - \frac{\cot\varphi}{r}\cdot\bar{\sigma}_2^2 + \frac{1}{r^2}\bar{\sigma}_3^3 = f^3$$

在工程应力对称条件下,方程是精确的。这里经典力学里的运动方程实际上是源于本书理论的角动量平衡方程。

在工程力学中,工程应力分量的对称性意味着一个非常强的条件方程,即

$$\bar{\sigma}_j^i = \frac{\sqrt{g^0_{(ii)}}}{\sqrt{g_{(jj)}}}\sigma_j^i = \bar{\sigma}_i^j = \frac{\sqrt{g^0_{(jj)}}}{\sqrt{g_{(ii)}}}\sigma_i^j \tag{6-114}$$

这意味着如下方程成立,即

$$\sigma_j^i \approx \frac{g^0_{(jj)}}{g^0_{(ii)}}\sigma_i^j \tag{6-115}$$

因此,这个不真实的条件意味着

$$\sigma_1^2 = \frac{1}{r^2\sin^2\varphi}\sigma_2^1, \quad \sigma_3^2 = \frac{1}{\sin^2\varphi}\sigma_2^3, \quad \sigma_1^3 = \frac{1}{r^2}\sigma_3^1 \tag{6-117}$$

这样就不必奇怪,工程力学中球坐标系下的运动方程为

$$\frac{\partial\bar{\sigma}_{11}}{\partial r} + \frac{1}{r\sin\varphi}\frac{\partial\bar{\sigma}_{21}}{\partial\theta} + \frac{\partial\bar{\sigma}_{31}}{r\partial\varphi} + \frac{1}{r}(2\bar{\sigma}_{11} - \bar{\sigma}_{22} - \bar{\sigma}_{33}) + \frac{\cot\varphi}{r}\bar{\sigma}_{31} = f^1$$

$$\frac{\partial\bar{\sigma}_{12}}{\partial r} + \frac{1}{r\sin\varphi}\frac{\partial\bar{\sigma}_{22}}{\partial\theta} + \frac{\partial\bar{\sigma}_{32}}{r\cdot\partial\varphi} + \frac{3}{r}\bar{\sigma}_{12} + \frac{2\cot\varphi}{r}\cdot\bar{\sigma}_{32} = f^2 \tag{6-118}$$

$$\frac{\partial\bar{\sigma}_{13}}{\partial r}+\frac{\partial\bar{\sigma}_{23}}{r\sin\varphi\cdot\partial\theta}+\frac{\partial\bar{\sigma}_{33}}{r\cdot\partial\varphi}+\frac{3}{r}\bar{\sigma}_{31}-\frac{\cot\varphi}{r}(\bar{\sigma}_{22}-\bar{\sigma}_{33})=f^3$$

因此,在经典力学中的工程应力对称性条件是过于强烈的限制性条件,它虽然对于满足此类条件的变形是合理的,但是对一般变形,其精确性是很差的。

总而言之,把曲线系下的一般运动方程的线性形式与经典力学形式比较,可以看出对大变形,应力张量必须为混合张量形式。如果应力为纯粹协变形式 σ_{ij},而且运动方程也为协变形式 $\sigma_{ij}\Big|_j=g_{ij}f^j$,那么正确的运动方程是不能导出的。这也从一个侧面表明,把应力理解为纯粹的协变张量是一个逻辑悖论。进一步说,如果把混合应力张量转化为纯粹的协变形式 $\sigma_{ij}=g_{il}\sigma_j^l$,尽管运动方程在数学意义上是正确的,但是在曲线系中,这得不到任何优点。

6.5　杆的非线性运动方程

对于杆,取 $x^1=s$ 为沿杆中心线的长度向拖带坐标,从而可以确定局部的直角坐标。这样,位移场只是长度坐标的函数。典型的工程力学问题是杆的弯曲,也就是全局长度不变。这种变形的变形张量近似为单位正交转动张量 $F_j^i\approx R_j^i$。另一方面,非零的位移场分量为 $u^1(s)$、$u^2(s)$和 $u^3(s)$,体力分量为 f^2 和 f^3。

6.5.1　Kirchhoff 假设下的几何方程

对于杆的变形 $F_j^i=R_j^i$,有关项为

$$\sin\Theta=\frac{1}{2}\sqrt{\left(\frac{\partial u^2}{\partial s}\right)^2+\left(\frac{\partial u^3}{\partial s}\right)^2},\quad L_2^1=-L_1^2=-\frac{1}{2\sin\Theta}\frac{\partial u^2}{\partial s}$$

$$L_1^3=-L_3^1=\frac{1}{2\sin\Theta}\frac{\partial u^3}{\partial s},\quad L_3^2=-L_2^3=0$$

$$R_1^1=\cos\Theta,\quad R_2^1=\sin\Theta\cdot L_2^1-(1-\cos\Theta)$$

$$R_3^1=\sin\Theta\cdot L_3^1-(1-\cos\Theta),\quad R_1^2=\sin\Theta\cdot L_1^2-(1-\cos\Theta) \tag{6-119}$$

$$R_2^2=1-(1-\cos\Theta)(1-L_1^3L_1^3),\quad R_3^2=-(1-\cos\Theta)(1-L_1^3L_2^1)$$

$$R_1^3=\sin\Theta\cdot L_1^3-(1-\cos\Theta),\quad R_2^3=-(1-\cos\Theta)(1-L_2^1L_1^3)$$

$$R_3^3=1-(1-\cos\Theta)(1-L_2^1L_2^1)$$

由中线上 $S_j^i=0$,在截面上有

$$\frac{\partial u^1}{\partial s}=\cos\Theta-1,\quad \frac{1}{2}\left(\frac{\partial u^2}{\partial s}+\frac{\partial u^1}{\partial x^2}\right)=\frac{1}{2}\left(\frac{\partial u^3}{\partial s}+\frac{\partial u^1}{\partial x^3}\right)=(\cos\Theta-1)=\frac{\partial u^1}{\partial s}$$

$$\frac{1}{2}\left(\frac{\partial u^2}{\partial x^3}+\frac{\partial u^3}{\partial x^2}\right)=(\cos\Theta-1)(1-L_2^1L_1^3)=\frac{\partial u^1}{\partial s}(1-L_2^1L_1^3),\ \frac{1}{2}\left(\frac{\partial u^2}{\partial x^3}-\frac{\partial u^3}{\partial x^2}\right)=0$$

$$\frac{\partial u^2}{\partial x^2}=(\cos\Theta-1)(1-L_1^3L_1^3)=\frac{\partial u^1}{\partial s}(1-L_1^3L_1^3) \tag{6-120}$$

$$\frac{\partial u^3}{\partial x^3}=(\cos\Theta-1)(1-L_2^1L_2^1)=\frac{\partial u^1}{\partial s}(1-L_2^1L_2^1)$$

基于以上几何方程，对于杆的弯曲，$\frac{\partial u^1}{\partial s}$是相比于$\frac{\partial u^2}{\partial s}$和$\frac{\partial u^3}{\partial s}$的高阶小量，从而在截面上$\frac{\partial u^1}{\partial s}$扮演了重要角色。混合应变张量为

$$\frac{\partial u^1}{\partial s}=\cos\Theta-1,\quad \frac{\partial u^2}{\partial s}=-\sin\Theta\cdot L_2^1,\quad \frac{\partial u^3}{\partial s}=\sin\Theta\cdot L_1^3$$

$$\frac{\partial u^1}{\partial x^2}=2\frac{\partial u^1}{\partial s}-\frac{\partial u^2}{\partial s},\quad \frac{\partial u^2}{\partial x^2}=(1-L_1^3L_1^3)\frac{\partial u^1}{\partial s},\quad \frac{\partial u^3}{\partial x^2}=(1-L_2^1L_1^3)\frac{\partial u^1}{\partial s} \tag{6-121}$$

$$\frac{\partial u^1}{\partial x^3}=2\frac{\partial u^1}{\partial s}-\frac{\partial u^3}{\partial s},\quad \frac{\partial u^2}{\partial x^3}=(1-L_2^1L_1^3)\frac{\partial u^1}{\partial s},\quad \frac{\partial u^3}{\partial x^3}=(1-L_2^1L_2^1)\frac{\partial u^1}{\partial s}$$

以变形 $F_j^i=R_j^i$ 后的位形为参考，截面的变形为 $\widetilde{F}_j^i=\delta_j^i+\widetilde{S}_j^i$。以中心线为参考，截面上的位移场可以表示为

$$u^i(s,x^2,x^3)=u^i(s,0,0)+\tilde{u}^i(s,x^2,x^3) \tag{6-122}$$

则截面上的位移为

$$\tilde{u}^1=2(x^2+x^3)\frac{\partial u^1}{\partial s}-x^2\frac{\partial u^2}{\partial s}-x^3\frac{\partial u^3}{\partial s}$$

$$\tilde{u}^2=[x^2(1-L_1^3L_1^3)+x^3(1-L_2^1L_1^3)]\frac{\partial u^1}{\partial s}$$

$$\tilde{u}^3=[x^2(1-L_2^1L_1^3)+x^3(1-L_2^1L_2^1)]\frac{\partial u^1}{\partial s} \tag{6-123}$$

因此，Kirchhoff 假设等价于方程 (6-121)，对于截面变形是精确的。也就是说，截面位移场完全由杆的弯曲程度 Θ 和弯曲方向(L_2^1,L_1^3)决定。

由本构方程 $\sigma_i^j=\lambda\varepsilon_k^k\delta_i^j+2\mu\varepsilon_i^j$，使用位移场梯度方程 (6-121)，中线上的非对称混合应力张量分量为

$$\sigma_1^1=2(\lambda+\mu)\frac{\partial u^1}{\partial s},\quad \sigma_2^2=2[\lambda+\mu(1-L_1^3L_1^3)]\frac{\partial u^1}{\partial s},\quad \sigma_3^3=2[\lambda+\mu(1-L_2^1L_2^1)]\frac{\partial u^1}{\partial s}$$

$$\sigma_1^2=2\mu\frac{\partial u^2}{\partial s},\quad \sigma_2^1=2\mu\left(2\frac{\partial u^1}{\partial s}-\frac{\partial u^2}{\partial s}\right),\quad \sigma_3^1=2\mu\left(2\frac{\partial u^1}{\partial s}-\frac{\partial u^3}{\partial s}\right) \tag{6-124}$$

$$\sigma_1^3=2\mu\frac{\partial u^3}{\partial s},\quad \sigma_3^2=\sigma_2^3=2\mu(1-L_2^1L_1^3)\frac{\partial u^1}{\partial s}$$

由于截面上的应力可以表示为

$$\sigma_j^i(s,0,0)+\tilde{\sigma}_j^i(s,x^2,x^3),\quad \tilde{\sigma}_j^i(0,x^2,x^3)=0 \tag{6-125}$$

因此，截面上的非零应力分量为

$$\tilde{\sigma}_1^1=(\lambda+2\mu)\left[2(x^2+x^3)\frac{\partial^2 \boldsymbol{u}^1}{\partial s^2}-x^2\frac{\partial^2 \boldsymbol{u}^2}{\partial s^2}-x^3\frac{\partial^2 \boldsymbol{u}^3}{\partial s^2}\right]$$

$$\tilde{\sigma}_2^2=\tilde{\sigma}_3^3=\lambda\left[2(x^2+x^3)\frac{\partial^2 \boldsymbol{u}^1}{\partial s^2}-x^2\frac{\partial^2 \boldsymbol{u}^2}{\partial s^2}-x^3\frac{\partial^2 \boldsymbol{u}^3}{\partial s^2}\right]$$

$$\tilde{\sigma}_1^2=2\mu[x^2(1-L_1^3L_1^3)+x^3(1-L_2^1L_1^3)]\frac{\partial^2 \boldsymbol{u}^1}{\partial s^2} \tag{6-126}$$

$$\tilde{\sigma}_1^3=2\mu[x^2(1-L_2^1L_1^3)+x^3(1-L_2^1L_2^1)]\frac{\partial^2 \boldsymbol{u}^1}{\partial s^2}$$

这就表明，经典 Kirchhoff 杆理论实际上是假定中线变形为已知，因此引入截面上的应力分量变化来间接的获得中线的弯曲变形。

6.5.2　中线的非线性运动方程

基于前面的结果，利用没有内在伸张的非线性运动方程(6-83)，中线的逆变力分量方程为

$$\frac{\partial\sigma_1^1}{\partial s}-\sigma_1^1\frac{\partial^2 \boldsymbol{u}^1}{\partial s^2}-\sigma_2^1\frac{\partial^2 \boldsymbol{u}^2}{\partial s^2}-\sigma_3^1\frac{\partial^2 \boldsymbol{u}^3}{\partial s^2}=f^1$$

$$\frac{\partial\sigma_1^2}{\partial s}-\sigma_1^2\frac{\partial^2 \boldsymbol{u}^1}{\partial s^2}-\sigma_2^2\frac{\partial^2 \boldsymbol{u}^2}{\partial s^2}-\sigma_3^2\frac{\partial^2 \boldsymbol{u}^3}{\partial s^2}+\frac{\partial\tilde{\sigma}_2^2}{\partial x^2}=f^2 \tag{6-127}$$

$$\frac{\partial\sigma_1^3}{\partial s}-\sigma_1^3\frac{\partial^2 \boldsymbol{u}^1}{\partial s^2}-\sigma_2^3\frac{\partial^2 \boldsymbol{u}^2}{\partial s^2}-\sigma_3^3\frac{\partial^2 \boldsymbol{u}^3}{\partial s^2}+\frac{\partial\tilde{\sigma}_3^3}{\partial x^3}=f^3$$

协变力分量方程为

$$\frac{\partial\sigma_1^1}{\partial s}-\sigma_1^1\frac{\partial^2 \boldsymbol{u}^1}{\partial s^2}-\sigma_2^1\frac{\partial^2 \boldsymbol{u}^2}{\partial s^2}-\sigma_3^1\frac{\partial^2 \boldsymbol{u}^3}{\partial s^2}+\frac{\partial\tilde{\sigma}_1^2}{\partial x^2}+\frac{\partial\tilde{\sigma}_1^3}{\partial x^3}=f^lR_1^l$$

$$\frac{\partial\sigma_2^1}{\partial s}+\frac{\partial\tilde{\sigma}_2^2}{\partial x^2}=f^lR_2^l \tag{6-128}$$

$$\frac{\partial\sigma_3^1}{\partial s}+\frac{\partial\tilde{\sigma}_3^3}{\partial x^3}=f^lR_2^l$$

在上面的方程中，截面的反馈效应也是包含在其中的，有关项的具体形式为

$$\frac{\partial\tilde{\sigma}_1^2}{\partial x^2}=2\mu(1-L_1^3L_1^3)\frac{\partial^2 \boldsymbol{u}^1}{\partial s^2},\quad \frac{\partial\tilde{\sigma}_1^3}{\partial x^3}=2\mu(1-L_2^1L_2^1)\frac{\partial^2 \boldsymbol{u}^1}{\partial s^2}$$

$$\frac{\partial\tilde{\sigma}_2^2}{\partial x^2}=\lambda\left(2\frac{\partial^2 \boldsymbol{u}^1}{\partial s^2}-\frac{\partial^2 \boldsymbol{u}^2}{\partial s^2}\right),\quad \frac{\partial\tilde{\sigma}_3^3}{\partial x^3}=\lambda\left(2\frac{\partial^2 \boldsymbol{u}^1}{\partial s^2}-\frac{\partial^2 \boldsymbol{u}^3}{\partial s^2}\right),L_2^1L_2^1+L_3^1L_3^1=1 \tag{6-129}$$

略去高阶小量，位移场形式的逆变方程为

$$(2\lambda+2\mu)\left(1-\frac{\partial u^1}{\partial s}\right)\frac{\partial^2 u^1}{\partial s^2}+2\mu\left(\frac{\partial u^2}{\partial s}\frac{\partial^2 u^2}{\partial s^2}+\frac{\partial u^3}{\partial s}\frac{\partial^2 u^3}{\partial s^2}\right)=f^1$$

$$(2\mu-\lambda)\frac{\partial^2 u^2}{\partial s^2}+2\left(\lambda-\mu\frac{\partial u^2}{\partial s}\right)\frac{\partial^2 u^1}{\partial s^2}=f^2 \tag{6-130}$$

$$(2\mu-\lambda)\frac{\partial^2 u^3}{\partial s^2}+2\left(\lambda-\mu\frac{\partial u^3}{\partial s}\right)\frac{\partial^2 u^1}{\partial s^2}=f^3$$

协变方程为

$$\left[2\mu+(2\lambda+2\mu)\left(1-\frac{\partial u^1}{\partial s}\right)\right]\frac{\partial^2 u^1}{\partial s^2}+2\mu\left(\frac{\partial u^2}{\partial s}\frac{\partial^2 u^2}{\partial s^2}+\frac{\partial u^3}{\partial s}\frac{\partial^2 u^3}{\partial s^2}\right)=f^l R_1^l$$

$$2\lambda\frac{\partial^2 u^1}{\partial s^2}-(\lambda+2\mu)\frac{\partial^2 u^2}{\partial s^2}=f^l R_2^l \tag{6-131}$$

$$2\lambda\frac{\partial^2 u^1}{\partial s^2}-(\lambda+2\mu)\frac{\partial^2 u^3}{\partial s^2}=f^l R_2^l$$

这 6 个方程用于求解 6 个独立量，即 $(u^1(s), u^2(s), u^3(s))$ 和 $(\Theta(s), L_2^1(s), L_1^3(s))$。

为与经典结果对比，它们的逆变运动方程线性近似为

$$(2\lambda+2\mu)\frac{\partial^2 u^1}{\partial s^2}=f^1$$

$$(2\mu-\lambda)\frac{\partial^2 u^2}{\partial s^2}+2\lambda\frac{\partial^2 u^1}{\partial s^2}=f^2 \tag{6-132}$$

$$(2\mu-\lambda)\frac{\partial^2 u^3}{\partial s^2}+2\lambda\frac{\partial^2 u^1}{\partial s^2}=f^3$$

线性近似的协变运动方程为

$$(2\lambda+4\mu)\frac{\partial^2 u^1}{\partial s^2}=f^1+f^2\frac{\partial u^2}{\partial s}+f^3\frac{\partial u^3}{\partial s}$$

$$2\lambda\frac{\partial^2 u^1}{\partial s^2}-(\lambda+2\mu)\frac{\partial^2 u^2}{\partial s^2}=f^2-f^1\frac{\partial u^2}{\partial s} \tag{6-133}$$

$$2\lambda\frac{\partial^2 u^1}{\partial s^2}-(\lambda+2\mu)\frac{\partial^2 u^3}{\partial s^2}=f^3-f^1\frac{\partial u^3}{\partial s}$$

对于刚性杆，事实上可以忽略二阶微分项，如果做这个近似，上面的线性近似就进一步的退化为欧拉(Eular)刚体力学平衡方程，即

$$f^1+f^2\frac{\partial u^2}{\partial s}+f^3\frac{\partial u^3}{\partial s}=0,\quad f^2=f^1\frac{\partial u^2}{\partial s},\quad f^3=f^1\frac{\partial u^3}{\partial s} \tag{6-134}$$

通常作用在曲线杆的压力 f^1 引起的弯曲在工程力学教科书中被等价为条件 $\int_\Sigma f^1\mathrm{d}A=0$，也就是在截面上的平均为零。对稳定性问题，$f^1$ 在中线上可能并不是

零，给出这个方程的目的是指出一阶近似等价于刚体力学。

1. 截面的非线性运动方程

对中线外的截面物质微元，在中线方程被满足的条件下，使用应力方程(6-126)和纯粹转动的非线性运动方程(6-83)，并略去高阶小量，截面上的 3 阶微分方程为

$$(\lambda+2\mu)\left[2(x^2+x^3)\frac{\partial^3 \boldsymbol{u}^1}{\partial s^3}-x^2\frac{\partial^3 \boldsymbol{u}^2}{\partial s^3}-x^3\frac{\partial^3 \boldsymbol{u}^3}{\partial s^3}\right]=\widetilde{f}^1$$

$$2\mu[x^2(1-L_1^3L_1^3)+x^3(1-L_2^1L_1^3)]\frac{\partial^3 \boldsymbol{u}^1}{\partial s^3}=\widetilde{f}^2 \tag{6-135}$$

$$2\mu[x^2(1-L_2^1L_1^3)+x^3(1-L_2^1L_2^1)]\frac{\partial^3 \boldsymbol{u}^1}{\partial s^3}=\widetilde{f}^3$$

其中，$F^i=f^i(s,0,0)+\widetilde{f}^i(s,x^2,x^3)$ 和 $\int_\Sigma \widetilde{f}^i(s,x^2,x^3)\mathrm{d}x^2\mathrm{d}x^3=0$ 是条件性的。

以中线为参考，对截面 Σ 进行积分可以得到如下用内矩表达的运动方程，即

$$\frac{\partial}{\partial s}(2M_2^1-M_1^2)=Q_2^1,\quad \frac{\partial}{\partial s}(2M_3^1-M_1^3)=Q_3^1$$

$$\frac{\partial}{\partial s}[(1-L_1^3L_1^3)M_2^1]=Q_2^2,\quad \frac{\partial}{\partial s}[(1-L_2^1L_1^3)M_3^1]=Q_3^2 \tag{6-136}$$

$$\frac{\partial}{\partial s}[(1-L_2^1L_1^3)M_2^1]=Q_2^3,\quad \frac{\partial}{\partial s}[(1-L_2^1L_2^1)M_3^1]=Q_3^3$$

其中，有关的内矩定义为

$$M_2^1=\int_\Sigma\left[(\lambda+2\mu)(x^2+x^3)\frac{\partial^2 \boldsymbol{u}^1}{\partial s^2}\right]x^2\mathrm{d}x^2\mathrm{d}x^3=\frac{wh^3}{12}(\lambda+2\mu)\frac{\partial^2 \boldsymbol{u}^1}{\partial s^2}$$

$$M_3^1=\int_\Sigma\left[(\lambda+2\mu)(x^2+x^3)\frac{\partial^2 \boldsymbol{u}^1}{\partial s^2}\right]x^3\mathrm{d}x^2\mathrm{d}x^3=\frac{hw^3}{12}(\lambda+2\mu)\frac{\partial^2 \boldsymbol{u}^1}{\partial s^2}$$

$$M_1^2=\int_\Sigma 2\mu x^2\frac{\partial^2 \boldsymbol{u}^2}{\partial s^2}x^2\mathrm{d}x^2\mathrm{d}x^3=\frac{wh^3}{12}\left(2\mu\frac{\partial^2 \boldsymbol{u}^2}{\partial s^2}\right)=\mu\frac{wh^3}{6}\cdot\frac{\partial^2 \boldsymbol{u}^2}{\partial s^2} \tag{6-137}$$

$$M_1^3=\int_\Sigma 2\mu x^3\frac{\partial^2 \boldsymbol{u}^3}{\partial s^2}x^3\mathrm{d}x^2\mathrm{d}x^3=\frac{hw^3}{12}\left(2\mu\frac{\partial^2 \boldsymbol{u}^3}{\partial s^2}\right)=\mu\frac{hw^3}{6}\cdot\frac{\partial^2 \boldsymbol{u}^3}{\partial s^2}$$

$$Q_j^i=\int_\Sigma \widetilde{f}^i\cdot x^j\mathrm{d}x^2\mathrm{d}x^3$$

在工程力学中，外力是作用在杆面上的，通常是引入该力在截面上的分布，即

$$\widetilde{f}^i(s,x^2,x^3)=\left(\frac{1}{2}+\frac{x^2}{h}\sin\alpha+\frac{x^3}{w}\cos\alpha\right)\widetilde{F}^i \tag{6-138}$$

在这种情况下，外部作用矩为

$$Q_2^i=\int_{\Sigma}\tilde{f}^i\cdot x^2\mathrm{d}x^2\mathrm{d}x^3=\frac{wh^2}{12}\tilde{F}^i\sin\alpha,\quad Q_3^i=\int_{\Sigma}\tilde{f}^i\cdot x^3\mathrm{d}x^2\mathrm{d}x^3=\frac{hw^2}{12}\tilde{F}^i\cos\alpha \tag{6-139}$$

这里的窍门在于，以杆的当前位形为参考，把复杂的非线性运动方程简化为线性的内矩方程。应该指出的是，内矩 M_2^1 和 M_3^1 是由截面上正应力在截面上的变化产生的(引起截面转动)，而内矩 M_1^2 和 M_1^3 是由截面上的切向力变化产生的。

2. 杆的简单弯曲

不失一般性，令杆的弯曲方向为 x^2 方向，则唯一的非零位移梯度分量为$\frac{\partial u^2}{\partial s}$。有关的几何方程和应力方程都简化了。运动方程可以简化为

$$\frac{\partial M_1^2}{\partial s}=2Q_2^2-Q_2^1 \tag{6-140}$$

也就是

$$\mu\frac{wh^3}{6}\cdot\frac{\partial^3u^2}{\partial s^3}=2Q_2^2-Q_2^1 \tag{6-141}$$

这就是经典力学的弹性线运动方程，其中$\frac{\partial u^2}{\partial s}=\Theta$ 被解释为单位长度上切向角的变化。注意到，$\frac{\partial u^2}{\partial s}=-\sin\Theta\cdot L_2^1$，$\frac{\partial u^3}{\partial s}=\sin\Theta\cdot L_1^3$。因此，也可以写为

$$\mu\frac{wh^3}{6}\cdot\frac{\partial^2\Theta}{\partial s^2}=2Q_2^2-Q_2^1 \tag{6-142}$$

根据本研究，精确的弹性线方程为

$$\mu\frac{wh^3}{6}\cos\Theta\cdot\frac{\partial^2\Theta}{\partial s^2}=2Q_2^2-Q_2^1 \tag{6-143}$$

因此，对于大弯曲杆，经典方程是需要做一定校正的。

3. 杆的简单扭转

杆的简单扭转指的是转轴方位就是中线方位，中线实际长度是拉伸的。有关的项为

$$S_1^1=\frac{\partial u^1}{\partial s},\quad \text{其他 } S_j^i=0$$

$$\sin\Theta=\frac{1}{2}\sqrt{\left(\frac{\partial u^2}{\partial x^3}-\frac{\partial u^3}{\partial x^2}\right)^2},\quad L_3^2=-L_2^3=1,\quad L_2^1=-L_1^2=0,\quad L_1^3=-L_3^1=0$$

$$R_1^1=1,\quad R_2^1=R_3^1=R_1^2=R_1^3=0,\quad R_2^2=R_3^3=\cos\Theta \tag{6-144}$$

$$R_3^2=\sin\Theta,\quad R_2^3=-\sin\Theta$$

有关的非零位移梯度分量为

$$\frac{\partial u^2}{\partial x^3}=\sin\Theta,\quad \frac{\partial u^3}{\partial x^2}=-\sin\Theta,\quad \frac{\partial u^2}{\partial x^2}=\frac{\partial u^3}{\partial x^3}=\cos\Theta-1,\quad \frac{\partial u^1}{\partial s}=S_1^1 \tag{6-145}$$

有关的非零应力分量为

$$\begin{aligned}\sigma_1^1&=(\lambda+2\mu)\frac{\partial u^1}{\partial s}+2\lambda(\cos\Theta-1)\\ \sigma_2^2=\sigma_3^3&=\lambda\frac{\partial u^1}{\partial s}+2(\lambda+\mu)(\cos\Theta-1)\\ \sigma_3^2&=2\mu\sin\Theta,\quad \sigma_2^3=-2\mu\sin\Theta\end{aligned} \tag{6-146}$$

其中，$\Theta=\Theta(s)$只依赖于长度坐标。

截面上的位移变化为

$$\tilde{u}^1=-x^2\frac{\partial u^2}{\partial s}-x^3\frac{\partial u^3}{\partial s} \tag{6-147}$$

截面上的应力变化为

$$\begin{aligned}\tilde{\sigma}_1^1=(\lambda+2\mu)\left(x^2\frac{\partial^2 u^2}{\partial s^2}+x^3\frac{\partial^2 u^3}{\partial s^2}\right),&\quad \tilde{\sigma}_2^2=\tilde{\sigma}_3^3=\lambda\left(x^2\frac{\partial^2 u^2}{\partial s^2}+x^3\frac{\partial^2 u^3}{\partial s^2}\right)\\ \tilde{\sigma}_2^1=\tilde{\sigma}_1^2=-\mu\frac{\partial^2 u^2}{\partial s^2},&\quad \tilde{\sigma}_1^3=\tilde{\sigma}_3^1=-\mu\frac{\partial^2 u^3}{\partial s^2}\end{aligned} \tag{6-148}$$

运动方程(6-83)简化为逆变力分量方程，即

$$\begin{aligned}\frac{\partial\sigma_1^1}{\partial s}-\sigma_1^1\frac{\partial^2 u^1}{\partial s^2}+\frac{\partial\tilde{\sigma}_1^1}{\partial s}&=f^1\\ \frac{\partial\tilde{\sigma}_1^2}{\partial s}-\sigma_2^2\frac{\partial^2 u^2}{\partial s^2}-\sigma_3^2\frac{\partial^2 u^3}{\partial s^2}+\frac{\partial\tilde{\sigma}_2^2}{\partial x^2}&=f^2\\ \frac{\partial\tilde{\sigma}_1^3}{\partial s}-\sigma_2^3\frac{\partial^2 u^2}{\partial s^2}-\sigma_3^3\frac{\partial^2 u^3}{\partial s^2}+\frac{\partial\tilde{\sigma}_3^3}{\partial x^3}&=f^3\end{aligned} \tag{6-149}$$

协变力分量方程为

$$\begin{aligned}\frac{\partial\sigma_1^1}{\partial s}+\frac{\partial\tilde{\sigma}_1^1}{\partial s}&=f^1\\ \frac{\partial\tilde{\sigma}_2^1}{\partial s}+\frac{\partial\tilde{\sigma}_2^2}{\partial x^2}&=f^2\cos\Theta-f^3\sin\Theta\\ \frac{\partial\tilde{\sigma}_3^1}{\partial s}+\frac{\partial\tilde{\sigma}_3^3}{\partial x^3}&=f^2\sin\Theta+f^3\cos\Theta\end{aligned} \tag{6-150}$$

使用位移场分量，可以把它们分解为中线的逆变力方程，即

$$(\lambda+2\mu)\left(1-\frac{\partial u^1}{\partial s}\right)\frac{\partial^2 u^1}{\partial s^2}+2\lambda\frac{\partial\cos\Theta}{\partial s}-2\lambda(\cos\Theta-1)\frac{\partial^2 u^1}{\partial s^2}=f^1$$

$$\lambda\frac{\partial^2 u^2}{\partial s^2}-\mu\frac{\partial^3 u^2}{\partial s^3}-\left[\lambda\frac{\partial u^1}{\partial s}+2(\lambda+\mu)(\cos\Theta-1)\right]\frac{\partial^2 u^2}{\partial s^2}-2\mu\sin\Theta\frac{\partial^2 u^3}{\partial s^2}=f^2$$

$$\lambda\frac{\partial^2 u^3}{\partial s^2}-\mu\frac{\partial^2 u^3}{\partial s^2}+2\mu\sin\Theta\frac{\partial^3 u^2}{\partial s^3}-\left[\lambda\frac{\partial u^1}{\partial s}+2(\lambda+\mu)(\cos\Theta-1)\right]\frac{\partial^2 u^3}{\partial s^2}=f^3 \tag{6-151}$$

中线的协变力方程为

$$(\lambda+2\mu)\frac{\partial^2 u^1}{\partial s^2}+2\lambda\frac{\partial\cos\Theta}{\partial s}=f^1$$

$$\lambda\frac{\partial^2 u^2}{\partial s^2}-\mu\frac{\partial^3 u^2}{\partial s^3}=f^2\cos\Theta-f^3\sin\Theta \tag{6-152}$$

$$\lambda\frac{\partial^2 u^3}{\partial s^2}-\mu\frac{\partial^3 u^3}{\partial s^3}=f^2\sin\Theta+f^3\cos\Theta$$

待求的量是 u^1、u^2、u^3 和 Θ。方程的过于定解性表明，λ 和 μ 是 f^i 的函数。这类问题在实验力学中曾被研究过。本书在这里把它视为弹性参数的演化方程。事实上，这是杆件疲劳断裂的基本机制。

非乏味的截面区运动方程为

$$(\lambda+2\mu)\left(x^2\frac{\partial^3 u^2}{\partial s^3}+x^3\frac{\partial^3 u^3}{\partial s^3}\right)=\tilde{f}^1 \tag{6-153}$$

使用方程 (6-137)定义的内矩可以写为

$$\frac{\lambda+2\mu}{2\mu}\frac{\partial M_1^2}{\partial s}=Q_2^1,\quad \frac{\lambda+2\mu}{2\mu}\frac{\partial M_1^3}{\partial s}=Q_3^1 \tag{6-154}$$

在工程力学中，一般是用协变形式的运动方程和逆变形式的运动方程来导出线性方程，即

$$(\lambda+2\mu)\frac{\partial^2 u^1}{\partial s^2}+2\lambda\frac{\partial\cos\Theta}{\partial s}=f^1$$

$$\lambda\frac{\partial^2 u^2}{\partial s^2}=f^2\cos\Theta-f^3\sin\Theta \tag{6-155}$$

$$\lambda\frac{\partial^2 u^3}{\partial s^2}=f^2\sin\Theta+f^3\cos\Theta$$

但是，无论是使用方程(5-154) 或方程 (5-155)，并不能得到疲劳方程(被忽略了)。此外，扭转本身的转动被视为是一种刚体转动。

尽管在形式上，上面的方程与刚体运动方程类似，但是在连续介质力学中，第一个方程意味着沿扭转方向的内在伸张是不可避免的。这是刚体转动和连续介质内在转动的根本区别。事实上，当局部转动角 Θ 足够大时，应力 σ_1^1 将大于断裂应力，杆在此处出现裂纹，变形跃变为变形张量形式，即 $F_j^i=\frac{1}{\cos\theta}\tilde{R}_j^i$。

4. 对大变形扭转是不可避免的

把刚体转动概念与连续介质力学的局部转动概念混同是在力学中非常常见的错误(理论和工程)。

从理论上考察,因为 $\widetilde{\Gamma}^i_{jk}=\Gamma^m_{lk}F^l_j\widetilde{F}^i_m+\widetilde{F}^i_l\dfrac{\partial F^l_j}{\partial x^k}$ 是变形以后的联络系数,在当前位形下的扭转为

$$\Lambda^i_{jk}=\widetilde{\Gamma}^i_{jk}-\widetilde{\Gamma}^i_{kj}=\left(\Gamma^m_{lk}F^l_j\widetilde{F}^i_m+\widetilde{F}^i_l\frac{\partial F^l_j}{\partial x^k}\right)-\left(\Gamma^m_{lj}F^l_k\widetilde{F}^i_m+\widetilde{F}^i_l\frac{\partial F^l_k}{\partial x^j}\right)\tag{6-156}$$

或是写为应变形式,即

$$\Lambda^i_{jk}=\widetilde{\Gamma}^i_{jk}-\widetilde{\Gamma}^i_{kj}=(\Gamma^i_{lk}\varepsilon^l_j-\Gamma^i_{lj}\varepsilon^l_k)+\left(\frac{\partial\varepsilon^i_j}{\partial x^k}-\frac{\partial\varepsilon^i_k}{\partial x^j}\right)\tag{6-157}$$

对于大变形,它一般不是零。在工程力学中,一般引入位移协调性方程来消除变形产生的扭转。

事实上,对于变形 $F^i_j=R^i_j$,由于 $R^l_iR^l_j=\delta_{ij}$,因此有 $\widetilde{R}^i_j=R^j_i$,即

$$\widetilde{\Gamma}^i_{jk}=\Gamma^m_{lk}F^l_j\widetilde{F}^i_m+\widetilde{F}^i_l\frac{\partial F^l_j}{\partial x^k}=\Gamma^m_{lk}R^l_jR^m_i+R^l_i\frac{\partial R^l_j}{\partial x^k}\tag{6-158}$$

利用方程 (6-53),扭转就是

$$\Lambda^i_{jk}=R^l_i\frac{\partial R^l_j}{\partial x^k}-R^l_j\frac{\partial R^l_i}{\partial x^k}=2R^l_i\frac{\partial R^l_j}{\partial x^k}=-2R^l_j\frac{\partial R^l_i}{\partial x^k}\tag{6-159}$$

因此,一般而言,局部转动将产生扭转,而刚体转动不会产生扭转,因为刚体转动是全局性的。这是变形力学的局部转动在本质上区别于刚体转动的地方。

对变形 $F^i_j=S^i_j+\delta^i_j$,显然有 $S^i_j=S^j_i$,因此有

$$\Lambda^i_{jk}\approx\left(\frac{\partial S^i_j}{\partial x^k}-\frac{\partial S^i_k}{\partial x^j}\right)\tag{6-160}$$

而无扭转条件是 $S^i_j=\dfrac{\partial\chi}{\partial x^i\partial x^j}$。对于纯粹弹性变形,这个条件是广为使用的 Love 势函数和 Lame 势函数[25]方法存在的前提条件。

基于以上讨论,可以看出在经典工程力学中处理的是单纯的 $F^i_j=S^i_j+\delta^i_j$ 变形。势函数法 $\varepsilon_{ij}=\dfrac{\partial\chi}{\partial x^i\partial x^j}$ 是产生合理的应变解的逻辑性办法。

从本研究看,一旦用广为使用的位移协调性方程 $\dfrac{\partial\varepsilon^i_j}{\partial x^k}-\dfrac{\partial\varepsilon^i_k}{\partial x^j}=0$ 来消除扭转,失稳问题和疲劳问题在本质意义上就不存在了。很多研究都在以位移协调性为隐含条件下的力学方程来研究该方程所排除的问题,从而陷入逻辑上的悖论。

另一方面,纳粹弹性变形条件($F_j^i=S_j^i+\delta_j^i$)实际上也意味着变形后没有扭转。因此,经典弹性力学在逻辑上是协调的,但是这种协调性是以牺牲真实性来实现的。因此,在把弹性理论扩展到塑性理论时,就无从发现塑性和累积疲劳应变实际上都是由不可逆的局部转动引起的。实际上,极分解给出了局部转动的存在,但是没有发掘其相应的力学意义,这是一个明显的理论研究失误。

6.6　板的非线性运动方程

对于由随体系直角系(x^1,x^2)描述的板,非零位移分量为 $u^3(x^1,x^2)$。对于全局变形 $F_j^i=R_j^i$,有关的几何方程为

$$\sin\Theta=\frac{1}{2}\sqrt{\left(\frac{\partial u^3}{\partial x^1}\right)^2+\left(\frac{\partial u^3}{\partial x^2}\right)^2},\quad L_1^3=-L_3^1=\frac{1}{2\sin\Theta}\frac{\partial u^3}{\partial x^1},\quad L_3^2=-L_2^3=-\frac{1}{2\sin\Theta}\frac{\partial u^3}{\partial x^2}$$

$$\begin{aligned}
&R_1^1=1+(\cos\Theta-1)(1-L_3^2L_3^2),\quad R_2^1=(\cos\Theta-1)(1-L_3^2L_1^3),\\
&R_3^1=-\sin\Theta\cdot L_1^3+(\cos\Theta-1)\\
&R_1^2=(\cos\Theta-1)(1-L_3^2L_1^3),\quad R_2^2=1+(\cos\Theta-1)(1-L_1^3L_1^3),\\
&R_3^2=\sin\Theta\cdot L_3^2+(\cos\Theta-1)\\
&R_1^3=\sin\Theta\cdot L_1^3+(\cos\Theta-1),\quad R_2^3=-\sin\Theta\cdot L_3^2+(\cos\Theta-1),\\
&R_3^3=\cos\Theta,\quad L_2^1=-L_1^2=0
\end{aligned}\tag{6-161}$$

中面 $S_j^i=0$ 条件给出的截面几何方程为

$$\begin{aligned}
&\frac{\partial u^1}{\partial x^1}=(\cos\Theta-1)(1-L_3^2L_3^2),\quad \frac{1}{2}\left(\frac{\partial u^2}{\partial x^3}+\frac{\partial u^3}{\partial x^2}\right)=\cos\Theta-1\\
&\frac{1}{2}\left(\frac{\partial u^2}{\partial x^1}+\frac{\partial u^1}{\partial x^2}\right)=(\cos\Theta-1)(1-L_1^3L_3^2),\quad \frac{1}{2}\left(\frac{\partial u^2}{\partial x^1}-\frac{\partial u^1}{\partial x^2}\right)=0\\
&\frac{\partial u^2}{\partial x^2}=(\cos\Theta-1)(1-L_1^3L_1^3),\quad \frac{\partial u^3}{\partial x^3}=\cos\Theta-1\\
&\frac{1}{2}\left(\frac{\partial u^1}{\partial x^3}+\frac{\partial u^3}{\partial x^1}\right)=\cos\Theta-1
\end{aligned}\tag{6-162}$$

因此,中面外区域的位移场为

$$\begin{aligned}
&\tilde{u}^1=2x^3(\cos\Theta-1)-x^3\ \frac{\partial u^3}{\partial x^1}\\
&\tilde{u}^2=2x^3(\cos\Theta-1)-x^3\ \frac{\partial u^3}{\partial x^2}\\
&\tilde{u}^3=(\cos\Theta-1)x^3
\end{aligned}\tag{6-163}$$

有关的应力分量变化为

$$\sigma_1^1=2[\lambda+\mu(1-L_3^2L_3^2)](\cos\Theta-1),\quad \sigma_3^3=2(\lambda+\mu)(\cos\Theta-1)$$

$$\sigma_2^2=2[\lambda+\mu(1-L_1^3L_1^3)](\cos\Theta-1),\quad \sigma_2^1=\sigma_1^2=(\cos\Theta-1)(1-L_3^2L_1^3)$$

$$\sigma_3^1=2\mu[-\sin\Theta\cdot L_1^3+(\cos\Theta-1)],\quad \sigma_1^3=2\mu[\sin\Theta\cdot L_1^3+(\cos\Theta-1)] \tag{6-164}$$

$$\sigma_3^2=2\mu[\sin\Theta\cdot L_3^2+(\cos\Theta-1)],\quad \sigma_2^3=2\mu[-\sin\Theta\cdot L_3^2+(\cos\Theta-1)]$$

厚度方向的应力变化为

$$\tilde{\sigma}_1^1=(\lambda+2\mu)x^3\left(2\frac{\partial\cos\Theta}{\partial x^1}-\frac{\partial^2 \boldsymbol{u}^3}{\partial x^1\partial x^1}\right)+\lambda x^3\left(2\frac{\partial\cos\Theta}{\partial x^2}-\frac{\partial^2 \boldsymbol{u}^3}{\partial x^2\partial x^2}\right)$$

$$\tilde{\sigma}_2^2=(\lambda+2\mu)x^3\left(2\frac{\partial\cos\Theta}{\partial x^2}-\frac{\partial^2 \boldsymbol{u}^3}{\partial x^2\partial x^2}\right)+\lambda x^3\left(2\frac{\partial\cos\Theta}{\partial x^1}-\frac{\partial^2 \boldsymbol{u}^3}{\partial x^1\partial x^1}\right)$$

$$\tilde{\sigma}_3^3=2\lambda x^3\left(\frac{\partial\cos\Theta}{\partial x^1}+\frac{\partial\cos\Theta}{\partial x^2}-\frac{\partial^2 \boldsymbol{u}^3}{\partial x^1\partial x^2}\right) \tag{6-165}$$

$$\tilde{\sigma}_2^1=2\mu x^3\left(\frac{\partial\cos\Theta}{\partial x^2}-\frac{\partial^2 \boldsymbol{u}^3}{\partial x^1\partial x^2}\right),\quad \tilde{\sigma}_1^2=2\mu x^3\left(\frac{\partial\cos\Theta}{\partial x^1}-\frac{\partial^2 \boldsymbol{u}^3}{\partial x^1\partial x^2}\right)$$

$$\tilde{\sigma}_1^3=\tilde{\sigma}_3^1=\mu x^3\frac{\partial\cos\Theta}{\partial x^1},\quad \tilde{\sigma}_2^3=\tilde{\sigma}_3^2=\mu x^3\frac{\partial\cos\Theta}{\partial x^2}$$

总应力表达为 $\sigma_j^i+\tilde{\sigma}_j^i$，由一般方程 (6-83)，舍去高阶小量，初始位形为平板的非线性大变形运动方程为

$$\frac{\partial\tilde{\sigma}_j^i}{\partial x^j}+\frac{\partial\sigma_j^i}{\partial x^j}-\sigma_3^i\frac{\partial^2 \boldsymbol{u}^3}{\partial x^j\partial x^j}=f^i+\tilde{f}^i$$

$$\frac{\partial\tilde{\sigma}_i^j}{\partial x^j}+\frac{\partial\sigma_i^j}{\partial x^j}-\sigma_3^j\frac{\partial^2 \boldsymbol{u}^3}{\partial x^i\partial x^j}=(f^m+\tilde{f}^m)R_i^m \tag{6-166}$$

6.6.1　中面的运动方程

对于中面，略去高阶小量，逆变分量形式的运动方程为

$$\frac{\partial\sigma_j^1}{\partial x^j}-\sigma_3^1\left(\frac{\partial^2 \boldsymbol{u}^3}{\partial x^1\partial x^1}+\frac{\partial^2 \boldsymbol{u}^3}{\partial x^2\partial x^2}\right)=f^1$$

$$\frac{\partial\sigma_j^2}{\partial x^j}-\sigma_3^2\left(\frac{\partial^2 \boldsymbol{u}^3}{\partial x^1\partial x^1}+\frac{\partial^2 \boldsymbol{u}^3}{\partial x^2\partial x^2}\right)=f^2 \tag{6-167}$$

$$\frac{\partial\tilde{\sigma}_3^3}{\partial x^3}+\frac{\partial\sigma_j^3}{\partial x^j}-\sigma_3^3\left(\frac{\partial^2 \boldsymbol{u}^3}{\partial x^1\partial x^1}+\frac{\partial^2 \boldsymbol{u}^3}{\partial x^2\partial x^2}\right)=f^3$$

其中，$\dfrac{\partial\tilde{\sigma}_3^3}{\partial x^3}=2\lambda\left(\dfrac{\partial\cos\Theta}{\partial x^1}+\dfrac{\partial\cos\Theta}{\partial x^2}-\dfrac{\partial^2 \boldsymbol{u}^3}{\partial x^1\partial x^2}\right)$给出了厚度效应。

对于大弯曲，会产生厚度方向的开裂。这种开裂在工程力学中，一般是看成为后屈曲问题加以研究。这里给出的方程是精确的。

板中面的协变分量运动方程为

$$\frac{\partial\sigma_1^j}{\partial x^j}-\sigma_3^1\frac{\partial^2 \boldsymbol{u}^3}{\partial x^1\partial x^1}-\sigma_3^2\frac{\partial^2 \boldsymbol{u}^3}{\partial x^1\partial x^2}=f^m R_1^m$$
$$\frac{\partial\sigma_2^j}{\partial x^j}-\sigma_3^1\frac{\partial^2 \boldsymbol{u}^3}{\partial x^2\partial x^1}-\sigma_3^2\frac{\partial^2 \boldsymbol{u}^3}{\partial x^2\partial x^2}=f^m R_2^m \tag{6-167}$$
$$\frac{\partial\sigma_3^j}{\partial x^j}=f^m R_3^m$$

为简单起见没有列出它们的具体分量形式，可参见有关方程。

6.6.2　截面的运动方程

以中面为参考，令外力为

$$\tilde{f}^1=\tilde{f}^2=0,\quad f^3=\int_{-h/2}^{h/2}f^3\,\mathrm{d}x^3+\tilde{f}^3 \tag{6-168}$$

在截面上，逆变分量的运动方程为

$$\frac{\partial\tilde{\sigma}_1^1}{\partial x^1}+\frac{\partial\tilde{\sigma}_1^2}{\partial x^2}=\tilde{f}^3 R_1^3$$
$$\frac{\partial\tilde{\sigma}_2^1}{\partial x^1}+\frac{\partial\tilde{\sigma}_2^2}{\partial x^2}=\tilde{f}^3 R_2^3 \tag{6-169}$$
$$\frac{\partial\tilde{\sigma}_1^3}{\partial x^1}+\frac{\partial\tilde{\sigma}_2^3}{\partial x^2}=\tilde{f}^3 R_3^3$$

引入如下内矩量，即

$$M_1^1=\int_{-h/2}^{h/2}\tilde{\sigma}_1^1 x^3\,\mathrm{d}x^3=\frac{h^3}{12}\left[(\lambda+2\mu)\left(2\frac{\partial\cos\Theta}{\partial x^1}-\frac{\partial^2\boldsymbol{u}^3}{\partial x^1\partial x^1}\right)+\lambda\left(2\frac{\partial\cos\Theta}{\partial x^2}-\frac{\partial^2\boldsymbol{u}^3}{\partial x^2\partial x^2}\right)\right]$$
$$M_2^2=\int_{-h/2}^{h/2}\tilde{\sigma}_2^2 x^3\,\mathrm{d}x^3=\frac{h^3}{12}\left[(\lambda+2\mu)\left(2\frac{\partial\cos\Theta}{\partial x^2}-\frac{\partial^2\boldsymbol{u}^3}{\partial x^2\partial x^2}\right)+\lambda\left(2\frac{\partial\cos\Theta}{\partial x^1}-\frac{\partial^2\boldsymbol{u}^3}{\partial x^1\partial x^1}\right)\right]$$
$$M_2^1=\int_{-h/2}^{h/2}\tilde{\sigma}_2^1 x^3\,\mathrm{d}x^3=\frac{h^3}{6}\mu\left(\frac{\partial\cos\Theta}{\partial x^2}-\frac{\partial^2\boldsymbol{u}^3}{\partial x^1\partial x^2}\right)$$
$$M_1^2=\int_{-h/2}^{h/2}\tilde{\sigma}_1^2 x^3\,\mathrm{d}x^3=\frac{h^3}{6}\mu\left(\frac{\partial\cos\Theta}{\partial x^1}-\frac{\partial^2\boldsymbol{u}^3}{\partial x^1\partial x^2}\right) \tag{6-170}$$
$$M_1^3=\int_{-h/2}^{h/2}\tilde{\sigma}_1^3 x^3\,\mathrm{d}x^3=\frac{h^3}{12}\mu\frac{\partial\cos\Theta}{\partial x^1}$$
$$M_2^3=\int_{-h/2}^{h/2}\tilde{\sigma}_2^3 x^3\,\mathrm{d}x^3=\frac{h^3}{12}\mu\frac{\partial\cos\Theta}{\partial x^2}$$
$$\boldsymbol{Q}^3=\int_{-h/2}^{h/2}\tilde{f}^3 x^3\,\mathrm{d}x^3$$

就可以把逆变方程转换为内矩方程，即

$$\frac{\partial M_1^1}{\partial x^1}+\frac{\partial M_2^1}{\partial x^2}=\boldsymbol{Q}^3[\sin\Theta\cdot L_1^3-(1-\cos\Theta)]$$

$$\frac{\partial M_1^2}{\partial x^1}+\frac{\partial M_2^2}{\partial x^2}=-Q^3\left[\sin\Theta\cdot L_3^2+(1-\cos\Theta)\right] \tag{6-171}$$

$$\frac{\partial M_1^3}{\partial x^1}+\frac{\partial M_2^3}{\partial x^2}=Q^3\cos\Theta$$

最终待求解的量是 u^3、$\cos\Theta$ 和 L_1^3（或 $L_3^2=\sqrt{1-(L_1^3)^2}$）。对于稳定性研究，这是最为关键的量。

6.6.3　作为线性近似的经典形式

以上方程组的最后一式可以写为

$$\frac{h^3}{12}\mu\left(\frac{\partial^2\cos\Theta}{\partial x^1\partial x^1}+\frac{\partial^2\cos\Theta}{\partial x^2\partial x^2}\right)=Q^3\cos\Theta \tag{6-172}$$

其中，Q^3 是由中面弯曲角 Θ 决定的，因此是一个几何参数。

由定义方程 (6-170)，它可以用来确定厚度方向的力分布。事实上，这个方程并没有出现在经典板理论中。

在经典理论中，为得到对 Θ 的估计，由方程 (6-167) 的 $\frac{\partial\sigma_j^3}{\partial x^j}=f^3R_3^3$，有如下方程，即

$$2\mu\left(\frac{\partial R_1^3}{\partial x^1}+\frac{\partial R_2^3}{\partial x^2}\right)=f^3R_3^3 \tag{6-172}$$

因此，有

$$\frac{\partial Q_1^3}{\partial x^1}+\frac{\partial Q_2^3}{\partial x^2}=Q^3\left(\frac{\partial R_1^3}{\partial x^1}+\frac{\partial R_2^3}{\partial x^2}\right)=\frac{f^3\cos\Theta}{2\mu}Q^3=q \tag{6-173}$$

由于载荷 q 取决于变形，所以在工程力学中，板的变形关于载荷是非线性的，即便是小变形时也是如此。因此，等效载荷函数 q 在板理论中是一个依赖于实际变形的一个非常复杂的问题。在本研究中，精确的运动方程为式(6-171)。它对于大变形和任意弯曲方向都是适用的。

在经典板理论中，有关的内矩可以由方程(6-170) 通过假定 $\cos\Theta\approx 1$ 而消除有关项得到。在做这样的简化后，板的有关内矩为

$$M_1^1=-\frac{h^3}{12}\left[(\lambda+2\mu)\frac{\partial^2u^3}{\partial x^1\partial x^1}+\lambda\frac{\partial^2u^3}{\partial x^2\partial x^2}\right]$$

$$M_2^2=-\frac{h^3}{12}\left[(\lambda+2\mu)\frac{\partial^2u^3}{\partial x^2\partial x^2}+\lambda\frac{\partial^2u^3}{\partial x^1\partial x^1}\right]$$

$$M_2^1=M_1^2=-\frac{h^3}{6}\mu\frac{\partial^2u^3}{\partial x^1\partial x^2} \tag{6-174}$$

$$Q^3=\int_{-h/2}^{h/2}\tilde{f}^3x^3\,\mathrm{d}x^3$$

引入几何因子 $\tilde{k}=\frac{\cos\Theta}{2\mu}Q^3\approx\frac{1}{2\mu}Q^3$，经典的板运动方程为

$$\begin{aligned}\frac{\partial M_1^1}{\partial x^1}+\frac{\partial M_2^1}{\partial x^2}&=Q_1^3\\ \frac{\partial M_1^2}{\partial x^1}+\frac{\partial M_2^2}{\partial x^2}&=Q_2^3\\ \frac{\partial Q_1^3}{\partial x^1}+\frac{\partial Q_2^3}{\partial x^2}&=\tilde{k}f^3=q\end{aligned}\tag{6-175}$$

对于板弯曲 Lame 常数 μ 扮演了非常重要的角色，对于给定外力，如果它太小，等效的载荷就是非常大。因此，要增大板的抗载能力，材料应有很高的切变模量。虽然这个事实在工程上广为人知，但在理论上被揭示出来还是很少见到的。

6.7 壳的非线性运动方程

不失一般性，取 x^3 为厚度方向，x^1 和 x^2 为壳中面坐标，取中面的弯曲变形为全局变形。对于壳，忽略厚度方向上变形的变化，就有以下变形，即

$$F_j^i(x^1,x^2,x^3)=S_j^i(x^1,x^2,0)+R_j^i(x^1,x^2,0)+s_j^i(x^1,x^2)\cdot x^3\tag{6-176}$$

这意味着，以中面为参考，截面面内的内在相对伸张被忽略了。在局部意义上，这等价于忽略了内外表面相对于中面的弯曲差异。

应力的一般形式可以写为

$$\sigma_j^i=\sigma_{Sj}^i+\sigma_{Rj}^i+\delta\sigma_{sj}^i\cdot x^3\tag{6-177}$$

因此，相对于中面，关于厚度方向积分，就会得到对称的总应力，即

$$\begin{aligned}&N_j^i\\ &=\int_{-h/2}^{h/2}\sigma_j^i\mathrm{d}x^3\\ &=\int_{-h/2}^{h/2}\sigma_{Sj}^i\mathrm{d}x^3+\int_{-h/2}^{h/2}\sigma_{Rj}^i\mathrm{d}x^3+\int_{-h/2}^{h/2}\delta\sigma_{sj}^i x^3\mathrm{d}x^3\\ &=\int_{-h/2}^{h/2}\sigma_{Sj}^i x^3\mathrm{d}x^3+\int_{-h/2}^{h/2}\sigma_{Rj}^i\mathrm{d}x^3\\ &=h\sigma_{Sj}^i+\int_{-h/2}^{h/2}[2\lambda(\cos\Theta-1)\delta_j^i+2\mu(1-\cos\Theta)L_l^iL_j^l]\mathrm{d}x^3\\ &=h\sigma_{Sj}^i+h\cdot[2\lambda(\cos\Theta-1)\delta_j^i+2\mu(1-\cos\Theta)L_l^iL_j^l]\end{aligned}\tag{6-178}$$

其中，σ_{Sj}^i 是完全由内在伸张 $S_j^i(x^1,x^2,0)$ 决定的。

以中面为参考，关于中面的内矩定义为

$$\begin{aligned}&M_j^i\\ &=\int_{-h/2}^{h/2}\sigma_j^i x^3\mathrm{d}x^3\\ &=\int_{-h/2}^{h/2}\sigma_{Sj}^i x^3\cdot x^3\mathrm{d}x^3+\int_{-h/2}^{h/2}\sigma_{Rj}^i x^3\mathrm{d}x^3+\int_{-h/2}^{h/2}\delta\sigma_{sj}^i(x^3)^2\mathrm{d}x^3\end{aligned}$$

$$=\frac{h^3}{12}\delta\sigma^i_{sj}+\int_{-h/2}^{h/2}2\mu\sin\Theta L^i_j\cdot x^3\mathrm{d}x^3$$

$$=\frac{h^3}{12}\delta\sigma^i_{sj}+\frac{h^2}{2}\mu\sin\Theta L^i_j \tag{6-179}$$

其中,M^i_j 是由应变厚度向变化 $s^i_j(x^1,x^2)\cdot x^3$ 和中面转动产生的。

令

$$F^i=\int_{-h/2}^{h/2}f^i\mathrm{d}x^3$$

$$Q^i_3=\int_{-h/2}^{h/2}f^ix^3\mathrm{d}x^3=\int_{-h/2}^{h/2}\left(f^i-\frac{1}{h}F^i\right)x^3\mathrm{d}x^3 \tag{6-180}$$

利用方程(6-76),与变形方程(6-176)相应的运动方程可以得到中面运动方程为

$$\frac{\partial N^i_j}{\partial x^j}+N^l_j\Gamma^i_{lj}-N^i_l\Gamma^l_{jj}-N^i_l\left[\Gamma^l_{nj}(R^n_j-\delta^n_j)-\Gamma^m_{jj}(R^l_m-\delta^l_m)+\frac{\partial R^l_j}{\partial x^j}\right]$$
$$-N^i_l\left(\Gamma^l_{nj}S^n_j-\Gamma^m_{jj}S^l_m+\frac{\partial S^l_j}{\partial x^j}\right)=F^i$$
$$\frac{\partial N^j_i}{\partial x^j}+N^l_i\Gamma^j_{lj}-N^j_l\Gamma^l_{ij}-N^j_l\left[\Gamma^l_{nj}(R^n_i-\delta^n_i)-\Gamma^m_{ij}(R^l_m-\delta^l_m)+\frac{\partial R^l_i}{\partial x^j}\right]$$
$$-N^j_l\left(\Gamma^l_{nj}S^n_i-\Gamma^m_{ij}S^l_m+\frac{\partial R^l_i}{\partial x^j}\right)=F^lg^0_{lm}(S^m_i+R^m_i) \tag{6-181}$$

变形 $S^i_j(x^1,x^2,0)+R^i_j(x^1,x^2,0)$确定了所有的量。待求的 6 个量是 u^i、Θ 和 L^i_j。一般而言,可以确定中面的位移场 u^i。

截面的运动方程为

$$\frac{\partial M^i_j}{\partial x^j}+M^l_j\Gamma^i_{lj}-M^i_l\Gamma^l_{jj}-M^i_l\left(\Gamma^l_{nj}S^n_j-\Gamma^m_{jj}S^l_m+\frac{\partial S^l_j}{\partial x^j}\right)$$
$$-M^i_l\Gamma^l_{jj}-M^i_l\left[\Gamma^l_{nj}(R^n_j-\delta^n_j)-\Gamma^m_{jj}(R^l_m-\delta^l_m)+\frac{\partial R^l_j}{\partial x^j}\right)=Q^i_3$$
$$\frac{\partial M^j_i}{\partial x^j}+M^l_i\Gamma^j_{lj}-M^j_l\Gamma^l_{ij}-M^j_l\left(\Gamma^l_{nj}S^n_i-\Gamma^m_{ij}S^l_m+\frac{\partial S^l_i}{\partial x^j}\right)$$
$$-M^j_l\left[\Gamma^l_{nj}(R^n_i-\delta^n_i)-\Gamma^m_{ij}(R^l_m-\delta^l_m)+\frac{\partial R^l_i}{\partial x^j}\right]=Q^l_3g^0_{lm}(S^m_i+R^m_i)$$
$$\tag{6-182}$$

事实上,M^i_j 含有中面转动的贡献。待求量为 $\tilde{u}^i$(截面位移)和中面转动 Θ 和 L^i_j,因此有 6 个方程用于确定内在伸张 S^i_j。

在工程力学中,在截面变形非常小时,可以使用线性运动方程,即

$$\frac{\partial M^i_j}{\partial x^j}+M^l_j\Gamma^i_{lj}-M^i_l\Gamma^l_{jj}=Q^i_3$$
$$\frac{\partial M^j_i}{\partial x^j}+M^l_i\Gamma^j_{lj}-M^j_l\Gamma^l_{ij}=Q^l_3g^0_{li} \tag{6-183}$$

$$\frac{\partial \widetilde{N}_j^i}{\partial x^j}+\widetilde{N}_j^l \Gamma_{lj}^i-\widetilde{N}_l^i \Gamma_{jj}^l=F^i$$

其中

$$\widetilde{N}_j^i=h\cdot[2\lambda(\cos\Theta-1)\delta_j^i+2\mu(1-\cos\Theta)L_l^i L_j^l] \tag{6-184}$$

通常,最后一个方程是独立的用来确定中面弯曲的(从而确定 Q_3^i),在作线性近似时,有各类壳的近似方程。

6.8 曲线系下的板壳方程简化

对于板壳而言,在应力平衡方程中,无论是对于球坐标系还是柱坐标系,它们的半径总是可以取中面值作为近似。令 $r=r_0$。r_0 为初始位形的中面半径坐标,它是常数。把它代入相应的应力平衡方程就可以将方程简化,而同时避免使用内矩。这对于研究疲劳断裂问题是重要的,因为关心的是微元应力的解,而内矩则已经对应力分布作了先验性的假设。

例如,对柱坐标系,逆变形式的运动方程(6-88)可以简化为

$$\frac{\partial \sigma_j^1}{\partial x^j}+r_0(\sigma_1^1-\sigma_2^2)+\frac{1}{r_0}(\sigma_1^2+\sigma_2^1)+r_0(\sigma_1^1\varepsilon_2^2-\sigma_l^1\varepsilon_1^l)-\frac{1}{r_0}\sigma_2^1(\varepsilon_1^2+\varepsilon_2^1)-\sigma_l^1\frac{\partial \varepsilon_j^l}{\partial x^j}=f^1$$

$$\frac{\partial \sigma_j^2}{\partial x^j}+r_0\sigma_1^2+\frac{1}{r_0}(\sigma_2^1+\sigma_1^2)+r_0(\sigma_1^2\varepsilon_2^2-\sigma_l^2\varepsilon_1^l)-\frac{1}{r_0}\sigma_2^2(\varepsilon_2^1+\varepsilon_1^2)-\sigma_l^2\frac{\partial \varepsilon_j^l}{\partial x^j}=f^2 \tag{6-185}$$

$$\frac{\partial \sigma_j^3}{\partial x^j}+r_0\sigma_1^3-r_0\sigma_l^3\varepsilon_1^l-\frac{1}{r_0}\sigma_2^3(\varepsilon_2^1+\varepsilon_1^2)-\sigma_l^3\frac{\partial \varepsilon_j^l}{\partial x^j}=f^3$$

协变形式的运动方程(6-89)可以简化为

$$\frac{\partial \sigma_1^j}{\partial x^j}+\frac{1}{r_0}(\sigma_1^1-\sigma_2^2)+r_0\sigma_1^2\varepsilon_1^2+\frac{1}{r_0}(\sigma_l^2\varepsilon_2^l-\sigma_2^1\varepsilon_1^2-\sigma_2^2\varepsilon_1^1)-\sigma_l^j\frac{\partial \varepsilon_1^l}{\partial x^j}=f_1$$

$$\frac{\partial \sigma_2^j}{\partial x^j}+r_0\sigma_1^2+\frac{1}{r_0}(\sigma_2^1-\sigma_1^2)+r_0(\sigma_1^2\varepsilon_2^2-\sigma_l^2\varepsilon_2^l)+\frac{1}{r_0}(\sigma_l^1\varepsilon_2^l-\sigma_2^1\varepsilon_2^2-\sigma_2^2\varepsilon_2^1)-\sigma_l^j\frac{\partial \varepsilon_2^l}{\partial x^j}=f_2 \tag{6-186}$$

$$\frac{\partial \sigma_3^j}{\partial x^j}+\frac{1}{r_0}\sigma_3^1+r\sigma_1^2\varepsilon_3^2-\frac{1}{r_0}(\sigma_2^1\varepsilon_3^2+\sigma_2^2\varepsilon_3^1)+\sigma_l^j\frac{\partial \varepsilon_3^l}{\partial x^j}=f_3$$

其中,协变体力分量为

$$f_1=f^1(1+\varepsilon_1^1)+r_0f^2\varepsilon_1^2+f^3\varepsilon_1^3$$

$$f_2=f^1\varepsilon_2^1+r_0f^2(1+\varepsilon_2^2)+f^3\varepsilon_2^3$$

$$f_2=f^1\varepsilon_3^1+r_0f^2\varepsilon_3^2+f^3(1+\varepsilon_3^3)$$

这样,应力应变前的系数就是常数,因此把方程化为常系数方程。对于求理论解而

言，这是很有价值的。

类似的，对于球坐标系，逆变力形式的大变形非线性运动方程(6-105)可以简化为

$$\frac{\partial\sigma_j^1}{\partial x^j}+r_0\sin^2\varphi\cdot(\sigma_1^1-\sigma_2^2)+r_0(\sigma_1^1-\sigma_3^3)+\cos\varphi\sin\varphi\cdot\sigma_3^1-\sigma_l^1\frac{\partial\varepsilon_j^l}{\partial x^j}=f^1$$

$$\begin{gathered}\frac{\partial\sigma_j^2}{\partial x^j}+r_0\sigma_1^2(1+\sin^2\varphi)+\cot\varphi\cdot(\sigma_3^2+\sigma_2^3)+\cos\varphi\sin\varphi\cdot\sigma_3^2\\+\frac{1}{r_0}(\sigma_2^1+\sigma_1^2)-\sigma_l^2\frac{\partial\varepsilon_j^l}{\partial x^j}=f^2\end{gathered}\tag{6-187}$$

$$\frac{\partial\sigma_j^3}{\partial x^j}+r_0(1+\sin^2\varphi)\sigma_1^3+\cos\varphi\sin\varphi\cdot(\sigma_3^3-\sigma_2^2)+\frac{1}{r_0}(\sigma_1^3+\sigma_3^1)-\sigma_l^3\frac{\partial\varepsilon_j^l}{\partial x^j}=f^3$$

协变力形式的大变形非线性运动方程(6-106)可以简化为

$$\frac{\partial\sigma_1^j}{\partial x^j}+\frac{1}{r_0}(2\sigma_1^1-\sigma_2^2-\sigma_3^3)-\sigma_l^j\frac{\partial\varepsilon_1^l}{\partial x^j}=f^1(1+\varepsilon_1^1)+r_0\sin\varphi\cdot f^2\varepsilon_1^2+r_0f^3\varepsilon_1^3$$

$$\begin{aligned}&\frac{\partial\sigma_2^j}{\partial x^j}+r_0\sigma_1^2+\cos\varphi\sin\varphi\cdot\sigma_3^2-\cot\varphi\cdot\sigma_2^3+\frac{1}{r_0}(\sigma_2^1+\sigma_2^3)-\sigma_l^j\frac{\partial\varepsilon_2^l}{\partial x^j}\\&=f^1\varepsilon_2^1+r_0\sin\varphi\cdot f^2(1+\varepsilon_2^2)+r_0f^3\varepsilon_2^3\end{aligned}\tag{6-188}$$

$$\begin{aligned}&\frac{\partial\sigma_3^j}{\partial x^j}+r_0\sigma_1^3-\cot\varphi\cdot\sigma_2^2+\frac{1}{r_0}(\sigma_3^1+\sigma_3^3)-\sigma_l^j\frac{\partial\varepsilon_3^l}{\partial x^j}\\&=f^1\varepsilon_3^1+r_0\sin\varphi\cdot f^2\varepsilon_3^2+r_0f^3(1+\varepsilon_3^3)\end{aligned}$$

经过这个简化以后，方程的求解大为简化，而不需借助于假定厚度向的变化为与厚度成正比来引出的内矩。因为在疲劳断裂、结构稳定性类问题中，恰恰是厚度方向上的应力与其他应力分量(应变分量)的关系是待求的。

就逻辑协调性而言，对应变表达式中的半径也应作这个常数化处理。原则上，这样的 6 个方程能给出需要的 3 个位移分量和确定局部转动的 3 个独立量。

用这个简化后的方程研究结构稳定性、疲劳断裂的研究工作是很有实际工程价值的，是有待开展的工作。

第 7 章　流　　变

狭义地说,流变学中的主要关注点是由缓慢的动态变形形成的大变形。与弹塑性变形的差别在于,它是与变形路径有关的,因此是有“记忆”作用的弹塑性变形。这种记忆作用的一般表达方式是应力不仅与绝对变形量有关,还与变形速率有关。

随着我国大量基础设施建设的完成,建筑结构的安全性问题将在几十年后成为流变学应用的主战场。这是因为材料(主要是钢筋混凝土)在应力的长期作用下的流变效应最终会导致材料的失效。构建速率型的流变本构关系显然是前期的必要准备工作。尽管有了多种形式的这类本构关系,但是深入的理论探讨还是有价值的。

流变的本构方程有两种典型的形式:一种是总应力与总应变和应变速率成正比的形式(这是我国使用最广的形式);另一种是总应变与总应力和应力速率成正比的形式。如果把二者综合起来,就又有第三种形式,即总应力及应力速率的和与总应变及应变速率的和成正比的普遍形式。由于它们都是时间的函数,所以经拉普拉斯变换后就得到线性响应的拉普拉斯变换形式。对微小变形,如黏弹性,这没有多大问题,但是,对流变,尤其是有内在局部转动的流变,这一论题是值得探讨的。

对应变速率,它由位移速度场的梯度给出,没有多大争议,但是对应力速率则不同,始终存在多种意见[2]。也正是由于这个原因,在较大变形问题中,应力速率被引进本构方程中[45-47]。

一般来说,流变可分解为累积变形和下一时刻的增量变形。如果累积变形表达为增量变形的积分,则增量变形是否被累积变形决定呢?如果是,则对累积变形关于时间的偏导数就不是真实意义上的客观变形速率,因为全微分应包括空间偏导数和速度梯度的贡献[4,5]。这一论题在 Truesdell 的著作[27]中做了强有力的论述,结论是增量变形是弹性各向同性变形。这就意味着,应变对时间的偏导数并不等价于客观应变速率。这样,就必须把增量变形[39]和累积变形分别开来。

在弹塑性理论中,把变形张量分解为累积变形张量和增量变形张量的积[56]。这样增量变形的弹性参数就与累积变形有关了。由此就构造了一个与变形路径有关的本构方程。

本章基于变形梯度张量的 S+R 分解理论[5]探讨应力速率的有关理论论题,尤其是有切变流时的应力速率问题。

7.1　经典流变理论概要

在经典力学中，流变是指在数学形式上应力就是材料响应函数与应变速率的褶积，即

$$\sigma_{ij}(t)=\int_0^t h_{il}(t-\tau)\cdot\dot{\varepsilon}_{jl}(\tau)\mathrm{d}\tau \tag{7-1}$$

在介质为简单各向同性时，有

$$\sigma_{ij}(t)=\int_0^t h(t-\tau)\cdot\dot{\varepsilon}_{ij}(\tau)\mathrm{d}\tau \tag{7-2}$$

那么，这个材料响应函数就是介质的物理属性。由于介质的"记忆"作用是有限的，因而一般地说，它是随时间参数急剧下降的函数形式。这样，就需要引入一个衰减系数(写成幂指数函数形式)。其简单形式为

$$\sigma_{ij}(t)=\left[\int_0^t\left[\lambda+\tilde{\lambda}\mathrm{e}^{-\alpha(t-\tau)}\right]\cdot\dot{\varepsilon}_{ll}(\tau)\mathrm{d}\tau\right]\delta_{ij}+2\int_0^t\left[\mu+\tilde{\mu}\mathrm{e}^{-\alpha(t-\tau)}\right]\cdot\dot{\varepsilon}_{ij}(\tau)\mathrm{d}\tau \tag{7-3}$$

这种形式一般称为黏弹性形式[57]。对微小变形，它是适用的，但对大变形，有待进一步考察。

对很多介质而言，"记忆"作用是逐步建立的，而不是瞬时的，这样就还需要引入一个"记忆"建立项来代替瞬时响应项。形式上，上式就应改写为

$$\begin{aligned}\sigma_{ij}(t)=&\left[\int_0^t\left[\lambda(1-\mathrm{e}^{-\beta(t-\tau)})+\tilde{\lambda}\mathrm{e}^{-\alpha(t-\tau)}\right]\cdot\dot{\varepsilon}_{ll}(\tau)\mathrm{d}\tau\right]\delta_{ij}\\&+2\int_0^t\left[\mu(1-\mathrm{e}^{-\beta(t-\tau)})+\tilde{\mu}\mathrm{e}^{-\alpha(t-\tau)}\right]\cdot\dot{\varepsilon}_{ij}(\tau)\mathrm{d}\tau\end{aligned} \tag{7-4}$$

这一形式才是一般性流变的基本形式。如果"记忆"的建立过程和"记忆"的衰退过程有对称性，即

$$\alpha=\beta \tag{7-5}$$

则上式成为常用的形式，即

$$\begin{aligned}\sigma_{ij}(t)=&\left[\int_0^t\left[\lambda+(\tilde{\lambda}-\lambda)\mathrm{e}^{-\alpha(t-\tau)}\right]\cdot\dot{\varepsilon}_{ll}(\tau)\mathrm{d}\tau\right]\delta_{ij}\\&+2\int_0^t\left[\mu+(\tilde{\mu}-\mu)\mathrm{e}^{-\alpha(t-\tau)}\right]\cdot\dot{\varepsilon}_{ij}(\tau)\mathrm{d}\tau\end{aligned} \tag{7-6}$$

它可以进一步写为

$$\begin{aligned}\sigma_{ij}(t)=&\lambda[\varepsilon_{ll}(t)]\delta_{ij}+2\mu\varepsilon_{ij}(t)+\left[\int_0^t(\tilde{\lambda}-\lambda)\mathrm{e}^{-\alpha(t-\tau)}\cdot\dot{\varepsilon}_{ll}(\tau)\mathrm{d}\tau\right]\delta_{ij}\\&+2\int_0^t(\tilde{\mu}-\mu)\mathrm{e}^{-\alpha(t-\tau)}\cdot\dot{\varepsilon}_{ij}(\tau)\mathrm{d}\tau\end{aligned} \tag{7-7}$$

前一部分称为弹性，后一部分称为黏性。

建立流变本构方程的目的是使在不考察振动和波动时，运动方程成为

$$\frac{\partial \sigma_{ij}}{\partial X^j}=0 \tag{7-8}$$

这种化简对工业应用是有价值的，因为局部加速度项的引入是振动或波动方程，而流变的关键概念是瞬时平衡态随时间而出现变化。在物理本质上，是把时变项看成是物质的内在属性。这就区别于外界作用下的时变特性。客观上，流变考察的物质是在外力作用下出现内在属性变化的介质，而本构方程应满足这一要求。

如此一来，就出现一个问题，这样表达出的应力是否是物理上许可的[53,57,68]。本章要探讨的是物理上许可的响应函数的一般形式。

7.2 流变速率型本构关系的理论探讨

从变形力学上考察，对一个缓慢的大变形，瞬时增量变形的参考位形是前一时刻大变形后的任意位形，它显然决定了具体的增量瞬时变形，因此瞬时增量变形不能简单地用速度场梯度来定义。下面就用变形几何场理论研究之。

7.2.1 用变形速率张量表出的总变形张量

对连续介质中的一个客观物质微元，任一时刻在单位时间内的瞬时变形张量[27]可以表达为

$$f_j^i(t)=\delta_j^i+u^i(t)\Big|_j \tag{7-9}$$

其中，δ_j^i 是单位张量；$u^i(t)\Big|_j$ 表示速度场 $u^i(t)$ 在瞬时参考位形下对随体拖带坐标 x^j 求协变导数。

把时间区间 $[t_0,t]$ 分解成 n 个单位时间间隔，则在该时间内的总变形张量的理论形式就是各瞬时变形张量的时间增量顺序乘积，即

$$F_j^i(t_0;t)=f_j^{k_n}(t)f_{k_n}^{k_{n-1}}(t-1)\cdots f_{k_2}^{k_1}(t_0+1)f_{k_1}^i(t_0) \tag{7-10}$$

这样就把总变形张量分解为瞬时变形张量的积。这种乘积分解在弹塑性力学中是广为采用的[56]。

对瞬时变形张量，使用 $S+R$ 分解理论公式就有下式，即

$$f_j^i(t)=s_j^i(t)+R_j^i(\dot{\Theta}) \tag{7-11}$$

其中，s_j^i 为对称张量，表示内在伸张；R_j^i 为单位正交转动张量。

它们可由速度场梯度表达为

$$s_j^i(t)=\frac{1}{2}[u^i(t)|_j+u^j(t)|_i]-[1-\cos\dot{\Theta}(t)]L_j^lL_l^i$$

$$R_j^i(\dot{\Theta})=\delta_j^i+\sin\dot{\Theta}(t)L_j^i+[1-\cos\dot{\Theta}(t)]L_j^lL_l^i \tag{7-12}$$

瞬时局部转动方位张量 L_j^i 和瞬时局部转动角 $\dot{\Theta}(t)$ 的定义为

$$L_j^i=\frac{1}{2\sin\dot{\Theta}(t)}[u^i(t)|_j-u^j(t)|_i]$$

$$[\sin\dot{\Theta}(t)]^2=\frac{1}{2}\sqrt{[u^1|_2-u^2|_1]^2+[u^2|_3-u^3|_2]^2+[u^3|_1-u^1|_3]^2} \tag{7-13}$$

由于变形是一个连续的过程，将式(7-11)的分解代入式(7-10)，假如局部转动方位不变，则在拖带系中有

$$F_j^i(t_0;t)=\int_{t_0}^t s_j^i(\tau)\mathrm{d}\tau+R_j^i\left[\int_{t_0}^t\dot{\Theta}(\tau)\mathrm{d}\tau\right] \tag{7-14}$$

另一方面，对用位移梯度表出的总变形张量，并取初始拖带系为标准直角坐标系，就有下式，即

$$F_j^i(t_0,t)=\delta_j^i+\frac{\partial U^i(t_0,t)}{\partial x^j}=S_j^i(t_0,t)+R_j^i(\Theta) \tag{7-15}$$

其中，$U^i(t_0,t)$是总的位移场。

因此，将式(7-15)与式(7-14)对比，就有关系方程，即

$$S_j^i(t_0,t)=\int_{t_0}^t s_j^i(\tau)\mathrm{d}\tau$$

$$\Theta(t_0,t)=\int_{t_0}^t\dot{\Theta}(\tau)\mathrm{d}\tau \tag{7-16}$$

它们表示，物质的内在伸张是伸张速率的时间积分；局部转动角是累加性的。

利用式(7-12)和式(7-16)，有总的经典对称应变，即

$$\varepsilon_{ij}(t_0,t)=\frac{1}{2}\left[\frac{\partial U^i}{\partial x^j}+\frac{\partial U^j}{\partial x^i}\right]=S_j^i(t)+[1-\cos\Theta(t_0,t)]L_j^lL_l^i \tag{7-17}$$

相比之下，由式(7-12)，经典对称应变速率为

$$\dot{\varepsilon}_{ij}(t)=\frac{1}{2}[u^i(t)|_j+u^j(t)|_i]=s_j^i(t)+[1-\cos\dot{\Theta}(t)]L_j^lL_l^i \tag{7-18}$$

以上两式给出了在流变中的总应变与应变速率的显式表达。显然，在$\dot{\Theta}(t)$的有关项不能被忽略时，即局部转动效应不能被忽略时，总应变对时间的偏导数并不是应变速率。

将理性力学理论的弹性本构方程，即 $\sigma_j^i=E_{jl}^{ik}\varepsilon_k^l$ 的弹性系数张量应用于式(7-17)和式(7-18)，就有

$$\sigma_{ij}(t_0,t)=E_{jk}^{im}S_m^k(t)+[1-\cos\Theta(t_0,t)]L_m^lL_l^kE_{jk}^{im}$$

$$\dot{\sigma}_{ij}(t)=E_{jk}^{im}s_m^k(t)+[1-\cos\dot{\Theta}(t)]L_k^lL_l^mE_{jk}^{im} \tag{7-19}$$

从而可以看出，应力速率也不能由应力对时间求导而获得。

把式(7-16)第二式代入上方程第一式，对于弹性介质，也有实验观测到的流变本构关系，即

$$\sigma_{ij}(t_0,t)=E_{ij}^{km}S_m^k+\left[1-\cos\int_{t_0}^t\dot{\Theta}\mathrm{d}T\right]L_m^lL_l^kE_{ij}^{km} \tag{7-20}$$

方程右边的项$\left[1-\cos\int_{t_0}^{t}\dot{\Theta}\mathrm{d}T\right]L_m^l L_l^k E_{ij}^{km}$ 就会被解释为黏性应力，由变形路径决定。

在经典力学理论中，局部转动对应力的贡献被解释为黏性效应，因此所谓的黏弹介质就是局部转动变形比较显著的内在弹性介质。高分子连续介质显然是有代表性的，下面就研究它的本构关系。

7.2.2 高分子连续介质的速率型的流变本构方程

对于由线状高分子组成的流变介质，一个比较好的微观近似把微元看成是无内在伸张而只能弯曲的。对这类无内在伸张的流变微元组成的连续介质，有

$$S_j^i(t_0,t)\equiv 0,\quad s_j^i(t)\equiv 0 \tag{7-21}$$

不失一般性，假定转动方位为绕 x^3 轴方向，即 $L_2^1=-L_1^2=1$，其他 $L_j^i=0$，则总应变为

$$\varepsilon_{11}(t_0,t)=\varepsilon_{22}(t_0,t)=-[1-\cos\Theta(t_0,t)],\quad \text{其他 } \varepsilon_{ij}=0 \tag{7-22}$$

应变速率为

$$\dot{\varepsilon}_{11}(t)=\dot{\varepsilon}_{22}(t)=-[1-\cos\dot{\Theta}(t)]=\dot{\varepsilon}(t),\quad \text{其他 } \dot{\varepsilon}_{ij}=0 \tag{7-23}$$

如使用黏弹性本构方程，则应力为

$$\begin{gathered}\sigma_{11}(t_0,t)=\sigma_{22}(t_0,t)=-2(\lambda+\mu)\cdot[1-\cos\Theta(t_0,t)]-2(\tilde{\lambda}+\tilde{\mu})\cdot[1-\cos\dot{\Theta}(t)]\\ \sigma_{33}(t_0,t)=-2\lambda\cdot[1-\cos\Theta(t_0,t)]-2\tilde{\lambda}\cdot[1-\cos\dot{\Theta}(t)],\quad \text{其他 } \sigma_{ij}=0\end{gathered} \tag{7-24}$$

其中，λ,μ 为弹性参数；$\tilde{\lambda},\tilde{\mu}$ 为黏性参数。

作为一个近似，在瞬时局部转动角 $\dot{\Theta}(t)$很小时，有如下近似，即

$$\begin{gathered}\dot{\varepsilon}_{11}(t)=\dot{\varepsilon}_{22}(t)=\dot{\varepsilon}(t)=-[1-\cos\dot{\Theta}(t)]\approx-\frac{1}{2}[\dot{\Theta}(t)]^2\\ \Theta(t_0,t)=\int_{t_0}^{t}\dot{\Theta}(\tau)\cdot\mathrm{d}\tau\approx\widetilde{\Theta}\cdot(t-t_0)\end{gathered} \tag{7-25}$$

其中，$\widetilde{\Theta}$ 表示瞬时局部转动角 $\dot{\Theta}(t)$的平均值。

利用上式，可以把应力写成瞬时局部转动角的形式为

$$\begin{gathered}\sigma_{11}(t_0,t)=\sigma_{22}(t_0,t)=-2(\lambda+\mu)\cdot\{1-\cos[\widetilde{\Theta}\cdot(t-t_0)]\}-(\tilde{\lambda}+\tilde{\mu})\cdot[\dot{\Theta}(t)]^2\\ \sigma_{33}(t_0,t)=-2\lambda\{1-\cos[\widetilde{\Theta}\cdot(t-t_0)]\}-\tilde{\lambda}[\dot{\Theta}(t)]^2,\quad \text{其他 } \sigma_{ij}=0\end{gathered} \tag{7-26}$$

也可以写成应变速率表出的形式，即

$$\begin{gathered}\sigma_{11}(t_0,t)=\sigma_{22}(t_0,t)=-2(\lambda+\mu)\cdot\{1-\cos[\widetilde{\Theta}(t-t_0)]\}+2(\tilde{\lambda}+\tilde{\mu})\cdot\dot{\varepsilon}(t)\\ \sigma_{33}(t_0,t)=-2\lambda\cdot\{1-\cos[\widetilde{\Theta}\cdot(t-t_0)]\}+2\tilde{\lambda}\cdot\dot{\varepsilon}(t),\quad \text{其他 } \sigma_{ij}=0\end{gathered} \tag{7-27}$$

其中，$\dot{\varepsilon}(t)=-[1-\cos\dot{\Theta}(t)]$。

可见，在考虑到局部转动效应时，流变的本构方程是高度非线性的。

7.2.3 单纯剪切下的速率型的流变本构方程

对单纯剪切，在变形不大时，忽略协变导数与偏导数的微小差别，假定唯一的、非零的速度梯度分量为 $\gamma_{12}(t) \approx \dfrac{\partial u^1(t)}{\partial x^2}$，其余分量为零。利用式(7-13)，则有

$$\sin\dot{\Theta}(t) = |\gamma_{12}(t)|, \quad L_2^1 = -L_1^2 = 1 \tag{7-28}$$

因此，有

$$\cos\dot{\Theta}(t) = \sqrt{1-(\gamma_{12})^2} \tag{7-29}$$

此时的经典对称应变速率为

$$\dot{\varepsilon}_{12}(t) = \dot{\varepsilon}_{21}(t) = \frac{1}{2}\frac{\partial u^1(t)}{\partial x^2} = \frac{1}{2}\gamma_{12}(t), \quad 其他\ \dot{\varepsilon}_{ij} = 0 \tag{7-30}$$

则由式(7-12)，有

$$s_2^1(t) = s_1^2(t) = \frac{1}{2}\gamma_{12}(t)$$

$$s_1^1(t) = s_2^2(t) = [1-\cos\dot{\Theta}(t)] = [1-\sqrt{1-(\gamma_{12})^2}], \quad 其他为零 \tag{7-31}$$

因此，由式(7-16)，就有

$$S_2^1(t_0,t) = S_1^2(t_0,t) = \frac{1}{2}\int_{t_0}^{t}\gamma_{12}(\tau)\mathrm{d}\tau$$

$$S_1^1(t_0,t) = S_2^2(t_0,t) = \int_{t_0}^{t}[1-\sqrt{1-(\gamma_{12})^2}]\mathrm{d}\tau, \quad 其他为零 \tag{7-32}$$

$$\Theta(t_0,t) = \int_{t_0}^{t}\arcsin|\gamma_{12}(\tau)|\mathrm{d}\tau$$

在 γ_{12} 很小时(事实上，在 γ_{12} 较大时，由于流动的出现，其余速度梯度分量不都为零，此时本近似无效)，有

$$S_1^1(t_0,t) = S_2^2(t_0,t) \approx \frac{1}{2}\int_{t_0}^{t}[\gamma_{12}(\tau)]^2\mathrm{d}\tau \tag{7-33}$$

对上式进行分步积分，并假定变形加速率可近似为零，则有

$$S_1^1(t_0,t) = S_2^2(t_0,t) \approx \frac{1}{2}\cdot\gamma_{12}(t)\cdot\int_{t_0}^{t}\gamma_{12}(\tau)\mathrm{d}\tau \tag{7-34}$$

而且，有

$$\Theta(t_0,t) = \int_{t_0}^{t}\arcsin|\gamma_{12}(\tau)|\cdot\mathrm{d}\tau \approx \int_{t_0}^{t}|\gamma_{12}(\tau)|\mathrm{d}\tau \tag{7-35}$$

最后，由式(7-17)，得到总的经典应变的非零分量为

$$\varepsilon_{12}(t_0,t) = \varepsilon_{21}(t_0,t) = \frac{1}{2}\cdot\int_{t_0}^{t}\gamma_{12}(\tau)\mathrm{d}\tau$$

$$\varepsilon_{11}(t_0,t)=\varepsilon_{22}(t_0,t)=\frac{1}{2}\gamma_{12}(t)\cdot\int_{t_0}^{t}\gamma_{12}(\tau)\mathrm{d}\tau-\left[1-\cos\left(\int_{t_0}^{t}|\gamma_{12}(\tau)|\mathrm{d}\tau\right)\right] \tag{7-36}$$

这样，就得到黏弹性本构方程，即

$$\sigma_{12}(t_0,t)=\sigma_{21}(t_0,t)=\mu\cdot\int_{t_0}^{t}\gamma_{12}(\tau)\mathrm{d}\tau+\tilde{\mu}\cdot\gamma_{12}(t)$$

$$\begin{aligned}\sigma_{11}(t_0,t)&=\sigma_{22}(t_0,t)\\&=(\lambda+\mu)\cdot\left\{\gamma_{12}(t)\cdot\int_{t_0}^{t}\gamma_{12}(\tau)\mathrm{d}\tau-2\cdot\left[1-\cos\left(\int_{t_0}^{t}|\gamma_{12}(\tau)|\mathrm{d}\tau\right)\right]\right\}\end{aligned} \tag{7-37}$$

$$\sigma_{22}(t_0,t)=\lambda\cdot\left\{\gamma_{12}(t)\cdot\int_{t_0}^{t}\gamma_{12}(\tau)\mathrm{d}\tau-2\cdot\left[1-\cos\left(\int_{t_0}^{t}|\gamma_{12}(\tau)|\mathrm{d}\tau\right)\right]\right\}$$

它们表明，即便是简单的理想剪切，其流变的本构方程也是高度非线性的。

7.3 圆柱体试样在剪切应变下的流变解

在日常生活和工程实践中，我们总能从一些长时间受力的固体表面看到一些凸起或者是凹陷。这些非常态的表面有时从凹陷变成凸起或者从凸起变成凹陷(很少)。通常，在最后的某个时刻，那些局部的凸起表面将会从它最初被破坏的位置进而形成一些小的椭圆形的洞或者是一系列的破坏点。在对断裂或者是疲劳区域的微观检查中，主要的非常态变形是剪切变形。然而，在宏观尺度下，变形是简单单向的，像简单的压缩或者拉伸。本研究把这类现象简化为圆柱试样的单向流变行为而求其理论解。

经典变形理论直接用来解决这种现象是困难的，主要有两个方面的原因。一方面，它们是从宏观尺度给出本构方程、运动方程还有边界条件。因此，除了为了解决疲劳或者是尖端裂纹扩展而事先引进的某些缺陷以外[37,51]，它们给出的只是疲劳或者断裂的全局解。另一方面。通常，用经典变形理论来处理固体材料时，它们的流体特征被删除，黏性参数也并没有作为标准的材料参数来测量。然而，工程实践的经验告诉我们，材料的疲劳断裂行为是与在长时间尺度下定义的流体的黏性特征有关的[55,57]。

在本研究中，基本的观点是经典理论仅在宏观变形尺度上是有效的，因此，应该恢复在对变形描述的几何等式中被删除的项和在本构方程中被删除的应力项；应该依据工程环境建立额外的方程来描述材料的自我演化过程。其中，最简单例子就是圆柱体的单向流变变形研究。

对一个通过边界摩擦力固定的圆柱体试样，如果在它的两端施加同一个宏观方向的压力，就形成了单向的变形。这个试样初始时会像弹性材料一样变形，伴随一些和液体流动一样的小变形，最后像弹塑性变形一样形成一个静止位形来平衡所施加的压力。这时施加的压力等于边界摩擦力与物体变形产生的力的和。当压力移除，初始位形将会恢复。这种变形在本研究中被看做是单向的流变变形。在工程中，这样一种流变变形不仅在确定黏性材料的流变行为中起着重要的作用，同样在弹性材料的静止稳定性和疲劳断裂中起着重要的作用。

不像单纯的无边界的压缩或者是拉伸，这里讨论的变形主要是由剪切变形引起的。如果材料足够软，那加载的压力就和边界的摩擦力平衡。如果材料的硬度足够，那么加载的压力主要和中间的变形力平衡。一般而言，均匀的位移变形或者均匀的位移梯度变形被看做是最简单的例子。

本研究用这样一种变形来建立大尺度下的局部连续变形模型，目的是揭示材料变形的疲劳机制，而这种变形通常从应变和位移来看是单向的。本研究从几何方程出发，通过物质线长度的变化而不是通过任意位移场的微分来定义应变；之后，定义弹性和流变的应力概念。用运动方程和边界条件方程，得到宏观单向变形的理论解。然后，使用由宏观上的单向变形条件得到了自我演化方程，继而得到了理论演化解。依据理论解与时间的完整依赖关系，就揭示了材料的疲劳与断裂的机制。

7.3.1　圆柱体单向流变变形的力学描述

取沿着圆柱体试样的中心的方向为 z 轴方向，在两个端点处分别定义 $z=0$ 和 $z=L$，截面部分用极坐标 r 和 θ 来定义；在 t 时刻的压力为 $p=-\dfrac{F_z}{2\pi R^2}\pi(t)$，在另外一端 $z=L$，压力为 $p=\dfrac{F_z}{2\pi R^2}\pi(t)$。在单位时间间隔 $\mathrm{d}t=1$，材料物质线元的变形路径形成一个自然的基矢 $\boldsymbol{g}_z(r,t)$，它的长度定义为 $\mathrm{d}s_z=|\boldsymbol{g}_z|\mathrm{d}z$。另外两个自然基矢是纯粹的几何量分别为 $\boldsymbol{g}_r(r,t)$ 和 $\boldsymbol{g}_\theta(r,t)$，它们的长度用坐标增量来定义，分别为 $\mathrm{d}s_r=|\boldsymbol{g}_r|\mathrm{d}r=\mathrm{d}r$ 和 $\mathrm{d}s_\theta=|\boldsymbol{g}_\theta|\mathrm{d}\theta=r\mathrm{d}\theta$。这样，就建立一个自然的拖带坐标系。在 z 轴方向上的流变变形用位移场 $U(r,z,t)$ 来描述。

依据陈理性力学关于瞬时变形（在 $\mathrm{d}t=1$ 内定义的）的研究[4,5]，在 z 轴方向上的一维的流变变形的几何条件为

$$\mathrm{d}u(r,z,t)=-\mathrm{d}r\cdot\tan\alpha(r,z,t)\tag{7-38}$$

其中，$\alpha(r,t)$ 是描述位移的角度函数；$U_0=U(0,z,t)$ 是中心点的位移，因此有

$$U(r,z,t)=U_0(z,t)-\int_0^r\tan\alpha(r,z,t)\cdot\mathrm{d}r\tag{7-39}$$

由此得到对流变变形有贡献的局部速度为

$$\mathrm{d}V(r,z,t)=\frac{\partial\mathrm{d}U(r,z,t)}{\partial t}=-\frac{1}{\cos^2\alpha}\cdot\frac{\partial\alpha}{\partial t}\cdot\mathrm{d}r\tag{7-40}$$

此时，惯性速度为

$$V(r,z,t)=V_0(z,t)-\int_0^r \frac{1}{\cos^2\alpha}\cdot\frac{\partial\alpha}{\partial t}\cdot \mathrm{d}r \tag{7-41}$$

其中，$V_0(z,t)=V(0,z,t)$是中心点的速度。

依据陈理性力学理论，从局部角度来看，在任意时间 t，长度为 $\mathrm{d}r$ 的物质微元伸长到长度 $\mathrm{d}s_r=\frac{1}{\cos\alpha}\cdot\mathrm{d}r$，同时长度为 $\mathrm{d}s_\theta=|\boldsymbol{g}_\theta|\mathrm{d}\theta=r\mathrm{d}\theta$ 伸长到 $\mathrm{d}s_\theta=\frac{1}{\cos\alpha}\cdot r\mathrm{d}\theta$，其中沿着 z 轴方向的 $\mathrm{d}s_z=\mathrm{d}z$ 伸长到 $\mathrm{d}s_z=\mathrm{d}z\left(1+\frac{\partial U}{\partial z}\right)$，然后就得到了伸长应变的物理分量和局部旋转分量，即

$$\varepsilon_{rr}=\frac{1}{\cos\alpha}-1,\quad \varepsilon_{\theta\theta}=\frac{1}{\cos\alpha}-1,\quad \varepsilon_{zz}=\frac{\partial U}{\partial z}$$

$$\omega_{zr}=-\omega_{rz}=\tan\alpha \tag{7-42}$$

由此，相应的速率为

$$\frac{\partial(\mathrm{d}s_r)}{\partial t}=\frac{1}{\cos^2\alpha}\cdot\frac{\partial\alpha}{\partial t}\cdot\mathrm{d}r=\frac{1}{\cos\alpha}\cdot\frac{\partial\alpha}{\partial t}\cdot\left(\frac{\mathrm{d}r}{\cos\alpha}\right)$$

这样就得到拉伸应变速率(参考当前位形定义为$\frac{\partial(\mathrm{d}s_r)}{\partial t}/\mathrm{d}s_r$)和局部转动速率，即

$$\dot{\varepsilon}_{rr}=\frac{1}{\cos\alpha}\cdot\frac{\partial\alpha}{\partial t},\quad \dot{\varepsilon}_{\theta\theta}=\frac{1}{\cos\alpha}\cdot\frac{\partial\alpha}{\partial t}$$

$$\dot{\varepsilon}_{zz}=\frac{\dfrac{\partial V}{\partial z}}{1+\dfrac{\partial U}{\partial z}}\approx\frac{\partial V}{\partial z} \tag{7-43}$$

$$\tilde{\omega}_{zr}=-\tilde{\omega}_{rz}=\frac{1}{\cos\alpha}\cdot\frac{\partial\alpha}{\partial t}$$

对物性参数分别为 λ、μ 和 $\tilde{\lambda}$、$\tilde{\mu}$ 的流变材料，就可以得到相应的弹性应力场非零分量，即

$$\sigma_{rr}=2(\lambda+\mu)\left(\frac{1}{\cos\alpha}-1\right)+\lambda\frac{\partial U}{\partial z}$$

$$\sigma_{\theta\theta}=2(\lambda+\mu)\left(\frac{1}{\cos\alpha}-1\right)+\lambda\frac{\partial U}{\partial z}$$

$$\sigma_{zz}=2\lambda\left(\frac{1}{\cos\alpha}-1\right)+(\lambda+2\mu)\frac{\partial U}{\partial z} \tag{7-44}$$

$$\sigma_{zr}=-\sigma_{rz}=2\mu\tan\alpha$$

和流动应力场非零分量，即

$$
\begin{aligned}
\tilde{\sigma}_{rr} &= 2(\tilde{\lambda}+\tilde{\mu})\frac{1}{\cos\alpha}\cdot\frac{\partial\alpha}{\partial t}+\tilde{\lambda}\frac{\partial V}{\partial z} \\
\tilde{\sigma}_{\theta\theta} &= 2(\tilde{\lambda}+\tilde{\mu})\frac{1}{\cos\alpha}\cdot\frac{\partial\alpha}{\partial t}+\tilde{\lambda}\frac{\partial V}{\partial z} \\
\tilde{\sigma}_{zz} &= 2\tilde{\lambda}\frac{1}{\cos\alpha}\cdot\frac{\partial\alpha}{\partial t}+(\tilde{\lambda}+2\tilde{\mu})\frac{\partial V}{\partial z} \\
\tilde{\sigma}_{zr} &= -\tilde{\sigma}_{rz}=\frac{2\tilde{\mu}}{\cos\alpha}\cdot\frac{\partial\alpha}{\partial t}
\end{aligned}
\tag{7-45}
$$

其余分量全为零。

对于在宏观上单向的流变变形，净应力条件为 $\sigma_{rr}+\tilde{\sigma}_{rr}=\sigma_{\theta\theta}+\tilde{\sigma}_{\theta\theta}=0$，即

$$
2(\lambda+\mu)\left(\frac{1}{\cos\alpha}-1\right)+2(\tilde{\lambda}+\tilde{\mu})\frac{1}{\cos\alpha}\frac{\partial\alpha}{\partial t}+\lambda\frac{\partial U}{\partial z}+\tilde{\lambda}\frac{\partial V}{\partial z}=0 \tag{7-46}
$$

可以看出，变形速率仅是由总的变形自身确定的，这也是流变变形的本质特征。下面称这个方程为时变演化方程。

流变变形行为还满足如下的宏观应力平衡方程[8]（体力为零），即

$$
-\frac{\partial\bar{\sigma}_{zr}}{\partial r}+\frac{1}{r}\bar{\sigma}_{zr}=0 \tag{7-47}
$$

它的形式解为

$$
\bar{\sigma}_{zr}=2\mu\tan\alpha+\frac{2\tilde{\mu}}{\cos\alpha}\frac{\partial\alpha}{\partial t}=C(z,t)\cdot r \tag{7-48}
$$

其中，$C(z,t)$是待定的任意函数。

对这里研究的论题，对应的单向流变的位移形式解为

$$
U(r,z,t)=U_0(z,t)\left(1-\frac{r^2}{R^2}\right) \tag{7-49}
$$

有了这个形式解，问题就简化为求解由式(7-46)决定的流变的时变解。

7.3.2　流变行为的显式时变方程

流变变形主要的特征为：是时变变形；初始解是弹性变形，最终解是准静态解。我们需要得出的就是当压力一直持续而弹性变形状态已经达到之后的材料的变形随着时间变化的解，即材料的流变解。

对于流变变形，由式(7-46)，时变演化的过程函数 $\alpha(r,z,t)$可以表达为

$$
\frac{\partial\alpha}{\partial t}=-\frac{\lambda+\mu}{\tilde{\lambda}+\tilde{\mu}}(1-\cos\alpha)-\frac{\cos\alpha}{2(\tilde{\lambda}+\tilde{\mu})}\left(\lambda\frac{\partial U}{\partial z}+\tilde{\lambda}\frac{\partial V}{\partial z}\right) \tag{7-50}
$$

它的初始和终了时间条件为

$$
\alpha(r,z,0)=\alpha_e(r,z),\quad \alpha(r,z,\infty)=\alpha_s(r,z) \tag{7-51}
$$

令 $u(t)=\tan\frac{\alpha}{2}$，上式可以写成一个黎卡提(Riccati)方程，即

$$2\frac{\partial u}{\partial t}+b(r,t)\cdot u^2-e(r,t)=0 \tag{7-52}$$

其中

$$e(r,t)=-\frac{1}{2(\tilde{\lambda}+\tilde{\mu})}\left(\lambda\frac{\partial U}{\partial z}+\tilde{\lambda}\frac{\partial V}{\partial z}\right)$$

$$b(r,t)=-\frac{1}{2(\tilde{\lambda}+\tilde{\mu})}\left(\lambda\frac{\partial U}{\partial z}+\tilde{\lambda}\frac{\partial V}{\partial z}\right)+2\frac{\lambda+\mu}{\tilde{\lambda}+\tilde{\mu}} \tag{7-53}$$

因此，对于通常情况下的单向变形 $U(r,z,t)=U_0(z,t)\left(1-\frac{r^2}{R^2}\right)$，有两个基本的理想流变解，即均匀位移变形的解和调和位移变形的解。

7.3.3 均匀位移变形的解

对 $\frac{\partial U_0(z,t)}{\partial z}=0$，黎卡提方程给出的流变解为

$$\tan\alpha(R,t)=\frac{2\left(\tan\frac{\alpha_e}{2}+\frac{\lambda+\mu}{\tilde{\lambda}+\tilde{\mu}}t\right)}{1-\left(\tan\frac{\alpha_e}{2}+\frac{\lambda+\mu}{\tilde{\lambda}+\tilde{\mu}}t\right)^2}=-2U_0(t)\frac{1}{R} \tag{7-54}$$

其中

$$U_0(t)=-\frac{\left(\tan\frac{\alpha_e}{2}+\frac{\lambda+\mu}{\tilde{\lambda}+\tilde{\mu}}t\right)R}{1-\left(\tan\frac{\alpha_e}{2}+\frac{\lambda+\mu}{\tilde{\lambda}+\tilde{\mu}}t\right)^2}$$

$$\alpha_e(R)=-\arctan\left(\frac{F_z}{4\mu\pi R^2L}\right) \tag{7-55}$$

对应的流变位移解为

$$U(r,t)=-\frac{\left(\tan\frac{\alpha_e}{2}+\frac{\lambda+\mu}{\tilde{\lambda}+\tilde{\mu}}t\right)R}{1-\left(\tan\frac{\alpha_e}{2}+\frac{\lambda+\mu}{\tilde{\lambda}+\tilde{\mu}}t\right)^2}\left(1-\frac{r^2}{R^2}\right) \tag{7-56}$$

其中，在 $t=0$ 时刻，位移是正的，$U(r)=\frac{F_z}{8\mu\pi RL}\left(1-\frac{r^2}{R^2}\right)$。该解表明，在 $t=0$ 时刻达到弹性变形后，随着时间的继续增大，位移缓慢的增大，其特征时间为 $\tau_0=\frac{\tilde{\lambda}+\tilde{\mu}}{\lambda+\mu}$。在足够长的时间之后，位移幅度又变为逐渐降为零(疲劳断裂过程)。到达

零位移的时刻由下式 $T_{zero}=\dfrac{\tilde{\lambda}+\tilde{\mu}}{\lambda+\mu}\tan\left[\dfrac{1}{2}\arctan\left(\dfrac{F_z}{4\mu\pi R^2 L}\right)\right]$得到。对圆柱体试样来说，在一定的荷载下，就产生了疲劳断裂。

对在工程中产生的疲劳现象，表面的疲劳断裂通常就是这种形式，即由一个初始的内在弯曲变化为外部的弯曲表面，最终从表面开裂开来。对接触力学，初始的内在接触表面逐渐趋于平坦然后引起接触区域的失稳效应，然后接触表面成为凸起迫使接触表面失稳。唯一的机制就是在一定荷载下材料自身的自我演化。

7.3.4 调和变形的解

对$\dfrac{\partial^2 U_0(z,t)}{\partial z^2}=0$，黎卡提方程给出的流变解为

$$\tan\alpha(R,z,t)=\frac{2\left[\tan\dfrac{\alpha_e}{2}-\dfrac{1}{4(\tilde{\lambda}+\tilde{\mu})}\displaystyle\int_0^t\left(\lambda\frac{\partial U}{\partial z}+\tilde{\lambda}\frac{\partial V}{\partial z}\right)\mathrm{d}t\right]}{1-\left[\tan\dfrac{\alpha_e}{2}-\dfrac{1}{4(\tilde{\lambda}+\tilde{\mu})}\displaystyle\int_0^t\left(\lambda\frac{\partial U}{\partial z}+\tilde{\lambda}\frac{\partial V}{\partial z}\right)\mathrm{d}t\right]^2}=-2U_0(z,t)\frac{1}{R}\tag{7-57}$$

其中

$$U_0(z,t)=-\frac{\left[\tan\dfrac{\alpha_e}{2}-\dfrac{1}{4(\tilde{\lambda}+\tilde{\mu})}\displaystyle\int_0^t\left(\lambda\frac{\partial U}{\partial z}+\tilde{\lambda}\frac{\partial V}{\partial z}\right)\mathrm{d}t\right]}{1-\left[\tan\dfrac{\alpha_e}{2}-\dfrac{1}{4(\tilde{\lambda}+\tilde{\mu})}\displaystyle\int_0^t\left(\lambda\frac{\partial U}{\partial z}+\tilde{\lambda}\frac{\partial V}{\partial z}\right)\mathrm{d}t\right]^2}\cdot R$$

$$\tan\alpha_e(R,z)=-2\left\{U_0(0)+\frac{F_z}{(\lambda+2\mu)\pi R^2}\cdot z\right\}\cdot\frac{1}{R}\tag{7-58}$$

$$\frac{\partial U(r,z)}{\partial z}=\frac{F_z}{(\lambda+2\mu)\pi R^2}\cdot\left(1-\frac{r^2}{R^2}\right)$$

对应的流变位移解(隐式解)为

$$U(r,z,t)=-\frac{\left[\tan\dfrac{\alpha_e}{2}-\dfrac{1}{4(\tilde{\lambda}+\tilde{\mu})}\displaystyle\int_0^t\left(\lambda\frac{\partial U}{\partial z}+\tilde{\lambda}\frac{\partial V}{\partial z}\right)\mathrm{d}t\right]}{1-\left[\tan\dfrac{\alpha_e}{2}-\dfrac{1}{4(\tilde{\lambda}+\tilde{\mu})}\displaystyle\int_0^t\left(\lambda\frac{\partial U}{\partial z}+\tilde{\lambda}\frac{\partial V}{\partial z}\right)\mathrm{d}t\right]^2}\cdot R\left(1-\frac{r^2}{R^2}\right)\tag{7-59}$$

零位移是在由下面方程所决定时刻 T_{zero}达到，即

$$\tan\frac{\alpha_e}{2}-\frac{1}{4(\tilde{\lambda}+\tilde{\mu})}\int_0^{T_{zero}}\left(\lambda\frac{\partial U}{\partial z}+\tilde{\lambda}\frac{\partial V}{\partial z}\right)\cdot\mathrm{d}t=0\tag{7-60}$$

它表明，位移场梯度、速度梯度和物性参数一起决定了流变的行为。一般来说，位移场梯度是由加载条件和材料的宏观特征决定的任意函数，而速度梯度是材料的

内在(微观)结构决定的。在实际观测到的流变现象中,位移梯度和速度梯度是异号的,因此位移的时变变化是一个自演化过程。

依据工程实践,长期载荷作用下的流变变形引起的疲劳断裂是十分常见的。上面所得到的流变理论解可以用来预测材料的寿命或者预测潜在的失稳特征。这个研究结果揭示了在工程实践中均匀变形环境下材料的疲劳断裂的本质机制就是长时间载荷作用下的流变过程。

7.4 流变作为宏观运动方程的解

这里探讨的是物理上许可的经典本构方程响应函数的一般形式。狭义地说,流变学中的主要关注点是由缓慢的动态变形形成的大变形。与弹塑性变形的差别在于,它是与变形路径有关的,因此是有“记忆”作用的弹塑性变形[37]。这种记忆作用的一般表达方式是应力不仅与绝对变形量有关,还与变形速率有关。在数学形式上,应力就是响应函数与应变速率的褶积。响应函数就是介质的物理属性,但是对很多介质而言,“记忆”作用是逐步建立的,而不是瞬时的,这样就还需要引入一个“记忆”建立项来代替瞬时响应项。

下面讨论一般性流变的基本形式。在任一瞬时,力学运动方程都应满足。在这个前提下建立流变本构方程就是我们的目的。这样表达出的应力是物理上许可的。为解决这一问题,先建立流变运动的 Lagrange 量,尔后用最小作用量原理导出在无外力时流变的运动方程。结果表明,本构方程中的弹性系数是与流变的动能密度、体积应变空间梯度有关的量。在流变中,动能密度的变化表现为一个等价的各向同性扩张应力。如果把这一项并入积分中,则弹性系数是与体积应变有关的。

7.4.1 流变的运动方程

流变学本构方程的本质是宏观上把物质内部的微观运动用等价的宏观物性方程的变化来表达。这种近似方法受到基本物理运动的控制[58-67]。就变形驱动的内在运动而言,它应满足最小作用量原理。

考察一个物质微元,它的 Lagrange 量的定义为

$$L=\frac{1}{2}\rho V^i V^i-U \tag{7-61}$$

其中,U 为变形能,它是位能属性;V^i 为微元体的惯性速度。

对无外部体力作用的物质,作用量就定义为

$$\text{Action}=\int_{t_0}^{t}\mathrm{d}t\oint_{\Omega}L\,\mathrm{d}\Omega=\int_{t_0}^{t}\mathrm{d}t\oint_{\Omega}\left(\frac{1}{2}\rho\cdot V^i V^i-U\right)\mathrm{d}\Omega \tag{7-62}$$

其 Lagrange 量的变分量为

$$\delta L=\rho V^i \cdot \frac{\partial \delta x^i}{\partial t}+\left(\frac{1}{2}V^l V^l \cdot \frac{\partial \rho}{\partial x^i}-\frac{\partial U}{\partial x^i}\right)\delta x^i+\left(\rho V^l \cdot \frac{\partial V^l}{\partial t}+\frac{1}{2}V^l V^l \cdot \frac{\partial \rho}{\partial t}-\frac{\partial U}{\partial t}\right)\delta t \tag{7-63}$$

作用量的变分为

$$\delta(\text{Action}) = \int_{t_0}^{t} \mathrm{d}t \oint_{\Omega} \left[\rho V^i \cdot \frac{\partial \delta x^i}{\partial t}+\left(\frac{1}{2}V^l V^l \cdot \frac{\partial \rho}{\partial x^i}-\frac{\partial U}{\partial x^i}\right)\delta x^i + \left(\rho V^l \cdot \frac{\partial V^l}{\partial t}+\frac{1}{2}V^l V^l \cdot \frac{\partial \rho}{\partial t}-\frac{\partial U}{\partial t}\right)\delta t\right] \mathrm{d}\Omega \tag{7-64}$$

应用分步积分后，得到

$$\delta(\text{Action}) = \int_{t_0}^{t} \mathrm{d}t \oint_{\Omega} \left(\left[-\frac{\partial(\rho V^i)}{\partial t}+\frac{1}{2}V^l V^l \cdot \frac{\partial \rho}{\partial x^i}-\frac{\partial U}{\partial x^i}\right]\delta x^i + \left(\rho V^l \cdot \frac{\partial V^l}{\partial t}+\frac{1}{2}V^l V^l \cdot \frac{\partial \rho}{\partial t}-\frac{\partial U}{\partial t}\right)\delta t\right] \mathrm{d}\Omega \tag{7-65}$$

应用最小作用量原理，即

$$\delta(\text{Action})=0 \tag{7-66}$$

就得到 Euler-Lagrange 方程，即

$$\begin{gathered}
-\frac{\partial(\rho V^i)}{\partial t}+\frac{1}{2}V^l V^l \cdot \frac{\partial \rho}{\partial x^i}-\frac{\partial U}{\partial x^i}=0 \\
\rho V^l \cdot \frac{\partial V^l}{\partial t}+\frac{1}{2}V^l V^l \cdot \frac{\partial \rho}{\partial t}-\frac{\partial U}{\partial t}=0
\end{gathered} \tag{7-67}$$

这就是流变要满足的微分方程。

7.4.2 流变本构方程的导出

在单位时间内，流变时质点的位置变化形式为

$$x^i=V^i+X^i \tag{7-68}$$

其中，X^i 为单位时间的起始位置；x^i 为单位时间后的终了位置。

由此可见，可以定义单位时间的瞬时变形张量为

$$F_j^i=\frac{\partial x^i}{\partial X^j}=\frac{\partial V^i}{\partial X^j}+\delta_j^i \tag{7-69}$$

另一方面，对变形能，在单位时间内，变形前后，该物质单元的变形能变化梯度为

$$\frac{\partial U}{\partial x^i}=\frac{\partial[W(x)-W(X)]}{\partial x^i}=\frac{\partial}{\partial X^j}\left(\frac{\partial W}{\partial F_j^i}\right) \tag{7-70}$$

其中，$\frac{\partial W(x)}{\partial x^i}$ 为变形后的位能关于变形后位形的梯度；$\frac{\partial W(X)}{\partial x^i}$ 变形前的位能关于

变形后位形的梯度。

上式给出了 $W(x)-W(X)=W(F_j^i)-W(\delta_j^i)$ 的含义。

按照应力的 Green 定义方式，应力为

$$\sigma_j^i=\frac{\partial W}{\partial F_i^j} \tag{7-71}$$

这样，对于参考变形下的增量瞬时变形，就有应力的一般性形式，即

$$\begin{aligned}\sigma_j^i&=\frac{\partial W}{\partial F_i^j(0)}-\frac{\partial^2 W}{\partial F_k^l(t)\partial F_i^j(0)}[F_l^k(t)-F_l^k(0)]\\&=\bar{\sigma}_j^i+\tilde{C}_{jl}^{ik}\cdot[F_l^k(t)-F_l^k(0)]\\&=\bar{\sigma}_j^i+\tilde{\sigma}_j^i\end{aligned} \tag{7-72}$$

这样，就把应力分解成为当前参考位形下的应力 $\bar{\sigma}_j^i$（等价于初始应力）和应变速率决定的流变弹性应力 $\tilde{\sigma}_j^i$，而 $\tilde{C}_{jl}^{ik}$ 就是黏性系数张量。

在以上理解下，由式(7-70)，变形能的空间梯度就可用应力表示为

$$\frac{\partial U}{\partial x^i}=\frac{\partial \sigma_i^j}{\partial X^j}=\frac{\partial \bar{\sigma}_i^j}{\partial X^j}+\frac{\partial \tilde{\sigma}_i^j}{\partial X^j} \tag{7-73}$$

代入 Euler-Lagrange 方程(7-67)就得到用应力表出的流变运动方程，即

$$\begin{aligned}&-\frac{\partial(\rho V^i)}{\partial t}+\frac{1}{2}V^lV^l\cdot\frac{\partial\rho}{\partial X^i}-\frac{\partial\sigma_i^j}{\partial X^j}=0\\&\rho V^l\cdot\frac{\partial V^l}{\partial t}+\frac{1}{2}V^lV^l\cdot\frac{\partial\rho}{\partial t}-\frac{\partial U}{\partial t}=0\end{aligned} \tag{7-74}$$

在不考虑加速度项时，对缓慢的流变过程，即

$$F_j^i(t)=\delta_j^i+\varepsilon_j^i(t) \tag{7-75}$$

从而有

$$\delta\rho=\rho\cdot\varepsilon_l^l,\quad U=\sigma_i^j\varepsilon_j^i \tag{7-76}$$

因此，可以把方程(7-74)重写为

$$\begin{aligned}&-\frac{\rho}{2}V^lV^l\frac{\partial\varepsilon_l^l}{\partial X^i}+\frac{\partial(\bar{\sigma}_i^j+\tilde{\sigma}_i^j)}{\partial X^j}=\frac{\partial(\rho V^i)}{\partial t}\\&\frac{\rho}{2}V^lV^l\frac{\partial\varepsilon_l^l}{\partial t}+\frac{\partial(\sigma_i^j\varepsilon_j^i)}{\partial t}=-\rho V^l\frac{\partial V^l}{\partial t}\end{aligned} \tag{7-77}$$

第一式为应力与应变的空间关系方程，等价于经典的应力平衡方程；第二式为应力与应变的时间关系方程。

流变学的研究哲理是变形可近似为加速度为零，但速度不为零的变形。因此，满足最小作用量原理的流变运动方程为

$$-\frac{\rho}{2}V^lV^l\frac{\partial\varepsilon_l^l}{\partial X^i}+\frac{\partial(\bar{\sigma}_i^j+\tilde{\sigma}_i^j)}{\partial X^j}=0$$

$$\frac{\rho}{2}V^lV^l \cdot \frac{\partial \varepsilon_l^l}{\partial t}+\frac{\partial(\sigma_i^j\varepsilon_j^i)}{\partial t}=0 \tag{7-78}$$

该方程组表明，如按上面的方程建立本构方程，则本构方程中的弹性系数是与流变的动能密度$\frac{\rho}{2}V^lV^l$、体积应变空间梯度$\frac{\partial \varepsilon_l^l}{\partial X^i}$、体应变速率$\frac{\partial \varepsilon_l^l}{\partial t}$、等有关的量。

式(7-78)第二式给出在不考虑加速力下的能量协调条件为

$$\dot{\sigma}_i^j\varepsilon_j^i+\sigma_i^j\dot{\varepsilon}_j^i+\frac{\rho}{2}V^lV^l\dot{\varepsilon}_l^l=0 \tag{7-79}$$

单纯从数学上考察，它的形式解可以表示为

$$\sigma_j^i(t)=\int_0^t h_{jl}^{ik}(t-\tau)\dot{\varepsilon}_k^l(\tau)\mathrm{d}\tau \tag{7-80}$$

因此，流变的应力应变本构方程是最小作用量原理导出的推论。

7.4.3　变形的有限记忆方程

特别的，定义动能体密度 p 为

$$p=\frac{\rho}{2}V^lV^l \tag{7-81}$$

则连续介质的流变的运动方程为

$$\begin{gathered}-p\frac{\partial \varepsilon_l^l}{\partial X^i}+\frac{\partial(\bar{\sigma}_i^j+\tilde{\sigma}_i^j)}{\partial X^j}=0\\ p\frac{\partial \varepsilon_l^l}{\partial t}+\frac{\partial(\sigma_i^j\varepsilon_j^i)}{\partial t}=0\end{gathered} \tag{7-82}$$

对很多有工业价值的流变现象，一般来说是在边界外力作用下发生的流变。流变的速度是明显的，但是加速度效应还不足于引起振动或波动。这样，在静态平衡方程(7-82)中没有加速力项。这样，在形式上就等价于弹性变形。

另一方面，流变应变的建立是逐渐完成的(应变是时间的函数)，相应的应力也是作相应的变化的(也是时间的函数)。在时间足够长时，应变和应力等价于一个静态弹性变形。

作为一个合理的物理近似，就微元体而言，假定变形能的变化与动能密度变化成正比，即

$$\frac{\partial(\sigma_i^j\varepsilon_j^i)}{\partial t}=Cp\varepsilon_l^l \tag{7-83}$$

其中，C 为取决于物性的常数。

由式(7-82)，有

$$\frac{\partial \varepsilon_l^l}{\partial t}=-C\varepsilon_l^l \tag{7-84}$$

它就是在流变及黏弹性研究中常用的有限记忆原理[68,69]。

一般来说，流变介质是一种介于流体介质和弹性介质间的过渡介质[70]。这一特性被式(7-84)定义的体积变化速率方程很好的表现了出来，因此以式(7-84)作为流变的有限记忆方程。

7.5　水流与地应力间的解析关系

地层的流变特性是地壳的宏观变形特点，但是就岩石而言，宏观上是弹性的。因此，沉积岩类的流变特性往往被归结为水流的作用。一般来说，把岩石看成是流变效应必须加以考虑，而本身的主要变形依然是弹性的所谓黏弹性介质或孔隙弹性介质[71,72]。本节研究这类流变现象。

地下水赋存于沉积岩层的孔隙中。孔隙有不同的尺度，有可能联结也可能不联结。传统上，水的迁移由达西定律描述，但是静态的渗透率是不同于动态渗透率的[71-74]。事实上，许多实验研究表明存在一个临界压力梯度[73,75]，即只在真实压力梯度大于临界压力梯度时，水才可以流动。

另一方面，水压是由孔隙变形产生的，而孔隙变形是由岩石变形应力产生的。岩石变形应力与孔隙水压力是耦合的，因此水的迁移与岩石应力(地应力)有确定的关系。

结合以上两点，可以认为对于任何给定的含水地层都有一个临界压力梯度，仅当岩石应力变化大于临界压力梯度时水才可以迁移。本研究表明，临界压力梯度是由孔隙-水系统的内在特性决定的。几何上，在岩石应力增大过程中，孔隙中的水先在低应力下产生不可压缩流动，当岩石应力大于临界值时，孔隙水由不可压缩流模式变成定向性的突出流动模式。突出流动模式的特性由岩石应力和孔隙内在特性描述。由讨论不可压缩流及其失稳条件开始，然后引出突出流动模式。最后详细讨论渗水流动。在讨论渗水流动时，岩石应力是作为给定条件的。

7.5.1　地下水的不可压缩流动

当岩石应力低时，沉积岩层中的地下水可近似为不可压缩流体。在这一假定下，地下水的应力 σ_j^i 与涡应变率 ω_j^i 的关系方程为

$$\sigma_j^i = -p_0\delta_j^i + 2\mu_0\omega_j^i \tag{7-85}$$

其中，p_0 是静压力(由地层压力、孔隙率和孔隙的联通几何特性决定)；μ_0 是水的黏性参数(由水的组分、水和孔隙壁的摩擦决定)。

这里两个参数将被作为沉积岩层孔隙中的水的内禀参数。

下面论述这种孔隙内的水流产生的作用在岩石上的应力。当涡应变率 ω_j^i 不太大时，基于 Stokes-陈 S+R 分解[5]，水流的速度梯度可以表示为

$$\frac{\partial \boldsymbol{u}^i}{\partial x^j}=S_j^i+R_j^i-\delta_j^i \tag{7-86}$$

其中

$$S_j^i=\frac{1}{2}\left(\frac{\partial \boldsymbol{u}^i}{\partial x^j}+\frac{\partial \boldsymbol{u}^{i\,\mathrm{T}}}{\partial x^j}\right)-(1-\cos\Theta)L_k^iL_j^k$$

$$R_j^i=\delta_j^i+\sin\Theta\cdot L_j^i+(1-\cos\Theta)L_k^iL_j^k$$

$$L_j^i=\frac{1}{2\sin\Theta}\left(\frac{\partial \boldsymbol{u}^i}{\partial x^j}-\frac{\partial \boldsymbol{u}^{i\,\mathrm{T}}}{\partial x^j}\right)=\frac{\omega_j^i}{\sin\Theta} \tag{7-87}$$

$$\sin\Theta=\frac{1}{2}\left[\left(\frac{\partial u^1}{\partial x^2}-\frac{\partial u^2}{\partial x^1}\right)^2+\left(\frac{\partial u^2}{\partial x^3}-\frac{\partial u^3}{\partial x^2}\right)^2+\left(\frac{\partial u^3}{\partial x^1}-\frac{\partial u^1}{\partial x^3}\right)^2\right]^{\frac{1}{2}}$$

其中，u^i 表水物质单元的速度；Θ 称为局部平均转动角；L_j^k 定义局部平均转动的转轴方位；S_j^i 表示伸张；R_j^i 表示局部转动。

局部平均转动角的范围为$\left(-\frac{\pi}{2},\frac{\pi}{2}\right)$。数学上，速度梯度关于坐标是不可交换的，因此对上下标的使用加以区分。

宏观上，流体组分是内在长度不变的，可称之为组分结构不变流体。这一条件等价于：几何上 $S_j^i=0$。实质上，在微元体意义上，存在瞬时的格林应变速率，即

$$s_j^i=\frac{1}{2}\left(\frac{\partial \boldsymbol{u}^i}{\partial x^j}+\frac{\partial \boldsymbol{u}^{i\,\mathrm{T}}}{\partial x^j}\right)=(1-\cos\Theta)L_k^iL_j^k \tag{7-88}$$

表示对纯局部转动的宏观流动，经典应变速率 s_j^i 是由局部转动轴的方位和局部转动角 Θ 决定的。

对组分结构不变流体，当满足条件(7-88)时，瞬时基矢变换 F_j^i 由下式决定，即

$$F_j^i=\frac{\partial \boldsymbol{u}^i}{\partial x^j}+\delta_j^i=R_j^i \tag{7-89}$$

当前度规为

$$g_{ij}=F_i^lF_j^l=R_i^lR_j^l=\delta_{ij}$$

就此而言，一个纯局部转动的流动不应由速度场旋度定义的涡来描述。更合适的纯局部转动的流动应由方程 $S_j^i=0$ 定义的方程(7-89)来描述。

不失一般性，对平面流动，取转轴为 x^3 方向，方程(7-88)就成为

$$s_j^i=\frac{1}{2}\left(\frac{\partial \boldsymbol{u}^i}{\partial x^j}+\frac{\partial \boldsymbol{u}^{i\,\mathrm{T}}}{\partial x^j}\right)=(1-\cos\Theta)\begin{bmatrix}1&0&0\\0&1&0\\0&0&0\end{bmatrix} \tag{7-90}$$

也就是说，纯局部转动流动会在转动平面产生对称速度梯度。此时，如果用经典应变速率计算应力，就有一个附加的平面应力，这个应力对应于孔隙变形。就纯局部转动流动而言，L_j^i 只有两个独立参数。

该平面应力是由沉积岩层提供的，因此如果引入岩石应力变化 $\delta\Sigma^i_j$，则局部转动参数由下列方程决定，即

$$\delta\Sigma^i_j = C^{ik}_{jl} \cdot (1-\cos\Theta)L^l_m L^m_k \tag{7-91}$$

其中，C^{ik}_{jl} 是岩石增量弹性的弹性参数张量，与孔隙水的运动相联系。$\delta\Sigma^i_j$ 只有三个主应力独立分量时，该方程在水的静态参数已知时就完全确定了转动张量 R^i_j。

在岩石应力变化 $\delta\Sigma^i_j$ 足够大时，局部转动角 Θ 将趋向于 $\pm\dfrac{\pi}{2}$。此时，由式(7-89)定义的不可压缩流几何不再成立。水的流动方式将会改变。

事实上，对特定的孔隙一水几何结构，存在一个局部转动角的上限 Θ_c，该角代表孔隙水的内禀特性。当到达该临界角时，将发生流动模式的转换。

该临界角定义了临界应力，对水由方程(7-85)计算；对岩石由方程(7-91)计算。它们有不同的物理意义。

7.5.2 地下水的突出流动

当流体局部转动角到达临界角时，发生水流的定向突出(单向流动)。对于单向流，推广的 Stokes-陈 S+R 和分解，水的速度梯度可以表示为

$$\frac{\partial u^i}{\partial x^j} = \widetilde{S}^i_j + (\cos\theta)^{-1}\widetilde{R}^i_j - \delta^i_j \tag{7-92}$$

其中

$$\widetilde{S}^i_j = \frac{1}{2}\left(\frac{\partial u^i}{\partial x^j} + \frac{\partial u^i}{\partial x^j}^{\mathrm{T}}\right) - \left(\frac{1}{\cos\theta} - 1\right)(\widetilde{L}^i_k \widetilde{L}^k_j + \delta^i_j)$$

$$(\cos\theta)^{-1}\widetilde{R}^i_j = \delta^i_j + \frac{\sin\theta}{\cos\theta}\widetilde{L}^i_j + \left(\frac{1}{\cos\theta} - 1\right)(\widetilde{L}^i_k \widetilde{L}^k_j + \delta^i_j)$$

$$\widetilde{R}^i_j = \delta^i_j + \sin\theta \cdot \widetilde{L}^i_j + (1-\cos\theta)\widetilde{L}^i_k \widetilde{L}^k_j \tag{7-93}$$

$$\widetilde{L}^i_j = \frac{\cos\theta}{2\sin\theta}\left(\frac{\partial u^i}{\partial x^j} - \frac{\partial u^i}{\partial x^j}^{\mathrm{T}}\right)$$

$$(\cos\theta)^{-2} = 1 + \frac{1}{4}\left[\left(\frac{\partial u^1}{\partial x^2} - \frac{\partial u^2}{\partial x^1}\right)^2 + \left(\frac{\partial u^2}{\partial x^3} - \frac{\partial u^3}{\partial x^2}\right)^2 + \left(\frac{\partial u^3}{\partial x^1} - \frac{\partial u^1}{\partial x^3}\right)^2\right]$$

对这种水流动模式，当水从孔隙中流出时，水的内禀伸张为零，岩石应力变化和水的流动几何满足下式，即

$$\delta\Sigma^i_j = C^{ik}_{jl} \cdot \left(\frac{1}{\cos\theta} - 1\right)(\widetilde{L}^l_m \widetilde{L}^m_k + \delta^l_k) \tag{7-94}$$

在这种情况下，当前度规张量为

$$g_{ij} = \frac{1}{\cos^2\theta}\delta_{ij} \tag{7-95}$$

这意味着含水岩石因水流突出而形成的体积度规膨胀。物理上，该膨胀体积就是等温流体流动的流出水体密度 κ。流出水体密度 κ 可以定义为

$$\kappa=\frac{1}{\cos\theta}-1 \tag{7-96}$$

注意到对局部转动方向 $\widetilde{L}_k$，有联系方程，即

$$\widetilde{L}_j^i=e_{ijk}\widetilde{L}_k \tag{7-97}$$

其中，e_{ijk} 是关于指标排列的斜对称张量。

经典应变速率为

$$s_{ij}=\frac{1}{2}\left(\frac{\partial u^i}{\partial x^j}+\frac{\partial u^i}{\partial x^j}^{\mathrm{T}}\right)=\left(\frac{1}{\cos\theta}-1\right)(\widetilde{L}_k^i\widetilde{L}_j^k+\delta_j^i)=\left(\frac{1}{\cos\theta}-1\right)\widetilde{L}_i\widetilde{L}_j \tag{7-98}$$

这表明流动方向就是转动方向 $\widetilde{L}_k$。

对各向同性岩石，方程(7-91) 成为

$$\delta\Sigma_j^i=\lambda\left(\frac{1}{\cos\theta}-1\right)\delta_j^i+2\mu\left(\frac{1}{\cos\theta}-1\right)\widetilde{L}_i\widetilde{L}_j \tag{7-99}$$

把方程(7-96)代入上式，就有岩石应力变化与流出水体密度 κ 成正比，即

$$\delta\Sigma_j^i=\lambda\kappa\delta_j^i+2\mu\kappa\widetilde{L}_i\widetilde{L}_j \tag{7-100}$$

对 $\widetilde{L}_3=1,\widetilde{L}_1=\widetilde{L}_2=0$，上式成为

$$\delta\Sigma_3^3=(\lambda+2\mu)\kappa \tag{7-101}$$

在本质意义上，方程(7-100)就是达西定律[37,63]，其中 $\widetilde{L}_i$ 由孔隙大小、孔隙几何和孔隙联通情况决定。

7.5.3　地下水流动的动力学方程

对纯转动的牛顿流体流动 ($S_j^i=0$)，在孔隙水流出前 Navier-Stokes 方程为

$$\frac{\partial}{\partial t}(\rho u^i)=-\rho u^j(R_j^i-\delta_j^i)-\frac{\partial p_0}{\partial x^i}+2\mu_0\frac{\partial}{\partial x^j}R_j^i-2\lambda_0\frac{\partial\cos\Theta}{\partial x^i} \tag{7-102}$$

如果定义当前压力 p 为

$$p=p_0-2\lambda_0(1-\cos\Theta) \tag{7-103}$$

则式(7-102)有与常规 Navier-Stokes 方程相同的形式，以压力 p 为可调参数，即

$$\frac{\partial}{\partial t}(\rho u^i)=-\rho u^j(R_j^i-\delta_j^i)-\frac{\partial p}{\partial x^i}+2\mu_0\frac{\partial}{\partial x^j}R_j^i \tag{7-104}$$

因此，对牛顿流体的纯转动流动，因为式(7-102)成立，所以存在一个附加的压力变化。这点就解释了为什么在旋涡流动计算中压力是可调节参数[74]。

最后，值得一提的是($2\lambda_0\cos\Theta\cdot\delta_j^i$) 项在形式上扮演了 Reynolds 应力的角色，

但是本研究不支持对牛顿流体用统计方法引入 Reynolds 应力。

在适当的初始条件或边界条件给定时，方程(7-104) 可用于模拟孔隙中水的动态流动。在局部平均转动角 Θ 到达临界值时，水将开始从孔隙中流出。此后，水流动的 Navier-Stokes 方程为

$$\frac{\partial}{\partial t}(\rho u^i)=-\rho u^j(\widetilde{R}_j^i-\delta_j^i)-\frac{\partial p_0}{\partial x^i}+2\mu_0\frac{\partial}{\partial x^j}\widetilde{R}_j^i-\frac{2\lambda_0}{\cos^2\theta}\frac{\partial\cos\theta}{\partial x^i} \tag{7-105}$$

当前压力 p 为

$$\widetilde{p}=p_0-2\lambda_0\left(\frac{1}{\cos\theta}-1\right) \tag{7-106}$$

一旦引进这个动态压力，水流的 Navier-Stokes 方程就变为

$$\frac{\partial}{\partial t}(\rho u^i)=-\rho u^j(\widetilde{R}_j^i-\delta_j^i)-\frac{\partial\widetilde{p}}{\partial x^i}+2\mu_0\frac{\partial}{\partial x^j}\widetilde{R}_j^i \tag{7-107}$$

由这些方程，可以确定动态的局部转动角。

7.5.4 与水流突出相关的岩石动力学方程

当孔隙中的水被强制流出时，岩石将会变形。一般而言，岩石应力变化 $\delta\Sigma_j^i$ 满足静态运动方程，即

$$\frac{\partial}{\partial x^j}(\delta\Sigma_j^i)=\varphi^i \tag{7-108}$$

其中，φ^i 是体力，一般由地层的载荷变化引起，并常被称为地应力变化。将式(7-99)代入，就得到下式，即

$$\frac{\partial}{\partial x^j}\left[\left(\frac{1}{\cos\theta}-1\right)(\lambda\delta_j^i+2\mu\widetilde{L}_i\widetilde{L}_j)\right]=\varphi^i \tag{7-109}$$

它有三个独立参数，当给出适当的边界条件时，该方程封闭。

如果孔隙有共同的流动方向，式(7-109)的形式为

$$(\lambda+2\mu)\frac{\partial}{\partial x^i}\left(\frac{1}{\cos\theta}-1\right)=\varphi^i \tag{7-110}$$

利用水流出体积密度 κ，该方程可以重写为

$$\frac{\partial\kappa}{\partial x^i}=\frac{1}{\lambda+2\mu}\varphi^i \tag{7-111}$$

与岩石固体应力平衡方程 $\frac{\partial\sigma_j^i}{\partial x^j}=\varphi^i$ 相比，可以看出，水流突出体积密度 κ 与地应力是一致的。这意味着水流是连续的。一般情况下，孔隙是随机分布的，孔隙大小有很大的发散性，因此水的流动方向在空间上是变化的。

7.6 孔隙岩石的本构方程

岩石变形的复杂性主要表现在颗粒组分间的联结性是变形的主要机制。在微小变形时，弹性或黏弹性本构方程基本上是一个良好的近似。然而，对很多工程实际问题而言，变形不能近似为微小变形。对大变形，有两种处理方案：一种是全变形处理(参考原始位形)，引入非线性应变(关于位移场)或引入依赖于应变大小的弹性参数[37]，其本构方程是非线性的；另一种是增量变形[39]（以当前位形为参考)，其增量本构方程是线性的，但其参考位形是已变形的，因此在测量用的欧氏空间应变实际上是几何非线性的。如果把有关量全部用测量用的欧氏空间表出(参考无变形的位形)，它是高度非线性的。此时，在本构方程中会出现初始应变或应力项[27,46,47]。

就岩石本构方程而言，我们从岩石力学工程实践中能够得到的基本事实是岩石是以已变形方式存在着的。增量变形是线性的(可能是各向异性的)，被参考的位形是已变形的(一般地说是大变形)，因此就工程而言，不同的参考位形表现出不同的有效弹性参数(初始应变或应力)。此时，只有增量变形的弹性参数是可精确测定的。同时，岩石的破坏性变形应力(几何特性)也是可以统计测定的。

在这种背景下，原位破裂应力测量得到的值因取决于岩石样的初始应变或应力而高度依赖于采样地点。全应力应变测量得到的应力应变关系也是非线性的(高度依赖于采样地点)。由此而言，用全量本构关系来表达岩石的工程力学特性是不现实的。

那么增量变形呢？长期的地震勘探实践表明，增量应力-增量应变间的本构关系是线性的[34]。对同一岩石，尽管其完全弹性参数(全量本构方程)是随当地的岩石大变形而变的，但是增量应力-增量应变间的弹性参数是不变的。这类似于理想弹塑性变形，在应力释放后，在再加载过程的弹性是不变的(在到达过去加过的最大载荷前)。因此，应采用增量应力应变本构关系。

采用增量应力应变本构关系的主要困难来源于初始应变或应力项是未知的。但是，在原位或对岩石样，测定岩石的变形几何特征是现实的。因此，如能用岩石的变形几何特征和增量应力-增量应变间的弹性参数表达出初始应变或应力项，则这样的增量应力应变本构关系在建筑基础稳定性研究中就很有工程价值了[76,77]。这就是本节的核心论题。

实际的岩石是多相介质，而且岩石在变化的环境下也会发生相应的几何变形演化。因此，我们把岩石作为固体、液体和气体的混合物，用陈至达先生的理性力学方法导出岩石的多相本构方程及其物性参数与几何形态的演化。

7.6.1 岩石变形张量及应力应变方程

对在标准直角系(x^1,x^2,x^3)中观测到的固体位移场U^i,($i=1,2,3$),变形张量F_j^i被定义为

$$F_j^i=\delta_j^i+\frac{\partial U^i}{\partial x^j} \tag{7-112}$$

其中,δ_j^i为克罗内克符号;由于求偏导数消除了整体的平移和转动,故$\frac{\partial U^i}{\partial x^j}$是一个局部量。

因此,它被用来定义经典应变。微小变形的经典应变定义为

$$\varepsilon_{ij}=\frac{1}{2}\left(\frac{\partial U^i}{\partial x^j}+\frac{\partial U^j}{\partial x^i}\right) \tag{7-113}$$

对岩石固体变形运动而言,局部的转动和伸张是同时发生的,因此分解有如下形式[5],即

$$F_j^i=R_j^i+S_j^i \tag{7-114}$$

其中,S_j^i为对称张量,它是内在应变张量(内秉伸张)。

有关张量的显式表达公式为

$$S_j^i=\frac{1}{2}\left(\frac{\partial U^i}{\partial x^j}+\frac{\partial U^{i\mathrm{T}}}{\partial x^j}\right)-(1-\cos\Theta)\cdot L_l^iL_j^l$$

$$R_j^i=\delta_j^i+\frac{1}{2}\left(\frac{\partial U^i}{\partial x^j}-\frac{\partial U^{i\mathrm{T}}}{\partial x^j}\right)+(1-\cos\Theta)\cdot L_l^iL_j^l \tag{7-115}$$

其中,L_j^i是转动方位张量,它是反对称的,并定义为

$$L_j^i=\frac{1}{2\cdot\sin\Theta}\cdot\left(\frac{\partial U^i}{\partial x^j}-\frac{\partial U^{i\mathrm{T}}}{\partial x^j}\right) \tag{7-116}$$

式中,Θ为局部平均局部转动角($\Theta<\frac{\pi}{2}$),并由下式定义,即

$$\sin\Theta=\frac{1}{2}\sqrt{\left(\frac{\partial U^1}{\partial x^2}-\frac{\partial U^2}{\partial x^1}\right)^2+\left(\frac{\partial U^2}{\partial x^3}-\frac{\partial U^3}{\partial x^2}\right)^2+\left(\frac{\partial U^3}{\partial x^1}-\frac{\partial U^1}{\partial x^3}\right)^2} \tag{7-117}$$

在微小变形时,既保留了经典的弹性对称应变,也保留了经典的 Stokes 反对称应变。它们关于位移场是非线性的,固体骨架和液体的变形张量是这种形式的变形。对式(7-114)的变形分解,工程上使用式(7-113),对固体,经典应力应变关系为

$$\sigma_{ij}=\lambda(e_{ll})\delta_{ij}+2\mu e_{ij} \tag{7-118}$$

其中,λ和μ为固体骨架的弹性参数。

对液体,经典应力应变关系为

$$\sigma_{ij} = -2(\lambda_L + \mu_L)(1-\cos\Theta)\delta_{ij} + \lambda_L(e_{ll})\delta_{ij} + 2\mu_L \cdot e_{ij} \tag{7-119}$$

其中，λ_L 和 μ_L 为液体的黏性系数；Θ 为液体的内在局部转动角，不为零是因为液体一般地说是有内在运动的(如布朗运动)。

不同于固体，气体的变形张量为

$$F_j^i = \frac{1}{\cos\theta}\widetilde{R}_j^i(\theta) \tag{7-120}$$

它完全由气体流速场确定，用 u^i 表示气体流速场，则有关项的表达式为

$$\frac{1}{\cos\theta}\widetilde{R}_j^i = \delta_j^i + \frac{\sin\theta}{\cos\theta}\widetilde{L}_j^i + \left(\frac{1}{\cos\theta} - 1\right)(\widetilde{L}_k^i\widetilde{L}_j^k + \delta_j^i)$$

$$\widetilde{L}_j^i = \frac{\cos\theta}{2\sin\theta}(u^i|_j - u^j|_i) \tag{7-121}$$

$$(\cos\theta)^{-2} = 1 + \frac{1}{4}[(u^1|_2 - u^2|_1)^2 + (u^2|_3 - u^3|_2)^2 + (u^3|_1 - u^1|_3)^2]$$

式中，$\widetilde{L}_j^i$ 为转动方位张量；θ 为局部转动角；R_j^i 为单位正交张量；气体的变形表现为 θ 角的统计性变化。

气体的经典应力为

$$\sigma_{ij} = (\tilde{\lambda} + \frac{2}{3}\tilde{\mu}) \cdot \left(\frac{1}{\cos\theta} - 1\right)\delta_{ij} \tag{7-122}$$

其中，$(\tilde{\lambda} + 2\tilde{\mu}/3)$ 为气体的体积弹性参数。

7.6.2　岩石的多相连续介质本构方程

常见的有二种多相介质定义。一种是统计力学中的，组分相同，但在单位体积内，多相并存。这种定义并不适用于岩石介质。一般地说，岩石介质本身是由固体骨架、液体或气体充填而成。液体或气体可能是封闭在连通孔隙内的，也可能是在孔隙中流动的。在这样的意义下可以把岩石看成是多相连续介质。

一般来说，固体骨架、液体、气体的成分是不同的，它们只是共存于岩石中。岩石的宏观位形是由固体骨架决定的，因此宏观应变是由固体骨架位移场决定的。但是，应力则是由固体骨架及液体和气体的流动或压缩状态决定的。这种特点是岩石变形的复杂性所在。

岩石变形由变形张量描述。对岩石，自由液体是体积不变的，因此在统计学意义下，液体的变形可以简化为 $F_j^i = R_j^i(\Theta)$，气体的变形可以简化为 $F_j^i = \frac{1}{\cos\theta}\widetilde{R}_j^i(\theta)$。

为简单，考察岩石的增量变形 e_{ij}(增量变形)，则岩石的宏观变形张量为

$$F_j^i = \gamma(1 + e_{ij})\delta_j^i + \alpha R_j^i(\Theta) + \beta\frac{1}{\cos\theta}\widetilde{R}_j^i(\theta) \tag{7-123}$$

其中，固体、液体和气体的体积系数为 γ、α 和 β，它们的和为 1，即，$\gamma + \alpha + \beta = 1$。

它们产生的应力场为

$$\sigma_{ij}=\gamma[\lambda(e_{ll})\delta_{ij}+2\mu\cdot e_{ij}]-2\alpha(\tilde{\lambda}_L+\frac{2}{3}\tilde{\mu}_L)(1-\cos\Theta)\delta_{ij}+\beta(\tilde{\lambda}+\frac{2}{3}\tilde{\mu})\left(\frac{1}{\cos\theta}-1\right)\delta_{ij} \tag{7-124}$$

其中，λ 和 μ 为固体骨架的弹性参数；$\tilde{\lambda}_L$ 和 $\tilde{\mu}_L$ 为液体的黏性系数；$\tilde{\lambda}$ 和 $\tilde{\mu}$ 为气体的等效弹性参数(因为封闭气体可等效为弹性气体)。

在无增量变形时($e=0$)，岩石的宏观变形张量为

$$F_j^i=\gamma\delta_j^i+\alpha R_j^i(\Theta_0)+\beta\frac{1}{\cos\theta_0}\tilde{R}_j^i(\theta_0) \tag{7-125}$$

因此，初始应力为

$$\sigma_{ij}^0=\left[-2\alpha\left(\tilde{\lambda}_L+\frac{2}{3}\tilde{\mu}_L\right)(1-\cos\Theta_0)+\beta\left(\tilde{\lambda}+\frac{2}{3}\tilde{\mu}\right)\left(\frac{1}{\cos\theta_0}-1\right)\right]\delta_{ij} \tag{7-126}$$

这表明，初始应力完全由液体和气体提供。

对岩石的增量变形 e_{ij}，增量应力为

$$\delta\sigma_{ij}=\gamma[\lambda(e_{ll})\delta_{ij}+2\mu e_{ij}]-2\alpha\left(\tilde{\lambda}_L+\frac{2}{3}\tilde{\mu}_L\right)(\cos\Theta-\cos\Theta_0)\delta_{ij}$$
$$+\beta\left(\tilde{\lambda}+\frac{2}{3}\tilde{\mu}\right)\left(\frac{1}{\cos\theta}-\frac{1}{\cos\theta_0}\right)\delta_{ij} \tag{7-127}$$

该方程可简化为

$$\delta\sigma_{ij}=\gamma[\lambda(e_{ll})\delta_{ij}+2\mu e_{ij}]+2\alpha\left(\tilde{\lambda}_L+\frac{2}{3}\tilde{\mu}_L\right)(\sin\Theta_0)\delta\Theta\delta_{ij}$$
$$+\beta(\tilde{\lambda}+\frac{2}{3}\tilde{\mu})\left(\frac{\sin\theta_0}{\cos^2\theta_0}\right)\delta\theta\delta_{ij} \tag{7-128}$$

由该式，当 $\gamma=1$，$\alpha=\beta=0$ 时，或是液体、气体运动的影响可忽略不计时，变为

$$\delta\sigma_{ij}=\lambda(e_{ll})\delta_{ij}+2\mu e_{ij} \tag{7-129}$$

这正是地震勘探时适用的微小波动时的岩石本构方程。它满足增量弹性的不变性。

对大变形，岩石固体骨架的变形会显著的改变液体、气体的流速场，因此 $\delta\Theta$ 和 $\delta\theta$ 都不是零。此时，液体和气体的影响就表现出来了。一般来说，$\delta\Theta$ 和 $\delta\theta$ 都是增量变形 e_{ij} 的函数。

特别的，对于 $\delta\Theta$ 和 $\delta\theta$ 都是增量变形 e_{ij} 的线性函数时，式(7-128)中与液体、气体相联系的项是恒定的。此时，如用超声波速测量方法，则增量弹性是不变的，但是如用应力应变曲线法测量，则增量弹性与初始应力有关，是非线性变化的。这种现象是岩石力学工程中经常遇到的。

对于(7-128)揭示的此类现象，有很多的研究提出了各种方案[78,79]，但是由式(7-128)可以看出，液体和气体的影响不仅取决于其物性参数，还取决于它们的

运动状态，以及对固体骨架变形的反应方式。因此，非线性理论或简单的体积加权模式无法给出本质性的本构关系。

事实上，工程实践上一般来说是引入有效弹性参数 $(\bar{\lambda},\bar{\mu})$，可以把增量应力应变关系写为

$$\delta\sigma_{ij}=\bar{\lambda}e_{ij}+2\bar{\mu}e_{ij} \tag{7-130}$$

通过比较式(7-128)和式(7-130)，就可以得到岩石的有效弹性参数[79-81]的表达方程，即

$$\bar{\lambda}=\gamma\cdot\lambda+2\alpha\left(\tilde{\lambda}_L+\frac{2}{3}\tilde{\mu}_L\right)(\sin\Theta_0)\frac{\delta\Theta}{e_{ll}}+\beta\left(\tilde{\lambda}+\frac{2}{3}\tilde{\mu}\right)\left(\frac{\sin\theta_0}{\cos^2\theta_0}\right)\frac{\delta\theta}{e_{ll}}$$

$$\bar{\mu}=2\gamma\mu \tag{7-131}$$

也就是说，液体和气体的运动主要表现为改变岩石的有效弹性拉伸参数。对剪切参数，则基本上没有多大影响。另外，非线性主要是关于体积应变量的。

7.6.3 物性参数与几何形态的演化

在持续外力作用下，作为线性近似，可以假定对液体和气体有下式，即

$$\frac{\delta\Theta}{e_{ll}}=f_\Theta(t),\quad \frac{\delta\theta}{e_{ll}}=f_\theta(t) \tag{7-132}$$

其中，$f_\Theta(t)(\geqslant 0)$和 $f_\theta(t)(\geqslant 0)$分别代表液体和气体对骨架增量变形的响应函数，它们可以对岩石样在实验室测试得到，一般地说是一个常数。

由于 e_{ll} 是体积增量变化 δV，因此上式可改写为微分方程形式，即

$$\frac{\mathrm{d}\Theta}{\mathrm{d}V}=f_\Theta(t),\quad \frac{\mathrm{d}\theta}{\mathrm{d}V}=f_\theta(t) \tag{7-133}$$

它们的形式解为

$$\Theta(t)=\Theta_0+\int_0^t f_\Theta(t)\mathrm{d}V=\Theta_0+\int_0^t f_\Theta(t)\frac{\mathrm{d}V}{\mathrm{d}t}\mathrm{d}t$$

$$\theta(t)=\theta_0+\int_0^t f_\theta(t)\mathrm{d}V=\theta_0+\int_0^t f_\theta(t)\frac{\mathrm{d}V}{\mathrm{d}t}\mathrm{d}t \tag{7-134}$$

其中，$\frac{\mathrm{d}V}{\mathrm{d}t}$是体积变化速率，是可以实际在现场观测的数据。

岩石演化指的是在从外界吸取能量后，岩石物性发生的变化。此时，内在的应力为零，因为无外力作用，岩石通过内部调整与外界达成热力学平衡[82-85]。这样，岩石的应力演化方程为

$$\gamma(\lambda+2\mu)\delta V\cdot\delta_{ij}-2\alpha\left(\tilde{\lambda}_L+\frac{2}{3}\tilde{\mu}_L\right)(\cos\Theta-\cos\Theta_0)\delta_{ij}$$

$$+\beta\left(\tilde{\lambda}+\frac{2}{3}\tilde{\mu}\right)\left(\frac{1}{\cos\theta}-\frac{1}{\cos\theta_0}\right)\delta_{ij}=0 \tag{7-135}$$

作为两个极端特例，对固定体积变化 δV，岩石的演化只能通过岩石骨架的内在弹性模量的变化来实现。此时，有

$$\lambda(t)+2\mu(t)=\frac{1}{\gamma}\cdot\left[2\alpha\left(\tilde{\lambda}_L+\frac{2}{3}\tilde{\mu}_L\right)\cdot\frac{\cos\Theta(t)-\cos\Theta_0}{\delta V}-\beta\left(\tilde{\lambda}+\frac{2}{3}\tilde{\mu}\right)\cdot\frac{\dfrac{1}{\cos\theta(t)}-\dfrac{1}{\cos\theta_0}}{\delta V}\right] \tag{7-136}$$

它表示岩石骨架的内在拉伸模量是负的，也就是对固定体积变化 δV，岩石的演化只能通过岩石骨架的内在弹性模量的变负来实现。特别的，对水蚀现象，有近似

$$\lambda(t)+2\mu(t)=\frac{1}{\gamma}2\alpha\left(\tilde{\lambda}_L+\frac{2}{3}\tilde{\mu}_L\right)\frac{\cos\Theta(t)-\cos\Theta_0}{\delta V} \tag{7-137}$$

也就是说，对水蚀现象，岩石的最终弹性是由骨架和骨架内液体属性决定的。也就是说，水蚀作用的最终结果是岩石骨架的反弹性化。对这一现象的后果还少有研究。尽管这一结论只不过是理论上的，但是其可能性值得注意。

在岩石演化过程中，如果岩石骨架没有被腐蚀，从而弹性不变，则岩石的经典体积变化为

$$\delta V=\frac{1}{\gamma(\lambda+2\mu)}\cdot\left[2\alpha\left(\tilde{\lambda}_L+\frac{2}{3}\tilde{\mu}_L\right)(\cos\Theta-\cos\Theta_0)-\beta\left(\tilde{\lambda}+\frac{2}{3}\tilde{\mu}\right)\left(\frac{1}{\cos\theta}-\frac{1}{\cos\theta_0}\right)\right] \tag{7-138}$$

其符号是负的。它表示，对大多数岩石，在腐蚀过程中，岩石体积是变小的。这种现象常被称为自压缩现象。是岩石演化的典型特征。

就大多数岩石而言，岩石的演化是上述两种极端的混合过程，这就是岩石演化的复杂性所在。

事实上，就岩石的有效弹性参数来看（将式(7-132)代入式(7-131)），在演化过程中，有

$$\bar{\lambda}=\gamma\lambda+2\alpha\left(\tilde{\lambda}_L+\frac{2}{3}\tilde{\mu}_L\right)(\sin\Theta_0)f_\Theta(t)+\beta\left(\tilde{\lambda}+\frac{2}{3}\tilde{\mu}\right)\left(\frac{\sin\theta_0}{\cos^2\theta_0}\right)f_\theta(t)$$

$$\bar{\mu}=2\gamma\mu \tag{7-139}$$

也就是说，对 $f_\Theta(t)=\text{const}$ 和 $f_\theta(t)=\text{const}$ 为常数的情况，岩石的有效弹性参数是固定的。岩石演化的这种表观特性是导致用声波法难于发现腐蚀岩石的内在原因。

在岩石演化过程中，它所表现出来的当前原位应力[86-93]（相对于增量变形的

当前的初始应力)为

$$\sigma_{ij}^{0}(t)=\left\{-2\alpha\left(\tilde{\lambda}_L+\frac{2}{3}\tilde{\mu}_L\right)[1-\cos\Theta(t)]+\beta\left(\tilde{\lambda}+\frac{2}{3}\tilde{\mu}\right)\left(\frac{1}{\cos\theta(t)}-1\right)\right\}\delta_{ij} \tag{7-140}$$

它却是变化的。因此,当前原位应力可以测定有关的演化参数,结合体积变化的测量后,就可以判断出当前岩石的演化的发展变化方向。尽管岩石演化是复杂化的,在使用多种测试技术来判断岩石演化的发展变化方向是可行的。

7.7 气固相变过程中压力与流动的理论方程

在金属气相淀积工程(MOCVD)中,要保持淀积的连续性就要维持适当的压力和气体流向。在淀积过程中,气相到固相的变化包涵了一个外观体积的跃变。如果不能及时控制体积跃变效应,就会导致气体压力下降,造成相变的停顿。另一方面,对于指定表面上的淀积而言,气体在平行于表面流动时的淀积效果要好于其他流动方向。因此,在 MOCVD 中,控制气相金属的压力和流向是一个关键问题。

对 MOCVD,有的化学动力学过程有利于淀积,而有的则不利。用量子势的方法处理就进入分子动力学的范畴。本节不采用这类方法,而是讨论工程上的宏观量控制问题。

一般来说,在 MO 基片上的吸附能力被认为是金属气相淀积的前提条件[94]。如果流动的压力、温度、及流场的控制不佳,则沉积的效率是很低的。同时,沉积厚度也不稳定。对某些应用而言,对晶格的生长方向可能有所要求。这类问题一般被归结为生长动力学行为。

普遍存在的问题是,在淀积层和基层间往往存在一个内应力,它是造成淀积层剥离、开裂等质量问题的主要原因之一[94]。要解决好这类问题,就必需考察相变时的力学过程。但是,经典连续介质力学理论局限于微小变形。与相变相关的是大变形,这就要求使用理性力学理论。

就连续介质力学的理性力学理论而言,建立压力和气体流向与沉积速率等的理论关系不仅有很大的理论价值,也有实际的应用价值。对相变的变形几何理论问题,在理性力学中已得到一系列明确结果。出于加快我国在该领域工程技术进步的目的,本节将介绍用理性力学方法得到的在淀积过程中,气相金属的压力与流向的理论方程。结果表明,沉积速率、生长方向及气体压力等均随流场的关键参数(局部转动角)的变化而变化,而且温度的变化等效于局部转动角的变化。因此,在 MOCVD 中,对气相金属流动的控制是关键技术问题之一。

7.7.1　气-固相变的理论方程

用 $\boldsymbol{g}_i^0, i=1,2,3$ 表示固相的典型微元的三个度规基矢，则固相金属物质就等价于一个基本规范场为 $g_{ij}^0(=\boldsymbol{g}_i^0\cdot\boldsymbol{g}_j^0)$ 的连续几何场。以此为参考，同一组分的气相金属就表现为以 $g_{ij}=\left(\dfrac{1}{\cos\theta}\right)^2 g_{ij}^0$ 为度规的规范场。

基于陈至达先生的理性力学理论，固相与气相间的几何运动变换[95]为

$$\boldsymbol{g}_i=F_i^j\boldsymbol{g}_j^0 \tag{7-141}$$

其中，变换张量为

$$F_j^i=\frac{1}{\cos\theta}\widetilde{R}_j^i(\theta) \tag{7-142}$$

完全由气体流动场确定。用 u^i 表示气体流速场，则有关项的表达式为

$$\frac{1}{\cos\theta}\widetilde{R}_j^i=\delta_j^i+\frac{\sin\theta}{\cos\theta}\widetilde{L}_j^i+\left(\frac{1}{\cos\theta}-1\right)(\widetilde{L}_k^i\widetilde{L}_j^k+\delta_j^i)$$

$$\widetilde{L}_j^i=\frac{\cos\theta}{2\sin\theta}(u^i|_j-u^j|_i) \tag{7-143}$$

$$(\cos\theta)^{-2}=1+\frac{1}{4}[(u^1|_2-u^2|_1)^2+(u^2|_3-u^3|_2)^2+(u^3|_1-u^1|_3)^2]$$

其中，L_j^i 为转动方位张量；θ 为局部转动角；R_j^i 为单位正交张量。

对式(7-142)的气体运动，气流的经典应变(工程应变)为

$$\tilde{\varepsilon}_{ij}=\frac{1}{2}(u^i|_j+u^j|_i)=\left(\frac{1}{\cos\theta}-1\right)(\widetilde{L}_k^i\widetilde{L}_j^k+\delta_j^i)$$

不失一般性，取金属沉积面为(x^1,x^2)坐标面，则转动方向为 x^3 方向(金属沉积面法线)时，其经典应变非零分量为

$$\tilde{\varepsilon}_{33}=\left(\frac{1}{\cos\theta}-1\right) \tag{7-144}$$

则气流的非零应力分量为

$$\sigma_{11}=\sigma_{22}=\tilde{\lambda}\cdot\left(\frac{1}{\cos\theta}-1\right),\quad \sigma_{33}=(\tilde{\lambda}+2\tilde{\mu})\cdot\left(\frac{1}{\cos\theta}-1\right) \tag{7-145}$$

其中，$\tilde{\lambda}$ 和 $\tilde{\mu}$ 为气体的黏性系数。

此时的气体速度场法向梯度为

$$u^3|_3=\left(\frac{1}{\cos\theta}-1\right) \tag{7-146}$$

取金属沉积面上的速度为零，则气流法向速度正比于距金属沉积面的距离，而其比例系数是与压力相联系的。

事实上，式(7-146)给出了金属沉积面上的金属沉积厚度生长速率，即

$$h=u^3|_3 \cdot \cos\theta=1-\cos\theta \tag{7-147}$$

这是因为相变后的金属度规基矢与气相金属的度规基矢满足式(7-142)。一般来说，这是理想的 MOCVD 技术下才能实现的[96,97]。

很多情况下，气体微元的转动方向是随机的，此时气体应力是各向同性的，也就是一般说的压力。其理论形式为

$$\sigma_{ij}^{\text{randon}}=\left(\tilde{\lambda}+\frac{2}{3}\tilde{\mu}\right)\cdot\left(\frac{1}{\cos\theta_0}-1\right)\delta_{ij} \tag{7-148}$$

此时，金属沉积面上的金属沉积厚度速率为

$$h_{\text{randon}}=\frac{1}{3}\cdot(1-\cos\theta) \tag{7-149}$$

相比与良好的法向流动控制，随机气体流动时，金属沉积厚度生长速率大为减小。

7.7.2 气-固相变的连续性方程

在气-固转化过程中，气-固界面上气体的局部转动也会导致固相物质的局部转动。这样，在气-固界面上，转动方向应是连续的，而转动角是不连续的[95]。

淀积层与基质层一起，可以被视为是弹性介质。用(λ,μ)表示弹性参数，其变形张量为

$$F_j^i=R_j^i(\Theta) \tag{7-150}$$

其中，$R_j^i(\Theta)$是固相物质的局部转动张量，是单位正交转动，即

$$R_j^i=\delta_j^i+\sin\Theta\cdot L_j^i+(1-\cos\Theta)L_k^iL_j^k \tag{7-151}$$

对应的经典应变为

$$\varepsilon_{ij}=(1-\cos\Theta)L_k^iL_j^k \tag{7-152}$$

在气-固界面上，转动方向应是连续的。转动方向为 x^3 方向(金属沉积面法线)时，其非零分量为

$$\varepsilon_{11}=\varepsilon_{22}=-(1-\cos\Theta) \tag{7-153}$$

由它产生的固相物质的应力非零分量为

$$\sigma_{11}=\sigma_{22}=-2(\lambda+\mu)(1-\cos\Theta),\quad \sigma_{33}=-2\lambda(1-\cos\Theta) \tag{7-154}$$

为保持淀积的稳定连续性就应保持应力上的连续性。如果应力不连续，在气-固界邻近会产生气体湍流而形成边界层导致淀积的间断。

就工程上而言，所选 MO 基层的(λ,μ)弹性参数是可控的，因此可以使应力连续性条件得到满足。

转动方向为 x^3 方向(金属沉积面法线)时,气-固相变的连续性方程如下。

① 金属沉积面切向应力连续,即

$$\tilde{\lambda}\left(\frac{1}{\cos\theta}-1\right)=2(\lambda+\mu)(1-\cos\Theta) \tag{7-155}$$

② 金属沉积面法向应力连续,即

$$(\tilde{\lambda}+2\tilde{\mu})\left(\frac{1}{\cos\theta}-1\right)=2\lambda(1-\cos\Theta) \tag{7-156}$$

很明显,这两个条件不能同时得到满足。因此,要实现理想的淀积就必需给 MO 基层予一个预应变(或控制应变)。最简单的方案是给 MO 基层一个面上的各向同性预应力,使得在金属沉积面法向应力连续式(7-156)的条件下,把式(7-155)变成控制方程,即

$$\tilde{\lambda}\left(\frac{1}{\cos\theta}-1\right)=2(\lambda+\mu)(1-\cos\Theta)-\sigma_{\mathrm{con}} \tag{7-157}$$

其中,σ_{con}为 MO 基层切向预应力控制参数。

理论上,要想完好的实现控制,需要得到 θ 与 Θ 的理论关系,二者均是温度的函数。

一般地说,金属沉积面法向应力连续是自然得到满足的。因为 θ 的值是由金属沉积面上的金属沉积厚度速率的目标值决定的,因此对 MOCVD 中的控制问题而言,本节结果给出了所有的相关力学理论方程。

最后,如果转动方向为随机的,则得到应力连续性条件为

$$2\left(\lambda+\frac{2}{3}\mu\right)(1-\cos\Theta)=\left(\tilde{\lambda}+\frac{2}{3}\tilde{\mu}\right)\cdot\left(\frac{1}{\cos\theta}-1\right) \tag{7-158}$$

此时,只要适当的选择物性参数,应力连续性条件可以容易得到满足。

7.7.3 淀积控制中的力学问题讨论

就淀积的理论而言,可将工程方法分成两类。

① 在保持压力不变的条件下,让初始态的气体在 MO 基质表面上自然降温而转变为固态。

② 在保持温度不变的条件下,通过流动使气流在 MO 基质表面上产生压力增量,由此而转变为固态。

对保持压力不变的方法,一般来说气体的内在转动方向是随机的。此时,在 MO 基质表面邻近,温度变化量 $\mathrm{d}T$(这里只取上升)引起的应力变化就应包含在式(7-158)中。假定 MO 基质及气体的弹性参数对此温度变化量无明显的变化,则式(7-158)应修改为

$$2\left(\lambda+\frac{2}{3}\mu\right)\left[1-\cos\left(\Theta+C_S\sqrt{\frac{\mathrm{d}T}{\rho_S}}\right)\right]=\left(\tilde{\lambda}+\frac{2}{3}\tilde{\mu}\right)\cdot\left[\frac{1}{\cos\left(\theta-C_G\sqrt{\frac{\mathrm{d}T}{\rho_G}}\right)}-1\right] \tag{7-159}$$

其中，C_S 和 C_G 为固相和气相的温度转角系数；ρ_S 和 ρ_G 为质量密度。

气相因温度降低而导致压力下降，而固相因温度上升而导致压力增大[98-100]。此时，为使应力连续，就必须对温度场进行控制。这种方案的淀积生长速率为

$$h_{\text{randon}}=\frac{1}{3}\cdot\left[1-\cos\left(\theta-C_G\sqrt{\frac{\mathrm{d}T}{\rho_G}}\right)\right] \tag{7-160}$$

也就是说，在保持压力不变的条件下，让初始态的气体在 MO 基质表面上自然降温而转变为固态的办法会显著的降低淀积速率。因为方程中的参数增多，最优化控制的难度较大，但是它有工程简单，成本低的优点。

下面讨论在保持温度不变的条件下，通过流动使气流在 MO 基质表面上产生压力增量，由此转变为固态的方法。

首先指出，如果气流是直接朝向 MO 基质表面法向的，则只在气流束的边沿区会产生局部转动，而气流束的中心区很容易成为奇异区。淀积速率是离中心点距离的非线性函数[101-103]，要达到在 MO 基质表面上的一致性比较困难。

由式(7-143)，取 MO 基质表面为(x^1，x^2)面，法线方向为 x^3 轴，则理想的以 x^3 轴为转动方向的流场满足如下条件，即

$$u^2|_3-u^3|_2=u^3|_1-u^1|_3=0,\quad (\cos\theta)^{-2}=1+\frac{1}{4}(u^1|_2-u^2|_1)^2 \tag{7-161}$$

也就是说，气流场是沿 MO 基质表面的切变流(转轴在 MO 基质表面法向的涡流)。

因此，产生 MO 基质表面上的特定切变流是控制金属沉积厚度速率的关键。一旦该参数被指定，则式(7-155)～式(7-157)就可用来对 MO 基质的力学参数和预应力进行选取(针对气体的物性参数)。

这种方案的优点是能控制好 MO 基质表面方向上的一致性，并能精确地控制生长厚度，缺点是气流场的控制复杂化。如果控制不当，很容易使气流变成为湍流。因此，理论上湍流控制是技术关键。因为湍流会导致温度场的变化，因此在没有很好的控制湍流时，将导致淀积的不均匀性甚至于局部缺失。

本节给出了气固相变时的经典应变和应力的理论表达式。在固相和气相界面上，经典应变是不连续的，但是在固相和气相界面上，固相和气相的局部转动方向是连续的。因此，沿局部转动方向的应力分量是连续的。在气相的流动方式为沿 MO 基质表面的切变流(转轴在 MO 基质表面法向的涡流)时，我们给出了有关的

理论方程。尽管沿局部转动方向的应力分量是连续的能使得淀积在该方向是连续的,但是在局部转动平面上,应力是不连续的。这就会造成沿 MO 基质表面方向上的不连续性。其后果是在 MO 基质和淀积层间有一个应力差,它是导致淀积层脱落或剥离的内在原因。这个项可以通过对 MO 基质加预应力的方法给予解决。通过对两种典型的工程方法进行了讨论,认为提高淀积层质量的最佳方法是恒温下的气流场控制,并给出了理论上的相关结果。

第 8 章　流体的应变

流体运动是最为复杂的变形现象，也是各类理论层出不穷的地方。很多概念性混乱均可最终归结为应变概念的错误理解。在流行的各类流体力学理论中，一个令人奇怪的现实是，引入 Stokes 应变(旋度)，但是否定反对称应力。在湍流理论研究中，把 N-S 方程作各种数学修改，把它变成为一个统计意义上的随机偏微分方程。这样流体运动就有两类观点，即确定性理论观、随机过程理论观。在历史上，流体力学也分为两大块，即以欧拉流体运动方程及其他方程为主导的速度场理论体系；以 N-S 方程为代表的变形力学体系。在现代物理中，各类“流”的理论正在创建阶段，也是基础科学研究的前沿。但是，这方面的研究几乎没有应用于流体力学。

从经验上看，经典流体力学有巨量的成功案例，证明了它的有效性。从哲学上看，流体力学的理性基础依然是薄弱的，而现代工业中的很多流体力学问题并没有解决好。尽管如此，人们依然是不愿意用现代数学下的“流”理论来处理工程问题。在基础科学理论未能针对工程应用方向展开以前，工程上根本就没有可能应用。

从基础理论(一般来说是一个定理系统)到工程应用的路有多长？原则上，第一个环节是由该一般流(如里契流、Onsarg 流)理论系统演绎出目标应用学科(一级学科)的普遍基础理论；第二个环节是再进一步的细化为各分支学科(二级学科)的具体基础理论；第三个环节是针对有代表性意义的现象类(三级学科)得到一系列的解析解；第四个环节是这类解析解被实验或实践证明是正确的、有效的，因此人们才基于此开发各类工程技术，并形成具体的技术体系(专业)。

在现代，基于经典科学理论的学科体系已经建立。因此，基础科学研究是向最有普遍性的统一论方向迈进，从而高度抽象化。另一方面，基于经典理论的技术开发也还是有很大的潜力，是高度细化。因此，中间环节事实上是相对弱化的(实际上是被高端研究和技术研发所排斥的)。但是，在技术开发上的重重困难使得人们不得不把目光看向现代基础科学研究。这是一个矛盾，一边坐等现成，另一边是根本无视此类需求。

本书的这一章是针对流体的，目的是揭示 Stokes-陈 S+R 分解定理在流体力学中的应用。更为深刻的理论讨论需要大量的现代数学和现代物理理论的结果(“流”理论)，将不在这里给出。

8.1 经典流体应变的两种观点

对流体的流动,有多种观点。一种是点间距离变化观(欧拉坐标系);一种是流形坐标变换观流线观(物质坐标系);还有一种是物质线基矢变换观,它们的结果是等价的。

8.1.1 距离变化观

对用速度 $V^i(x,t)$ 给出的流体流动,为简洁取 (x^1,x^2,x^3) 为直角系(实验室观测系)。按点间距离变化观,在任意时刻 t,坐标差为 $\mathrm{d}x$(瞬时微分拖带系)的两个微元体间的物质连线为矢量,即

$$\mathrm{d}\boldsymbol{s}_0=\mathrm{d}x^i\boldsymbol{e}_i \tag{8-1}$$

其中,$\boldsymbol{e}_j$,$j=1,2,3$ 为实验室观测系的单位坐标基矢。

一般认为,它表征流体微元的自然位形。与该位形相应的静压力为 $-p\delta^i_j$。

由于两微元体(x 处和 $x+\mathrm{d}x$ 处)的速度不同,分别为 $V^i(x,t)$ 和 $V^i(x+\mathrm{d}x,t)$,因此在单位时间间隔后 $\mathrm{d}t=1$,微分距离矢量变为

$$\mathrm{d}\boldsymbol{s}=\mathrm{d}x^i\boldsymbol{e}_i+\frac{\partial V^i}{\partial x^j}\mathrm{d}x^j\boldsymbol{e}_i=\left(\delta^i_j+\frac{\partial V^i}{\partial x^j}\right)\mathrm{d}x^j\boldsymbol{e}_i \tag{8-2}$$

视 $\mathrm{d}x^i$ 为拖带坐标增量,两点间的距离变换等价于基矢变换,因此瞬时变形张量定义为

$$F^i_j(x,t)=\delta^i_j+\frac{\partial V^i}{\partial x^j} \tag{8-3}$$

它被解释为两微元体间 t 时的微分距离矢量 $\mathrm{d}\boldsymbol{s}_0$ 变为单位时间间隔后 $t+\mathrm{d}t=t+1$ 的微分距离矢量 $\mathrm{d}\boldsymbol{s}$。

在经典流体力学中,对理想的简单弹性流体,相应的应力为

$$\sigma^i_j=-p\delta^i_j+\tilde{\lambda}\varepsilon^l_l\delta^i_j+2\tilde{\mu}\varepsilon^i_j \tag{8-4}$$

其中,流体应变[27,37]定义为

$$\varepsilon^i_j=\frac{\partial V^i}{\partial x^j} \tag{8-5}$$

以上方程构成经典流体力学的几何方程和本构方程,是教科书普遍采用的观点。

8.1.2 流线变形观

与固体弹性不同,由于微元流体在本质上并不能没有微元组分间的混合或透入,所选的微元流体并不严格满足物理上的客观物质不变性,因此把微元流体的运动轨线的变化作为流体变形(严格地说是流动变形)的几何表达。流线观认为,整

体平移运动对局部变形没有贡献。因此，在物质中，作为参考用的自然位形是以标准直角系表达出的直线流线（参考位形为欧几里得空间）。

按流线观（物质坐标系），对 t 时刻坐标为 x_0 的流体微元，取其为该微元体的拖代坐标（物质坐标）。设想追随某个微元流体，其轨迹形成流线，取时间为流线的自然长度坐标，以在时间 t 的速度决定的一条单位时间流动微分曲线为

$$\mathrm{d}\boldsymbol{s}_0(t)=V^i(x_0,t)\mathrm{d}t\boldsymbol{e}_i \tag{8-6}$$

对于当前时间 $t+\mathrm{d}t$，以当前速度决定的一条单位时间流动微分曲线为

$$\mathrm{d}\boldsymbol{s}(t+\mathrm{d}t)=V^i(x_0,t+\mathrm{d}t)\mathrm{d}t\boldsymbol{e}_i=\left[V^i(x_0,t)+\frac{\mathrm{d}V^i(x_0,t)}{\mathrm{d}t}\mathrm{d}t\right]\mathrm{d}t\boldsymbol{e}_i \tag{8-7}$$

教科书一般取 $\mathrm{d}t=1$（单位时间），为了避免读者对量纲问题的困惑而特意保留。因此，一条流线随时间的弯曲变化就代表了流体的变形。在几何上，一条流线的拖带变形由其长度方向上单位时间微分流线的变形决定的。

在随体系中，质点的时间导数为李导数形式，即

$$\frac{\mathrm{d}V^i(x_0,t)}{\mathrm{d}t}=\frac{\partial V^i(x_0,t)}{\partial x_0^j}\cdot V^j(x_0,t) \tag{8-8}$$

代入式(8-7)，就有

$$\mathrm{d}\boldsymbol{s}(t+\mathrm{d}t)=\left[V^i(x_0,t)+V^j\cdot\frac{\partial V^i(x_0,t)}{\partial x_0^j}\mathrm{d}t\right]\mathrm{d}t\boldsymbol{e}_i \tag{8-9}$$

可以把它写为

$$\mathrm{d}\boldsymbol{s}(t+\mathrm{d}t)=\left[\delta_j^i+\frac{\partial V^i(x_0,t)}{\partial x_0^j}\mathrm{d}t\right]V^j\mathrm{d}t\boldsymbol{e}_i \tag{8-10}$$

由于 $V^i\mathrm{d}t$ 的几何意义是流线的微分长度坐标，因此流体变形等价于流线长度坐标变换[30]，即

$$V^i(x_0,t_0+\mathrm{d}t)=\left[\delta_j^i+\frac{\partial V^i(x_0,t_0)}{\partial x_0^j}\mathrm{d}t\right]V^j(x_0,t_0) \tag{8-11}$$

取 $\mathrm{d}t=1$，就有单位时间内的流体变形张量，即

$$F_j^i(x_0,t_0)=\delta_j^i+\frac{\partial V^i(x_0,t_0)}{\partial x_0^j} \tag{8-12}$$

对这种观点，一般地说是取流场的观测坐标作为瞬时拖带坐标。在这个意义下，上式空间坐标的下标 0 是省略的。

就物理的基本哲学考虑而言，流线观是拉格朗日力学理念的体现。就这种观点而言，流体的变形就是固定观测点上的流动速度变换。在数学上，是流形关于时间参数的切矢量变换。因此，在用现代抽象数学研究流体运动的文章中，大多采用这种观点。

8.1.3 基矢变换观

取两微元物质点间($x_0, x_0+\mathrm{d}x_0$)在 t 时刻的微分物质线元(即 t 时刻两点的连线)为 $\mathrm{d}s(t)=\mathrm{d}x_0^i\boldsymbol{e}_i$。在微分时间 $\mathrm{d}t$ 后的 $t+\mathrm{d}t$ 时刻,由于物质线上各点的速度不同,从而该物线变形为

$$\mathrm{d}\boldsymbol{s}(t+1)=\mathrm{d}x_0^i\boldsymbol{e}_i+\frac{\partial V^i(x_0,t)}{\partial x_0^j}\mathrm{d}x_0^j\boldsymbol{e}_i=\left[\delta_j^i+\frac{\partial V^i(x_0,t)}{\partial x_0^j}\right]\mathrm{d}x_0^j\boldsymbol{e}_i=\mathrm{d}x_0^j\boldsymbol{g}_j \tag{8-13}$$

因此,物质线 $\mathrm{d}\boldsymbol{s}(t)=\mathrm{d}x_0^i\boldsymbol{e}_i$ 的变形等价于单位时间后拖带坐标下的基矢变换,即

$$\boldsymbol{g}_j(x_0,t)=\left[\delta_j^i+\frac{\partial V^i(x_0,t)}{\partial x_0^j}\right]\boldsymbol{e}_i \tag{8-14}$$

这样,省略下标 0 后,流体的应变就是瞬时变形张量,即

$$F_j^i(x,t)=\delta_j^i+\frac{\partial V^i(x,t)}{\partial x^j} \tag{8-15}$$

因此,这三种观点得到的结果是等价的。

间距观研究的物质微元是用实验系坐标来标识的(欧拉描述),而后二者的物质微元是用 t 时刻"着色"的物质微元来标识的(拉格朗日描述)。

由于流体在流动中组分的混合是很快的,因此相邻的"着色"物质微元很快就不再相邻了。因为流体只是在单位时间内为类似于固体的连续介质,因此在以下的研究中,使用物质线元的变形概念来理解。

从物理真实性看,流体变形的弹性描述必须是时间尺度足够小,使的单位时间 $\mathrm{d}t=1$ 所对应的流动在空间上的变化足够小,因此在 $\mathrm{d}t=1$ 时间间隔内的变形是小的。只有这样,才能在单位时间内满足介质连续性的要求。

虽然对单位时间,流场的应变写为速度场的空间梯度形式,但其实际意义是无量纲的纯量。这与固体应变为无量纲量是逻辑上协调一致的,也是由应变的物理与几何意义决定的。但是,很多的教科书直接的把速度场的空间梯度定义为应变速率,并写为 $\dot{\varepsilon}_{ij}$ 的形式,认为它的物理量纲为 1/时间,这种认识是错误的。

8.2 圆管内的单向流

作为一种唯象性现象,圆管内的单向流动指的是所有的流体微元的宏观流速都是管的长度方向。因此,它是一维流场。对于由圆管中心为原点引出的矢径坐标 r,对于中心流速为 V_0 的定常流(与时间无关的流动),经典流体力学给出的流速理论解[37]为 $V(r)=V_0\left(1-\frac{r^2}{R^2}\right)$,压力解为 $p(r)=4\tilde{\mu}\frac{V_0}{R^2}r$,其中 R 为管径。该解是由 N-S 方程得到的。虽然速度剖面解是正确的,也是实践证明了的,但是对压

力解是有疑问的，因为它给出的压力剖面是三角锥(管心径向压力梯度不为零)，而实际测得的是圆锥形(管心径向压力梯度为零)。这里重新研究该问题。

8.2.1　单向流动的几何条件

以圆管中心线为 $z(x^3)$ 轴，以由中线出发的矢径为 $r(x^1)$ 轴，以某个方向为参考建立坐标 $\theta(x^2)$。只有一个非零速度场分量 $V^3=V(r,t)$ 的单向流动(沿 z 轴方向)。

对微分时间间隔 $\mathrm{d}t$，微元物质流线形成的基矢为 $\boldsymbol{g}_z(r,t)$，流线长度为 $\mathrm{d}s_z=V(r,t)\mathrm{d}t$。另外两个基矢为 $\boldsymbol{g}_r(r,t)$ 和 $\boldsymbol{g}_\theta(r,t)$。在 t 的瞬时，它们的长度是纯几何的，为 $\mathrm{d}s_r=|\boldsymbol{g}_r|\mathrm{d}r=\mathrm{d}r$ 和 $\mathrm{d}s_\theta=|\boldsymbol{g}_\theta|\mathrm{d}\theta=r\mathrm{d}\theta$。由此，建立在 t 时的瞬时拖带坐标系(圆管剖面)。

对单位时间间隔 $\mathrm{d}t=1$，单向流的几何条件[104]为

$$\mathrm{d}V(r,t)=-\mathrm{d}r\cdot\tan\alpha(r,t) \tag{8-16}$$

其几何解释是，矢径方向的物质线上两点间的微分线段，在 $\mathrm{d}t$ 时间后，变为与原直线夹角为 $\alpha(r,t)$ 的微分线段，这等价于两端点间出现 z 方向的相对位移。因此，对单位时间间隔，宏观速度场为

$$V(r,t)=V_0-\int_0^r\tan\alpha(r,t)\cdot\mathrm{d}r \tag{8-17}$$

其中，$V_0=V(0,t)$ 是管心流速；$\alpha(r,t)$ 是待定函数。

对于在 t 时的物质线微元线段 $\mathrm{d}r$，单位时间后，其长度被拉伸为 $\mathrm{d}s_r=\dfrac{1}{\cos\alpha}\cdot\mathrm{d}r$，径角向物质微元线段 $\mathrm{d}\theta$ 的长度则由初始的 $\mathrm{d}s_\theta=|\boldsymbol{g}_\theta|\mathrm{d}\theta=r\mathrm{d}\theta$ 拉伸为 $\mathrm{d}s_\theta=\dfrac{1}{\cos\alpha}\cdot r\mathrm{d}\theta$，流向上的微分线元 $\mathrm{d}z$ 则没有拉伸(表现为平移)。这样就得到微元流体的单位时间伸张应变，即

$$\varepsilon_r^r=\frac{1}{\cos\alpha}-1,\quad \varepsilon_\theta^\theta=\frac{1}{\cos\alpha}-1,\quad \varepsilon_z^z=0 \tag{8-18}$$

其他应变分量为零。实质上，流体物质微元大致是不可压缩的，因此拉伸在物理上意味着流线上的物质与相邻物质的混合，但这种混合不影响流体的物性参数。

8.2.2　单向流的压力条件

取流体的物性参数为 $\tilde{\lambda}$ 和 $\tilde{\mu}$，则伸张引起的对称应力场非零分量为

$$\tilde{\sigma}_r^r=2(\tilde{\lambda}+\tilde{\mu})\left(\frac{1}{\cos\alpha}-1\right)$$

$$\tilde{\sigma}_\theta^\theta=2(\tilde{\lambda}+\tilde{\mu})\left(\frac{1}{\cos\alpha}-1\right) \tag{8-19}$$

$$\tilde{\sigma}_z^z=2\tilde{\lambda}\left(\frac{1}{\cos\alpha}-1\right)$$

对 z 方向的单向流，由流体的本构方程，即

$$\sigma_j^i=-p\delta_j^i+\tilde{\lambda}\varepsilon_l^l\delta_j^i+2\tilde{\mu}\varepsilon_j^i \tag{8-20}$$

单向流的应力条件为没有横向净应力，即

$$\sigma_r^r=\sigma_\theta^\theta=0 \tag{8-21}$$

从而得到流动压力函数，即

$$p(r,t)=2(\tilde{\lambda}+\tilde{\mu})\left(\frac{1}{\cos\alpha}-1\right) \tag{8-22}$$

流动的对称应力非零分量为

$$\sigma_z^z=-2\tilde{\mu}\left(\frac{1}{\cos\alpha}-1\right) \tag{8-23}$$

物质线元 dr 转动对应的反对称应力分量为

$$\sigma_{zr}=-\sigma_{rz}=2\tilde{\mu}\tan\alpha \tag{8-24}$$

8.2.3 定常流的运动方程和理论解

对于定常流，$\frac{\mathrm{d}V}{\mathrm{d}t}=0$，其运动方程为

$$-\frac{\partial\sigma_{zr}}{\partial r}+\frac{1}{r}\sigma_{zr}=0 \tag{8-25}$$

利用式(8-24)，就有

$$-2\tilde{\mu}\frac{\partial}{\partial r}(\tan\alpha)+2\tilde{\mu}\frac{1}{r}\tan\alpha=0 \tag{8-26}$$

因此，定常流的形式解为

$$\tan\alpha=Cr \tag{8-27}$$

其中，C 是由管心流速 V_0 决定的待定常数。

这样，由式(8-17)就得到定常流的速度场，即

$$V(r)=V_0-\int_0^r\tan\alpha(r)\mathrm{d}r=V_0-\frac{C}{2}r^2 \tag{8-28}$$

1. 黏性管壁的理论解

黏性管壁指的是边界条件 $V(R)=0$，它给出 $C=\frac{2V_0}{R^2}$，从而流速为

$$V(r)=V_0\left(1-\frac{r^2}{R^2}\right) \tag{8-29}$$

这与经典解是一样的。不同的是，由式(8-22)，流动压力解为

$$p(r,t)=2(\tilde{\lambda}+\tilde{\mu})\left(\frac{1}{\cos\left[\arctan\dfrac{2V_0}{R^2}r\right]}-1\right)=2(\tilde{\lambda}+\tilde{\mu})\left(\sqrt{1+\frac{4V_0^2}{R^4}r^2}-1\right) \tag{8-30}$$

当$\dfrac{4V_0^2}{R^4}r^2\gg 1$时(相对于管径尺度,管心流速很大,管壁邻近),压力函数为

$$p_{\text{bon}}(r,t)=4(\tilde{\lambda}+\tilde{\mu})\frac{V_0}{R^2}r \tag{8-31}$$

如取$\tilde{\lambda}=0$,这个解就是经典流体力学给出的压力解。

在管心邻近,$\dfrac{4V_0^2}{R^4}r^2\ll 1$,压力函数为

$$p_{\text{cen}}(r,t)=4(\tilde{\lambda}+\tilde{\mu})\frac{V_0^2}{R^4}r^2 \tag{8-32}$$

这个解克服了经典解管心压力径向梯度不为零的问题。

2. 光滑管壁的理论解

光滑管壁指的是管壁流速不为零$V(R)=V_{\text{bon}}$,流速的理论解为

$$V(r)=V_0-\frac{V_0(t)-V_{\text{bon}}(t)}{R^2}r^2 \tag{8-33}$$

相应的压力解为

$$p(r)=2(\tilde{\lambda}+\tilde{\mu})\left(\sqrt{1+\frac{4\,(V_0-V_{\text{bon}})^2}{R^4}r^2}-1\right) \tag{8-34}$$

3. 上行波纹(流节)理论解

在管道输运中,工程上经常碰到所谓的反射压力波纹(也称为流节)问题。定常流的条件可以写为

$$\frac{\mathrm{d}V}{\mathrm{d}t}=\frac{\partial V}{\partial t}+V\frac{\partial V}{\partial z}=0 \tag{8-35}$$

引入带有波纹扰动的流速场$V=V(r)+v(z,t)$,$|v|\ll V_0$,则波纹流速场$v(z,t)$满足如下波动方程,即

$$\frac{\partial v}{\partial t}+V(r)\frac{\partial v}{\partial z}=0 \tag{8-36}$$

其形式解为

$$v=f[z+V(r)\cdot t] \tag{8-37}$$

它表明,波纹是向与流速相反的方向传播的,而其传播的相速度恰好等于该位置处

的流速，从而在表象上表现为在固定点上的波纹（流节）。这种上行波纹（流节）现象是日常生活中常见的。

8.3 牛顿流体中的涡流与 N-S 方程

在流体力学中，涡流指的是散度为零的有旋流场。一般来说，表现为一系列的近圆形旋涡的运动。其流动机制一般是用 Navier-Stokes 方程来研究。

一般的，流体力学把 Navier-Stokes 方程[27,37]（N-S 方程）作为流体力学的基本方程，但是对其有效性的疑问[105]还是存在的。有的甚至声称湍流问题根本无法用 N-S 方程解决[98]。对于流体的本构方程也有质疑[106-108]，其中讨论较多的是静态压力在实际的流体力学方程求解中是否为可调节函数的问题。

本节用瞬时变形张量的 Stokes-陈 S+R 分解得到的应变概念研究 N-S 方程的具体形式。为突出局部转动概念的科学价值，把涡流作为研究对象。

为简单，取直角坐标系，N-S 方程为

$$\frac{\partial}{\partial t}(\rho u^i)=-\rho u^j\frac{\partial u^i}{\partial x^j}-\frac{\partial p_0}{\partial x^j}\delta_j^i+\lambda\frac{\partial}{\partial x^j}\left(\frac{\partial u^l}{\partial x^l}\right)\delta_j^i+2\mu\frac{\partial}{\partial x^j}\left(\frac{\partial u^i}{\partial x^j}\right) \tag{8-38}$$

其中，u^i 表示流速场。

在经典流体力学中使用 Stokes S+R 分解，即

$$\frac{\partial u^i}{\partial x^j}=\frac{1}{2}\left(\frac{\partial u^i}{\partial x^j}+\frac{\partial u^j}{\partial x^i}\right)+\frac{1}{2}\left(\frac{\partial u^i}{\partial x^j}-\frac{\partial u^j}{\partial x^i}\right)=s_j^i+w_j^i \tag{8-39}$$

因此，N-S 方程为

$$\frac{\partial}{\partial t}(\rho u^i)=-\rho u^j(s_j^i+w_j^i)-\frac{\partial p_0}{\partial x^i}+\lambda\frac{\partial(s_l^l)}{\partial x^j}\delta_j^i+2\mu\frac{\partial}{\partial x^j}(s_j^i+w_j^i) \tag{8-40}$$

各类研究工作有不同的简化方案。典型的有不可压缩流 $s_l^l=0$，N-S 方程可以简化为

$$\frac{\partial}{\partial t}(\rho u^i)=-\rho u^j(s_j^i+w_j^i)-\frac{\partial p_0}{\partial x^i}+2\mu\frac{\partial}{\partial x^j}(s_j^i+w_j^i) \tag{8-41}$$

另一类是把它分解为两个联立方程，一个是无旋流运动方程，即

$$\frac{\partial}{\partial t}(\rho u^i)=-\rho u^j s_j^i-\frac{\partial p_0}{\partial x^i}+\lambda\frac{\partial(s_l^l)}{\partial x^j}\delta_j^i+2\mu\frac{\partial s_j^i}{\partial x^j} \tag{8-42}$$

一个是涡流方程，即

$$\frac{\partial}{\partial t}(\rho u^i)=-\rho u^j w_j^i-\frac{\partial p_0}{\partial x^i}+2\mu\frac{\partial w_j^i}{\partial x^j} \tag{8-43}$$

虽然取得了不少的理论解和数值解[109]，但是从理性认识来看，对较复杂的流动，这类简化如果与实际偏离太远会导致各类求解上的困难。

8.3.1 Stokes-陈 S+R 1-形式分解下的 N-S 方程

Stokes-陈 S+R 1-形式分解为

$$\frac{\partial u^i}{\partial x^j}=S_j^i+R_j^i-\delta_j^i \tag{8-44}$$

其中

$$\begin{gathered}
S_j^i=\frac{1}{2}\left(\frac{\partial u^i}{\partial x^j}+\frac{\partial u^j}{\partial x^i}\right)-(1-\cos\Theta)L_k^iL_j^k \\
R_j^i=\delta_j^i+\sin\Theta\cdot L_j^i+(1-\cos\Theta)L_k^iL_j^k \\
L_j^i=\frac{1}{2\sin\Theta}\left(\frac{\partial u^i}{\partial x^j}-\frac{\partial u^j}{\partial x^i}\right)=\frac{1}{\sin\Theta}\omega_j^i \\
(\sin\Theta)^2=\frac{1}{4}\left[\left(\frac{\partial u^1}{\partial x^2}-\frac{\partial u^2}{\partial x^1}\right)^2+\left(\frac{\partial u^2}{\partial x^3}-\frac{\partial u^3}{\partial x^2}\right)^2+\left(\frac{\partial u^3}{\partial x^1}-\frac{\partial u^1}{\partial x^3}\right)^2\right]
\end{gathered} \tag{8-45}$$

式中，Θ 取值$\left[0,\frac{\pi}{2}\right)$；$L_j^i$代表转动方位(用右手法则)。

(1) 无涡流

无涡流的方程几何定义为

$$R_j^i=\delta_j^i$$

由于此时有

$$S_j^i=\frac{1}{2}\left(\frac{\partial u^i}{\partial x^j}+\frac{\partial u^j}{\partial x^i}\right)\equiv s_j^i \tag{8-46}$$

得到的牛顿流体中的经典 N-S 方程为

$$\frac{\partial}{\partial t}(\rho u^i)=-\rho u^j s_j^i-\frac{\partial p_0}{\partial x^j}\delta_j^i+\lambda\frac{\partial}{\partial x^j}(s_l^l)\delta_j^i+2\mu\frac{\partial}{\partial x^j}(s_j^i) \tag{8-47}$$

(2) 涡流

涡流的几何定义[25]是 $S_j^i=0$，其力学意义是流体微元是无内在伸张的。N-S 方程为

$$\frac{\partial}{\partial t}(\rho u^i)=-\rho u^j(R_j^i-\delta_j^i)-\frac{\partial p_0}{\partial x^j}\delta_j^i+\lambda\frac{\partial}{\partial x^j}(R_l^l-3)\delta_j^i+2\mu\frac{\partial}{\partial x^j}(R_j^i) \tag{8-48}$$

由式(8-45)，$S_j^i=0$ 意味下式，即

$$s_j^i=\frac{1}{2}\left(\frac{\partial u^i}{\partial x^j}+\frac{\partial u^j}{\partial x^i}\right)=(1-\cos\Theta)L_k^iL_j^k \tag{8-49}$$

也就是说，式(8-48)等价于取上式应变定义条件下的经典方程(8-42)。用式(8-42)这个经典意义上的无旋流运动方程会得到大涡流解(指 $1-\cos\Theta$ 不能近似为零)，从而与其自身的前提条件矛盾。从本研究看，这个矛盾的原因是对称和反对称分解成立的前提条件是微小的涡。

用对称应变的 N-S 方程能研究大涡流的解使很多的研究者认为 N-S 方程及对称应变概念也适用于涡流(对大涡(Θ 较大),应变是对称的)。另一方面,也造成很多研究者的困惑。

不失一般性,假定瞬时局部转动沿 x^3 轴方向,则经典应变为

$$s_j^i=(1-\cos\Theta)L_k^iL_j^k=-(1-\cos\Theta)\begin{bmatrix}1&0&0\\0&1&0\\0&0&0\end{bmatrix} \tag{8-50}$$

它表明,在平面 x^1 和 x^2 上的圆形涡会产生指向涡心的平面各向同性速度梯度,而且涡越大(表象为急速转动)指向涡心的速度梯度越大(与涡的正转还是反转无关)。同时,用实测速度场计算出的经典应变是对称的。

这里进一步论述 $S_j^i=0$ 的物理(及力学)意义,此时 $F_j^i=R_j^i$。对这种纯涡流,单位时间的速度变换(式(8-11)和式(8-12))为

$$u^i=\left(\frac{\partial u^i}{\partial x^j}+\delta_j^i\right)U^j=R_j^iU^j \tag{8-51}$$

其中,U^j 为单位时间前的速度。

因此,有

$$u^iu^i=(R_k^iU^k)(R_l^iU^l)=R_k^iR_l^iU^kU^l=U^kU^k \tag{8-52}$$

它表明,在时间方向上,对微元物质而言,流速的绝对值是不变的,变化的只不过是微元物质流动的方向。换句话说,对于纯涡流,微元物质的动能是不变的,但是其宏观流动速度场是向指向涡心的速度梯度。

8.3.2 经典意义上的不可压缩流

由经典不可压缩流的定义 $\frac{\partial u^i}{\partial x^i}=0$,把它应用于 Stokes-陈 S+R 1-形式分解(8-46),有

$$S_i^i+R_i^i-3=0 \tag{8-53}$$

由于 $R_i^i-3=2(1-\cos\Theta)$,因此有下式,即

$$S_i^i=-2(1-\cos\Theta) \tag{8-54}$$

因此,不可压缩流条件等价于微元流体内在的可压缩,从物理上考虑就等价于流质的混合(上式等价于单位时间内流质混合的体积率)。

对不可压缩流,N-S 方程为

$$\frac{\partial}{\partial t}(\rho u^i)=-\rho u^j(S_j^i+R_j^i-\delta_j^i)-\frac{\partial p_0}{\partial x^i}+2\mu\frac{\partial}{\partial x^j}(S_j^i+R_j^i) \tag{8-55}$$

与式(8-54)的联立。

8.3.3 Stokes-陈 S+R 2-形式分解下的 N-S 方程

Stokes-陈 S+R 2-形式分解为

$$\frac{\partial u^i}{\partial x^j}=\widetilde{S}^i_j+\frac{1}{\cos\theta}\widetilde{R}^i_j-\delta^i_j \tag{8-56}$$

其中

$$\widetilde{S}^i_j=\frac{1}{2}\left(\frac{\partial u^i}{\partial x^j}+\frac{\partial u^j}{\partial x^i}\right)-\left(\frac{1}{\cos\theta}-1\right)(\widetilde{L}^i_k\widetilde{L}^k_j+\delta^i_j)$$

$$(\cos\theta)^{-1}\widetilde{R}^i_j=\delta^i_j+\frac{\sin\theta}{\cos\theta}\widetilde{L}^i_j+\left(\frac{1}{\cos\theta}-1\right)(\widetilde{L}^i_k\widetilde{L}^k_j+\delta^i_j)$$

$$\widetilde{R}^i_j=\delta^i_j+\sin\theta\cdot\widetilde{L}^i_j+(1-\cos\theta)\widetilde{L}^i_k\widetilde{L}^k_j \tag{8-57}$$

$$\widetilde{L}^i_j=\frac{\cos\theta}{2\sin\theta}\left(\frac{\partial u^i}{\partial x^j}-\frac{\partial u^j}{\partial x^i}\right)$$

$$(\cos\theta)^{-2}=1+\frac{1}{4}\left[\left(\frac{\partial u^1}{\partial x^2}-\frac{\partial u^2}{\partial x^1}\right)^2+\left(\frac{\partial u^2}{\partial x^3}-\frac{\partial u^3}{\partial x^2}\right)^2+\left(\frac{\partial u^3}{\partial x^1}-\frac{\partial u^1}{\partial x^3}\right)^2\right]$$

式中，参数 θ 代表局部转动，取值$\left[0,\frac{\pi}{2}\right)$；$\widetilde{L}^i_j$代表转动方位；$\widetilde{R}^i_j$ 是单位正交转动。

考虑法向切变流(一种出现在涡的局部转动面法向上局部的单向流)。定义为满足几何条件 $\widetilde{S}^i_j=0$，其 N-S 方程为

$$\frac{\partial}{\partial t}(\rho u^i)=-\rho u^j\left(\frac{1}{\cos\theta}\widetilde{R}^i_j-\delta^i_j\right)-\frac{\partial p_0}{\partial x^j}\delta^i_j+\lambda\frac{\partial}{\partial x^j}\left(\frac{1}{\cos\theta}\widetilde{R}^l_l-3\right)\delta^i_j+2\mu\frac{\partial}{\partial x^j}\left(\frac{1}{\cos\theta}\widetilde{R}^i_j\right) \tag{8-58}$$

几何条件 $\widetilde{S}^i_j=0$，等价于经典应变的几何定义方程，即

$$s^i_j=\frac{1}{2}\left(\frac{\partial u^i}{\partial x^j}+\frac{\partial u^j}{\partial x^i}\right)=\left(\frac{1}{\cos\theta}-1\right)(\widetilde{L}^i_k\widetilde{L}^k_j+\delta^i_j) \tag{8-59}$$

经典应变 s^i_j 由切变角 θ 和切变方位决定。假定涡流发生在 x^1 和 x^2 平面，则有

$$s^i_j=\left(\frac{1}{\cos\theta}-1\right)(\widetilde{L}^i_k\widetilde{L}^k_j+\delta^i_j)=\left(\frac{1}{\cos\theta}-1\right)\begin{bmatrix}0&0&0\\0&0&0\\0&0&1\end{bmatrix} \tag{8-60}$$

几何解释是在涡流流线转动法向上出现单向流速梯度。速度梯度总为正的几何解释是速度梯度的方向是离开转动面方向。也就是说，法向切变流表现为流体在局部转动面(涡面)的法线上有速度梯度。对鸟类飞行，通过双翼上下摆动形成垂直于地面的切变流和平行于地面的切变流[110]，从而获得向前飞行的推力和升力。

对于法向切变流 $\widetilde{S}^i_j=0$，其单位时间的速度变换为

$$u^i=\left(\frac{\partial u^i}{\partial x^j}+\delta^i_j\right)U^j=\frac{1}{\cos\theta}\widetilde{R}^i_jU^j \tag{8-61}$$

其中，U^j 表单位时间前的速度。

速度的平方为

$$u^i u^i = \left(\frac{1}{\cos\theta} R^i_k U^k\right)\left(\frac{1}{\cos\theta} R^i_l U^l\right) = \left(\frac{1}{\cos\theta}\right)^2 R^i_k R^i_l U^k U^l = \left(\frac{1}{\cos\theta}\right)^2 U^k U^k \quad (8\text{-}62)$$

可以看出，单位时间内微元体动能被放大$(1/\cos\theta)^2$ 倍。在日常生活中可观察到，如果河面水流的涡旋进一步发展，则涡心的流质速度加大，发展成空心旋涡(在涡心，有向下的流动)。对河流深部出现的旋涡，则可由在河面上出现的局部水面高出周边(形成凸曲面)推测出来。在平稳河面的水滴跳高现象可以解释为微小尺度的局部法向切变流。

因此，这类流动模式是不稳定流[111-117]的基本模式。

8.4 牛顿流体的运动方程

从前面的研究中可以看出，对无涡流动、单纯的涡流或理想的涡面垂向单向流，N-S 方程得到简化，从而有可能得到理论解或近似解。对一般性流动，还是非常困难的。根本的原因是 N-S 方程只是线动量平衡方程，缺乏一组角动量平衡方程。

一般来说，流体的弹性变形是在足够小的单位时间意义上成立的。对小变形，单位时间的选择必须是使瞬时应变足够小。如果不够小，进一步减小单位时间代表的实际物理时间，就可以实现这点。这等价于足够小的速度梯度。在这个意义上，流体的运动等价于单位时间内的弹性变形。因此，其运动方程为

$$\frac{\partial}{\partial x^l}\sigma^i_l = \frac{\partial}{\partial t}(\rho u^i)$$

$$\frac{\partial}{\partial x^i}\sigma^i_j = \frac{\partial}{\partial t}(\rho u^i F^i_j) \quad (8\text{-}63)$$

引入对称应力 $\tilde{\sigma}^i_j$ 和反对称应力 t^i_j，即

$$\tilde{\sigma}^i_j = \frac{1}{2}(\sigma^i_j + \sigma^j_i),\ t^i_j = \frac{1}{2}(\sigma^i_j - \sigma^j_i) \quad (8\text{-}64)$$

则上面的运动方程等价于下式，即

$$\frac{\partial}{\partial x^l}\tilde{\sigma}^l_i = \frac{1}{2}\frac{\partial}{\partial t}[(\rho u^l)(F^l_i + \delta^l_i)]$$

$$\frac{\partial}{\partial x^i}t^i_j = \frac{1}{2}\frac{\partial}{\partial t}[(\rho u^i)(F^i_j - \delta^i_j)] \quad (8\text{-}65)$$

前者等价于 N-S 方程，后者等价于欧拉流体方程。

(1) 经典无旋流

对于无旋流 $F^i_j=s^i_j+\delta^i_j$，方程为

$$\frac{\partial}{\partial x^l}\tilde{\sigma}^l_i=\frac{\partial}{\partial t}(\rho u^l)+\frac{\rho u^l}{2}\frac{\partial s^l_i}{\partial t}$$

$$\frac{\partial}{\partial x^i}t^i_j=\frac{s^i_j}{2}\frac{\partial}{\partial t}(\rho u^i)+\frac{\rho u^i}{2}\frac{\partial s^i_j}{\partial t} \tag{8-66}$$

这表明，反对称应力是必然存在的，严格意义上的经典无旋流是不存在的。这类问题被称为流动的不稳定性，其根本来源是瞬时应变随时间的变化及流速的乘积。对高速流动，这个效应是明显的。

(2) 涡流

对于涡流 $S^i_j=0$ 和 $F^i_j=R^i_j$，方程为

$$\frac{\partial}{\partial x^l}\tilde{\sigma}^l_i=\frac{1}{2}\frac{\partial}{\partial t}[(\rho u^l)(R^l_i+\delta^l_i)]$$

$$\frac{\partial}{\partial x^i}t^i_j=\frac{1}{2}\frac{\partial}{\partial t}[(\rho u^i)(R^i_j-\delta^i_j)] \tag{8-67}$$

它表明，严格意义上的涡流不仅是产生对称应力，更重要的是对非稳恒涡流，对称应力可能要远大于反对称应力。这是因为 $\left|\frac{1}{2}\frac{\partial}{\partial t}[(\rho u^l)(R^l_i+\delta^l_i)]\right|\gg\left|\frac{1}{2}\frac{\partial}{\partial t}[(\rho u^l)(R^l_i-\delta^l_i)]\right|$。

(3) 法向切变流

对于切变流 $\widetilde{S}^i_j=0$ 和 $F^i_j=\frac{1}{\cos\theta}\widetilde{R}^i_j$，方程为

$$\frac{\partial}{\partial x^l}\tilde{\sigma}^l_i=\frac{1}{2}\frac{\partial}{\partial t}\left[(\rho u^l)\left(\frac{1}{\cos\theta}\widetilde{R}^l_i+\delta^l_i\right)\right]$$

$$\frac{\partial}{\partial x^i}t^i_j=\frac{1}{2}\frac{\partial}{\partial t}\left[(\rho u^i)\left(\frac{1}{\cos\theta}\widetilde{R}^i_j-\delta^i_j\right)\right] \tag{8-68}$$

类似于涡流，对于非稳恒切变流，对称应力可能要远大于反对称应力。

总结以上结果，对流体运动，无论流动有多么复杂，对称应力总是占据主导地位。然而，作为高阶小量的$\frac{1}{2}\frac{\partial}{\partial t}[(\rho u^i)(F^i_j-\delta^i_j)]$的项(与$\frac{1}{2}\frac{\partial}{\partial t}[(\rho u^i)(F^i_j+\delta^i_j)]$对比)总是产生反对称应力，因此产生涡流或进一步演化为法向切变流。

8.5 流体的内在不稳定性

单纯从几何上考查,对于流体的瞬时变形张量,总是有两种可能的分解,即

$$F^i_j = S^i_j + R^i_j(\Theta) \tag{8-69}$$

或者是

$$F^i_j = \widetilde{S}^i_j + \frac{1}{\cos\theta}\widetilde{R}^i_j(\theta) \tag{8-70}$$

取那一个分解取决于具体情况。如果从一种分解跃变为另一种分解,在流体力学中称为失稳,也不严格的称为湍流[113−115]。

正常流动突变为切变单向流,由下式定义,即

$$S^i_j + R^i_j(\Theta) = \widetilde{S}^i_j + \frac{1}{\cos\theta}\widetilde{R}^i_j(\theta) \tag{8-71}$$

这是最常在河面上观测到的,平面水流突然出现旋涡,旋涡中心为单向流(垂直于流动平面)。台风的形成也能用这种突变解释。

利用式(8-45)和式(8-57),上面的几何方程等价于

$$\widetilde{S}^i_j + \frac{\sin\theta}{\cos\theta}\widetilde{L}^i_j + \left(\frac{1}{\cos\theta} - 1\right)(\widetilde{L}^i_k\widetilde{L}^k_j + \delta^i_j) = S^i_j + \sin\Theta L^i_j + (1-\cos\Theta)L^i_kL^k_j \tag{8-72}$$

不失一般性,对(x^1, x^2)平面流,转轴方位只能为$L^1_2 = \pm 1$和$\widetilde{L}^1_2 = \pm 1$,上式可以简化为

$$\begin{gathered}
\widetilde{S}^1_2 + \frac{\sin\theta}{\cos\theta}\widetilde{L}^1_2 = S^1_2 + \sin\Theta L^1_2 \\
\widetilde{S}^2_1 + \frac{\sin\theta}{\cos\theta}\widetilde{L}^2_1 = S^2_1 + \sin\Theta L^2_1 \\
S^1_1(\Theta) - (1-\cos\Theta) = \widetilde{S}^1_2 \\
S^2_2(\Theta) - (1-\cos\Theta) = \widetilde{S}^2_2 \\
\widetilde{S}^3_3 + \left(\frac{1}{\cos\theta} - 1\right) = S^3_3(\Theta)
\end{gathered} \tag{8-73}$$

它有两个解。

①平面切应变连续,但伸张应变出现间断,该解为

$$\begin{gathered}
\widetilde{S}^1_2 = \widetilde{S}^2_1 = S^1_2 = S^2_1 \\
\widetilde{S}^1_1 - S^1_1 = \widetilde{S}^2_2 - S^2_2 = -(1-\cos\Theta) \\
\widetilde{S}^3_3 - S^3_3 = -\left(\frac{1}{\cos\theta} - 1\right)
\end{gathered} \tag{8-74}$$

也就是说,伸张应变出现间断。特别的,在$\Theta \approx \pi/2$时,流动模式的转变是必然的。此时,$\widetilde{S}^1_1 - S^1_1 = \widetilde{S}^2_2 - S^2_2 = 0$,所有的平面伸张应变连续,应变跃迁只出现在流动面

上。这是水面上常见的现象(河流水面高度起伏)。

②另一个解是切应变为零,涡流线形态折转间断为

$$\tilde{S}_2^1=\tilde{S}_1^2=S_2^1=S_1^2=0$$

$$\tan\theta=\sin\Theta$$

$$\tilde{S}_1^1-S_1^1=\tilde{S}_2^2-S_2^2=-(1-\cos\Theta) \tag{8-75}$$

$$\tilde{S}_3^3-S_3^3=-\left(\frac{1}{\cos\theta}-1\right)$$

回到瞬时变形张量的定义,对于给定流动,取 Δ 为新的单位时间,则新的单位时间的变形张量为

$$F_j^i(x,t)=\delta_j^i+\frac{\partial V^i(x,t)}{\partial x^j}\Delta \tag{8-76}$$

因此,对给定的空间尺度,总是存在某个时间尺度 Δ 使得在新的时间尺度下定义的局部转动角 $\bar{\Theta}$ 和 $\bar{\theta}$ 满足条件 $\tan\bar{\theta}=\sin\bar{\Theta}$。

$$(\cos\bar{\theta})^{-2}=1+\frac{\Delta^2}{4}\left[\left(\frac{\partial u^1}{\partial x^2}-\frac{\partial u^2}{\partial x^1}\right)^2+\left(\frac{\partial u^2}{\partial x^3}-\frac{\partial u^3}{\partial x^2}\right)^2+\left(\frac{\partial u^3}{\partial x^1}-\frac{\partial u^1}{\partial x^3}\right)^2\right]$$

$$(\sin\bar{\Theta})^2=\frac{\Delta^2}{4}\left[\left(\frac{\partial u^1}{\partial x^2}-\frac{\partial u^2}{\partial x^1}\right)^2+\left(\frac{\partial u^2}{\partial x^3}-\frac{\partial u^3}{\partial x^2}\right)^2+\left(\frac{\partial u^3}{\partial x^1}-\frac{\partial u^1}{\partial x^3}\right)^2\right] \tag{8-77}$$

对在自然时间尺度下涡流微小的流动,总可以在足够大的某个时间尺度上观测到失稳或湍流。实质上是两种流动模式的连续切换。

作为最经典的例子[115],对长圆管的单向平稳流动,由于管壁的黏性导致圆管有绕管周向的微小涡流扰动(流动方向截面上的微小转动),在长时间后,演化为垂向切变流(对圆管为圆周角方向),从而表现为在绕管心线的周向转动(圆管截面上的转动)。这被看成是最为典范的流动由稳定发展为不稳定的实验观测例子。

对三维流动,式(8-72)可以分解为**伸张应变间断条件**,即

$$\tilde{S}_j^i+\left(\frac{1}{\cos\theta}-1\right)(\tilde{L}_k^i\tilde{L}_j^k+\delta_j^i)=S_j^i+(1-\cos\Theta)L_k^iL_j^k \tag{8-78}$$

涡流线形态折转间断条件,即

$$\frac{\sin\theta}{\cos\theta}\tilde{L}_j^i=\sin\Theta L_j^i \tag{8-79}$$

由于应力只依赖于瞬时变形张量,即

$$\sigma_j^i=-p\delta_j^i+\tilde{\lambda}(F_l^l-3)\delta_j^i+2\tilde{\mu}(F_j^i-\delta_j^i) \tag{8-80}$$

因此,应力总是连续的,流动的模式跃迁不是应力引起的。

有与平面流一样的结论,对在自然时间尺度下涡流微小的流动,总可以在足够大的某个时间尺度上观测到失稳或湍流。这是被实验证明的事实,这里给出的是理论解释。

应该指出的是,流体的内在不稳定性是流场存在局部转动(小涡)在长时间后演化为局部的法向切变流而引起的,或由切变流(局部单向流)演化为涡流。

由于流体本身没有固定位形,其位形由容器几何形状决定,因此几何上的不稳定性是内在的[116,117]。

8.6 牛顿流体中的气泡

流体中的气泡是常见的。通常,小气泡可以合并为大气泡,大气泡会破裂为小气泡。气泡倾向于在容器边界邻近运动,甚至于停在边界表面。对于管道输运而言,这就降低了传输效率。尽管气泡是常见的,但是在理论上解决它还是有不同意见的。例如,用那个运动方程来求解它?这就引出两个问题,即涡流的精确数学描述和气泡产生的条件。

已经知道的是,气泡的发生与流线的局部转动密切联系在一起,气泡倾向于向边界或自由表面运动。流速场、气泡大小、流体的物性参数决定了气泡的移动速度和移动方向。这里不评论与此相关的大量实验报道性论文,而是基于 Navier-Stokes 方程和陈至达的 S+R 分解来构造一个理论表达形式,从而得到气泡的理论解。

8.6.1 气泡-流体表面的几何表达

取气泡-流体表面为曲面(x^1,x^2),气泡-流体表面的法向为(x^3),建立拖带坐标系。记其相应的瞬时基矢为 $\boldsymbol{g}_i(x,t)$。以 $t=0$ 的牛顿流体的瞬时位形为参考(实验室直角系),则含气泡-流体表面的宏观瞬时变形为

$$\boldsymbol{g}_i(x,t)=F_i^j(x,t)\boldsymbol{g}_j(x,0) \tag{8-81}$$

单纯从几何上看,气泡是使含有气泡的流体体积变大,因此含气泡流体的瞬时变形张量为

$$F_j^i(x,t)=\frac{\dot{1}}{\cos\theta(x,t)}R_j^i(x,t) \tag{8-82}$$

其中,θ 是瞬时局部转动角;R_j^i 单位正交转动张量。

对于气泡-流体表面,在平均意义上,其速度场 u^i(拖带系上观测到的)可以近似为

$$\frac{\partial u^1}{\partial x^1}=\frac{\partial u^1}{\partial x^3}=0,\quad \frac{\partial u^2}{\partial x^2}=0,\quad \frac{\partial u^1}{\partial x^2}+\frac{\partial u^2}{\partial x^1}=0$$

$$\frac{\partial u^2}{\partial x^2}=\frac{\partial u^2}{\partial x^3}=0,\quad \frac{\partial u^3}{\partial x^1}=\frac{\partial u^3}{\partial x^2}=0 \tag{8-83}$$

也就是说,流体被气泡排斥,从而流线绕气泡弯曲。

局部转动角 $\theta(x,t)\left(\theta<\frac{\pi}{2}\right)$由下方程给出，即

$$\left(\frac{1}{\cos\theta}\right)^2=1+\frac{1}{4}\left(\frac{\partial u^1}{\partial x^2}-\frac{\partial u^2}{\partial x^1}\right)^2 \tag{8-84}$$

对流动面而言，含气泡微元体的局部转动方位是在流动面的法向上，表达为

$$R_j^i=\begin{bmatrix}\cos\theta & \sin\theta & 0\\ -\sin\theta & \cos\theta & 0\\ 0 & 0 & 1\end{bmatrix} \tag{8-85}$$

由式(8-60)，在简单的代数运算后，可得到含气泡微元体在法向上的运动速度梯度，即

$$\frac{\partial u^3}{\partial x^3}=\frac{1}{\cos\theta}-1 \tag{8-86}$$

它表明，在气泡-流体表面上的拖带系观测，气泡的运动是在向外的。这是气泡法向变大变小的几何方程。

8.6.2　气泡表面的应力及平衡方程

在实验系观测，流线的欧拉转动角 α 为

$$\sin\alpha=\frac{1}{2}\left(\frac{\partial V^1}{\partial x^2}-\frac{\partial V^2}{\partial x^1}\right) \tag{8-87}$$

其中，V^i 气泡表面流体的惯性速度，一般不严格的称为局部涡流。

在这个气泡-流体液接触面上，切向速度场必须是连续的。因此，有几何连续性方程，即

$$\left(\frac{1}{\cos\theta}\right)^2=1+(\sin\alpha)^2 \tag{8-88}$$

由于 α 可以由气泡表面邻近的宏观流场速度计算得到，因此可视为已知量。对于牛顿流体，引入其物性参数 $\tilde{\lambda}$，$\tilde{\mu}$ 和静态压力参数 p，气泡表面的应力场为

$$\sigma_{ij}=\left[(\tilde{\lambda}+2\tilde{\mu})\cdot\left(\frac{1}{\cos\theta}-1\right)-p\right]\delta_{ij} \tag{8-89}$$

把式(8-88)代入，就得到气泡-流体液接触面的应力方程，即

$$\sigma_{ij}=[(\tilde{\lambda}+2\tilde{\mu})\cdot(\sqrt{1+(\sin\alpha)^2}-1)-p]\delta_{ij} \tag{8-90}$$

按惯例，正号指的是膨胀，因此基于这个方程，气泡造成局部流体膨胀的几何条件为

$$(\tilde{\lambda}+2\tilde{\mu})\cdot(\sqrt{1+(\sin\alpha)^2}-1)-p>0 \tag{8-91}$$

因此，气泡产生的临界条件是接触面应力由负变正之间必然出现的瞬时零应力，即

$$(\tilde{\lambda}+2\tilde{\mu})\cdot\left[\sqrt{1+\frac{1}{4}\left(\frac{\partial V^1}{\partial x^2}-\frac{\partial V^2}{\partial x^1}\right)^2}-1\right]=p \tag{8-92}$$

这表明，只要流线足够弯曲（涡足够大），就可以产生气泡。这是符合观测的。

8.6.3　气泡的运动方程

气泡所在的流体满足实验室系（X^1, X^2, X^3）的 Navier-Stokes 方程为

$$\frac{\partial \sigma_{ij}}{\partial X^j}=\rho\frac{\partial V^i}{\partial t}+\rho V^j\frac{\partial V^i}{\partial X^j} \tag{8-93}$$

对于气泡所占据的空间位置，由用气泡表面欧拉转动角 $\alpha(X,t)$ 和压力 $p(X)$ 表出的应力方程(8-90)，假定气泡流动方向 X^3 方向，就得到含气泡流体微元的运动方程为

$$\begin{aligned}
&(\tilde{\lambda}+2\tilde{\mu})\frac{\partial\sqrt{1+(\sin\alpha)^2}}{\partial X^1}-\frac{\partial p}{\partial X^1}=\rho\frac{\partial V^1}{\partial t}+\rho V^2\frac{\partial V^1}{\partial X^2}\\
&(\tilde{\lambda}+2\tilde{\mu})\frac{\partial\sqrt{1+(\sin\alpha)^2}}{\partial X^2}-\frac{\partial p}{\partial X^2}=\rho\frac{\partial V^2}{\partial t}+\rho V^1\frac{\partial V^2}{\partial X^1}\\
&(\tilde{\lambda}+2\tilde{\mu})\frac{\partial\sqrt{1+(\sin\alpha)^2}}{\partial X^3}-\frac{\partial p}{\partial X^3}=\rho\frac{\partial V^3}{\partial t}+\rho V^3\frac{\partial V^3}{\partial X^3}
\end{aligned} \tag{8-94}$$

由气泡的产生的条件方程(8-92)，产生气泡的临界条件为

$$\begin{aligned}
&\frac{\partial V^1}{\partial t}+V^2\frac{\partial V^1}{\partial X^2}=0\\
&\frac{\partial V^2}{\partial t}+V^1\frac{\partial V^2}{\partial X^1}=0\\
&\frac{\partial V^3}{\partial t}+V^3\frac{\partial V^3}{\partial X^3}=0
\end{aligned}$$

前两个方程给出的解是圆涡条件，即

$$\frac{\partial V^1}{\partial X^2}+\frac{\partial V^2}{\partial X^1}=0,\quad \frac{\partial}{\partial t}[(V^1)^2+(V^2)^2]=0 \tag{8-95}$$

第三个方程有形式解，即

$$V^3=(B+CX^3)\cdot \mathrm{e}^{-C\cdot t} \tag{8-96}$$

这表明，在实验系观测，含气泡微元流体的涡流面法向速度随时间而急剧变化。对于 $C>0$（膨胀气泡），由初始的有限速度急剧下降；对于 $C<0$（收缩气泡），由初始的有限速度急剧上升。同时，还可以看出，膨胀气泡变为收缩气泡，或是收缩气泡变为膨胀气泡时，气泡的运动方向也是相反的。对于 $C=0$，气泡的位置不动。

由方程 (8-82)，气泡的尺度变化为

$$R=\frac{1}{\cos\theta}-1=BC\mathrm{e}^{-Ct} \tag{8-97}$$

当然，有关的常数 B 和 C 是要由具体初边值条件确定的。对于 $C>0$，气泡尺

度以幂律膨胀；对于 $C<0$，气泡尺度以幂律缩小；对于 $C=0$，气泡大小不随时间而改变。

8.6.4 与经验结果对比

对于小气泡，把它看成是半径为 R 的小球，则气泡表面的应力为

$$\sigma=\left[(\tilde{\lambda}+2\tilde{\mu})\cdot\left(\frac{1}{\cos\theta}-1\right)-p\right]\cdot 4\pi R^2 \tag{8-98}$$

对于表面不再变形的定型气泡，由上方程得到经验关系，即

$$(\tilde{\lambda}+2\tilde{\mu})\cdot\left(\frac{1}{\cos\theta}-1\right)\cdot 4\pi R^2=K\cdot p \tag{8-99}$$

其中，$K(\approx 1)$ 是取决于流体物理性质的参数[118]。

对于非常小的 θ 变化(acoustic bubble [118])，其近似形式为：

$$\theta^2\approx\frac{K\cdot p}{2(\tilde{\lambda}+2\tilde{\mu})\pi R^2} \tag{8-100}$$

物理上，由于气泡的局部转动角 θ 等价于频率与时间尺度的乘积(投影分量表达)，这个方程类似于 Reyleigh-Plesset 方程[118]，给出正确的关于压力、气泡尺度与频率的关系。

8.7 薄片在水面上的弹跳

使石头薄片面大致平行于河面而投出，可以看到薄片在水面跳跃。可以看到的是，如果平行程度太差，石头直接进入水中；如果速度太小，弹跳高度也很小。这个论题在基础理论上是有研究价值的，在力学上称为 ricochet[119,120]。对于高速接触问题，也有一定的实际意义。在理论上，解决该问题的难点在于水与跳体接触边界是变化的[121]。接触面的动力学方程是高度非线性的，从而问题复杂难于解析求解[122,123]。对于刚性跳体，接触面的动力学主要由水的瞬时变形决定，而水的瞬时变形又由流场决定。

就本书所用的陈 $S+R$ 分解而言，在跳体与水面接触时，水面不仅存在伸张变形，还应存在大的局部转动，而这恰恰是用传统的对称应变，或是 Stokes 应变的精度有待改进的地方。另一方面，由于接触时间很短，水的行为类似于弹性介质。

8.7.1 接触方程

水作为液体，本质上是没有内在的拉伸能力的，因此 $\tilde{S}^i_j=0$。这就意味着在接触面上的水的变形为

$$F^i_j=\frac{1}{\cos\theta}\tilde{R}^i_j(\theta) \tag{8-101}$$

取水面为(x^1,x^2)平面,跳体飞行方向为 x^1方向,取 x^3为水深度方向。用 V_0 表示跳体的绝对速度,如果出现弹跳,则水的速度梯度为

$$\frac{\partial V^1}{\partial x^2}=\frac{V_0}{L}\cdot\cos\alpha,\quad \text{其他分量为零} \tag{8-102}$$

其中,α 接触角(飞行方向与水面的夹角);L 是一个适当的特征长度参数(定义接触面大小)。

当然这是一个简化(不考虑全局水流速度)。由此可以得到下式,即

$$\frac{1}{\cos\theta}=\sqrt{1+\frac{V_0^2\cdot\cos^2\alpha}{L^2}} \tag{8-103}$$

转轴方向是深度方向(x^3)。

对于水流,本构方程为

$$\sigma_{ij}=-p_0\delta_{ij}+2\tilde{\mu}\varepsilon_{ij} \tag{8-104}$$

其中,p_0 水流压力;$\tilde{\mu}$ 是水的黏性系数。

由几何方程,经典应变为

$$\varepsilon_{ij}=\frac{1}{2}(u^i|_j+u^j|_i)=\left(\frac{1}{\cos\theta}-1\right)(\tilde{L}_k^i\tilde{L}_j^k+\delta_j^i) \tag{8-105}$$

由于接触影响区水的局部转动方向为 x^3 方向,唯一的应变非零分量为

$$\varepsilon_{33}=\frac{1}{\cos\theta}-1 \tag{8-106}$$

跳体成功起跳的条件是,接触面上的应力大于跳体的重力,即

$$2\tilde{\mu}\left(\frac{1}{\cos\theta}-1\right)-p_0\geqslant\frac{Mg}{A} \tag{8-107}$$

其中,A 为接触面面积。

代入有关量后,就成为

$$2\tilde{\mu}\sqrt{1+\frac{V_0^2\cos^2\alpha}{L^2}}\geqslant\frac{Mg}{A}+p_0+2\tilde{\mu} \tag{8-108}$$

其中,M 为跳体质量;g 为重力常数。

临界接触角 α_c 为

$$\cos\alpha_c=\frac{L}{V_0}\sqrt{\left(1+\frac{1}{2\tilde{\mu}}\left(\frac{Mg}{A}+p_0\right)\right)^2-1} \tag{8-109}$$

对于 $\alpha\leqslant\alpha_c$ 情况,弹跳现象会出现。显然,接触速度越大,临界接触角越大。

另一方面,临界接触角存在的物理条件为

$$\frac{L}{V_0}\sqrt{\left(1+\frac{1}{2\tilde{\mu}}\left(\frac{Mg}{A}+p_0\right)\right)^2-1}\leqslant 1 \tag{8-110}$$

也就是说,速度必须足够大,因此对速度的要求为

$$V_0 \geqslant L\sqrt{\left(1+\frac{1}{2\tilde{\mu}}\left(\frac{Mg}{A}+p_0\right)\right)^2-1} \tag{8-111}$$

对于尺度为 L 跳体，临界速度 V_c 可以定义为

$$V_c = L\sqrt{\left(1+\frac{1}{2\tilde{\mu}}\left(\frac{Mg}{A}+p_0\right)\right)^2-1} \tag{8-112}$$

总而言之，跳体成功起跳必须同时满足两个条件，即

$$V \geqslant V_c \text{ 和 } \alpha \leqslant \alpha_c \tag{8-113}$$

其中，V_c 和 α_c 由接触面面积 A、特征长度 L、跳体重量 M 和水压、黏性决定。

从实验观测看，对一个弹跳试验而言，在整个过程中，每次弹跳的接触角几乎是不变的。因此，每次弹跳的速度损失可近似为

$$\Delta V = \frac{2\tilde{\mu}A}{M}\left(\sqrt{1+\frac{V^2\cos^2\alpha}{L^2}}-1\right)\sin\alpha \tag{8-114}$$

利用它，结合上面的有关方程，就可以计算弹跳次数了。

8.7.2　弹跳还是常规接触？

对于高速接触，把水看成是有初始应力的弹性体，假定本构方程为

$$\sigma_{ij} = -p_0\delta_{ij} + \lambda(\varepsilon_{ll})\delta_{ij} + 2\mu\varepsilon_{ij} \tag{8-115}$$

引入接触深度参数 H，式(8-103)应改写为

$$\frac{1}{\cos\theta} = \sqrt{1+\frac{V_0^2\cos^2\alpha}{L^2}+\frac{V_0^2\ \sin^2\alpha}{H^2}} \tag{8-116}$$

转动方位也应作相应的修改，即

$$L_3 = L_2^1 = \frac{\cos\theta}{\sin\theta}\frac{\partial V^1}{\partial x^2} = \frac{\cos\theta}{\sin\theta}\frac{V_0}{L}\cos\alpha \tag{8-117}$$

$$L_2 = -L_3^1 = -\frac{\cos\theta}{\sin\theta}\frac{\partial V^1}{\partial x^3} = -\frac{\cos\theta}{\sin\theta}\frac{V_0}{H}\sin\alpha \tag{8-118}$$

则水面法向的应力为

$$\sigma_{33} = -p_0 + \lambda\left(\frac{1}{\cos\theta}-1\right) + 2\mu\left(\frac{1}{\cos\theta}-1\right)\left(\frac{\cos\theta}{\sin\theta}\frac{V_0}{L}\cos\alpha\right)^2 \tag{8-119}$$

弹跳条件就成为

$$\lambda\left(\frac{1}{\cos\theta}-1\right) + 2\mu\left(\frac{1}{\cos\theta}-1\right)\left(\frac{\cos\theta}{\sin\theta}\frac{V_0}{L}\cos\alpha\right)^2 \geqslant p_0 + \frac{Mg}{A} \tag{8-120}$$

就求解临界接触角而言，这个方程是高度非线性的。

弹跳与常规接触的差别在那呢？为简单起见，把水换成为黏泥($\lambda \gg \mu$)，则上式可以简化为

$$\lambda\left(\frac{1}{\cos\theta}-1\right)\geqslant p_0+\frac{Mg}{A} \tag{8-121}$$

决定临界接触角的方程为

$$\sqrt{1+\frac{V_0^2\cos^2\alpha}{L^2}+\frac{V_0^2\ \sin^2\alpha}{H^2}}\geqslant 1+\frac{1}{\lambda}\left(p_0+\frac{Mg}{A}\right) \tag{8-122}$$

另外,由于接触面类似于扁盘,有如下近似,即

$$\frac{V_0^2\cos^2\alpha}{L^2}\gg\frac{V_0^2\ \sin^2\alpha}{H^2} \tag{8-123}$$

因此,式(8-122)可以进一步简化为

$$\sqrt{1+\frac{V_0^2\cos^2\alpha}{L^2}}\geqslant 1+\frac{1}{\lambda}\left(p_0+\frac{Mg}{A}\right) \tag{8-124}$$

它给出最大的容许接触角为

$$\cos\alpha_c=\frac{L}{V_0}\sqrt{\left(1+\frac{1}{\lambda}\left(\frac{Mg}{A}+p_0\right)\right)^2-1} \tag{8-125}$$

从理性力学来看,变形的连续性并不意味着基于对称应变的对称应力的连续性。因此,用经典变形力学来研究弹跳是非常不精确的,这是因为无法正确地给出接触面的应力条件。

8.8 热作模具失效机理探讨

高温流体状态的原料注入模具后,经过一个降温过程,转变为固体。在这个过程中,物质由液态转化为固态。随着温度的降低,物质经历一个固化过程而转变为零内在压力。在这一过程中,与相变相伴随的是一个对模具内表面的收缩性压力冲击过程。本节用变形热力学理论给出该冲击压力与物料物性参数的关系。该冲击压力是模具失效的主要原因。

对热作模具而言,在高温流体状态的原料注入模具后,如果降温过程不当,模具很容易失效。这种破坏是由于在相变过程中的冲击压力引起的,但是长期以来,由于热力学和变形力学间是独立发展的理论,二者间的统一描述始终只不过是形式上的。最近几年,基于陈至达先生的变形力学理论,在理性力学中,固体、液体、气体的运动得到了统一描述[95]。基于对变形热力学[124]的研究工作,我们探讨导致模具失效的冲击压力的表征问题。

就变形热力学观点来分析,不失一般性,假定高温流体状态的原料中含有一定的气相物质,则在降温初期,气相物质转化为液相物质,此时伴随着构件体积的微小收缩,会有一个负冲击压力,有可能导致模具内表面的局部剥离。

在进一步的降温过程中,液相物质逐步转变为固相。由于物质组分由无规热

运动转化为有序的结晶质结构，会出现一个正压冲击。如果模具的抗力太小，会造成直接的模具开裂。

就工程应用而言，降温过程的快慢决定了最终产品的性能，因此必须把有关的冲击压力用温度及其变化速率来表达，这是问题的核心。为突出有关工程性的结果，没有涉及对理论的有关论述。

8.8.1　气液相变对模具表面产生的应力

尽管气相成分在原始注入液中可能并不存在，但是在注入过程中可能会产生。在极端情况下，它们引起模具的内表面剥落。一般来说，会引起模具的内表面的疲劳。下面讨论其力学理论机制。这类气相物质是被注入物液包围的。

在理性力学中，用 $\boldsymbol{g}_i^0$，$i=1,2,3$ 表示固相的典型微元的三个度规基矢，则液相物质就等价于一个基本规范场为 $g_{ij}^0(=\boldsymbol{g}_i^0\boldsymbol{g}_j^0)$ 的连续几何场。以此为参考，同一组分的气相物质就表现为以 $g_{ij}=\left(\dfrac{1}{\cos\theta}\right)^2 g_{ij}^0$ 为度规的规范场。液相与气相间的几何运动变换为

$$\boldsymbol{g}_i=F_i^j\boldsymbol{g}_j^0 \tag{8-126}$$

其中，液相变成气相的变换张量为

$$F_j^i=\frac{1}{\cos\theta}\widetilde{R}_j^i(\theta) \tag{8-127}$$

完全由气相流动场确定。用 u^i 表气相流速场，则有关项的表达式为

$$\frac{1}{\cos\theta}\widetilde{R}_j^i=\delta_j^i+\frac{\sin\theta}{\cos\theta}\widetilde{L}_j^i+\left(\frac{1}{\cos\theta}-1\right)(\widetilde{L}_k^i\widetilde{L}_j^k+\delta_j^i)$$

$$\widetilde{L}_j^i=\frac{\cos\theta}{2\sin\theta}(u^i|_j-u^j|_i) \tag{8-128}$$

$$(\cos\theta)^{-2}=1+\frac{1}{4}[(u^1|_2-u^2|_1)^2+(u^2|_3-u^3|_2)^2+(u^3|_1-u^1|_3)^2]$$

式中，L_j^i 为转动方位张量；θ 为局部转动角；R_j^i 为单位正交张量。

对式(8-127)的气相运动，气相的经典应变为

$$\tilde{\varepsilon}_{ij}=\frac{1}{2}(u^i|_j+u^j|_i)=\left(\frac{1}{\cos\theta}-1\right)(\widetilde{L}_k^i\widetilde{L}_j^k+\delta_j^i) \tag{8-129}$$

在模具内表面，取物质流动面为(x^1,x^2)坐标面，则转动方向为 x^3 方向(流动面法线)时，其经典应变非零分量为

$$\tilde{\varepsilon}_{33}=\left(\frac{1}{\cos\theta}-1\right) \tag{8-130}$$

它表示，气相物质占有的体积与液相物质占有的体积比，等价于体应变。

在气相物质占有的体积被液相物质取代时，有一个局部体积收缩过程。在包

围气相的液体表面，气流应力非零分量为

$$\sigma_{11}=\sigma_{22}=-\tilde{\lambda}\left(\frac{1}{\cos\theta}-1\right),\quad \sigma_{33}=-(\tilde{\lambda}+2\tilde{\mu})\left(\frac{1}{\cos\theta}-1\right) \tag{8-131}$$

其中，$\tilde{\lambda}$ 和 $\tilde{\mu}$ 为注入液体的黏性系数。

它表明，在气固转化过程中，在 $\tilde{\lambda}\ll\tilde{\mu}$ 时，模具表面主要受到法向吸附压力作用。

取热作模具表面上的速度为零，则气流法向速度正比于距热作模具表面的距离，而其比例系数是与压力相联系的。事实上，上式给出了气态物质在模具表面所产生的向内的收缩应力，如大于模具应力强度，会直接产生局部剥离。一般来说，在多次使用后，这种机制会在模具内表面形成微孔状剥离。

物液注入后，在热作模具表面有气泡相物质存在。随着温度的降低，在一定时间后，气相物质转变为固相(在模具内表面产生的变形应力为零)，则在此过程中，模具表面法向上的平均压力变化速率为

$$\frac{\mathrm{d}\sigma_{33}}{\mathrm{d}t}=-\frac{\mathrm{d}\theta}{\mathrm{d}t}(\tilde{\lambda}+2\tilde{\mu})\cdot\frac{\sin\theta}{(\cos\theta)^2} \tag{8-132}$$

该应力速率表明，注入液的黏性越大，应力速率越大。由于局部转动角增量与温度增量成正比，因此降温速率越大，应力速率越大。特别的，在气固转化很快时，该应力会导致模具表面的向内爆裂。这是很常见的一种破坏模式。

8.8.2 液固相变对模具表面产生的应力

一般来说，模具内表面的主要接触物质为注入物的液相。随着温度降低，液相转化为固相，它们也在此过程中对模具产生应力速率。

在液-固转化过程中，液体由正交转动变形转化为无变形的固态，其变形张量为

$$F_j^i=R_j^i(\Theta) \tag{8-133}$$

其中，$R_j^i(\Theta)$是液相物质的局部转动张量，是单位正交转动。

$$R_j^i=\delta_j^i+\sin\Theta\cdot L_j^i+(1-\cos\Theta)L_k^iL_j^k \tag{8-134}$$

式中，Θ 为局部转动角；L_j^i 为转轴方位张量。

它们与速度场的关系为

$$L_j^i=\frac{1}{2\sin\Theta}(u^i|_j-u^j|_i)$$

$$(\sin\Theta)^2=\frac{1}{4}\left[(u^1|_2-u^2|_1)^2+(u^2|_3-u^3|_2)^2+(u^3|_1-u^1|_3)^2\right] \tag{8-135}$$

它对应的经典应变为

$$\varepsilon_{ij}=(1-\cos\Theta)L_k^iL_j^k \tag{8-136}$$

对在模具内表面上的液体,转动方向为 x^3 方向(模具内表面法线)时,其非零分量为

$$\varepsilon_{11}=\varepsilon_{22}=-(1-\cos\Theta) \tag{8-137}$$

由它产生的模具表面应力的非零分量为

$$\sigma_{11}=\sigma_{22}=-2(\tilde{\lambda}+\tilde{\mu})(1-\cos\Theta),\quad \sigma_{33}=-2\tilde{\lambda}(1-\cos\Theta) \tag{8-138}$$

它表明,在液固转化过程中,在 $\tilde{\lambda}\ll\tilde{\mu}$ 时,模具表面主要受到局部切平面收缩应力作用。在模具表面上,该收缩应力是各向同性的,在大于模具表面应力强度时,产生局部裂纹。

随着温度的降低,在 Δt 时间后,液相物质转变为固相(在模具内表面产生的变形应力为零),则在此过程中,模具表面切向上的平均压力变化速率为

$$\frac{\mathrm{d}\sigma_{11}}{\mathrm{d}t}=\frac{\mathrm{d}\sigma_{22}}{\mathrm{d}t}=\frac{\mathrm{d}\theta}{\mathrm{d}t}2(\tilde{\lambda}+\tilde{\mu})\sin\Theta \tag{8-139}$$

该应力速率表明,注入液的黏性越大,应力速率越大;降温速率越大,应力速率越大。特别的,在液固转化很快时,该应力会导致模具表面的切向爆裂。这也是很常见的一种破坏模式。

8.8.3　物料相变对模具表面产生的总应力变化

在模具内表面,如果在接触模具内表面的单位面积上的气相物料分数为 α,液料分数为 $(1-\alpha)$,则模具内表面的切向总应力为

$$\tilde{\sigma}_{11}=\tilde{\sigma}_{22}=-\alpha\tilde{\lambda}\left(\frac{1}{\cos\theta}-1\right)-2(1-\alpha)(\tilde{\lambda}+\tilde{\mu})(1-\cos\Theta) \tag{8-140}$$

模具内表面的法向总应力为

$$\tilde{\sigma}_{33}=-\alpha(\tilde{\lambda}+2\tilde{\mu})\left(\frac{1}{\cos\theta}-1\right)-2(1-\alpha)\tilde{\lambda}(1-\cos\Theta) \tag{8-141}$$

就形式上看,在统计尺度(模具内表面的单位面积),模具内表面主要受到液相流动在模具内表面产生的切应力作用。因为 $\alpha\ll1$,气液转换产生的吸附压力可以不加考虑。在微观尺度,局部的法向剥落应力 $\sigma_{33}=-(\tilde{\lambda}+2\tilde{\mu})\left(\frac{1}{\cos\theta}-1\right)$被大大地低估了。因此,模具内表面的强度设计必须在可能产生的气泡尺度来设计极限值。

理论上,要想完好的实现无损控制,需要得到 $\tilde{\lambda}$、$\tilde{\mu}$、α 与温度 T 的理论关系。目前,只能限于实验上的间接测定,假定已经得到它们与温度间的关系。

模具内表面的切向总应力速率为

$$\frac{\mathrm{d}\tilde{\sigma}_{11}}{\mathrm{d}t}=\frac{\mathrm{d}\tilde{\sigma}_{11}}{\mathrm{d}T}\frac{\mathrm{d}T}{\mathrm{d}t}$$

$$=\left\{-\left(\frac{1}{\cos\theta}-1\right)\frac{\mathrm{d}(\alpha\tilde{\lambda})}{\mathrm{d}T}-2(1-\cos\Theta)\frac{\mathrm{d}[(1-\alpha)(\tilde{\lambda}+\tilde{\mu})]}{\mathrm{d}T}\right\}\frac{\mathrm{d}T}{\mathrm{d}t}$$

$$-\alpha\tilde{\lambda}\frac{\sin\theta}{\cos^2\theta}\frac{\mathrm{d}\theta}{\mathrm{d}t}-2(1-\alpha)(\tilde{\lambda}+\tilde{\mu})\sin\Theta\frac{\mathrm{d}\Theta}{\mathrm{d}t} \tag{8-142}$$

由于$\frac{\mathrm{d}\theta}{\mathrm{d}t}$和$\frac{\mathrm{d}\Theta}{\mathrm{d}t}$是与液体变形运动状态相联系的量，因此流动场的控制技术是起关键性作用的因素之一。一般来说，如果在模具表面出现微尺度的湍流，则$\frac{\mathrm{d}\theta}{\mathrm{d}t}$和$\frac{\mathrm{d}\Theta}{\mathrm{d}t}$均是很大的值，此时会出现模具内表面的微尺度破坏。上式中的前一项是与降温速率和注入液温度系数有关的量，一般来说已有较好的了解。

在局部转动平面(模具表面)上，在微尺度上，局部应力是不连续的。这就会造成沿模具表面方向上的不连续性。其后果是在模具表面上产生应力冲击，是导致模具内表面脱落或剥离的内在原因。尽管气泡是微尺度的，并只占非常小的比率，但是它们产生的应力冲击是很大的。这种微尺度的破坏最终会导致模具表面的失效，因此改善模具内表面的性能和控制注入液的流动方式是与温度控制具有同等地位的要素。

参考文献

[1] Truesdell C. Six Lectures on Modern Natural Philosophy. New York:Springer,1966.

[2] Truesdell C, Noll W. The Non-Linear Field Theory of Mechanics (3rd ed). New York: Springer,2004.

[3] Noll W. A new mathematical theory of simple materials. Archive for Rational Mechanics and Analysis,1972,48:1～50.

[4] 陈至达. 有理力学. 徐州:中国矿业大学出版社,1988.

[5] 陈至达. 理性力学. 重庆:重庆出版社,2000.

[6] Lundholm D,Svensson L. Clifford algebra,geometric algebra,and applications. E-print,arXiv:math-ph/0907. 5356v1,2009.

[7] Dubrovin B A,Fomenko A T,Novikov S P. Modern Geometry—Methods and Application, Part I: The Geometry of Surfaces, Transformation Groups and Fields. New York: Springer,1984.

[8] Zhilin P A. A general model of rigid body oscillator//Zhilin P A. Advanced Problems in Mechanics Vol. 2. Siant Petersburg:Institute for Problems in Mechanical Engineering of Russian Academy of Sciences,2006:43～65.

[9] Chien W Z. Intrinsic theory of thin shells and plates:part I general theory. Quarterly of Applied Mathematics,1943,1(4):297～327.

[10] 匡震邦. 非线性连续介质力学基础. 西安:西安交通大学出版社,1989.

[11] Fecko M. Differential Geometry and Lie Groups for Physicists. Cambridge:Cambridge University Press,2006.

[12] 郭仲衡,梁浩云. 变形的非协调性理论. 重庆:重庆出版社,1989.

[13] Xiao J H. Evolution of continuum from elastic deformation to flow. E-print,arXiv:physics/0511170,2005.

[14] Xiao J H. Determining loading field based on required deformation for isotropic hardening materials. Journal of Shanghai Jiaotong University (Science),2007,E12(6):805～812.

[15] 肖建华. 疲劳断裂失效的拖带几何变形力学描述//张栋. 全国第 5 届航空航天装备失效分析会议论文集. 北京:国防工业出版社,2006:422～429.

[16] 王晶晶,肖建华. 由疲劳纹理几何张量数据估算加载的应力. 理化检验(物理分册),2013,49(增刊 2):539～542.

[17] Sih G C. Crack tip mechanics based on progressive damage arrow:hierarchy of singularities and multiscale segments. Theoretic and Applied Fracture Mechanics,2009,51:11～32.

[18] Sih G C. Ideomechanics of transitory and dissipative systems associated with length,velocity,mass,and energy. Theoretic and Applied Fracture Mechanics,2009,51:149～160.

[19] Sih G C. Anomalies of momoscale notion of failure in contrast to multiscale character of failure for physical processes// Tu S T, Wang Z D, Sih G C. From Failure to Better Design Manufacture and Construction. Shanghai: East China University of Science and Technology Press, 2012.

[20] Epstein M, Elzanowski M. A model of evolution of a two-dimensional defective structure// Man C S, Fosdick R L. The Rational Spirit in Modern Continuum Mechanics. New York: Kluwer Academic Publishers, 2005: 345～355.

[21] Ericksen J L. On the theory of rotation twins in crystal Multilattices// Man C S, Fosdick R L. The Rational Spirit in Modern Continuum Mechanics. New York: Kluwer Academic Publishers, 2005: 357～373.

[22] Xiao J H. Decomposition of displacement gradient and strain definition. Journal of Central South University of Technology, 2007, 14 (Suppl. 1): 401～404.

[23] Xiao J H. Geometrical field description of fatigue-fracture caused by high temperature or its gradient// Sih G C, Tu S T, Wang Z D. Multi-scaling Associated with Structural and Material Integrity under Elevated Temperature (Fracture Mechanics and Applications). Shanghai: East China University of Science and Technology Press, 2006: 211～216.

[24] 肖建华. 局部疲劳断裂的电磁幅射谱探测原理. 结构强度研究(增刊), 2008: 433～439.

[25] Milklowitz J. Elastic Waves and Waveguids. Amsterdam: North-Holland, 1978.

[26] Brillouin L. Tensors in Mechanics and Elasticity. New York: Academic Press, 1964.

[27] Truesdell C. The Mechanical Foundation of Elasticity and Fluid Mechanics. New York: Gordon and Breach Science, 1966.

[28] Caparrini S, Pastrone F. E Frola: an attempt towards axiomatic theory of elasticity//Man C S, Fosdick R L. The Rational Spirit in Modern Continuum Mechanics. New York: Kluwer Academic Publishers, 2005: 113～125.

[29] 罗恩. 非对称弹性动力学的一些基本原理//陈至达. 现代数学和力学 MMM-V. 徐州: 中国矿业大学出版社, 1993: 87～92.

[30] 郭仲衡. 共轭于应变 $E^{(3)}=(1/3)(U^3-I)$ 的应力 $T^{(3)}$ //黄黔, 潘立宙. 应用数学和力学(钱伟长八十诞辰祝寿文集). 北京: 科学出版社, 1993: 57～62.

[31] Grekova E F, Zhilin P A. Ferromagnets and Kelvin's medium: basic equations and magneto-acoustic resonance//Zhilin P A. Advanced Problems in Mechanics Vol. 2. Siant Petersburg: Institute for Problems in Mechanical Engineering of Russian Academy of Sciences, 2006: 66～87.

[32] Crampin S, Lovell J H. A decade of shear-wave splitting in the earth's crust: what does it mean? what use can we make it? and what should we do next? Geophysical Journal International, 1991, 107: 387～407.

[33] Crampin S, Evans R, et al. Observations of dilatancy-induced anomalies and earthquake prediction. Nature, 1980, 286: 874～877.

[34] Ricker N H. Transient Waves in Visco-elastic Media. New York: Elsevier Scientific, 1977.

[35] Zhilin P A. Nonlinear theory of thin rods// Zhilin P A. Advanced Problems in Mechanics Vol. 2. Siant Petersburg: Institute for Problems in Mechanical Engineering of Russian Academy of Sciences, 2006: 227～249.

[36] 陈至达. 非线性连续体力学在中国的进展//黄黔, 潘立宙. 应用数学和力学(钱伟长八十诞辰祝寿文集). 北京: 科学出版社, 1993: 161～165.

[37] 杜庆华, 等. 工程力学手册. 北京: 高等教育出版社, 1994.

[38] 赵子华, 种群鹏. 断口学科学问题初探//张栋. 全国第五届航空航天装备失效分析会议论文集. 北京: 国防工业出版社, 2006: 22～29.

[39] Biot A M. Mechanics of Incremental Deformations. New York : John Wiley & Sons Inc, 1965.

[40] Xiao J H. Fatigue-fracture mechanism under larger stress and strain conditions//Tu S T, Wang Z D, Sih G C. From Failure to Better Design Manufacture and Construction. Shanghai: East China University of Science and Technology Press, 2012: 129～134.

[41] Bridgman P W. The thermodynamics of plastic deformation and generalized entropy. Review of Modern Physics, 1950, 22: 56～63.

[42] 玻恩 M, 黄昆. 晶格动力学理论. 葛惟锟, 贾惟义, 译. 北京: 北京大学出版社, 1989.

[43] Metha M L. Random Matrices (3rd). Singapore: Elsevier (Singapore), 2004.

[44] Wallace D C. Lattice dynamics and elasticity of stressed crystals. Review of Modern Physics, 1965, 37: 57～67.

[45] Benstein B. Hypo-elasticity and elasticity. Archive for Rational Mechanics and Analysis, 1960, 6: 89～104.

[46] Ericksen J L, Rivlin R S. Large elastic deformations of homogeneous anisotropic materials. Archive for Rational Mechanics and Analysis, 1954, 3: 281～301.

[47] Ericksen J L, Toupin R A. Implications of Hadamard's condition for elastic stability with respect to uniqueness theory. Canadian Journal of Mathematics, 1956, 8: 432～436.

[48] Sih G C. Margin between safety and disaster concerned with nuclear power generation entities// Tu S T, Wang Z D, Sih G C. Structural Integrity in Nuclear Engineering. Shanghai: East China University of Science and Technology Press, 2011: 1～16.

[49] Tu S T. Life prediction and monitoring of critical industrial equipment// Sih G C, Tu S T, and Wang Z D. Transferability and Applicability of Current Mechanics Approaches. Shanghai: East China University of Science and Technology Press, 2009: 13～22.

[50] 武际可, 苏先樾. 弹性系统的稳定性. 北京: 科学出版社, 1994.

[51] 匡震邦, 马法尚. 裂纹端部场. 西安: 西安交通大学出版社, 2001.

[52] 陈至达, 陈洛燕. 非均匀体的弹塑性-断裂有限变形的局部化分析//程昌钧, 戴世强, 刘宇陆. 现代数学和力学 MMM-VII. 上海: 上海大学出版社, 1997: 177～181.

[53] Zhilin P A. The main direction of the development of mechanics for XXI century// Zhilin P A. Advanced Problems in Mechanics Vol. 2. Siant Petersburg: Institute for Problems in Mechanical Engineering of Russian Academy of Sciences, 2006: 112～125.

[54] 河水清，唐立强. MVM 材料轴对称平面应变问题的弹塑性解//黄黔，潘立宙. 应用数学和力学(钱伟长八十诞辰祝寿文集). 北京：科学出版社，1993：95～104.

[55] Suresh S. 材料的疲劳. 王重光，等译. 北京：国防工业出版社，1999.

[56] Casey J, Naghdi P M. A remark on the use of the decomposition F＝FeFp in plasticity. Journal of Applied Mechanics, 1980, 47：672～675.

[57] 克里斯坦森 R M. 粘弹性力学引论. 郝松林，老亮，译. 北京：科学出版社，1990.

[58] Edwards B J, Beris A N. Non-canonical Poisson bracket for nonlinear elasticity with extension to viscoelasticity. Journal of Physics A：Mathematics and General, 1991, 24：2461～2480.

[59] Bragg L E, Colemann B D. On strain energy for isotropic elastic material. Journal of Mathematic Physics, 1963, 4(3)：424～426.

[60] Peter R E G. The Lagrangian in classical field theory. Journal of Physics A：Mathematics and General, 1984, 17：515～521.

[61] Carcione J M, Cavallini F. Energy balance and fundamental relations in anisotropic viscoelastic media. Wave Motion, 1993, 18：11～20.

[62] Norris A. On the correspondence between poroelsticity and thermoelasticity. Journal of Applied Physics, 1992, 71(3)：1138～1141.

[63] Katsube N. The constitutive theory for fluid-filled porous materials. Journal of Applied Physsics, 1985, 52(12)：345～350.

[64] Wempner, G. The complementary potentials of elasticity, extreme properties, and associated functions. Journal of Applied Physics, 1992, 59(12)：568～571.

[65] 许元泽. 挑战复杂流体中的非线性困验//艾慕阳，张劲军. 流变学进展：第 11 届全国流变学学术会议论文集. 北京：石油工业出版社，2012：13～17.

[66] Friedberg L, Lee T D, Pang Y. A new lattice formulation of the continuum. Journal of Mathematic Physics, 1994, 35：5600～5629.

[67] 李国琛，耶纳 M. 塑性大应变微结构力学. 北京：科学出版社，1993.

[68] 葛庭燧. 固体内耗理论基础(晶界弛豫与晶界结构). 北京：科学出版社，2000.

[69] Afalias D, Yannis F. Plastic spin：necessity or redundancy? International Journal of Plasticity, 1998, 14(9)：909～931.

[70] Steinmann P. A micropolar theory of finite deformation and finite rotation multiplicative elastoplasticity. International Journal of Non-Linear Mechanics, 1994, 32：103～119.

[71] Johnson D L, Hemmick D L, Kojima H. Probing porous media with first and second sound, 1：dynamic permeability. Journal of Applied Physics, 1994, 76：104～114.

[72] Smeulders D M J, Eggels R L G M, VanDougen M E H. Dynamic permeability：reformulation of theory and new experimental and numerals. J Fluid Mech, 1992, 245：211～227.

[73] Charles W. Review of characteristics of the low permeability reservoir. American Association of Petroleum Geologists Bulletin, 1989, 73：613～629.

[74] Liu Y W, et al. Transient flows in low permeability porous media with composite start-up pressure gradient// Zhuang F G, Li J C. Recent Advances in Fluid Mechanics. Beijing：Tsin-

ghua University Press & Springer-Verlag,2004:425～430.

[75] Lien F S. A pressure-based unstructured grid method for all-speed flows. International Journal of Numerical Methods in Fluids,2000,33:355～374.

[76] Pradhan S,Hasen A,Chakrabari B K. Failure processes in elastic fiber bundles. Review of Modern Physics,2010,82:499～555.

[77] Krechetnikov R,Marsden J E. Dissipation induced instabilities in finite dimensions. Review of Modern Physics,2007,79:519～553.

[78] Escudero C. On one-dimensional models for hydrodynamics. Physica D,2006,217:58～63.

[79] Albert D G. A comparison between wave propagation in water-saturated and air-saturated porous materials. Journal of Applied Physics,1993,73:28～36.

[80] Dung V T. Influence of fluid chemistry on shear-wave attenuation and velocity in sedimentary rocks. Geophysical Journal International,1995,121:737～749.

[81] Gary S K,Nayfeh A H. Compressional wave propagation in liquid and/or gas saturated elastic porous media. Journal of Applied Physics,1986,60:3045～3055.

[82] Forest S,Sievert R. Elasto-viscoplastic constitutive frameworks for generalized continua. Acta Mechanica,2003,160:71～111.

[83] Schroder J,Gruttmann F,Loblein J. A simple orthotropic finite elastic-plasticity model based on generalized stress-strain measures. Computational Mechanics,2002,30:48～64.

[84] Grammenoudis P,Tsakmakis C. Hardening rules for finite deformation micropolar plasticity restrictions imposed by the second law of thermodynamics and the postulate of Il'iushin. Continuum Mechanics and Thermodynamics,2001,13:325～363.

[85] Bragg L E,Colemann B D. A thermodynamical limitation on compressibility. Journal of Mathematic Physics,1963,4(8):1074～1077.

[86] Toupin R A,Rivlin R S. Dimensional changes in crystals caused by dislocation. Journal of Mathematic Physics,1960,1(1):8～16.

[87] Cho H W,Dafalias Y F. Distortional and orientational hardening at large viscoplastic deformations. International Journal of Plasticity,1996,12:903～925.

[88] Hoger A. A second order constitutive theory for hyperelastic materials. International Journal of Solids and Structure,1999,36:847～868.

[89] Walton K. First pressure derivative of the bulk modulus for porous materials. Geophysical Journal of Royal Astronormical Society,1973,35:327～335.

[90] von der Grinten J G M,van Dangen M E H,van der Kogel H. Strain and pore pressure propagation in a water-saturated porous medium. Journal of Applied Physics,1987,62:4682～4687.

[91] Tatli A,Ozkan H. Variation of the elastic constants of tourmaline with chemical composition. Physics of Chemical Minerals,1987,14:172～176.

[92] Engelbrecht J. Non-Linear Wave Processes of Deformation in Solids. London:Pitman Advanced Pub,1983.

[93] Walton K. The effective elastic moduli of model sediments. Geophysical Journal of Royal Astronormical Society, 1975, 43: 293～306.

[94] Choy K L. Chemical vapor deposition of coating. Progress in Materials Science, 2003, 48: 57～170.

[95] Xiao J H. Geometrical field representation of solid, liquid, and gas in rational mechanics. ArXiv, Physics: 0911. 1397, 2009.

[96] Feron O, et al. MOCVD of InGaAsP, InGaAs and InGaP over InP and GaAs substrates: distribution of composition and growth rate in a horizontal reactor. Applied Surface Science, 2000, 159, 160: 318～327.

[97] Cho W K, Choi D H. Optimization of a horizontal MOCVD reactor for uniform epitaxial layer growth. International Journal of Heat and Mass Transfer, 2000, 43: 1851～1858.

[98] Condorelli G G, et al. Precursor mutual interaction in the kinetics of MOCVD of SBT film. Material Science in Semiconductor Processing, 2003, 5: 167～171.

[99] Thomson A G. MOCVD technology for semiconductors. Material Letter, 1997, 30: 255～263.

[100] Musolf J. MOCVD with gas phase composition control for the growth of high quality YBa2Cu3O7-x thin films for microwave applications. Journal of Alloys and Compounds, 1997, 251: 292～296.

[101] Ko Y K, et al. Studies of cobalt thin films deposited by sputtering and MOCVD. Materials Chemistry and Physics, 2003, 80: 560～564.

[102] Xenidon T C, et al. An experimental and computational analysis of a MOCVD process for the growth of Al films using DMEAA. Surface Coating Technology, 2007, 201: 8868～8872.

[103] Senateur T P, et al. Synthesis and characterization of YBCO thin film grown by injection-MOCVD. Journal of Alloys and Compounds, 1997, 251: 288～291.

[104] Schouveiler L, Eloy C. Flow-induced draping. Physical Review Letter, 2013, 111: 064301, DOI: 10. 1103/PhysRevLett. 111. 064301.

[105] Fefferman C L. Existence and smoothness of the Navier-Stokes equation. http//www. claymath. org/, N J 08544-1000, 2000.

[106] Noda H, Nakayama A. Free-stream turbulence effects on the instantaneous pressure and forces on cylinder of rectangular cross section. Experiments in Fluids, 2003, 34: 332～344.

[107] Lodge A S. Body Tensor Fields in Continuum Mechanics (with Applications to Polymer Rheology). New York: Academic Press, 1974.

[108] Claeyssen J R, Plate R B, Bravo E. Simulation in primitive variables of incompressible flow with pressure Neumann condition. International Journal of Numerical Methods in Fluids, 1999, 30: 1009～1026.

[109] Lien F S. A pressure-based unstructured grid method for all-speed flows. International Journal Numerical Methods in Fluids, 2000, 33: 355～374.

[110] Wu J C. Elements of Vorticity Aerodynamics. Beijing: Tsinghua University Press and Springer, 2005.

[111] Xiao H, Bruhns O T, Meyers A. Objective stress-rates path-dependency properties and non-integrability problems. Acta Mechanica, 2005, 176:135～151.

[112] Veysey II J, Doldenfeld N. Simple viscous flow: From boundary layers to the renormalization group. Review of Modern Physics, 2007, 79:883～927.

[113] Foias C, Holm D D, Titi E S. The Navier-Stokes-alpha model of fluid turbulence. Physica D, 2001, 152, 153:505～519.

[114] Dubrulle B, Nazarenko S. Interaction of turbulence and large-scale vortices in incompressible 2D fluids. Physica D, 1997, 110:123～138.

[115] Frisch U. Turbulence. Cambridge: Cambridge University Press, 1995.

[116] 蔡树棠. 湍流理论中的不封闭性//陈至达. 现代数学和力学 MMM-V. 徐州：中国矿业大学出版社，1993:41～44.

[117] 周哲伟，林松飘. 高速射流中的绝对不稳定性//黄黔，潘立宙. 应用数学和力学(钱伟长八十诞辰祝寿文集). 北京：科学出版社，1993:304～309.

[118] Leighton T G. The Acoustic Bubble. London: Academic Press, 1994.

[119] Johnson W. Ricochet of non-spining projectiles, mainly from water, part 1: some historical contributions. International Journal of Impact Engineering, 1998, 21:15～24.

[120] Johnson W. Ricochet of non-spining projectiles, mainly from water, part 2: an outline of theory and warlike applications. International Journal of Impact Engineering, 1998, 21:25～34.

[121] Seddon C M, Moatamedi M. Review of water entry with applications to aerospace structures. International Journal of Impact Engineering, 2006, 32:1045～1067.

[122] Clanet C, Hersen F, Bocquet L. Secrets of successful stone-skipping. Nature, 2004, 427:29.

[123] Park M S, Jung, Y R, Park W G. Numerical study of impact force and ricochet behaviour of high speed water-entry bodies. Computers and Fluids, 2003, 32:939～951.

[124] Walter N. Thoughts on thermomechanics. Journal of Thermal Stress. 2010, 33:15～28.